COLLECTION
SUCCÈS D'AMÉRIQUE

dirigée par Daniel Larouche

CASCADES

Le triomphe du respect

Données de catalogage avant publication (Canada)

Cuggia, Gérard   1951-

Cascades: le triomphe du respect
(Collection Succès d'Amérique)

ISBN   2-89037-428-9

1. Cascades inc. – Histoire.   2. Papier – Industrie – Québec
(Province) – Histoire. I. Titre. II. Collection.

HD9834.C34C37 1989   338.7 ' 6762 ' 09714   C89-096026-7

Ce livre a été produit avec un ordinateur Macintosh
de Apple Computer Inc.

Dépôt légal:
1er trimestre 1989
Bibliothèque nationale du Québec
ISBN   2-89037-428-9

Montage
Andréa Joseph

Gérard Cuggia

avec la collaboration de Alexandre Lubelski

CASCADES

Le triomphe du respect

ÉDITIONS QUÉBEC/AMÉRIQUE

425, rue Saint-Jean-Baptiste, Montréal, Québec H2Y 2Z7 (514) 393-1450

Ce livre relate le succès du groupe Cascades.
On y trouve le détail de l'aventure audacieuse de trois frères
et de leurs milliers de collaborateurs, les «cascadeurs».
Ensemble, ils méritent que ce livre leur soit dédié, pour le
fleuron qu'ils ont apporté à l'entreprise québécoise.

Table des matières

Avant-propos

La route qui relie Sherbrooke à Kingsey Falls, en passant par Windsor, Richmond, puis Danville ou Saint-Félix-de-Kingsey, ne m'est plus inconnue; je l'ai apprise dans ses moindres détours à l'occasion des dizaines de visites que j'ai faites au siège social du groupe Cascades. C'est qu'en trois ans, Alexandre Lubelski – dont j'ai retenu les services à titre de recherchiste – et moi avons multiplié les rencontres. L'histoire de Cascades et des usines qui font aujourd'hui partie du groupe nous a été racontée par des ouvriers, ces cascadeurs en usine qui vivent dans la chaleur et le bruit qui sont le quotidien de tous les travailleurs des usines de pâtes et papier, par les directions des diverses unités du groupe, par les représentants des syndicats, par les aînés, qui ont vécu les décennies passées sous les anciennes administrations et ont accepté la responsabilité de devenir la mémoire collective des travailleurs, par les hommes politiques, par les fournisseurs et les clients des unités du groupe, par les membres de la haute direction et les trois frères enfin, sans oublier leurs épouses et Maman Lemaire. Chacun a eu son mot à dire, sa perception propre des faits et des événements qui ont marqué l'entreprise au fil des ans. Chacun, en apportant sa version originale, nous a permis de mieux comprendre le comment et le pourquoi des choses, de connaître la *vérité* et de répondre ainsi au vœu de Bernard qui nous a dit, lorsque nous avons manifesté quelque doute sur la pertinence de certains détails: «Si c'est vrai, ça mérite d'être écrit.»

Nous avons pu constater, de ce côté-ci de l'Atlantique comme en Europe, que la politique des portes ouvertes n'est pas une vaine notion. Jamais on ne nous a refusé l'entrée d'une usine, une entrevue, une information utile mais confidentielle. Chez Cascades, partout, la confiance règne même envers ceux qui sont étrangers aux affaires quotidiennes du groupe. Cette ouverture, nous en avons largement profité. Ce faisant, nous avons constaté que Cascades est en fait l'entreprise de la bonne volonté. Alexandre a dit un jour en blaguant à Bernard, qui soulignait notre acharnement à tout vouloir voir et savoir, que nous cherchions encore et toujours «le point noir». Avec le temps, nous sommes bien parvenus à trouver quelques failles, quelques bévues si l'on veut, mais rien de majeur, loin de là!

On comprend alors que je sois devenu un adepte de la philosophie du Respect. Lorsqu'on analyse l'approche que privilégient depuis vingt-cinq ans les Lemaire, on ne peut s'empêcher de se laisser emporter par l'enthousiasme. Il vaut la peine d'entrer à l'improviste dans l'une ou l'autre des usines du groupe et de mesurer par quelques questions l'intérêt des gens à mener leur tâche à bien. C'est tout bonnement incroyable! Et l'on se prend à rêver qu'il en soit ainsi partout ailleurs, et l'on a envie de trouver des occasions de mettre en pratique les principes de la philosophie Cascades... et l'on a aussi envie d'en parler.

Écrire un livre n'est jamais facile. Ce n'est pas un travail solitaire. En plus de l'aide que m'ont apportée toutes les personnes rencontrées qui ne sont pas directement reliées à Cascades, j'ai bénéficié de l'appui inconditionnel des cascadeurs en tous points de ma recherche et en tous lieux. Grâce à Alexandre, qui a fait un merveilleux travail de recherche, j'ai eu le don d'ubiquité pendant deux ans, ce qui est particulièrement utile quand on veut être partout, dans trois pays et sur deux continents. Je me dois donc de remercier tous ceux qui m'ont épaulé, sans qui je n'aurais jamais pu mettre le point final au présent travail.

Sherbrooke, le 5 décembre 1988

Préface

C'était il y a environ trois ans. Ce jour-là, Gérard Cuggia s'amena à nos bureaux de Kingsey Falls... pour la première fois. Car ce ne fut pas la dernière!

Flanqué de son collaborateur-recherchiste, Alexandre Lubelski, Gérard Cuggia nous proposa en effet d'écrire ce qu'il qualifiait de «vraie histoire de Cascades».

Loin de soulever des objections de notre part, cette démarche fut plutôt reçue avec enthousiasme. Gérard Cuggia n'était pas le premier à venir nous rencontrer pour discuter avec nous de notre style de gestion et de la philosophie sous-jacente. Des journalistes, des professeurs, des étudiants nous avaient déjà passés sous leur microscope, soit dans le cadre de recherches ponctuelles, soit afin d'écrire des articles ou de réaliser des reportages pour la télévision.

Mais un livre? Voilà qui était nouveau et stimulant. Nous étions curieux de voir ce que des *outsiders* écriraient sur notre groupe après nous avoir fouillés jusque dans nos moindres recoins.

Pourtant, nous étions un peu sceptiques. Au delà des dates, des faits, des chiffres, des anecdotes, allaient-ils vraiment comprendre Cascades, sa culture, sa personnalité?

Pour nous cependant, une chose était certaine: ils n'échoueraient pas faute d'information! Gérard Cuggia et Alexandre Lubelski ont pu constater très vite que chez Cascades, «portes ouvertes» n'est pas simplement une expression, mais une manière de vivre. Ils ont eu accès aux bureaux, aux usines et aux gens – cadres du siège social, directeurs d'usines, contremaîtres, ouvriers, représentants syndicaux, etc.

Cette facilité d'accès, ils l'ont non seulement constatée, mais ils en ont très vite profité... Impossible de mettre un chiffre sur le nombre de rencontres impromptues entre «l'un de nous» et «l'un d'eux», soit lors d'un événement comme une conférence de presse, une ouverture d'usine, soit au seul hasard de nos déplacements respectifs. À certaines époques, nous trébuchions presque sur ces deux fouineurs, en France comme au Canada. Nous pouvons témoigner de l'abondance des contacts que le tandem Cuggia-Lubelski a établis avec les artisans de Cascades.

Nous avons vu d'un bon œil cette fréquence des contacts de l'auteur et de son collaborateur avec Cascades. Nous voulions qu'ils vivent notre organisation sous toutes ses facettes. Que non seulement ils relatent l'histoire de Cascades, mais qu'ils saisissent l'importance que nous accordons à l'entente et au partage, et qu'ils la communiquent au lecteur.

Nous croyons que l'auteur y est parvenu. Gérard Cuggia parle d'une «philosophie du Respect», basée sur la compréhension de nos gens et des autres, fournisseurs, clients ou associés, avec qui nous traitons. Cette philosophie, si elle mérite ce nom, n'est rien d'autre que l'application des principes que nos parents, Bernadette et Antonio, nous ont inculqués. Elle est pour nous une seconde nature. D'ailleurs le livre témoigne, et c'est heureux, de l'influence marquante et trop peu connue que nos parents ont eue sur Cascades, ses origines et son «style».

L'éditeur, lui, a cru bon de sous-titrer l'ouvrage «Le triomphe du respect». C'est bien parce que même les éditeurs ont droit à notre respect que nous acceptons de supporter un mot aussi prétentieux que «triomphe»... Mais notre métier, c'est de faire et de vendre du papier *avant* qu'il soit imprimé, et non après. Nous n'avons donc guère le choix du titre...

Entre autres publics, ce livre intéressera sans doute au premier chef les artisans de Cascades, d'autant plus qu'un grand nombre d'entre eux se sont joints à nous au fil de fusions et d'acquisitions; ce livre apporte, souvent avec justesse, réponse à des interrogations de plusieurs employés.

Quant aux lecteurs «externes», nous espérons qu'ils seront stimulés par leur lecture. Tant mieux si notre façon de gérer plaît à d'autres femmes et à d'autres hommes. Tant mieux si elle suscite de l'enthousiasme chez d'autres qui, comme nous, ont le goût d'entreprendre. Tant mieux si d'autres se convainquent de joindre la nouvelle vague des entrepreneurs du Québec et réalisent qu'il est toujours possible de réussir en partant de rien ou presque; que la langue ou le manque de capitaux ne sont plus des excuses.

Avec de la bonne volonté, de la ténacité, du travail, de la confiance en soi et dans les autres, aucun objectif n'est trop grand. Le Québec, nous en sommes persuadés, regorge de «frères Lemaire» par centaines.

Bernard Lemaire, président
Alain Lemaire, vice-président
Laurent Lemaire, vice-président

Introduction

Il n'y a pas très longtemps que le groupe Cascades fait la manchette des journaux; cinq ou six ans dans la vie d'une société publique, c'est bien peu. Depuis 1983, première année de fluctuation boursière pour le titre de Cascades inc., la société de Kingsey Falls a beaucoup fait parler d'elle. Les investisseurs lui ont accordé une bonne part de responsabilité dans le succès du programme du Régime d'Épargne-Actions du Québec (R.É.A.), succès qui a surtout été manifeste entre les étés 1983 et 1986, avec une croissance et un rendement exceptionnels de la plupart des titres inscrits. Il n'y a pas, cependant, que l'engouement de l'actionnariat pour cette société québécoise qui a de quoi étonner. La rapidité de sa croissance est proprement phénoménale et justifie, à elle seule, l'intérêt que lui portent les investisseurs. Sa forme de gestion si particulière – la philosophie Cascades – explique aussi l'attention que lui accordent les autres dirigeants d'entreprises, au pays comme à l'étranger.

Si loin que le succès l'ait emporté, le groupe Cascades, fleuron de l'industrie québécoise et modèle d'entreprenariat, a des origines plus que modestes. L'histoire de cette société papetière devenue multinationale ne commence pas avec l'inscription des actions en Bourse, aux premiers jours de 1983. À cette époque, l'affaire était déjà bien lancée: on fêtait les dix ans de Papier Cascades (Cabano) et de Papier Kingsey Falls, et on s'apprêtait à souligner le vingtième anniversaire de la reprise de l'usine de la Sterling Paper Company, à Kingsey Falls.

C'est en fait vingt ans plus tôt qu'il faut remonter, à la fin de 1963, à l'époque où Bernard, Laurent et leur père, Antonio, s'apprêtent à relancer l'usine papetière du petit village de Kingsey Falls, fermée depuis sept ans. La mise en marche du *moulin* est l'événement qui marque la naissance véritable du groupe Cascades. Ce qui s'est passé avant, c'est de la petite histoire: l'histoire de la Drummond Pulp and Fiber, modeste entreprise familiale, et plus avant encore dans le temps, celle d'Antonio Lemaire, irréductible «patenteux» qui s'est rarement trouvé à court d'idées – plus souvent, malheureusement, à court de moyens. Cette «petite histoire» n'est pourtant pas dénuée d'intérêt. Plusieurs événements qui ont marqué la vie des Lemaire au fil des ans ont leur importance. Nous nous y intéressons dans les pages qui suivent d'abord parce qu'ils forment la trame sur laquelle se déroulent les jeunes années des trois frères qui dirigent aujourd'hui le groupe Cascades, ensuite parce que c'est là que la philosophie Cascades – la philosophie du Respect – si chère à Bernard, Laurent et Alain, prend sa source.

Chapitre premier

Le mélangeur
de maman Lemaire

À la fin des années 20, Antonio Lemaire, qui vient d'avoir vingt ans, travaille à l'usine textile de la société Louis Russel, à Drummondville. À sa table de travail, il fait face à une jolie demoiselle. Timide et fort appliquée à sa tâche, celle-ci préfère ignorer ce confrère qui ne tarde pourtant pas à lui faire la cour. Longtemps, Bernadette Parenteau reste sourde aux avances du jeune homme: «Il a toujours prétendu qu'il passait son temps à me faire du pied, racontait-elle, mais je ne me souviens pas m'être jamais rendu compte de rien.»

Antonio est né à Drummondville, en octobre 1907; il avait cinq frères et sœurs, famille tout juste moyenne pour l'époque. Bernadette est née l'année suivante, dernière d'une famille de treize enfants, à Saint-Pie-de-Guire, près de Drummondville. Appliquée en classe, elle a la chance de pouvoir compléter ses études élémentaires puis secondaires en obtenant son diplôme du «cours moderne». C'est à la fin de ses études qu'elle entre à l'emploi de la société Louis Russel.

Antonio, quant à lui, n'en est pas à son premier emploi. Jeune adolescent, il a travaillé pour le compte de la société

Butterfly, à Drummondville. Il a fait par la suite un court séjour en Ontario, ayant décidé de suivre un oncle parti à l'aventure. Malgré un bon emploi là-bas, il choisit peu de temps après de revenir au Québec. C'est alors qu'il se retrouve, comme Bernadette, employé à la Louis Russel. Son assiduité auprès de l'élue de son cœur finit par lui apporter ce qu'il souhaite: le mariage est célébré le 7 décembre 1931. En guise de voyage de noces, les jeunes époux font un court séjour à Sainte-Anne-de-Beaupré. Le premier enfant du couple naît avant la fin de l'année suivante; c'est une fille qu'ils prénomment Madeleine. Le deuxième enfant est un garçon, Bernard, qui paraît en mai 1936. Suivent Laurent, en février 1939, Marielle, en mai 1944, et Alain, celui que Bernadette appelait tendrement «le fond du chaudron», en mai 1947.

Le couple s'installe rue Saint-Pierre, à Drummondville. Dès la naissance du premier enfant, Bernadette quitte son emploi et se consacre exclusivement à sa famille. Antonio, qui a pour sa part abandonné son poste à la Louis Russel avant le mariage, entre à l'emploi de la société Celanese, à Drummondville toujours. La vie n'est pas des plus faciles au cours des premières années de mariage; il faut travailler dur pour joindre les deux bouts. Toutefois, bien que les moyens financiers soient limités, on vit bien chez les Lemaire et l'on ne manque de rien.

Madeleine, l'aînée des enfants, est encore toute jeune quand survient une première épreuve pour la famille. L'incendie de la maison de la rue Saint-Pierre met les Lemaire en bien mauvaise posture. Ce jour-là, Antonio est parti à la pêche en compagnie de son frère. C'est la première fois de sa vie qu'il prend part à une excursion. Au retour, de très loin, les deux hommes aperçoivent une épaisse colonne de fumée qui s'élève au-dessus du quartier qu'habite Antonio. Au fur et à mesure qu'ils approchent, celui-ci constate que le drame se joue tout près de chez lui, si près même qu'il ne tarde pas à s'en inquiéter. Les badauds, à qui il demande, impatient, des détails sur le drame, lui apprennent que le feu, qui a pris naissance chez des voisins, s'est rapidement communiqué «à la maison des Lemaire». Tout y passe. Le ménage au grand complet est la proie des flammes; Bernadette parvient tout juste à sauver le landau de Madeleine et un coffre en chêne massif. Loin de se laisser abattre par un tel coup du sort, Antonio se dit heureux de voir que toute la famille s'en est tirée indemne alors qu'on compte des morts chez les voisins.

Prenant son courage à deux mains, Antonio décide de reconstruire sur les ruines de la maison familiale. Ni l'ampleur de la tâche ni son manque d'expérience ne lui font peur. Il se débrouille si bien que finalement, la nouvelle maison est plus confortable que celle qu'elle remplace. Malgré cela, elle ne convient pas vraiment à Bernadette, qui trouve à redire sur la disposition des pièces. Forte de cette première expérience, elle impose son point de vue à l'occasion du déménagement suivant. Cette fois, c'est rue Newton qu'Antonio construit. Pour ce faire, il utilise un maximum de matériaux de récupération. Habile, plein d'idées, il obtient d'étonnants résultats pour un amateur. Il faut dire qu'il n'a pas froid aux yeux: il choisit, par exemple, de couvrir les murs de pierre alors qu'il n'a pas la moindre connaissance en maçonnerie. En réalité, rien ne l'arrête. Tout le temps que dureront les travaux, la famille s'installe à Saint-Majorique, dans une ferme achetée exprès pour faciliter la transition.

Cela se passe au début des années 40. Tout en poursuivant la construction de la nouvelle maison, Antonio doit conserver son poste à la Celanese puisqu'il faut gagner de quoi vivre. Il est particulièrement actif au sein du mouvement ouvrier lorsque la grève éclate en 1942. La contestation porte principalement sur la question salariale. La direction de la Celanese vient en effet de décréter une baisse du salaire hebdomadaire moyen, qui passe de 27 à 24 $. Antonio, comme la plupart de ses confrères de travail, s'oppose à un recul aussi important. Il juge, à juste titre, que le niveau des salaires est déjà suffisamment faible en regard du travail qu'on exige des employés. C'est pourquoi il se fait une fierté de défendre la cause des grévistes. En fin de compte, les moyens de pression donnent des résultats concrets: la partie patronale et les employés en viennent à s'entendre et le travail reprend quelques semaines plus tard à l'usine de Drummondville. Cependant, Antonio n'est pas rengagé. Il est certain que le rôle qu'il a joué chez les grévistes n'est pas étranger à la perte de son emploi.

On est en 1942 et la Seconde Guerre mondiale bat son plein. Sans emploi, Antonio n'a d'autre perspective que de quitter Drummondville pour Montréal, où l'industrie de guerre fait tourner les usines à plein régime. Pendant deux ans, il fait maintes fois le trajet des 100 kilomètres qui séparent la maison familiale de la métropole. Heureusement, il dispose d'une automobile, une «Ford à pédales», tout ce qu'il y a de plus ordinaire, qui a remplacé la luxueuse Dodge achetée alors qu'il était à l'emploi de la Celanese. Cette imposante automobile, avec ses sept places, lui avait permis de faire du covoiturage, de gagner quelques sous et d'arrondir ainsi les fins de mois. Malheureusement, cette véritable limousine étant devenue trop coûteuse à entretenir, il a fallu la remplacer.

En 1944, Bernadette est à nouveau enceinte. La naissance de sa seconde fille, Marielle, est difficile. Pour rester auprès de son épouse, Antonio n'hésite pas à abandonner son poste à Montréal. Revenu chez lui, il ne reste pas longtemps inactif. L'un de ses oncles, peintre en bâtiment, lui offre de travailler pour son entreprise, à Drummondville même. Comme il ne se sent pas de vocation particulière pour la peinture, Antonio préfère se joindre à ses cousins et troquer le pinceau contre une brosse. S'il a le choix, c'est que ce même oncle vient d'obtenir un important contrat de l'hôpital municipal, dont il s'agit de rénover la façade. Pour cela, il faut la laver avec des acides. Antonio, égal à lui-même, se met courageusement à l'œuvre. Malheureusement, il constate bien vite qu'il ne supporte pas de travailler au haut d'une échelle: il est sujet au vertige! Sa phobie des hauteurs lui impose le chômage et, une fois de plus, il se retrouve sans emploi.

Lorsque la guerre prend fin, Antonio n'a pas encore de

travail. Incapable de rester inactif, de passer ses journées à faire les cent pas sur le balcon ou à regarder passer les gens, il cherche de quoi s'occuper. L'esprit vogue, les idées se bousculent. À force de regarder vivre les autres, il prend conscience de l'ampleur du gaspillage dans une société où tout ce qui est inutilisé devient systématiquement déchet. Ce n'est pas fortuitement que l'idée de la récupération germe dans son esprit. Après tout, il a déjà construit une maison en profitant de ce que les autres mettent au rebut. Il sait combien les dépotoirs sont pleins d'objets qui pourraient facilement redevenir matière première. Il pressent qu'il y a moyen de gagner de l'argent en triant les déchets. Verre, métaux, papiers et chiffons, que l'on trouve en quantités respectables dans les dépotoirs, se revendent sûrement bien.

Cette conviction, mêlée à l'inactivité qui lui pèse, pousse Antonio à tenter l'expérience de la récupération. Il se rend donc de plus en plus souvent au dépotoir de Drummondville. Au grand désespoir de son épouse, il y entraîne bientôt ses fils. Bernard a à peine dix ans et Laurent en a huit. Bernadette accepte difficilement que son époux ou ses enfants travaillent dans un environnement aussi malsain: «Un dépotoir, c'est un tas d'ordures», rappelle-t-elle. Elle craint tant que les siens attrapent des maladies en fouillant les immondices qu'elle oblige tout son monde à se dévêtir dès qu'il met les pieds dans la maison. Elle lave ensuite soigneusement les vêtements pour éviter toute contamination. Antonio et ses fils se prêtent toujours de bonne grâce à cet exercice, d'autant plus que chacun sait que lorsque maman Lemaire dit quelque chose, il faut écouter... et obéir!

Antonio a vu juste. Le verre, le fer, les papiers et les chiffons qu'il récupère se vendent facilement. Les affaires vont bien et il amasse suffisamment d'argent pour acheter un camion qui doit servir au transport des rebuts. Cela se passe en 1949. Bien qu'ils n'aient pas encore l'âge légal pour conduire – qui est de quinze ans à l'époque –, les fils Lemaire prennent le volant. Bernard, à treize ans, se débrouille comme un grand. Pas étonnant que l'année suivante il entreprenne de passer son permis de conduire en trichant sur sa date de naissance. Laurent, de trois ans plus jeune, refuse de laisser son aîné détenir le monopole de la conduite. Il s'entête à prendre lui aussi le volant à l'occasion, bien que cela ait failli plus d'une fois lui causer des ennuis. Il était en fait plutôt petit pour son âge, ce qui n'arrangeait rien. C'est ainsi qu'un jour, le camion est intercepté par des policiers étonnés de ne voir personne au volant. En fait, Laurent est bien là mais, assis à la place du conducteur, il dépasse à peine le tableau de bord!

Dix années passent ainsi. Dès le début, l'idée de la récupération porte ses fruits. Fort heureusement, le succès perdure. Antonio consacre de plus en plus de temps à son «travail». Il passe non seulement ses journées entières au dépotoir mais s'y fait accompagner de ses fils les soirs et les fins de semaines. Les enfants travaillent dur. Cependant, chez les Lemaire, on ne rechigne pas devant l'effort. À Bernard et Laurent se joint plus tard Alain, de onze et huit ans plus jeune que ses deux frères. «Nous avons payé nos études en ramassant des ordures», rappelle-t-il aujourd'hui.

Les sociétés qui rachètent de la famille Lemaire verre, fer, papiers et chiffons acceptent les rebuts en vrac. Pour chaque livraison, il suffit aux garçons et à leur père de remplir le camion de tout ce qu'ils récupèrent. Cet état de choses leur simplifie la tâche mais Antonio n'entend pas qu'il en soit toujours ainsi. Il sait que les sociétés papetières, par exemple, reçoivent des autres fournisseurs des rebuts triés et mis en ballots, ce qu'ils n'exigent pas encore des Lemaire. Voyant là une avenue sérieuse pour accroître ses services et réduire les risques de perdre des clients au profit de la concurrence, Antonio part en chasse. En peu de temps, il déniche une presse à papier dont il fait l'acquisition. La machine doit servir à comprimer le papier et le carton, après le tri, et à former des ballots maintenus par des attaches métalliques. Comme elle se trouve au Nouveau-Brunswick, le transport présente quelques difficultés. C'est à Bernard qu'incombe la responsabilité du voyage. Il mène rondement la tâche qui lui est confiée et, peu de temps après, la machine est installée au dépotoir même de Drummondville.

Cela ne suffit pas à satisfaire Antonio qui caresse encore mille et un projets pour mousser les affaires de l'entreprise familiale créée cette même année 1957. (Le siège social de la Drummond Pulp and Fiber Reg'd est situé dans une petite maison en bois, rue Valois, à Drummondville.) Bien que les Lemaire effectuent un tri sommaire au dépotoir et mettent papiers et cartons en ballots avant la livraison, cela ne règle pas tous les problèmes des sociétés papetières clientes. Aucune d'entre elles, à ce moment-là, ne possède l'équipement nécessaire pour compléter le tri après livraison de la marchandise. En plus des débris en tous genres qui se retrouvent inévitablement mêlés au papier ou au carton récupérés, il faut éliminer, avant la trituration, les lattes métalliques qui servent à maintenir les ballots. Antonio entrevoit, une fois encore, d'intéressantes perspectives d'affaires; selon lui, c'est de la pâte qu'il faut livrer au lieu du papier ou du carton de récupération. Pour ce faire, il doit non seulement affiner les méthodes de tri mais aussi mettre au point une technique quelconque pour effectuer lui-même la trituration du papier et du carton, puis le séchage et la mise en forme de la pâte produite. Pendant quelque temps, c'est à cela qu'il va s'employer.

Comme toujours, ce ne sont pas les solutions qui manquent. En fin de compte, la Drummond Pulp and Fiber fait l'acquisition d'un vieux triturateur (mieux connu dans l'industrie par son nom anglais de *pulper*). Quant aux connaissances techniques, Antonio les puise toutes dans un seul livre, véritable bible dans les circonstances, qui traite des méthodes de fabrication du papier. S'il est relativement complet, le livre ne comporte cependant aucun détail sur les techniques de séchage de la pâte. Sur ce point, il faut improviser. Qu'à cela ne tienne! Antonio règle le problème en achetant une machine à fabriquer des plaques de carton-fibre (communément appelé *temtest*), produit utilisé pour l'isolation des maisons. L'appareil est très complexe et fort peu adapté aux besoins de la Drummond Pulp and Fiber. Avec le triturateur qui s'avère aussi, à l'usage, d'une piètre efficacité, l'affaire n'est pas brillante. «L'entreprise avait trente ou quarante ans de retard sur la concurrence!» reconnaît Alain. Bernard et Laurent n'étaient pas dupes non plus. Les idées de leur père avaient assurément du bon mais la mise en pratique laissait largement à désirer. C'est pourquoi les deux frères décident de se lancer à la recherche d'équipement mieux adapté, c'est-à-dire un tant soit peu plus rentable.

Avec le temps, les conséquences de cette aventure s'avèrent beaucoup plus sérieuses que la famille ne l'a d'abord prévu. C'est que ce nouveau coup dur arrive à un mauvais moment. Un an à peine après sa création, pour d'autres raisons, l'entreprise des Lemaire connaissait déjà des difficultés. Comme il disposait d'un camion, Antonio avait décidé, peu avant, de proposer ses services à la ville de Drummondville pour l'enlèvement des ordures ménagères. Première tentative, premier succès. La soumission présentée par la Drummond Pulp and Fiber est si basse que l'entreprise l'emporte facilement sur ses concurrentes. Néanmoins, cela a bien failli faire son malheur. Dans cette affaire, c'est assurément la municipalité de Drummondville qui s'en est tirée à bon compte. Antonio a tant coupé les prix qu'il a mis son entreprise en péril. La marge bénéficiaire est dérisoire et les difficultés financières ne tardent pas à poindre.

Devant l'imminence de la catastrophe, Bernard, qui vient de s'inscrire en Génie civil à l'Université McGill, à Montréal, abandonne ses études pour se consacrer au sauvetage de la Drummond Pulp and Fiber. Jusque-là, c'est Bernadette qui a tenu les livres de l'entreprise. Malgré la venue de Bernard à temps complet à la direction des affaires familiales, il n'est pas question qu'elle abandonne ses responsabilités, d'autant plus qu'elle s'entend à merveille avec son fils aîné en ce qui concerne les questions financières. Sur ce plan, ils partagent les mêmes idées, les mêmes points de vue, les mêmes convictions. D'ailleurs, depuis les tout débuts du mariage, la participation de Bernadette aux affaires de son mari a un effet bénéfique; elle fait toujours contrepoids à l'irrépressible engouement d'Antonio pour la moindre idée qui germe en son esprit. S'il est prompt à s'emporter et si ses projets manquent assez souvent de réalisme, Bernadette est là pour s'y opposer. Ce qu'elle veut éviter surtout, c'est que le hasard soit un facteur déterminant dans le succès de toute entreprise.

Rapidement, Bernard manifeste ses qualités d'entrepreneur. Sa mère trouve en lui la rigueur qui manque à son père. Si ce dernier brille par son esprit inventif, Bernard, lui, a vraiment le sens des affaires. Il s'emploie sérieusement à redresser l'entreprise familiale. Chaque semaine, il suit l'évolution du chiffre d'affaires. En bon gestionnaire, il apprend à faire le point comptable. En cela, sa mère l'épaule beaucoup. Ensemble, ils remplissent chaque soir les cahiers bleus dans lesquels paraissent les moindres transactions. Pour chaque chargement qui quitte le dépotoir, Bernard fait le calcul: il sait combien rapporte le voyage, ce qu'il coûte et ce qu'il reste comme bénéfices. La participation de Bernadette est sans doute l'un des facteurs qui ont permis à Bernard de trouver sa voie. Heureux mélange que la Nature a mis en cet homme: inventif, audacieux et imaginatif comme son père puis, en même temps, calculateur et réfléchi comme sa mère.

La Drummond Pulp and Fiber prend finalement du mieux. Elle parvient même à écouler une partie des produits de récupération aux États-Unis. Entre temps, des changements surviennent à Drummondville qui obligent la famille à déménager l'entreprise. À la suite d'une modification au zonage, le quartier de la rue Valois est classé «résidentiel». Pour la relocalisation, Antonio choisit des terrains situés à Saint-Nicéphore, à mi-distance entre la ville de Drummondville et le dépotoir municipal. À l'occasion du déménagement, la Drummond Pulp and Fiber abandonne la production de pâte et concentre son activité sur la récupération du papier et du carton. C'est donc là que Récupération Cascades inc. prend sa source, société créée en 1976 à la suite de la dissolution de la Drummond Pulp and Fiber.

Le redressement de l'entreprise et son déménagement sont, pour Antonio, l'occasion de mettre de l'avant de nouvelles idées. Suivant les conseils d'un parent, il décide de se lancer dans l'exploitation de la tourbe. Les tourbières sont nombreuses dans la région de Drummondville, du côté de Saint-Sylvère, et cette ressource naturelle est peu exploitée. «Il y a de l'argent à gagner» aura pensé Antonio qui n'a, pour une fois, pas de mal à convaincre Bernard du bien-fondé de l'aventure. Au fond, ce peut être un bon moyen de diversifier les activités de l'entreprise. Bernard, quant à lui, fonde ses espoirs sur la conviction qu'il pourra appliquer, dans ce projet, une technologie propre à l'industrie papetière. Pour financer l'entreprise, Antonio bénéficie de la mise de fonds de l'oncle promoteur de l'idée mais doit aussi hypothéquer la maison familiale. Il achète un terrain, puis l'équipement requis.

L'originalité de l'approche retenue par Bernard consiste à utiliser un laminoir et un séchoir, comme on le fait pour la pâte papetière, pour mettre la tourbe en feuille et la faire sécher. Il faut savoir que la tourbe, qui ne se vend que sèche, contient au départ vingt-huit fois son poids d'eau. Dans les tourbières, on la laisse généralement sécher à l'air libre. La méthode a ses inconvénients puisqu'il faut compter un an pour que le produit soit commercialisable, de sorte que l'idée de Bernard ne manque pas d'attrait. En tentant d'appliquer à l'exploitation de la tourbe les principes de production du papier, il calcule qu'il parviendra à réduire plusieurs centaines de fois le temps de séchage!

C'est Émile Verville, de Drummondville, qui se charge de transformer le laminoir et le séchoir afin qu'ils répondent aux exigences de l'exploitation de la tourbe *à la Lemaire*. Mécanicien hors pair, Émile est le seul de la région à pouvoir satisfaire Antonio. Il a déjà usiné pour lui les pièces les plus originales, les plus imprévisibles, fait l'impossible pour répondre aux souhaits de son ami inventeur. Il faut dire qu'Antonio et lui s'entendent particulièrement bien. Quand il s'agit de mécanique, rien au monde ne peut les arrêter.

Malheureusement pour la Drummond Pulp and Fiber,

l'entreprise s'avère vite un désastre total. La principale difficulté vient du fait qu'il faut, avant le séchage, enlever toutes les impuretés de la tourbe, ce qui n'est pas une mince affaire. Ensuite, l'idée de faire sécher la tourbe au four, aussi brillante soit-elle, est beaucoup trop coûteuse pour que l'expérience soit rentable. L'électricité est bon marché mais la quantité nécessaire porte les coûts d'exploitation au delà du seuil acceptable. C'est pourquoi, peu de temps après la mise en train de l'exploitation, la banque menace de mettre la Drummond Pulp and Fiber en faillite. Si l'entreprise familiale avait déposé son bilan, les Lemaire auraient tout perdu, Antonio ayant dû hypothéquer la maison familiale pour obtenir les fonds nécessaires au financement. Bernard se souvient du jour où, découragé devant l'incompréhension des banquiers, il a vu son père pleurer: «Ce jour-là, rappelle-t-il, j'ai juré que plus jamais un banquier ne me ferait pâtir!» Qui sait si certains ne verront pas là la source d'une des politiques du groupe Cascades selon laquelle la société fuit les ententes exclusives, préférant traiter avec plusieurs institutions bancaires?

Aujourd'hui encore, paraît-il, le laminoir et le séchoir sont quelque part au fond d'un champ, où ils resteront jusqu'à ce que la rouille ait achevé son œuvre. Si, financièrement, l'échec est retentissant, les enfants Lemaire auront au moins profité d'un été de travail en plein air, expérience dont ils se souviennent avec plaisir. Ils auront en même temps appris que rien n'est jamais gagné d'avance, la meilleure des idées n'étant pas garante du succès. Cette fois-ci, l'affaire n'a même pas eu le temps de démarrer: la production est nulle et l'aventure tourne court.

Entre temps, tandis que Bernard a définitivement interrompu ses études, Laurent s'est inscrit à la faculté de Commerce de l'Université de Sherbrooke. Il obtient une maîtrise en Sciences commerciales en 1962 et rejoint ensuite, pour de bon, les rangs de la Drummond Pulp and Fiber. Toutefois, il y a plusieurs années déjà qu'il est le troisième larron, avec son père et son frère. Il peut maintenant consacrer tout son temps et ses efforts à la gestion des affaires de la famille. Au sein du trio, il s'affirme comme l'homme de chiffres et le pondérateur. Il tient un peu le même rôle auprès de son frère, fougueux entrepreneur, que celui qu'a joué sa mère auprès de son père. Ce rôle de modérateur lui convient à merveille; grâce à lui, l'enthousiasme a un frein.

L'année suivante marque un point tournant dans les affaires de la Drummond Pulp and Fiber. La réorientation est radicale. Aux premières années de l'après-guerre, alors qu'il récupère un peu de tout au dépotoir de Drummondville, Antonio écoule sa marchandise auprès de sociétés et entreprises de la région immédiate de Drummondville. Si la clientèle s'accroît et se diversifie avec les années, certains clients restent longtemps fidèles. Parmi ceux-ci se trouve la Sterling Paper Company, société qui exploite une usine à Kingsey Falls, petit village situé entre Drummondville et Victoriaville. La firme a racheté l'usine papetière en 1951 mais ferme ses portes à la suite de difficultés financières l'année même où naît la Drummond Pulp and Fiber, en 1957. Antonio perd un client mais n'oublie pas le vieux *moulin*. Dans la famille, son nom refait surface en 1963.

* * *

Kingsey Falls est la patrie du botaniste Conrad Kirouac, mieux connu sous le nom de frère Marie-Victorin. Il y est né en avril 1885. Le village, dont la principale rue s'appelle Marie-Victorin, doit son nom à M.J.S. Kingsey, originaire du comté d'Oxford, en Angleterre. C'est lui qui, en 1792, procède à la division des cantons et des terres dans la région en vue de leur colonisation. Au cours de son travail d'arpentage, il remarque les chutes de la rivière Nicolet, dont la dénivellation lui semble suffisante pour actionner un *moulin*. Espérant pouvoir un jour en tirer profit, il se fait concéder une vaste bande de terre de part et d'autre de la rivière.

Avec l'immigration des loyalistes, ces Britanniques qui ont passé la frontière quelque quinze ans plus tôt pour fuir la Révolution américaine, les premiers colons sont tous anglophones. Ils s'installent dans la région au début des années 1800. Cinquante ans plus tard, en 1853 plus précisément, les frères J. et G. Gilmann exploitent une scierie sur la rive opposée, face à l'île qui coupe la rivière en deux et forme une double chute, où les frères Riddle ont acheté un terrain de quatre acres en plus des deux *moulins* existants. Aujourd'hui, les maisons des trois frères Lemaire dominent le site.

Thomas Riddle a l'idée bien arrêtée d'y construire une usine à papier. Il mène son projet à bien en 1873 avec l'aide financière des frères W. et P.P. Curry, futurs fondateurs de la Dominion Paper Company. Les mauvaises affaires des premières années acculent les Riddle à la faillite. Les frères Curry, auxquels ils doivent 30 000 $ (somme prêtée à un taux étonnamment usuraire de 25 %), s'approprient l'usine et le terrain en 1876. Leurs familles resteront propriétaires jusqu'en 1950. L'usine produit du papier d'emballage de qualités diverses, du papier à lettres et des enveloppes en tout genre. La reprise est à peine complétée qu'un grave accident se produit. Un lessiveur explose et le feu se propage à toute l'usine. On compte trois morts parmi les travailleurs et les installations sont rasées par les flammes. C'est un coup dur pour le village mais personne ne se laisse abattre. On reconstruit le *moulin*. En 1894, une fois encore et comme si le mauvais sort s'acharnait sur l'usine, c'est l'incendie. Il ne reste presque rien du *moulin*. Seule l'unité de pâte méca-nique, qu'on vient tout juste d'achever, échappe aux flammes.

La population joue de malchance mais ne se décourage pas. Une nouvelle fois, on reconstruit l'usine. En 1902, la direction investit massivement. On installe une nouvelle machine à papier afin d'accroître la production. On aban-donne en même temps le traitement et la cuisson du bois car il s'avère plus intéressant d'acheter de la pâte de papier kraft plutôt que de la produire, même si les fournisseurs sont à

Trois-Rivières et à Windsor. Ce n'est toutefois que la pâte kraft que l'usine cesse de fabriquer, la production de pâte mécanique étant maintenue. (Elle se poursuivra jusqu'en 1950.)

Après un long répit, le sort frappe à nouveau. En avril 1921, un troisième incendie détruit les bâtiments. Cette fois, on parvient à sauver une bonne partie de la machinerie, ce qui facilite la reconstruction de l'usine. Depuis, le destin a heureusement oublié Kingsey Falls: la population vit en paix. C'est de cette époque que date une partie du *moulin* actuel. Avec la nouvelle usine, la production passe à 20 tonnes par jour, même si elle est limitée au papier d'emballage et au carton. Viennent ensuite les années noires. Au cours de la crise économique déclenchée par la chute des cours à la Bourse de New York en 1929, plusieurs usines à papier de la région ferment leurs portes. La Dominion Paper Company traverse pour sa part la crise sans trop de mal. Elle parvient même à réaliser des bénéfices. Les années de la guerre n'affectent pas trop, non plus, les affaires de la société. La décennie se termine sur une bonne note et correspond, dans son ensemble, à une période de grande prospérité. C'est donc une entreprise saine et rentable que la famille Curry vend à la Sterling Paper Company en 1951.

Peu après la reprise, les difficultés pointent. En 1953, la direction menace une première fois de fermer l'usine, qu'elle n'arrive pas à rentabiliser, pour favoriser le développement de ses autres unités de production, situées en Ontario. Heureusement, le projet avorte. Par la suite, jusqu'en 1957, il y a peu de changements apportés à la machinerie. Celle-ci est pourtant désuète puisqu'elle date du début du siècle. La production stagne, les affaires vont mal et un conflit ouvrier éclate. Il mène à la fermeture des installations de l'usine en 1957.

Le gouvernement du Québec prend l'affaire en main. On encourage Louis Coderre, sous-ministre de l'Industrie et du Commerce, à racheter les actifs de la Sterling Paper Company. Le nouveau propriétaire apporte d'importantes modifications à la machinerie et l'usine se lance dans la fabrication du papier fin d'imprimerie. Toutefois, la nouvelle société ne peut pas produire à un coût suffisamment bas et ne parvient pas à percer le marché de façon significative. Dans une ultime tentative pour corriger la situation, à la fin de 1957, la Caisse populaire locale prête 75 000 $ à la Kingsey Paper Mill Company. Elle est appuyée par l'Union régionale des Caisses populaires Desjardins de Trois-Rivières (U.R.C.P.D.T.-R.). Malgré toute la bonne volonté et l'énergie qu'y consacrent ceux qui tentent le sauvetage, l'usine ferme une nouvelle fois ses portes. Pour éviter que la machinerie ne se détériore, la Caisse populaire de Kingsey Falls chauffe et entretient les bâtiments. Pour cela, ses directeurs doivent demander l'aide de l'Union des Caisses populaires qui se voit obligée de consacrer 160 000 $ à la sauvegarde de ses intérêts.

En fin de compte, en avril 1963, l'Union régionale devient le seul et unique propriétaire du *moulin* de Kingsey Falls. Le conseil d'administration étudie plusieurs projets de redémarrage de l'usine. Parmi les repreneurs éventuels, on retrouve Antonio, Bernard et Laurent Lemaire. Ces derniers déposent une offre auprès de l'Union régionale en octobre 1963. Ils proposent de louer le *moulin* de Kingsey Falls avec option d'achat pour un montant de 3 000 $ par mois. Après étude du dossier, les Lemaire sont appelés à défendre leur projet de relance devant le conseil. Ils font si bien que les représentants de l'Union régionale finissent par accepter leur proposition.

C'est ainsi que l'aventure commence à Kingsey Falls. L'argent nécessaire à la location des installations provient des bénéfices que réalise la Drummond Pulp and Fiber grâce à la récupération. Ce nouvel investissement, important par rapport aux moyens de l'entreprise familiale des Lemaire, est justifié par le fait que l'usine de Kingsey Falls représente un débouché naturel pour les rebuts – papiers, cartons et chiffons – récupérés par la Drummond Pulp and Fiber. Du même coup, la transaction garantit l'approvisionnement de l'usine papetière, qui est évidemment assurée d'avoir de la matière première à un prix avantageux et peut compter sur la régularité des livraisons. Antonio sait à quel point le mariage est intéressant; la Sterling Paper Company a été l'un de ses premiers clients. Il sent bien qu'il y a de bonnes affaires à traiter à Kingsey Falls.

Dès le début, Bernard quitte Drummondville et s'installe au village. C'est Laurent qui prend en main les activités de la Drummond Pulp and Fiber. À Kingsey Falls, avec l'aide des anciens ouvriers de l'usine, Bernard remet la machinerie en état. Le travail est vite fait, bien fait. Le 16 novembre 1963, une équipe de vingt hommes produit le premier échantillon de papier. Date importante dans l'histoire de Cascades: ce jour-là, les Lemaire deviennent véritablement des papetiers.

*   *   *

Antonio est sans doute celui qui se réjouit le plus de cette reprise d'usine. Il y a longtemps qu'il rêve d'un tel projet, lui qui répétait à qui voulait l'entendre que «patience et courage valent mieux que force et science». Le temps lui a donné raison. Cependant, il s'est déjà frotté aux difficultés que présente la fabrication du papier, a fait maints essais en amateur, avec des moyens plus ou moins orthodoxes. Devrait-on s'étonner des révélations de Bernadette, qui nous apprend qu'en fait, la première machine à papier des Lemaire a été son mélangeur, un appareil de marque Oster? «Un jour, raconte-t-elle, il [Antonio] est entré dans la cuisine en demandant où se trouvait le *blender*.» C'est qu'il s'est mis dans la tête de fabriquer du papier au lieu de livrer la matière première aux usines papetières. Si son projet se réalisait tel qu'il le souhaite, ce serait une merveilleuse intégration des activités de la Drummond Pulp and Fiber. Imaginez! Après être passé des livraisons en vrac au tri sélectif des rebuts, à la mise en ballots puis à la production de pâte (qui n'a duré qu'un temps puisque Antonio l'a abandonnée à l'occasion du déménagement à Saint-Nicéphore), voilà que les Lemaire fabriqueraient eux-mêmes le papier. Cependant, avant de se lancer dans la production industrielle, il faut largement expérimenter. C'est justement ce que fait Antonio avec le mélangeur de maman Lemaire.

Il n'y a rien à l'épreuve de notre inventeur. Le jour où s'est produit l'épisode du mélangeur, l'expérience aurait été concluante: «C'est simple!» Il suffit en effet de mettre une bonne quantité de vieux papiers dans une baratte et de les noyer avec une quantité suffisante d'eau. Mélangez énergiquement pendant un temps qui varie selon le type de papier que vous recyclez. Passez le produit obtenu dans un mélangeur jusqu'à ce que la pâte soit homogène. Extirpez l'eau à l'aide d'un presse-purée (l'expérimentation impose à l'amateur des contraintes qu'on ne connaît heureusement pas dans la grande industrie). Le presse-purée sert en plus à donner la forme à la pâte – qui risque bien de donner du carton plutôt que du papier si l'on se fie à l'apparence des galettes. Pour finir, faites sécher le tout à four doux. Le résultat est garanti quant au produit, beaucoup moins certain quant à la qualité et à la rentabilité.

L'ennui, c'est qu'Antonio cherche à réinventer la roue. Ce jour de novembre 1963, alors que le rêve devient réalité, il n'est pas certain que les résultats de ses expériences aient vraiment servi. Son enthousiasme, son engouement ont sûrement été des moteurs beaucoup plus efficaces dans l'intégration des activités de l'entreprise familiale. En ce qui concerne les principes de fabrication du papier, les Chinois y avaient pensé bien longtemps avant tout le monde. C'est que notre inventeur est plus fort en idées qu'en affaires. C'est un «patenteux» qui, comme tous ceux qui ont l'esprit qui se plaît à fureter ou à voguer, est souvent dans les nuages. Il n'en est pas moins une sorte de génie à sa façon, bien qu'il manque vraiment d'organisation. Il n'arrive pas à déterminer le lien nécessaire entre la valeur absolue d'une idée et son avenir commercial. Quelques rares fortunes se sont bien bâties sur des inventions qui paraissaient futiles, mais beaucoup d'autres produits de génie n'ont jamais rien donné de concret sur le plan commercial. Au fond, ce qui manque à Antonio, c'est le sens des affaires. Il ne parvient que rarement à mettre ses idées en pratique, et encore plus difficilement à en tirer profit. Plus souvent qu'autrement, son optimisme débordant lui joue de mauvais tours. Il lui arrive de mettre en péril ses propres acquis parce qu'il se fie trop à sa bonne étoile. Il accorde aussi trop facilement sa confiance aux gens. Il est heureux que Bernadette soit là pour pondérer son enthousiasme. Quand il présente une nouvelle bonne affaire, elle sait calmer son ardeur. Elle est beaucoup plus portée que lui à craindre l'aventure et, lorsque l'esprit s'emballe, elle ramène Antonio à la réalité. Comme c'est elle qui tient les livres de l'entreprise, elle peut facilement faire la part des choses, distinguer le raisonnable de l'excentrique. Mariage d'amour, certes, qui a eu le bonheur de se doubler d'un mariage de raison sur le plan financier.

Malgré cela, il faut quand même rendre justice à l'homme. Peu importe qu'Antonio ait été ou non l'artisan des succès de la Drummond Pulp and Fiber et de sa suite, toutes ces sociétés regroupées aujourd'hui sous la bannière du groupe Cascades; ce qui compte, c'est que l'idée qui est à la source, la récupération, soit bien la sienne. Pour cela, il mérite qu'on lui accole l'étiquette d'«écologiste précurseur» car il a pressenti l'avenir. Ce n'est pas par humanisme missionnaire qu'il passe ses journées au dépotoir de Drummondville aux premières années de l'après-guerre mais par intérêt, simplement. Il est convaincu qu'il peut gagner beaucoup d'argent en récupérant ce que jettent les autres. Au fond, l'idée est géniale: tirer parti du gaspillage. D'ailleurs, il n'y a pas que Récupération Cascades qui en vive bien aujoud'hui. Le recyclage est encore l'image de marque du groupe Cascades et la plupart des filiales, même en Europe, fabriquent des produits papetiers à partir de pâte recyclée.

Plusieurs autres idées, nombreuses celles-là, ont donné de moins bons résultats. Elles auraient eu un bel avenir, si... mais les circonstances ont fait qu'il en a été autrement. Parmi elles, certaines étaient bien peu prometteuses, d'autres auraient pu apporter gloire et fortune à l'inventeur. Par exemple, Antonio met au point un procédé pour chromer les punaises, technique qu'il éprouve dans son sous-sol. Il mène à terme un projet de porte-biberons qui se solde par un échec financier. (C'est Laurent qui sert de sujet pour la photo publicitaire qui paraît sur l'emballage, bien qu'il ait plus de trois ans à l'époque.) Il invente un rasoir pour couper les poils du nez, met au point une technique pour fixer les attaches métalliques sur des étiquettes en carton, procédé repris par la société Dennison, travaille longtemps à un projet d'automobile électrique, invente une machine à couper l'extrémité des rouleaux de papier – appareil encore utilisé de nos jours –, tente enfin de réaliser mille et un projets avec un succès on ne peut plus irrégulier.

Aux premières années de la Drummond Pulp and Fiber, Bernard trouve difficile de composer avec l'attitude sensiblement «je-m'en-foutiste» de son père. Il est trop calculateur pour laisser une grande place au hasard. Il sait combien le succès vient rarement seul. Il ne croit pas à la chance mais se fie plutôt à la constance dans l'effort, à l'assiduité au travail. À l'inventeur, il oppose la rigueur de son approche administrative. Avec l'aide de sa mère, il prend les affaires en main, apprend à ne se fier qu'aux chiffres. À l'époque de la reprise du *moulin* de Kingsey Falls, alors qu'il a vingt-huit ans, Bernard a déjà pris sa place à la direction de l'entreprise familiale. À ce moment-là, Laurent est aussi de la partie. Est-ce à dire que sans l'aide de ses enfants et de son épouse, Antonio n'aurait jamais pu réaliser ses projets et assurer la survie de ses entreprises? Sans doute, puisqu'il est trop vulnérable sur le plan comptable pour faire face à l'adversité. Tout à ses idées originales, il perd beaucoup d'énergie à créer mais parvient peu à réaliser.

Heureusement pour lui et les siens, Antonio n'est jamais vraiment seul pour diriger ses projets. Dès les premières année du mariage, il se frotte au veto de Bernadette qui pondère son enthousiasme ou impose son point de vue. Au pire de la crise financière provoquée par l'insuccès du contrat d'enlèvement des ordures ménagères de Drummondville, en 1958, c'est Bernard qui vient au secours de l'entreprise familiale. Sous son impulsion, la Drummond Pulp and Fiber retrouve la santé financière. Madeleine, l'aînée, participe aussi aux affaires de la famille. Laurent, quant à lui, n'attend pas longtemps non plus pour mettre ses connaissances à profit après avoir rejoint son père et son frère, en 1962. C'est lui, l'intellectuel de la famille avec sa maîtrise en Sciences économiques, qui, en 1964, s'occupe de la Drummond Pulp and Fiber pendant que Bernard consacre tout son temps à la gestion de l'usine de Kingsey Falls. En 1967 enfin, c'est Alain qui abandonne ses études à l'Institut des pâtes et papiers de Trois-Rivières pour se joindre à l'équipe, à Kingsey Falls.

On peut bien avoir l'impression, aujourd'hui encore, que Cascades est au fond une affaire de famille puisque les trois frères exercent une sorte de triumvirat – se partagent le pouvoir en fait – à la direction du groupe, de ses filiales et de ses sociétés satellites. Ce n'est rien qui étonne; les Lemaire prennent traditionnellement les décisions à plusieurs têtes. Avec eux, personne n'a le monopole des bonnes idées. Gens de raison et gens d'action, ils se retrouvent, à l'époque de la Drummond Pulp and Fiber, autour de la table de la cuisine pour parler d'affaires. Là, Antonio propose, Bernadette pondère, Bernard et Laurent – Madeleine et Alain aussi, à leur tour – réalisent.

Ce qui pourrait étonner un peu plus, c'est la bonne entente qui règne entre les trois frères. Il est vrai que le mariage d'intérêt qui unit toujours Bernard, Laurent et Alain est bien remarquable. La stabilité de leur association vient sans doute du fait qu'ils ont clairement partagé non seulement les actions de la première société, en 1964, mais aussi les rôles respectifs de chacun sur les plans tant administratif que financier. Brillante idée! C'est à croire que les Lemaire voyaient déjà loin à l'époque puisque vingt ans avant que l'aventure de Kingsey Falls ne devienne une véritable légende, la donne est si bien faite qu'elle n'aura pas à changer au fil des ans.

A moins que ce ne soit par esprit de famille. Antonio lui-même n'a-t-il pas décidé, en pleine période de restructuration au moment où naît Papier Cascades, de se retirer pour faire meilleure place à ses fils? Déjà, à ce moment-là, Bernard devient le porte-drapeau de Cascades. C'est un choix qui se fait en famille. Les actions de Papier Cascades sont partagées entre les trois frères et leur père de façon volontairement inégale, parce que la contribution et la responsabilité de chacun sont différentes. Bernard prend le devant de la scène parce qu'il a effectué le sauvetage de l'entreprise familiale en 1958. (De toute façon, la volonté est chez lui un trait de caractère.) Laurent vient tout juste derrière, à peu de distance. Il a deux ans de moins et, pour lui, Bernard reste le «grand frère». Quant à Alain, la différence d'âge explique tout: il a huit ans de moins que Laurent, onze de moins que Bernard.

*   *   *

Avec l'avènement de la nouvelle société papetière à Kingsey Falls, l'institution régionale des Caisses populaires Desjardins de Trois-Rivières, toujours responsable du financement de l'usine, exige le droit d'exercer la vérification comptable. Sans vraiment avoir le choix, Bernard et Laurent acceptent l'ingérence de l'Union régionale. Pour faire contrepoids à la présence de ce comptable délégué par le prêteur, les Lemaire retiennent les services de Jean Lanctôt comme vérificateur-comptable. Simon L'Heureux n'en a cure et consacre deux mois de travail à mettre sur pied le système comptable de la nouvelle société. Comptable agréé de formation, il est employé par les services techniques de la Fédération des Caisses populaires Desjardins. C'est qu'à Trois-Rivières, on ne lésine pas sur les moyens à prendre pour parer à toute éventualité! En fin de compte, l'homme plaît à Bernard. Ensemble, ils font le point mois après mois sur les résultats financiers. Il est certain que le travail de Simon L'Heureux, surtout au cours des premières années qui suivent la relance de l'usine, contribue fortement à la réussite de l'entreprise. On ne doit pas s'étonner, vingt-cinq ans plus tard, de le retrouver au sein du conseil d'administration de Cascades inc.

Pour assurer un redémarrage parfait de l'usine, les Lemaire apportent plusieurs améliorations aux installations. Dès la première année, on remplace la chaudière à charbon par une chaudière à mazout. On installe par ailleurs un monte-charge pour la manipulation de la matière première, puis un dispositif pour récupérer la pâte qui, jusque-là, était perdue. On remplace enfin les vieux engrenages en bois par des engrenages en acier. Tout cela permet à la production d'atteindre 15 tonnes de papier kraft par jour en quelques mois. Déjà, l'usine fonctionne 24 heures sur 24.

Parmi les premiers clients de Papier Cascades se trouve Pierre Décarie, de Montréal. Il n'est ni papetier ni industriel, mais plutôt revendeur. Son rôle d'intermédiaire entre les fabricants et leurs clients simplifie la tâche aux Lemaire, leur permettant d'écouler facilement leur production. Les affaires deviennent vite prospères. Pierre Décarie se prend alors d'enthousiasme pour la jeune entreprise et ne tarde pas à proposer aux frères de se charger de vendre la totalité de la production de l'usine. Voilà qui sourit à Bernard, d'autant plus que cela le libère d'une tâche qui ne lui plaît pas particulièrement. Il accepte et Pierre Décarie devient, de ce fait, le premier représentant de Cascades. Collaborateur de la première heure, il restera près de 20 ans avec le groupe. Bernard parle de lui comme d'un vendeur qui n'a jamais eu son pareil: «Il a beaucoup fait pour Cascades.» Au cours des années 70, par exemple, c'est à lui naturellement que la maison mère de Kingsey Falls confie la responsabilité d'écouler la production de l'usine de Papier Cascades (Cabano), premier projet d'envergure du groupe. Par la suite, il restera au poste quelques années encore, jusqu'à ce que, peu enclin à s'adapter aux nouvelles mesures d'un empire naissant alors que Cascades prend un réel essor au début des années 80, il décide de se retirer, au grand regret de Bernard.

En 1967, Papier Cascades, qui était jusque-là locataire du

moulin, achète les installations de Kingsey Falls. Le prix convenu avec l'Union régionale des Caisses populaires Desjardins est de 560 000 $. Trois années ont passé depuis la reprise; Bernard et Laurent ont amplement eu le temps d'évaluer la rentabilité de leur entreprise. Ce n'est pas à l'aveuglette qu'ils franchissent cette étape cruciale car les chiffres sont là pour justifier leur enthousiasme. En effet, la croissance est constante sur tous les plans: montant des ventes, nombre d'employés et niveau des salaires ont tous doublé. Les investissements faits à l'usine ne sont évidemment pas étrangers à ce succès. Année après année, les améliorations viennent changer l'aspect de l'usine si bien qu'aujourd'hui, il n'existe plus rien de l'ancienne machine à papier avec ses 84 pouces (2,10 mètres) de largeur. On y fabrique maintenant un papier de 97 pouces (2,50 mètres) et la capacité de production quotidienne est passée de 15 tonnes qu'elle était en 1964 à 100 tonnes de nos jours. Aux améliorations qu'imposait l'âge de l'équipement se sont ajoutées les adaptations requises par l'industrie. Car il n'y a pas que l'usine de Kingsey Falls qui ait changé. L'industrie papetière a, elle aussi, beaucoup évolué. La révolution informatique y a fait une percée remarquable. Jamais on n'a voulu être en reste chez Cascades et l'électronique a depuis longtemps fait son entrée dans les usines du groupe. À Kingsey Falls, la qualité du papier produit est vérifiée par ordinateur. Le degré d'humidité, l'épaisseur et le poids du papier sont constamment surveillés par des appareils d'une complexité étonnante et d'une merveilleuse efficacité.

En 1972, alors que Papier Cascades entame sa huitième année de production à Kingsey Falls, la Canadian Johns-Manville Corporation Ltd. offre d'acheter l'usine aux frères Lemaire. La société se propose d'y fabriquer du papier d'amiante. Son intérêt vient de la proximité du village par rapport à ses installations d'Asbestos, où l'on trouve la plus grande mine d'amiante à ciel ouvert du monde. Si intéressante qu'elle puisse paraître, les Lemaire rejettent l'offre du géant de l'amiante. Ils choisissent plutôt de présenter une contre-proposition et offrent aux administrateurs de la Johns-Manville de créer une société à parts égales. L'affaire est conclue et mène à la naissance de Papier Kingsey Fall inc., propriété partagée entre Papier Cascades et Johns-Manville. C'est le mariage d'une souris avec un éléphant. Au lieu de modifier les installations existantes, la nouvelle société construit une usine à proximité de la première. Pour les habitants de Kingsey Falls, voilà les actifs qui doublent!

Cette création d'une coentreprise est une saine manœuvre de diversification pour Papier Cascades. Il s'agit d'un nouveau secteur d'activité pour les trois frères, et plus encore d'une première expérience de collaboration avec un distributeur, chacune des deux sociétés associées apportant son savoir-faire en son domaine. Cependant, si c'est une première expérience quant au principe de la coentreprise, ce n'est pas un premier essai de diversification. Sur ce plan, Antonio Lemaire avait multiplié les initiatives et restait plein de projets, même après sa semi-retraite de 1964.

C'est ainsi que les Lemaire ont acquis une machine à pâte moulée. Cela remonte aux tout premiers temps de Papier Cascades. Antonio Lemaire connaissait un certain Lacroix, originaire de Beauce, qui vivait en Alberta. Il avait entendu dire que Lacroix possédait une machine à pâte moulée dont il n'avait plus l'utilité. Elle dormait dans un hangar, quelque part au pied des Rocheuses, faute de pouvoir servir. Évidemment, l'intérêt qu'on pouvait avoir à acheter une machine servant à fabriquer un produit à partir de pâte était évident. Ce genre de diversification s'inscrivait parfaitement dans la lignée des activités de l'entreprise des Lemaire. Comme il l'avait fait en se lançant dans la mise en ballots du papier de récupération, voilà Antonio qui songe à assurer un débouché supplémentaire pour la pâte produite à Kingsey Falls. Il s'agit d'aller plus loin d'un cran dans la production et de s'accaparer une étape supplémentaire. Convaincu du bien-fondé de l'idée, il propose à ses fils d'acheter la machine à mouler la pâte.

Une semaine plus tard, Bernard et Laurent se rendent en Alberta. Ils ne fondent pas beaucoup d'espoir sur leur démarche parce que l'affaire semble trop incroyable. Ce n'est pas un genre de machine facile à trouver, encore moins le type d'équipement qu'on laisse dormir au fond d'un hangar. Pourtant, l'affaire est bonne. Les renseignements d'Antonio sont exacts et l'achat de la machine se concrétise. Peu de temps après, elle est installée à Kingsey Falls. Cette fois encore, le père a flairé la bonne affaire, ses fils l'ont faite! Ils ont rapidement pu s'en frotter les mains de contentement puisque l'usine de pâte moulée de Kingsey Falls, de laquelle sortent aujourd'hui des milliers de boîtes à œufs chaque jour, fut pendant longtemps la vache à lait des entreprises des frères Lemaire.

Dernier coup d'éclat d'Antonio. Bien qu'il ait laissé le champ libre à ses fils et se soit partiellement retiré en 1964, ce n'est qu'en 1976 qu'il prend officiellement sa retraite. Il a 69 ans. Il meurt dix ans plus tard, le premier jour de janvier 1986. Outre la géniale idée qui est encore et toujours l'image de marque du groupe Cascades – la récupération –, il laisse à ses fils un legs des plus précieux: avec lui, Bernard et Laurent, Alain même, ont développé une étonnante aptitude pour la mécanique. Ce génie de la machine qui les anime explique en partie les succès qu'a connus le groupe Cascades. Qui peut, comme eux, juger d'un coup d'œil de la valeur d'une machine à papier, qui représente pourtant à elle seule une usine complète? Qui sait aussi non seulement percevoir la beauté d'une telle machine mais encore ses moindres défauts, si cachés soient-ils? Écoutez les concurrents: ils vous disent que, question machines, les Lemaire sont des connaisseurs.

Chapitre 2

Faire du neuf
avec du vieux

À la toute fin du mois d'avril 1986, alors qu'on prépare fébrilement à Kingsey Falls la rencontre annuelle des actionnaires de Cascades inc. prévue pour la fin du mois, les communications téléphoniques entre Paris et le siège social du groupe se multiplient. Les négociations pour l'acquisition d'une seconde usine en France entrent dans leur phase finale. Il s'agit, cette fois encore, d'une ancienne filiale de la société papetière française La Rochette-Cenpa, située à Blendecques, petite ville du nord-ouest du pays. C'est cette même société, en effet, qui s'était départie de l'usine de La Rochette, en Savoie, relancée par Cascades en mai 1985.

Ce qui inquiète les frères Lemaire dans ce dernier dossier, c'est que leur société n'est pas la seule candidate sur les rangs. La concurrence est vive parmi les repreneurs possibles. En plus des Allemands, il faut compter avec les Italiens de la Saffa-Verona, société qui réalise un chiffre d'affaires comparable à celui de Cascades à l'époque. S'il faut en croire les rumeurs qui circulent à l'usine, le scénario le plus plausible, advenant le rachat du complexe industriel par les Allemands, et plus sûrement encore si ce sont les Italiens qui reprennent, serait la fermeture à plus ou moins long terme. Personne n'affiche évidemment une telle volonté, mais il est clair qu'un échec serait facile à expliquer, l'usine mise en vente par La Rochette-Cenpa étant à peine au seuil de la rentabilité. Une telle manœuvre, aussi difficile qu'elle semble être, n'est pas dénuée d'intérêt pour les sociétés papetières européennes. Ce faisant, elles pourraient facilement mettre un terme aux activités d'une usine qui s'inscrit en concurrence directe avec celles qu'elles exploitent déjà. Le même problème a bien failli se poser à La Rochette, à cette exception près que Cascades y était encore inconnue. On ne doit donc pas s'étonner que la réaction des grands manitous européens du papier ait été, à ce moment-là, plus mitigée. Ils ont laissé faire, non sans surveiller de près les mouvements de ces *cousins* entreprenants. Alors que s'ouvre le dossier de Blendecques, vont-ils laisser ces derniers récidiver? C'est à voir.

Prévenus par téléphone de l'état des négociations et de la signature imminente du contrat de vente entre La Rochette-Cenpa et la firme Saffa-Verona, les Lemaire délèguent Laurent pour tenter de sauver l'affaire *in extremis*. Ce dernier s'envole pour Paris le soir même de la rencontre des actionnaires, le 30 avril 1986. Dans la capitale française, quelques courtes négociations suffisent à faire pencher la balance en faveur des Québécois. Laurent renchérit à peine par rapport à la dernière offre des Italiens, modifiant les délais de paiement des intérêts, et le tour est joué. Cascades l'emporte; l'usine restera ouverte... et retrouvera, on l'espère et l'on n'en doute pas à Blendecques, le chemin de la rentabilité.

Cette seconde acquisition donne tout à coup une crédibilité accrue à la thèse de la filiale européenne de Cascades inc., la société québécoise franchissant du même coup un pas de plus dans sa définition de *multinationale*. C'est là l'intérêt majeur du projet, bien sûr, mais ce n'en est pas le seul. Ce qui fait l'attrait particulier de l'usine de Blendecques pour les Lemaire, c'est qu'elle présente l'avantage de posséder une unité de désencrage fort moderne. Cette unité de production est parfaitement intégrée au complexe industriel puisque celle-ci absorbe la totalité de sa production de pâte désencrée.

Le désencrage des imprimés n'est pas nouveau chez Cascades. La société possède depuis 1984 une usine pilote, située à Breakeyville, près de Québec. Toutefois, l'unité de désencrage de Blendecques est bien différente de l'usine québécoise. Elle n'a pas non plus les mêmes raisons d'être. À Blendecques, on produit une quarantaine de tonnes de pâte recyclée par jour, ce qui représente moins de 15 000 tonnes par année. (La capacité annuelle totale de l'usine est néanmoins voisine de 25 000 tonnes.) C'est par le tri sélectif du papier de récupération qu'on obtient une pâte suffisamment blanche pour satisfaire aux exigences de la fabrication du carton couché. En effet, la pâte obtenue peut alors entrer dans la fabrication de la couche blanche, sur laquelle est imprimé le texte des emballages. En fait, la particularité de l'installation repose sur le fait que les ingénieurs de l'usine de Blendecques ont réalisé un ensemble original en réunissant plusieurs techniques venues de nombreux pays européens. Grâce à cet amalgame technologique, le désencrage du papier donne une pâte de qualité nettement supérieure à tout ce qui se fait ailleurs sur le continent.

À Breakeyville, on procède au désencrage après avoir effectué un tri minimal du papier de récupération – qui est loin d'être aussi sélectif que celui qu'impose la technologie utilisée à Blendecques. Pour obtenir une pâte plus blanche, il faut ensuite ajouter des produits chimiques; cet ajout en fait une pâte dite «mixte» ou «composite» que boudent, pour l'instant, les producteurs de papier journal. Sur le plan strictement économique, cela ne présente pas encore un ennui majeur car l'usine n'a pas été conçue pour produire à grande échelle. Lorsqu'elle fonctionnera à pleine capacité, elle pourra livrer 75 tonnes de pâte par jour, soit quelque 27 000 tonnes par année, ce qui est relativement peu. En réalité, il convient de la considérer comme une usine-laboratoire. Selon la direction de l'usine, l'objectif fondamental de son exploitation reste effectivement de mettre au point un procédé de désencrage qui permettrait le traitement répété des vieux papiers.

C'est un vieux rêve de l'industrie que d'arriver à trouver le moyen de récupérer, impression après impression, les fibres qui font la pâte et le papier. Malheureusement, ce rêve est à demi utopique car le papier n'est pas éternel et le cycle ne peut être repris qu'un nombre limité de fois. Le désencrage affecte les fibres de bois qui se détériorent un peu plus à chaque cycle, perdant en longueur et en résistance. Malgré cela, on peut espérer mettre au point une technique de recyclage du papier imprimé qui permette la réutilisation multiple des fibres, cela grâce au désencrage. Voilà à quoi l'on s'emploie chez Désencrage Cascades. Un tel résultat marquerait déjà une nette progression par rapport à la situation actuelle. Aujourd'hui encore, on gaspille des milliers de tonnes d'imprimés, jetés aux rebuts parce qu'il n'existe pas de technologie rentable de recyclage.

L'objectif que poursuit le groupe Cascades avec l'expérience de Breakeyville visait, au début du moins, essentiellement le marché du papier journal. Cela constitue une autre différence importante avec l'unité de désencrage de Blendecques. L'usine québécoise est peut-être le prototype de l'unité de désencrage que devront s'adjoindre toutes les usines productrices de papier journal dans un avenir relativement rapproché. La production du papier journal est le plus important secteur de l'industrie forestière et, lorsqu'on aborde la question de la récupération et plus encore du recyclage du papier, il convient de mettre les journaux dans une classe à part. Pour imprimer les milliers de journaux qui paraissent chaque jour dans le monde, il faut couper des centaines de milliers d'arbres[1]. À un rythme aussi fou, on est en droit de se demander si les pluies acides finiront par tuer nos forêts avant

---

1. La plus grande chaîne de journaux au Canada, qui fait partie de l'empire du Torontois Kenneth Thomson, comporte plus de soixante quotidiens dans plusieurs pays. Pour publier l'ensemble de ces journaux, il faut abattre quelque 50 000 arbres *chaque jour*.

que celles-ci ne soient épuisées par la consommation abusive que nous en faisons! Heureusement, l'espoir subsiste grâce au désencrage et aux recherches que mènent des sociétés comme Désencrage Cascades à Breakeyville. On peut croire qu'un jour, brûler de vieux papiers sera considéré comme un crime.

La société Désencrage Cascades naît en juin 1984 lorsque le groupe de Kingsey Falls rachète l'usine de la société John Breakey à Breakeyville, près de la ville de Québec. La relance coûte 5,3 millions de dollars en investissements. L'usine, d'une capacité de 75 tonnes de pâte par jour, avait fermé ses portes trois ans plus tôt à la suite de l'importante baisse du prix de la pâte. Au moment de la reprise, la direction de Cascades explique l'intérêt du groupe pour cette petite usine par la recherche d'un débouché pour les vieux journaux provenant des différents centres de Récupération Cascades. Aujourd'hui, le projet a pris une autre allure; il est plus exact de parler d'*usine pilote* et de considérer, avec Bernard, le désencrage comme «la solution de l'avenir». C'est bien plus exact ainsi puisque les débouchés sont loin d'être assurés pour l'instant pour la pâte recyclée. En Amérique du Nord en particulier, le marché est toujours inexistant. Il n'empêche que cela fait jaser et que tout le monde suit l'expérience de près. Déjà, les autorités gouvernementales ont songé à favoriser la construction d'une autre usine de désencrage au Québec, au coût prévu de 20 millions de dollars, dans la région de Montréal. Cette nouvelle usine devait avoir une capacité de production de 100 000 tonnes par année. Profitera-t-on de l'expertise de Cascades? Ce n'est pas impossible.

Quatre ans après la reprise, l'usine de Breakeyville vient tout juste de passer le cap de la rentabilité. Il est vrai que Cascades a dû faire œuvre de pionnier et que le projet présentait au départ des risques particuliers. Aux limites de la capacité de production de l'usine s'ajoutent les difficultés d'un marché neuf. Par ailleurs, aucune des filiales du groupe Cascades au Québec ne produit – pas encore du moins – de papier journal et il était prévisible dès le départ du projet que l'usine de Breakeyville allait devoir écouler sa production auprès d'autres sociétés papetières. Pour les Lemaire, tenter une telle aventure était évidemment une belle façon de rester fidèle aux principes de la récupération et du recyclage. Il aurait été certes plus facile de reprendre une usine en fonctionnement ou, mieux encore, une unité de production bénéficiaire mais il n'existait rien de tel à l'époque – ni encore maintenant. Cependant, l'audace a toujours quelque chance de rapporter un jour. Déjà, à l'automne 1986, la lumière a brillé un temps au bout du tunnel: Désencrage Cascades a effectué sa première livraison de pâte désencrée. Ce ne fut qu'un début très modeste, avec un seul et unique client, mais ce débouché a donné raison, d'une certaine façon, à Bernard et à tous ceux qui ont partagé son optimisme.

Le manque d'intérêt des clients possibles pour la production de l'usine de Breakeyville s'explique de deux façons. Il y a d'abord le fait que le type de pâte produit à l'usine de Cascades est encore inconnu des producteurs de papier journal. Il s'agit d'une pâte qui tient à la fois de la pâte mécanique et de la pâte chimique – à cause des produits qu'on doit ajouter pour lui donner une blancheur répondant aux normes de l'industrie. Cette pâte mixte – ou composite – doit encore faire ses preuves avant d'obtenir la place qui pourrait lui revenir dans les marchés nord-américains. C'est aux gens de Cascades qu'il revient de convaincre les acheteurs possibles de la qualité du produit. La tâche n'est pas impossible puisque sur ce plan, personne n'a rien à redire [2]. C'est pourquoi, s'il faut en croire les responsables de l'usine-laboratoire de Breakeyville, le fond de la question n'est pas là. Ce sont les mentalités qu'il faut changer et c'est un défi de

_____

2. En fait, les clients possibles ont trouvé à redire quant à la qualité de la pâte produite avec du papier journal recyclé. Pour assurer la rentabilité de l'usine, Désencrage Cascades a dû temporairement remplacer le papier journal par du papier glacé, utilisé pour imprimer les couvertures des revues. Le défi consiste maintenant à assurer l'approvisionnement de l'usine, la majeure partie du papier provenant de l'étranger. En plus de cela, si la qualité de la pâte s'est améliorée, les sociétés papetières échaudées à la suite de leurs achats précédents risquent de tarder à accepter de faire de nouveaux essais.

taille. Dans l'ensemble, les industriels sont en quelque sorte réfractaires au changement; ce n'est pas une mince affaire que de les faire changer d'idée. C'est pour cela que le marché reste très difficile à percer. Ces producteurs de papier journal s'entêtent encore et toujours à bouder la pâte composite et refusent de prendre le moindre risque. Une telle attitude n'inquiète pourtant pas la direction de Désencrage Cascades. Comme le dit si bien Bernard, les producteurs finiront par changer d'avis un jour ou l'autre, la raison aura inévitablement le dessus sur l'entêtement et, «ce jour-là, Cascades aura quelques années d'avance!».

«Quelques années d'avance», c'est peut-être vrai au Canada, voire en Amérique du Nord, mais sûrement pas outre-Atlantique. Si le désencrage en est à ses débuts au pays, il y a longtemps que des usines comparables à celle de Breakeyville fonctionnent en Europe. Sur le vieux continent, l'épuisement des ressources naturelles est beaucoup plus perceptible qu'en Amérique. Les mesures correctives s'y imposent quand elles ne sont pas déjà le recours ultime. L'existence d'une usine de désencrage à Blendecques donnait une dimension nouvelle au projet de reprise de l'usine papetière par Cascades. Cela avait tout pour plaire aux Lemaire, qui ont naturellement songé à l'éventualité d'un transfert de technologies entre la France et le Québec. Cette acquisition, avec celle de la société nouvelle Avot-Vallée, dont l'usine est située à guère plus d'un kilomètre de celle de Blendecques et possède, comme cette dernière, une unité de désencrage, pourrait de la sorte avoir une influence déterminante sur le développement du marché de la pâte désencrée au Québec, au Canada et, pourquoi pas, dans tout le reste de l'Amérique du Nord. Si cela s'avérait exact dans les prochaines années, l'affirmation de Bernard deviendrait prophétie [3].

---

3. Il est malheureux que les Nord-Américains ne s'intéressent pas particulièrement à la récupération des imprimés et que le désencrage ne soit, pour l'instant, qu'une activité très marginale. Parce que l'usine de Désencrage Cascades est la seule en son genre au pays, les Lemaire ont véritablement fait œuvre de pionnier. Le Canada est peut-être encore trop largement couvert

*   *   *

Au point où en sont les choses, on peut s'attendre à ce que, dans le domaine du désencrage, la filiale de Breakey-ville mène pendant longtemps encore dans un marché qui n'en est qu'à ses balbutiements. Avec cette usine-laboratoire, Cascades innove sur le plan technologique; les Lemaire s'affirment comme les pionniers d'une technique nouvelle et prometteuse. «Bon sang ne peut mentir», dit l'adage, et cet engagement «colle» parfaitement au principe de la récu-pération qui est l'image de marque de Cascades depuis ses tout débuts, conformément à l'élan imprimé par Antonio Lemaire, le père, l'écologiste avant l'heure.

C'est l'idée de la récupération, nous l'avons vu, qui a amené la naissance de la Drummond Pulp and Fiber à la fin des années 50. À cette époque, récupération et recyclage sont des domaines où tout est à faire. Sur ce plan, Antonio Lemaire est un précurseur. Si ce n'est pas vraiment par cons-cience écologique qu'il songe à récupérer le verre, le fer et le papier mais plutôt par esprit d'économie, son idée est quand même à l'origine de l'entreprise familiale, devenue multinationale depuis. Devinant qu'il peut gagner gros en triant ce dont les autres se débarrassent, il répond au gas-pillage par la récupération. Le succès des filiales du groupe Cascades, et de bien d'autres sociétés au pays dans le domaine de la récupération, est la plus belle preuve de la valeur de cette approche. Personne ne doute plus aujourd'hui que la récupération soit une activité rentable sur le plan

---

de forêts pour que les gens ressentent le besoin d'économiser une ressource qu'ils perçoivent – à tort bien sûr – comme inépuisable. La surestimation des réserves canadiennes de bois n'est sans doute pas étrangère à cette attitude irresponsable que partage le grand public avec les dirigeants de l'industrie forestière. Au Québec aussi, on a trop longtemps surestimé les capacités autorégénératrices de la forêt. Sur ce point, le ministère québécois des Ressources et de l'Énergie a publié des statistiques qui laissent songeur. Selon ces données, il est d'ores et déjà certain que le Québec manquera de bois dans moins de vingt-cinq ans. En effet, les forêts publiques ne pourront bientôt plus

économique. Pourtant, si elle a mis du temps à percer, l'idée d'Antonio n'était pas nouvelle. De tout temps, il s'est trouvé des gens pour récupérer ce que d'autres ne voulaient plus. Le gaspillage des uns a toujours fait l'affaire de certains autres. À l'usine de La Rochette, par exemple, aux premières années du XXe siècle, on fait la trituration du vieux papier qui entre ainsi dans la fabrication de la pâte.

En 1962, la Drummond Pulp and Fiber, prise en mains par Bernard, se spécialise dans la récupération des vieux papiers. Cela mène à l'acquisition de l'usine papetière de Kingsey Falls deux ans plus tard en une sorte d'intégration verticale, l'entreprise familiale devenant fournisseur de la nouvelle société. De ce jour, la récupération devient l'image de marque de Cascades. La tradition se perpétue de nos jours encore. Récupération Cascades, l'une des filiales du groupe spécialisée dans l'enlèvement des ordures ménagères, possède quatre centres principaux pour la récupération des vieux papiers. Ils sont situés à Drummondville, Sherbrooke, Québec et Ottawa au Canada, puis à Baltimore, aux États-Unis. Ces centres possèdent ensemble 250 presses qui servent à la préparation du papier en vue de son expédition vers les diverses usines du groupe. C'est ainsi qu'ils suffisent à combler 60 % environ des besoins des filiales de Kingsey Falls, d'East

---

fournir suffisamment de bois pour satisfaire aux contraintes imposées par les contrats d'approvisionnement liant les différentes sociétés d'État responsables de la gestion des ressources forestières à des sociétés privées forestières et de scierie. Pourtant, les forêts québécoises peuvent actuellement fournir quelque 21 millions de mètres cubes de bois de résineux par année; l'ennui, c'est que les contrats gouvernementaux prévoient la vente de 31 millions de mètres cubes! Dans ce contexte, la récupération a de bonnes chances de devenir un thème à la mode. Cette matière première que l'on refuse de récupérer et de recycler est celle-là même qui permet aujourd'hui aux usines de fonctionner. Il n'y aurait sûrement pas matière à s'étonner si les sociétés papetières étaient les premières à recycler les journaux et les vieux papiers, à reboiser nos forêts et à investir dans la recherche pour assurer les approvisionnements de demain. Il faut comprendre que sans cela, on court droit vers la catastrophe, la mort de la poule aux œufs d'or. Malheureusement, le cri d'alarme n'a pas encore été entendu. À ce jour, au Québec, on en est encore à se demander qui, de l'industrie ou des pluies acides, sera le champion dans la destruction des forêts.

Angus, de Jonquière et autres en papier de récupération.

Le principe de la récupération ne s'applique évidemment pas qu'au papier. Déjà, à la fin des années 40, Antonio Lemaire s'intéresse non seulement aux vieux papiers et aux chiffons [4] mais aussi au verre et aux métaux. Il trouve preneur pour tout ce qui est recyclable. Ce n'est qu'avec le temps que la récupération se fait plus sélective, surtout avec la reprise de l'usine de Kingsey Falls à l'occasion de laquelle les Lemaire deviennent véritablement des papetiers. La récupération reste aujourd'hui concentrée autour des papiers, cartons et journaux. Dans le cas de l'usine de Cascades (Joliette), qui produit du papier de doublure pour l'industrie automobile, cette sélectivité a quelque conséquence pour Récupération Cascades. Comme elle ne récupère ni vieux chiffons ni vêtements, cette dernière société doit acheter en vrac d'autres fournisseurs pour revendre ensuite à Cascades (Joliette).

La récupération est une approche payante. Il n'y a pas que le succès phénoménal de Cascades inc. qui en soit la preuve. Avec beaucoup d'autres sociétés au Québec comme partout ailleurs dans le monde, Cascades a prouvé que la récupération est une activité rentable. Il s'est créé toute une industrie autour du recyclage des déchets et autres rebuts industriels et domestiques. C'est pourquoi les activités du groupe s'inscrivent vraiment dans le courant écologique actuel. Ensemble, les usines de Cascades recyclent 700 tonnes de papier de rebuts par jour. Au niveau des ressources forestières, cela représente une économie de plus de 5 millions d'arbres par année, c'est-à-dire l'équivalent d'une forêt de 7 300 acres, ou de la moitié de la superficie de l'île de Montréal. Les chiffres ont de quoi étonner et l'on peut être fier d'une telle performance. Il n'est pas étonnant que la société mère, Cascades inc., se soit vu attribuer le «Grand Mérite forestier» en 1985, prix décerné par l'Association forestière des Cantons de l'Est dont Alain

---

4. Pendant longtemps, on a utilisé les tissus comme les vieux papiers ou même la paille pour produire de la pâte papetière. À Joliette, où Cascades inc. a acheté l'usine de la Canadian Gypsum en février 1986, on fabrique encore du papier à partir de chiffons et de vieux vêtements.

est secrétaire (ce qui n'a strictement rien à voir avec le choix de Cascades comme récipiendaire). Étonnant, reconnaissent certains observateurs, puisque le groupe Cascades n'a jamais eu de concession forestière ni coupé d'arbres malgré le fait que la plupart des usines filiales produisent du papier et du carton. En fait, le prix a été décerné aux dirigeants de Kingsey Falls pour la volonté dont ils ont toujours fait preuve dans l'application du principe de la récupération. Les décisions prises au fil des ans au siège social manifestent une foi certaine envers la récupération et le recyclage.

Cependant, au rythme où vont les choses, il est certain que cette situation peut rapidement changer. S'il reste exact, aux premiers temps de la mise en marche de l'usine de Cascades (Port-Cartier) sur la Côte-Nord, que Cascades n'exploite aucune concession forestière ou ne coupe pas d'arbres, il est faux de prétendre que tous les besoins des unités de production du groupe seront toujours comblés grâce à la récupération et au recyclage. Il est vrai que le recours aux vieux papiers et aux copeaux permet d'économiser des quantités étonnantes de bois. Il se pourrait bien, néanmoins, à la suite d'une acquisition par exemple, qu'il y ait un jour une filiale du groupe Cascades qui soit propriétaire de terrains destinés à la coupe de bois, voire qui exploite directement des concessions forestières. Ce serait tout un changement. Il serait même étonnant que cela se produise jamais. Déjà, certains concours de circonstances font que Cascades est engagée – bien indirectement toutefois – dans l'exploitation forestière, c'est-à-dire qu'elle partage une certaine responsabilité *morale* avec ses fournisseurs. À part cela, l'évolution de certains dossiers peut toujours amener des changements radicaux. C'est bien ce qui risque de se produire à Port-Cartier, par exemple, où Cascades est associée à Rexfor, société d'État québécoise qui doit assurer l'approvisionnement en bois de l'usine de la Côte-Nord. Rexfor, qui est l'un des plus importants producteurs de bois au Québec, détient de nombreuses concessions forestières. Les aléas de la politique de privatisation du gouvernement Bourassa pourraient menacer les actifs de Rexfor. Si la société était cédée au secteur privé, on ne peut douter que Cascades s'y intéresse particulièrement. Le groupe pourrait s'en porter acquéreur et, du même coup, se retrouver engagé dans l'exploitation forestière. Mais ce n'est là, pour l'instant, que pure spéculation. Rien n'est définitif sur ce point et la vente de Rexfor à l'industrie privée est loin d'être chose faite.

Naturellement, s'il fallait que la situation évolue en ce sens, la nouvelle filiale de Cascades devrait se plier aux règles du reboisement comme n'importe quelle autre société exploitant la forêt québécoise. Il serait alors intéressant de mesurer l'impact de l'attitude raisonnable dont ont toujours fait preuve les dirigeants de Cascades, de vérifier si l'on aura enfin affaire à un bon gestionnaire des ressources forestières. Il est facile de faire des professions de foi et de manifester sa bonne volonté quand on n'est qu'indirectement concerné par la gestion des forêts. Les positions seront peut-être plus difficiles à tenir quand il sera question de rendement et de rentabilité. Pourtant, la réputation de Cascades ne laisserait d'autre choix aux Lemaire que de faire mieux encore que la norme en ce domaine.

Chapitre 3

Les coentreprises, des mariages de raison

Asbestos, capitale provinciale de l'amiante, est située à moins de 20 kilomètres de Kingsey Falls. À proximité de la ville, l'Homme a profondément marqué la nature: la société Canadian Johns-Manville y exploite la plus grande mine d'amiante à ciel ouvert du monde. Au début des années 70, l'industrie de l'amiante poursuit son expansion. Il se passera encore une dizaine d'années avant la levée de boucliers, pressions politiques et sociales qui en feront un produit étiqueté «dangereux».

C'est à cette époque pleine de promesses, près de dix ans après la reprise de l'usine papetière par les Lemaire, que le géant de l'amiante s'intéresse aux installations de Kingsey Falls. Ses directeurs prévoyaient que le marché du papier d'amiante allait connaître une croissance suffisante pour justifier de nouveaux investissements. Parmi leurs projets, il y en avait un qui visait la fabrication de papier d'amiante. Pour cela, il fallait acheter une usine à papier. La proximité de Kingsey Falls faisait de l'usine de Cascades une cible de choix. C'est pourquoi, en 1972, la Canadian Johns-Manville offre aux Lemaire de racheter l'usine.

Le projet de vendre les installations, si intéressant soit-il, ne soulève pas l'enthousiasme des Lemaire, pour qui il n'est pas question de se départir de l'usine. Les trois frères ne voient d'ailleurs pas pourquoi ils mettraient de la sorte un terme à huit années d'efforts soutenus. En réponse à l'offre, ils soumettent plutôt un projet d'association. Après négociation, une entente mène à la création d'une entreprise à parts égales. Les trois frères se retrouvent associés à un géant.

Papier Kingsey Falls naît ainsi en juin 1972. Au lieu de transformer les installations existantes, la nouvelle société construit sa propre usine à peu de distance de celles-ci, sur la rue Marie-Victorin. Pour cela, il faut investir deux millions de dollars. Si l'on se partage également le capital-actions, il n'en est pas de même pour la mise de fonds. L'argent provient surtout de la Canadian Johns-Manville. Le projet bénéficie aussi de subventions et prêts consentis par le gouvernement. Si l'apport financier de la société minière est plus important, Cascades investit autrement dans l'entreprise. À défaut d'une part égale de capital, les Lemaire apportent leur savoir-faire de papetiers et prennent la responsabilité de la gestion de la future usine.

«S'unir pour mieux faire» est le mot d'ordre dans un projet du genre. Selon les termes de cette première expérience, Cascades va fabriquer un produit que sa partenaire mettra en marché. Bonne façon de partager les risques, d'autant plus étonnante que les sociétés associées sont de forces singulièrement inégales. En son genre, l'association est une première au Canada. Et les Lemaire en profitent pour éprouver un principe qu'ils pressentent déjà comme un moyen d'assurer une croissance saine et sûre: offrir leur savoir-faire en matière de gestion en échange de l'expérience et des moyens des associés dans le domaine de la mise en marché. En fin de compte, Papier Kingsey Falls est une bonne affaire pour Cascades qui part à la conquête de nouveaux marchés à peu de frais. Quant à la Canadian Johns-Manville, elle réalise par la coentreprise son projet de fabrication de papier d'amiante, tout en limitant son risque puisqu'elle confie la gestion de l'usine à des gens dont les aptitudes ne sont d'ores et déjà plus mises en doute.

À Kingsey Falls, le mariage a duré douze ans et les associés se sont séparés sans heurts. La restructuration s'est faite en douce lorsque Cascades a acheté la part du capital-actions que détenait la Canadian Johns-Manville, en février 1984[1]. Par la même occasion, Papier Kingsey Falls a dû prendre en charge la mise en marché de ses produits, qui sont surtout écoulés aux États-Unis, où les ventes représentent 60 % du chiffre d'affaires. Le Canada absorbe 30 % de la production, le reste étant destiné à d'autres pays.

L'usine emploie maintenant 80 personnes et fabrique plus d'une douzaine de sortes de papiers à base d'amiante utilisés dans l'industrie de la construction, pour les travaux de rénovation ou comme isolant thermique. La pâte est fabriquée à partir d'un mélange de fibres d'amiante, de fibres de verre, de papier kraft, de carton, de sciure de bois, de papier journal et de produits chimiques. Le papier obtenu, enduit d'asphalte, devient du papier goudronné. L'expérience acquise par Cascades à l'occasion de l'association avec la Canadian Johns-Manville dans la fabrication de produits à base d'amiante n'est sans doute pas étrangère à l'intérêt qu'a manifesté la S.N.A. (Société nationale de l'Amiante) pour l'équipe de gestionnaires de Kingsey Falls. La société gouvernementale québécoise a en effet sollicité la collaboration des Lemaire pour réaliser un projet d'usine-laboratoire au Cap-de-la-Madeleine. L'entreprise, installée dans des bâtiments achetés à la Consolidated-Bathurst, a été gérée par Cascades de 1979 à 1986. En février de cette année-là, cette dernière en est devenue propriétaire à part entière.

*   *   *

1. La coentreprise fonctionnait bien. La décision d'y mettre fin est venue de la maison mère, de Denver au Colorado, la Johns-Manville, dont la haute direction avait choisi de liquider les actifs canadiens. Les difficultés grandissantes que connaissait à cette époque le marché de l'amiante, en butte à la hantise de l'amiantose, n'étaient pas étrangères à la solution retenue par la direction.

Le recours à la coentreprise est un moyen qu'ont beaucoup privilégié les Lemaire, au point d'en faire un trait caractéristique de la gestion chez Cascades. L'expansion du groupe a souvent reposé sur des associations avec des sociétés qui disposent de moyens ou d'expertises que ne possède (ou ne possédait) pas Cascades inc. Si l'on excepte les instances gouvernementales qui ont maintes fois participé aux projets de la société de portefeuille, il y a de nombreux autres exemples de coentreprises avec des sociétés privées ou publiques d'envergure. Les principes sont toujours les mêmes, comme les avantages. La première expérience, celle de Papier Kingsey Falls, a donné le ton et la recette a servi plus d'une fois. La formule reste celle qu'on avait retenue: Cascades fabrique et la société associée distribue.

Quand c'est possible, les Lemaire préfèrent les coentreprises à parts égales, peu importe la puissance financière relative de chacun des partenaires. Cascades n'a jamais renoncé à s'associer à plus grande qu'elle, même si cela n'est pas une approche dénuée de risque. La particularité des coentreprises du genre a souvent poussé les sociétés actionnaires à prévoir un mécanisme de divorce, au cas où l'évolution des affaires forcerait la séparation. C'est pour cela que la convention entre actionnaires contient chaque fois des clauses de transfert d'actions qui permettent le départ de l'un ou l'autre des partenaires, de gré ou de force. Il s'agit du *shotgun agreement*, qu'on nomme aussi *baseball agreement*, traduit généralement en français (sans grande originalité) par «clause shotgun». C'est une entente qui régit le transfert d'actions[2].

---

2. Dans une convention entre actionnaires, la clause *shotgun* stipule que l'un des associés, lorsqu'il veut acheter les actions de ses partenaires, prend le risque de perdre les siennes, aux conditions qu'il a lui-même fixées. Les partenaires sont libres d'accepter ou de refuser l'offre. S'ils refusent de vendre, et c'est là la particularité de cette clause, ils sont automatiquement obligés d'acheter les actions de celui qui voulait prendre les leurs, au prix et aux conditions qui leur avaient été offerts. L'image du pistolet braqué sur la tempe n'est pas forcée puisqu'un partenaire qui tente de racheter ses associés prend inévitablement le risque de perdre ses propres actions, aux conditions qu'il a lui-même fixées toutefois. C'est une forme d'assurance réciproque, une garantie qu'en cas de rachat par l'une ou l'autre des parties, le prix offert soit toujours satisfaisant.

L'histoire montre qu'en principe les coentreprises assorties d'une telle clause ne connaissent pas des divorces faciles. C'est que le *shotgun* est contraignant et, surtout, irréversible lorsqu'il est exercé. Pas étonnant que les disputes se règlent le plus souvent devant les tribunaux. Pourtant, rien n'oblige à ce que les différends mènent à une rupture. L'important, c'est de parer à toute éventualité, première utilité de cette clause *shotgun* à laquelle on semble bien tenir chez Cascades. C'est une pratique courante en Amérique du Nord et sur ce point, les Lemaire et leurs collaborateurs n'ont rien inventé. C'est plutôt le recours systématique à une telle clause qui surprend, réflexe somme toute normal pour une entreprise de taille moyenne qui s'associe avec des géants comme la Canadian Johns-Manville ou, plus récemment, la multinationale française Béghin-Say. Néanmoins, la recette n'est pas dénuée d'intérêt à d'autres niveaux, comme le prouvent les expériences de deux autres sociétés satellites: Les Industries Cascades et Indusfoam Canada.

Les Industries Cascades sont nées d'une coentreprise assortie d'une clause *shotgun*. Le projet d'association remonte à la fin de 1976 alors que Gerry Wyant, p.-d.g. et fondateur de la société Wyant, se rend à Kingsey Falls pour y visiter les usines et rencontrer les frères Lemaire. La société Wyant, dont le siège social est à Montréal, se spécialise dans la distribution de papier hygiénique et de papier essuie-tout. La première rencontre est chaleureuse, comme le rappelle Gerry Wyant: «Bernard et moi avons immédiatement compris que nous pouvions bâtir quelque chose ensemble. Nous parlions certainement le langage des yeux. Deux heures de conversation nous suffirent pour préparer l'organisation de ce qui serait Les Industries Cascades.» C'est ainsi que naît l'idée de construire une nouvelle usine à Kingsey Falls pour y fabriquer du papier hygiénique.

Cascades inc. et la société Wyant créent Les Industries Cascades en mars 1977. Dans la coentreprise à parts égales, Cascades a la responsabilité de la production tandis que la société Wyant assure la distribution. L'usine compte 45

employés. On y produit surtout du papier essuie-mains, qui
représente 65 % des activités. L'ensemble de la production
est vendu à la firme P.H.A. Industries, filiale de la société
Wyant, qui transforme le papier en feuilles individuelles ou
en rouleaux pour l'écouler au Québec, en Ontario, dans les
provinces maritimes et aux États-Unis. Le reste de la production consiste en papier hygiénique, mis aussi en marché
par l'intermédiaire de P.H.A. Industries. La pâte est fabriquée
à partir de rebuts de papiers, puis transformée en feuilles de
papier absorbant de qualité.

La coentreprise existe toujours et les partenaires n'ont pas,
ni l'un ni l'autre, manifesté le désir de mettre fin à leur association. Le scénario a été tout autre dans le cas d'Indusfoam
Canada. C'est en exerçant la clause *shotgun* que Cascades est
devenue propriétaire à part entière de sa société satellite.
Celle-ci avait été créée en septembre 1980 en association
avec Induspac, une société spécialisée dans la distribution de
cartons et d'emballages. (Elle possède des usines à Montréal,
Ottawa et Toronto, fait peu de conversion et vend surtout de
la matière première.) Cette première coentreprise a duré
quatre ans. En 1984, Cascades achète les actions appartenant
à Induspac, puis signe un contrat de distribution avec son ex-
associée. Deux ans plus tard, en 1986, à l'occasion d'une
nouvelle association à parts égales avec la société Packaging
Industries, Indusfoam Canada devient Cascades Sentinel (du
nom d'une marque de commerce appartenant à la société
Packaging Industries). Dorénavant, la production est mise en
marché à la fois par Induspac et par Cascades Sentinel.

L'usine de Kingsey Falls a été la première en son genre
au Québec. En 1983, les installations ont été déménagées à
Drummondville. Cascades Sentinel fabrique des feuilles de
polyéthylène destinées à l'emballage des appareils électro-
ménagers, des circuits électroniques, des meubles, etc. C'est
un produit qui présente l'avantage de parfaitement protéger
les pièces et instruments fragiles et d'être à peu près sans
poids. Cela permet des économies substantielles en frais de
transport, surtout si l'on songe aux habituelles surcharges que

provoquent les emballages en carton ou en bois. La société s'est enrichie d'une seconde usine en septembre 1986. Les bâtiments situés à Dunnville, en Ontario, à mi-chemin entre Hamilton et Niagara, étaient inoccupés. Cascades y a installé une machine rachetée de la société Versatec, de Toronto. Au début, l'usine produisait des feuilles de polyéthylène, comme celle de Drummondville. Puis, en 1988, on a installé un nouvel équipement pour produire des planches de polyéthylène destinées à l'emballage de produits fragiles pour en faciliter le transport.

*   *   *

L'un des grands avantages de la coentreprise est d'offrir une solution de contournement du protectionnisme économique. Les mesures limitant les échanges internationaux dans certains secteurs économiques sont des entraves à la croissance de nombreuses multinationales. Pour éviter de rester confinées à l'intérieur des frontières de leur pays d'origine, ces sociétés n'ont d'autre choix que de créer des filiales étrangères. Dans ce contexte, la coentreprise avec une société bien établie dans le pays cible est sans contredit le moyen le plus sûr de profiter des compétences en place et de mettre toutes les chances de son côté. Voilà à peu près ce que devaient penser les directeurs du géant industriel français, la société Béghin-Say, qui s'est associée à Cascades inc. pour pénétrer les marchés canadien et américain.

Béghin-Say est une multinationale qui exerce un quasi-monopole dans l'industrie sucrière en France. Elle est aussi présente dans le secteur des pâtes et papiers, produit du papier hygiénique, des pansements, des serviettes hygiéniques, etc. En s'associant à Cascades inc., la direction de Béghin-Say a voulu s'assurer un pied-à-terre en Amérique du Nord afin de se tailler une place dans le marché continental à partir de l'intérieur. Ce n'est pas la première fois que ses dirigeants s'intéressent à l'Amérique. Ils ont déjà cherché à acheter une usine pour fabriquer des couches pour incontinents, mais aucune de leurs démarches n'a donné de résultat concret. Il faut dire que les usines existantes appartiennent presque toutes à de puissantes multinationales: Johnson & Johnson et Kimberley-Clark. On conçoit difficilement que les grands manitous américains les laissent passer aux mains de leurs concurrents, surtout s'ils sont étrangers.

À l'occasion d'une nouvelle tentative de percée américaine donc, les représentants de Béghin-Say rencontrent ceux de Cascades. Dès le départ, les Français se présentent avec un projet en main: la société européenne propose à Cascades de fabriquer sous franchise la gamme des produits d'hygiène *Vania*. Leur habitude des coentreprises à parts égales n'étant probablement pas étrangère à leurs réticences, les Lemaire refusent. Ils suggèrent plutôt que Cascades s'associe aux Français et s'occupe de gérer l'usine à construire. Béghin-Say, pour son savoir-faire, serait responsable de l'achat des machines, des produits et de l'assistance technique à tous les niveaux. C'est sur ces bases qu'une entente est signée en janvier 1984.

Cascades P.S.H (sigle formé des initiales de *Produits de Soins et d'Hygiène*) est la coentreprise née de cette union. Elle obtient sa charte en mars 1984, propriété à parts égales des deux sociétés associées. Pour l'usine qui doit être montée dans une bâtisse existante à Drummondville, on investit 17 millions de dollars. Le type particulier de production force l'installation de machines neuves. On ne lésine pas non plus sur la qualité: c'est ce qui se fait de meilleur au monde. La machinerie provient du Japon, d'Italie, de Suède et d'Allemagne, ce qui explique qu'à un moment donné, on parle quatre langues dans l'usine. Tout se passe bien malgré tout. Le projet est rapidement mené à terme, ce qui est déjà toute une performance compte tenu de l'échéancier serré qu'on a fixé. Avec cela, l'usine de Cascades P.S.H., inaugurée en août 1985, est la plus moderne en son genre en Amérique du Nord. Selon les rumeurs qui circulent à l'usine, elle aurait même de quoi faire l'envie de plus d'un directeur de Béghin-Say!

Cascades P.S.H. fabrique deux types de produits, ainsi que leurs emballages, destinés au grand public: des couches pour incontinents adultes, mises en marché sous la marque de commerce *K-Plus* et, pour la majeure partie de sa production, des produits d'hygiène féminine *Vania*, marque de commerce qui appartient à Béghin-Say et qui est reconnue, en Europe, pour sa qualité supérieure.

Tous les produits de Cascades P.S.H. sont fabriqués à partir de pâte papetière, de non-tissé et de polyéthylène. La première est une pâte vierge, dite pâte à bourre ou *fluff* en anglais, c'est-à-dire qu'elle contient exclusivement de la pâte de fibre de bois. Outre sa pureté, elle présente l'avantage d'avoir une capacité d'absorption supérieure. Elle ne provenait, au départ, d'aucune des usines du groupe Cascades. Depuis, l'usine de Cascades (Port-Cartier) est devenue fournisseur attitré, la première commande ferme de pâte datant de la mi-novembre 1988. Entre temps, c'est I.T.T.-Rayonier et International Paper qui ont été les principaux fournisseurs – et le demeurent. Quant au non-tissé, il s'agit d'un tissu composé de fibres synthétiques, formé par application de chaleur et non par tissage, d'où son nom de «non-tissé».

En un premier temps, la direction de Cascades P.S.H. entend se tailler une bonne place dans les marchés québécois et ontarien avant de se lancer à la conquête du reste de l'Amérique du Nord. Bénéficiant de plus de vingt ans d'expérience de marché outre-Atlantique avec la marque de commerce *Vania*, l'entreprise peut percer assez rapidement au Québec. (En France, avec *Vania*, Béghin-Say détient 52 % du marché des serviettes hygiéniques.) Par ailleurs, l'origine québécoise du produit – le fait qu'il soit fabriqué par une société nationale même s'il est issu de la technologie française – est un facteur prépondérant dans l'accueil que lui ont réservé les femmes québécoises. Pourtant, l'arrivée de ce nouveau concurrent, et ses prétentions surtout, ont créé un remous certain chez les grands.

Au Canada seulement, le marché des serviettes hygiéniques représente quelque 180 millions de dollars par année.

Jusqu'à l'arrivée de Cascades P.S.H., deux sociétés géantes se le partageaient. Johnson & Johnson et Kimberley-Clark en détenaient toutes deux 40 %, le reste allant à des marques de commerce marginales, dont plusieurs appartiennent à Proctor & Gamble. Remarquable par sa stabilité, ce marché n'avait que peu évolué au cours des quinze dernières années. L'équilibre était atteint depuis le début des années 70 et il semblait qu'on en était arrivé à un tel point de perfection quant aux produits qu'il n'y avait plus rien à faire, plus rien à dire. Le marché manquait étonnamment de dynamisme.

L'introduction intempestive de *Vania* change tout. Alors que la clientèle nord-américaine, traditionnellement partagée entre les grands, est habituée aux produits présentés dans des boîtes en carton devenues classiques, *Vania* met en marché des serviettes hygiéniques emballées dans des sacs en plastique. Révolutionnaire? En Amérique peut-être, mais pas en Europe où l'on a depuis longtemps compris les avantages des emballages souples. Les serviettes sont insérées dans des sachets individuels, ce qui permet de les transporter une à une et d'en disposer facilement après usage. L'approche a l'heur de plaire. Pourtant, les sociétés concurrentes avaient multiplié les études sur ce genre d'emballage et conclu qu'il n'avait aucun avenir en Amérique du Nord.

Au départ, l'approche de Cascades P.S.H. se démarque donc de celle de ses concurrents. On veut que les produits *Vania* soient non seulement pratiques mais aussi *beaux*; à la direction de l'usine de Cascades P.S.H., on prétend presque qu'ils soient classés comme cosmétiques! Une telle approche se justifie, évidemment, du fait que ce soit du haut de gamme. La publicité, comme le prix, ne laissent pas de doute sur ce point. Les consommatrices doivent payer de 10 à 15 % plus cher pour obtenir la qualité *Vania*.

En s'associant à Béghin-Say[3], Cascades comptait bien avoir une longueur d'avance sur la concurrence. On allait

---

3. En août 1986, la division Kaysersberg du groupe Béghin-Say devenait une société filiale. Puis, un an plus tard, Béghin-Say vend 50 % du capital-actions

vendre au Canada des produits éprouvés en Europe. L'expertise de la société française comptait pour beaucoup dans les espoirs des Canadiens. De la même façon, les directeurs français espéraient que l'association avec une entreprise installée au Québec faciliterait leur percée nord-américaine. Sans affirmer que les espoirs aient été déçus, il faut croire que Cascades P.S.H. avait sous-estimé l'intérêt des géants américains. Avec *Vania*, tout en choisissant une approche révolutionnaire, les associés partaient en guerre contre beaucoup plus gros qu'eux. Si ce nouveau mariage entre partenaires de tailles inégales permet de considérer l'avenir avec beaucoup d'optimisme, il ne faut pas oublier que le marché est occupé par quelques tigres aux dents longues. Le chiffre d'affaires de la multinationale Johnson & Johnson atteint 8 milliards de dollars par année, dans le monde entier; celui de Kimberley-Clark dépasse 5 milliards. Quant à Proctor & Gamble, qui se satisfait d'une faible part du marché des serviettes hygiéniques, elle ne réalise pas moins un chiffre d'affaires annuel de 18 milliards! Que penser du poids de Béghin-Say, qui s'appuie pourtant sur son expérience et son milliard et demi de dollars d'affaires? Que dire encore de Cascadesinc., la maison mère, dont le chiffre d'affaires consolidé dépassait tout juste 200 millions de dollars lors de la création de Cascades P.S.H.?

David a fort à faire contre ces Goliaths. Alors qu'on croyait, à Drummondville, que Cascades P.S.H. avait tout pour surprendre les firmes concurrentes et pouvait compter sur 18 à 20 mois d'avance, on a été surpris de la rapidité de la riposte. Avec l'aide de sa filiale française, Kimberley-Clark a mis sur le marché des produits en concurrence directe avec la gamme *Vania*. Johnson & Johnson (France) est aussi entrée dans la danse pour appuyer les efforts de la maison mère américaine. Rien n'est donc gagné d'avance. Toutefois, l'importance de l'attention que portent ces géants aux progrès

---

de S.A. Kaysersberg à la société américaine James River, seconde société papetière au monde avec 116 usines, 35 000 employés et plus de 6 milliardsde dollars américains de chiffre d'affaires.

de la coentreprise franco-québécoise a de quoi surprendre et est déjà une sorte de victoire. Et encore, il y a des dirigeants de Cascades P.S.H. qui pensent que le déroulement des opérations s'explique autrement. Selon eux, il n'est pas impossible que certains manufacturiers d'équipement spécialisé destiné à une production du type *Vania* aient particulièrement bien joué leurs cartes. Il leur aurait suffi de sonner l'alarme chez les concurrents, en exagérant quelque peu les efforts déployés et les espoirs de Cascades P.S.H., pour que la réaction soit presque sans commune mesure avec la progression de la société de Drummondville. Cela aurait évidemment été une habile façon de mousser les ventes: les marchands d'armes, paraît-il, ne s'inquiètent jamais du camp de leur client.

L'ampleur des investissements faits à Drummondville s'explique bien si l'on considère que les visées de la jeune entreprise sont panaméricaines. Qu'on ne s'y trompe pas, même si l'on peut garder l'impression, pour l'instant, que Cascades P.S.H. se contenterait des marchés québécois et ontarien, ou canadien à la rigueur. Dans cette perspective, la machinerie installée à l'usine de Drummondville suffirait à répondre à la demande, même si la percée devait finalement être phénoménale et s'étendre à toute l'Amérique du Nord. En fait, la première année, les machines ont fonctionné à peine à la moitié de leur capacité maximale; c'est donc dire que la production pourrait doubler sur demande. Chez Cascades P.S.H., les stratèges ont vu loin. (Qui sait si leurs visées n'étaient pas trop optimistes?)

Cependant, si la confrontation prend des allures de guerre du point de vue de Cascades P.S.H., on ne peut pas en dire autant des directions des trois géants de l'industrie. Il s'agit sans contredit, à leurs yeux, d'un phénomène mineur puisqu'il ne concerne qu'une infime partie de leur marché. C'est pour Cascades inc. et sa filiale que les enjeux sont considérables. Le mécanisme de la coentreprise a fait ses preuves et l'on ne le mettra pas en doute. Cependant, il sert dans ce cas-ci aux fins de diversification des investissements; c'est donc le succès de la diversification des actifs, à moyen et à long terme, qu'on sera en mesure d'évaluer en fonction du succès de Cascades P.S.H. Pour sa part, la société Béghin-Say s'en tire à bon compte de toute façon, les investissements nécessaires à ce genre d'entreprise étant beaucoup moins élevés que ceux qu'il aurait fallu envisager pour une percée directe en Amérique du Nord: création d'une filiale à part entière, implantation dans un marché dominé par de véritables «puissances» en leur genre, qui en plus est étranger aux pratiques et à la mentalité des gens d'affaires français et européens, etc.

Les dirigeants de Cascades P.S.H. misent beaucoup sur l'originalité de l'emballage plastique, avec fermeture à cordon, pour que la société prenne sa part du marché. Ce faisant, ils s'inscrivent à contre-courant des pratiques devenues traditionnelles en Amérique. (En France, même les filiales de Johnson & Johnson et Kimberley-Clark mettent en marché leurs produits dans des emballages en plastique. Autres pays, autres mœurs.) Pourtant, leur approche a du bon. Pour les consommatrices d'abord, puisque les serviettes emballées individuellement sont plus faciles à transporter. Le sac en plastique perd du volume au fur et à mesure que diminue le nombre de serviettes, contrairement à la boîte qui reste toujours encombrante. Pour les commerçants ensuite, quoi qu'en disent les concurrents. Les sacs en plastique, s'ils n'ont pas la fermeté des boîtes en carton qu'on peut empiler telles des briques, prennent deux fois moins d'espace sur les tablettes. À ceux qui prétendent que les emballages du genre sont difficiles à disposer dans des présentoirs, les vendeurs de *Vania* ont pris l'habitude de répondre que les *chips* se vendent depuis des dizaines d'années dans des sacs en plastique sans que personne se soit plaint de ne pouvoir les présenter sur des étagères.

Le plié-en-trois n'est pas une invention de Béghin-Say ou de Cascades P.S.H.; il fut introduit par Tambrand, société propriétaire de la marque de commerce Tampax, avec la «mini-mince». Ce qui fait la différence, grâce à l'économie d'espace, c'est que chaque serviette peut être emballée séparément dans un sac en plastique qui sert aussi à la jeter après usage. Voilà l'idée qu'il faut vendre aux consommatrices. Sans compter que ces dernières doivent y mettre le prix. *Vania* est en effet un produit haut de gamme, qui peut coûter jusqu'au double du prix des produits concurrents. Tout comme la qualité supérieure, le côté pratique a son prix. Avec *Vania*, les gens de Cascades doivent alors sortir des sentiers battus. Bernard a plus d'une fois poussé les hauts cris en constatant l'importance des sommes consacrées à la publicité chez Cascades P.S.H. Ce sont pourtant des dépenses inévitables. La haute direction du groupe a dû prendre en considération le fait que sa filiale vend un produit fini directement destiné aux consommatrices. Il n'est pas possible d'appliquer les mêmes principes de mise en marché que pour les ventes de pâte, de papier, de carton ou de toute autre matière première. La publicité télévisée doit passer à des heures de grande écoute pour rejoindre l'auditoire cible. Lorsqu'on opte pour une approche résolument moderne, il faut vendre non seulement le produit mais aussi l'idée. Les mentalités et les habitudes ne sont jamais faciles à changer. Impossible de faire autrement pourtant quand on souhaite «démythifier» les serviettes hygiéniques!

Dans un tel contexte, il est important que la publicité et la mise en marché soient différentes de ce qui se fait traditionnellement dans l'industrie. Là encore, Cascades P.S.H. fait preuve d'originalité. Disposant de budgets beaucoup moins importants que ceux des grandes sociétés, les gens de Cascades P.S.H. ont soigneusement déterminé leur public cible et s'y tiennent. Ils destinent leurs produits à la femme de 18 à 34 ans dont le revenu se situe entre 20 et 25 000 $ par année. Cette pratique est nouvelle car, dans l'industrie des produits de soins et d'hygiène, on procède généralement sans discrimination. Chez les grands, on mise sur la quantité et l'on cherche à atteindre tout le monde. Pour la distribution d'échantillons dans les boîtes aux lettres, par exemple, Cascades P.S.H. s'est adressée à une firme spécialisée de Toronto.

En utilisant une liste des 640 000 foyers où l'on trouve au moins une femme qui correspond à la clientèle cible de *Vania*, la société a réduit des deux tiers les coûts de sa campagne publicitaire. Si l'on se fie aux habitudes de l'industrie, il aurait été normal d'expédier 1,8 million d'échantillons, sans faire la moindre distinction. Cascades P.S.H. a aussi innové en allant jusqu'à faire de l'échantillonnage dans quelque 250 grands magasins. Cela ne s'était jamais vu pour des produits du genre et donne une certaine crédibilité à l'approche «cosmétique». Avec tout cela, les méthodes de Cascades P.S.H. sont résolument différentes. Originales certes, mais pas suicidaires. Elles reposent sur une étude de marché qui a duré douze mois et a permis à la société de devenir celle qui connaît le mieux les besoins et les attentes de la clientèle visée. En plus de cela, comme ses dirigeants ne manquent pas d'audace et ont su faire preuve d'idées nouvelles, on devine qu'ils restent ouverts à toute suggestion. Reste à souhaiter que les consommatrices se fassent entendre.

Depuis l'arrivé de la gamme des produits *Vania*, qui coïncide avec celle d'*Always*, de Proctor & Gamble, le marché a passablement évolué. Il s'est accru de 9 % en un an, en 1986, et sa courbe de croissance semble devoir rester à la hausse pendant deux ans encore. L'introduction des protège-slips et des serviettes «maxi-nuit» n'y est sûrement pas étrangère. La «maxi-nuit», courante en Europe mais inconnue en Amérique, répond en effet aux besoins de 40 % des femmes.

Avec *Vania*, Cascades P.S.H. comptait prendre 20 % du marché en cinq ans de présence. Les résultats de la première année ont été prometteurs. Après des débuts enthousiasmants, la croissance a pris sa vitesse de croisière. Après deux ans, Cascades P.S.H. détient 17 % du marché québécois et 8 % du marché ontarien. Le protège-slip *Vania*, par exemple, se classe parmi les dix premiers de sa catégorie, qui compte près de 150 produits comparables. On est toutefois loin de l'objectif particulièrement élevé qu'on s'était fixé. L'avenir seul dira si la carte de l'originalité était une bonne mise.

L'histoire ne finit pas là. Les produits d'hygiène ne

représentent qu'un volet dans les perspectives d'avenir de
Cascades P.S.H. Le marché de la serviette obstétrique, entre
autres, n'a pas évolué depuis 35 ans. Quiconque s'y attar-
derait parviendrait à produire un type de serviette plus
moderne. Avec quelque 375 000 naissances par année au
Canada, cela représente un marché existant de 20 millions de
serviettes par année. On vous dira, à l'usine de Drummondville, que ce n'est pas un marché à négliger d'autant
plus qu'il y a beaucoup de place pour l'innovation − ce qui ne
manque pas d'attrait. Il y aussi différentes gammes de
produits domestiques en papier qu'on pourrait produire.
L'expérience de Béghin-Say faciliterait la mise en marché de
nappes en papier imprimé et de serviettes de qualité supérieure, par exemple, un produit qui n'aurait rien de commun
avec ce qu'on connaît déjà en Amérique du Nord, du moins
s'il faut en croire les dirigeants de Cascades P.S.H. Bref, en
les entendant parler, on veut bien croire que l'avenir est plein
de promesses pour la coentreprise franco-québécoise.
Vraiment, la fortune sourit aux audacieux.

*   *   *

La coentreprise à la façon de Cascades est en fait un mariage
de raison. C'est non seulement une solution miracle mais aussi
une recette aujourd'hui éprouvée. Chacun des partenaires y
trouve son compte, et c'est le principal. Peu de choses ont
changé depuis la première expérience de Cascades, en 1972.
On peut, à la rigueur, considérer que la formule s'était quelque
peu modifiée, à la fin de 1987, dans le cadre du projet de
relance des usines de La Chapelle-Darblay, en banlieue de
Rouen, en France. Là, Cascades S.A. s'était associée au
groupe de François Pinault, qui porte son nom, principal
producteur de bois en France et spécialiste de la reprise
d'usines en difficulté. Cette fois, au lieu que ce soit Cascades
qui aurait fabriqué et la société associée qui aurait distribué, la
coentreprise devait se situer à un autre niveau: le groupe
Pinault assurait l'approvisionnement de l'usine en bois tandis

que Cascades s'occupait de la gestion du complexe industriel[4]. Au fond, cela ne change pas grand-chose au principe de la coentreprise, l'intérêt majeur étant que chacun des partenaires y trouve son compte. De toute façon, la recette de Cascades n'en est chaque fois que mieux éprouvée quand on peut mesurer en argent sonnant les bénéfices d'une coentreprise.

---

4. La coentreprise a finalement été dissoute à la suite d'un désaccord profond entre associés. Il semble que le groupe Pineault ne voulait pas limiter sa responsabilité à l'approvisionnement en bois et s'ingérait dans la gestion courante; les relations entre les gens des deux groupes étaient rendues plus difficiles encore du fait que les sociétés Cascades et Pinault sont loin de partager la même « philosophie de gestion ».

Chapitre 4

Les bonnes fées
sur le berceau de Cabano

Alfred Rouleau, autrefois président de la Fédération des Caisses populaires Desjardins du Québec, a toujours eu un faible pour les entrepreneurs sensibles aux besoins et attentes de leurs employés. À ses yeux, Bernard Lemaire, figure de la génération montante de l'entreprenariat québécois, est de ceux-ci. Il le connaît de réputation comme un homme déterminé, un fonceur, un homme d'affaires décidé mais humain. Au milieu de la trentaine à l'époque, Bernard besogne ferme pour assurer la rentabilité de l'entreprise créée à Kingsey Falls en 1964. Ses deux frères, Laurent et Alain, se sont joints à lui et partagent son enthousiasme. Ensemble, ils se sont promis de transmettre aux employés de l'usine la foi qu'ils mettent en l'entreprise. C'est cela, avoir l'esprit d'équipe. Les trois frères s'affirment déjà, ainsi, comme des patrons peu ordinaires. L'idée a tout pour plaire à Alfred Rouleau.

C'est probablement la raison pour laquelle le nom de Cascades, avec celui de Bernard, a surgi dans le dossier de Cabano. Lucien Saulnier, qui vient d'être chargé par le gouvernement Bourassa de trouver une solution au projet

d'usine de Cabano en 1973, est à la recherche d'un entrepreneur dynamique pour relever le défi. Alfred Rouleau
n'aura pas manqué de lui parler de ce qui se passe à Kingsey
Falls. Il n'en faut pas plus pour qu'une première rencontre
soit organisée.

À ce moment-là, le projet de papeterie dans la région du
Grand-Portage traîne depuis plusieurs années. Tout est à
faire, il faut construire à neuf. Intéressé, Bernard se dit prêt à
mettre sur pied un projet ferme pour Cabano. Favorable à la
candidature de Cascades, Lucien Saulnier n'en pose pas
moins une condition: il est entendu que la population doit
être partie prenante au projet, c'est-à-dire que les gens de la
municipalité seront en partie actionnaires de la société à
créer. Bernard se plie à l'exigence et propose que la population participe à parts égales avec Cascades. L'entreprise est
lancée. Avec Papier Cascades (Cabano), la société des
Lemaire deviendra «interurbaine»; c'est là que l'expansion
commence.

                         *   *   *

La ville de Cabano s'étend sur la rive sud du lac Témiscouata, enchâssé dans un lit de collines aux limites sud-est du
Québec. Les habitants de la région ont toujours vécu de
l'exploitation des ressources naturelles. Dans la ville même,
au milieu des années 60, la société Fraser exploite une scierie
dont la construction remonte au début du siècle. Pendant plus
de cinquante ans, chaque année, la coupe de bois reprend
avec le retour des saisons. La scierie emploie une centaine de
personnes, en plus d'assurer un bon nombre d'emplois
indirects, ce qui apporte la prospérité à toute la région. En
1966, en plein cœur de l'été, c'est la catastrophe: l'usine est
rasée par un incendie.

C'est un coup dur pour la population. Avec la scierie disparaît la prospérité. Selon plus d'un travailleur, il n'existe pas
d'autre solution que de reconstruire. Coup du sort aussi qui en
pousse plus d'un à remettre en question le travail saisonnier et

ses aléas. On rêve d'une usine qui fonctionnerait à longueur d'année. Parmi les différents projets plus ou moins réalisables auxquels on songe, le plus sérieux consiste à construire, sur les ruines de l'ancienne scierie, une usine de papier à cannelures. Ce projet présente l'avantage de créer indirectement des emplois en forêt. On s'attaque au dossier. En quatre ans, le projet connaîtra maints développements, des remises en question aussi. L'effort est collectif; chacun y va de ses idées. Bien des usines naissent, qui n'existeront que sur papier. En 1970, malgré les efforts soutenus de tous les intervenants, on n'a toujours pas dépassé le stade des idées et l'on n'a encore rien réalisé de concret.

C'est pendant cette période mouvementée que la société papetière Irving, plus connue par sa présence dans le secteur pétrolier, entre en scène avec, dans ses cartons, un projet de construction d'une usine de panneaux de particules de bois. Les gens de Cabano ne manquent pas d'enthousiasme pour le projet. Tout le monde se laisse facilement gagner à l'idée d'une nouvelle usine. Selon ce que disent plusieurs intervenants, l'affaire est près d'être conclue: le promoteur est une société importante et le projet est sérieux. L'espoir renaît. Déjà, les autorités d'Irving ont ouvert les premiers chantiers en forêt; la coupe de bois débute bien avant les travaux de construction de l'usine. Cependant, l'enthousiasme fait bientôt place à la désillusion. À peu de temps de là, la société des Maritimes annonce qu'elle abandonne le projet.

La nouvelle met le feu aux poudres. La population refuse d'accepter le retrait d'Irving, d'autant plus que l'ouverture des chantiers de coupe de bois ne s'explique pas s'il n'y a plus d'usine. Les gens se sentent lésés, ont la vive impression de s'être fait rouler. (Qu'est-il advenu du bois qui a été coupé? Gaspillage? Non, puisque les bûcherons n'ont rien laissé en forêt, le bois ayant été livré. Mais à qui?) Au désespoir, plusieurs personnes passent aux actes. On fait sauter des ponts à la dynamite, on met le feu aux installations de la société papetière. C'est la première fois, au Québec, que les frustrations de toute une population mènent à de pareilles extrémités. Réaction violente qui donne toutefois des résultats. Irving doit cesser l'exploitation de la forêt avoisinante.

Arrive ensuite un nouveau promoteur. Il s'agit d'une société du nom de Sybetra (*Syndicat belge d'entreprises à l'étranger*), dont le siège social est à Bruxelles, en Belgique. L'entreprise a de quoi étonner: les Belges veulent construire une immense usine de papier à cannelures. De longues négociations s'engagent entre les représentants de la firme et ceux des pouvoirs publics québécois. Le projet est à peine connu que la population s'y intéresse. Il est pourtant sans commune mesure avec tout ce qu'on avait connu jusque-là. Évidemment, on est prêt à faire feu de tout bois; au point où l'on en est, le réalisme n'est même plus un facteur à considérer. Tout le monde n'est pas dupe cependant. Les fonctionnaires ont bien l'intention de passer le projet au crible. Les discussions traînent en longueur, rien n'aboutit. À Cabano, l'espoir devient de l'inquiétude quand la mésentente s'installe entre les représentants du gouvernement et ceux de Sybetra. Les Québécois doutent évidemment du réalisme du projet. Ils ont trois bonnes raisons de mettre en doute le sérieux de la société belge. D'abord, le gigantisme de l'usine à construire et l'importance des investissements suffiraient à alarmer les investisseurs les plus prudents. Ensuite, Sybetra demandait des subventions très généreuses et n'offrait, en contrepartie, pas assez de garanties. Enfin, le projet ne reposait sur aucune expérience pertinente puisque Sybetra ne possédait alors aucun intérêt dans le secteur des pâtes et papiers.

En prenant le dossier en main, Lucien Saulnier écarte rapidement le projet de Sybetra et se met à la recherche d'un nouveau promoteur. Selon lui, le dossier a suffisamment drainé d'énergie pour qu'on élimine les espoirs fous et qu'on remette les pieds sur terre. L'affaire a néanmoins eu du bon: responsable de la relance économique, Lucien Saulnier conserve l'idée de produire du papier à cannelures. La décision de ce nouveau venu n'a rien pour plaire à la population. Personne n'entend s'en laisser imposer dans le dossier. On dénonce de toutes parts l'ingérence de l'administrateur parachuté par Québec. Déterminé à remplir son mandat sans faillir, Lucien Saulnier ne recule pourtant pas. Il explique les motifs qui justifient sa décision, rappelle en fait les gens à la raison et demande la collaboration de tous pour mener à terme un projet aux proportions plus réalistes.

En fin de compte, c'est le projet préparé conjointement avec Cascades qui est retenu. Le devis initial fait état d'investissements de l'ordre de 11,5 millions de dollars pour la construction d'une usine papetière. Tel que convenu, la propriété de l'usine doit être partagée également entre Cascades et la population. Cabano étant cependant une ville de dimensions restreintes, dont une bonne partie de la population – depuis l'incendie de la scierie Fraser – est en chômage, la collectivité n'a pas les moyens d'exercer en entier le droit d'investissement qui lui revient. Sans renier l'idée d'une entreprise à parts égales, les promoteurs donnent au projet une nouvelle structure de capitalisation. Pour cela, on compte sur l'intervention des sociétés d'État Rexfor et S.D.I. (Société de Développement industriel). Finalement, il est convenu que Papier Cascades investira 30 % et la S.D.I. 20 % du montant prévu, pour former ensemble la première part de la nouvelle société. Rexfor sera, quant à elle, avec 30 % du capital investi, partenaire de la population. Ce sont les habitants de Cabano, avec ceux des régions du Grand-Portage et du Bas-Saint-Laurent, de La Pocatière à Rimouski, qui fourniront les 20 % manquants. Avant même qu'il n'existe de projet ferme de construction d'usine, ces gens avaient constitué un fonds de plusieurs centaines de milliers de dollars, somme déposée dans un compte en fiducie, pour prouver leur foi en l'avenir de leur région et leur détermination!

Il est entendu que l'engagement de Rexfor et de la S.D.I. est temporaire. Il est prévu au contrat initial que les deux sociétés gouvernementales doivent revendre leur participation à leurs partenaires respectifs. On pouvait s'attendre à ce que, au bout de quelques années, on ait effectivement une entreprise à parts égales, conformément au projet que Lucien

Saulnier et Bernard Lemaire avaient établi.

Papier Cascades injecte 525 000 $ à Cabano. Sur les 11,5 millions de dollars prévus pour sa réalisation, la capitalisation initiale reste faible. La majeure partie des fonds provient de prêts portant intérêt à un taux de 13 %. Ensemble, Rexfor et la S.D.I. fournissent près de 8 millions de dollars en emprunts et en capital, tandis que le Mouvement Desjardins y va d'une contribution de 3 millions de dollars. Ce n'est pas un projet largement subventionné par l'État non plus. La seule subvention obtenue vient du gouvernement fédéral, du ministère de l'Expansion industrielle régionale plus exactement, et est accordée dans le cadre d'une politique de création d'emplois. Elle revient d'ailleurs à l'usine et non à l'un ou l'autre des investisseurs. On obtient ainsi la somme de 2 millions de dollars.

La municipalité de Cabano est partie prenante dans le projet. Sa part d'investissement se limite aux infrastructures reliées au traitement des eaux usées. Sur le plan des subventions, toutefois, elle est plus grassement servie par le gouvernement. Pour assurer la construction d'un incinérateur de liqueur de type Copeland et d'une usine de traitement des eaux, elle reçoit une subvention de 8,3 millions de dollars du gouvernement du Québec.

Papier Cascades (Cabano) voit officiellement le jour en juin 1974. Bernard déménage à Cabano. Il y vivra deux ans, dans une maison mobile car il tient à être sur place pour superviser les travaux de construction et la mise en opération de l'usine. Gilles Roberge, un ingénieur, travaille à ses côtés; il deviendra, quelques années plus tard, directeur de l'usine de Cascades Lupel au Cap-de-la-Madeleine.

Fidèle à sa méthode de travail, Bernard entend bien utiliser de la machinerie usagée pour édifier l'usine. Il déniche une machine à papier de marque Dominion, type foudrinier[1], à Kapuskasing, en Ontario, ville située à mi-distance entre le

---

1. Il existe deux types de machine à papier: la machine à formes rondes et la machine de type foudrinier. Sur une machine à formes rondes, la feuille de papier est formée *sur un tambour*, alors qu'elle est formée *sur une table*, à plat, sur une machine de type foudrinier.

lac Huron et la Baie de James. Large de 7 mètres et longue de 100, la machine pouvait produire au départ 180 tonnes de papier par jour, en roulant à une vitesse de 800 pieds par minute. C'est en remontant la machine, transportée en pièces détachées, que les futurs employés de l'usine ont appris leur métier de papetiers: y a-t-il de meilleure façon de connaître le fonctionnement d'une telle machine que de la remonter pièce par pièce? Pour produire la vapeur nécessaire à la fabrication de la pâte et au séchage du papier, on met en place deux chaudières d'une capacité de 100 000 livres à l'heure.

La situation géographique de Cabano donne une certaine acuité au problème de la pollution. En effet, le fait que la ville soit située au bord d'un lac et non d'une rivière impose de sérieuses contraintes. Conscients de cela, Bernard et ses collaborateurs retiennent un procédé de cuisson semi-chimique sans soufre de la pâte, moins polluant. (C'est la présence de soufre dans les solutions utilisées qui donne aux usines de pâtes et papiers cette odeur caractéristique d'œufs pourris, bien connue dans plusieurs villes du Québec.) Cette attitude conciliante est franchement nouvelle au Québec et vaudra, à Bernard et à ses collaborateurs, une cote enviable auprès des fonctionnaires provinciaux responsables de l'environnement. Pour réaliser le projet, Papier Cascades (Cabano) négocie avec succès l'obtention d'une licence du procédé mis au point par la société américaine Owens Illinois. Ce sont les mêmes motifs qui ont poussé les concepteurs à choisir un incinérateur Copeland, dont la responsabilité de la construction revenait à la municipalité. Dispositif complexe dont l'efficacité fait ses preuves à Cabano puisqu'on parvient à récupérer jusqu'à 90 % des produits chimiques qui proviennent de la cuisson. Mais si George Copeland a mis au point un système révolutionnaire, il n'a pas réussi, malheureusement pour lui, à mener ses affaires avec un succès égal. Sa société a fait faillite depuis et le système installé à Cabano reste le seul qui soit encore exploité au Canada.

Près de trois ans après le début des travaux, Papier Cascades (Cabano) se donne un gérant natif du Grand-Portage. Martin Pelletier, fils d'un petit industriel de la ville, s'intéresse aux problèmes de sa région. Il est professeur en Génie chimique à l'Université Laval mais songe à abandonner l'enseignement. Après avoir visité la nouvelle usine, il offre ses services à Bernard, dont le type de gestion lui plaît particulièrement. Ce dernier refuse d'abord, puis lui offre un poste temporaire. Martin Pelletier remplit son mandat en quelques jours et sollicite alors, avec succès, de nouvelles responsabilités. Peu de temps après, il quitte Québec et se joint à l'équipe de Papier Cascades (Cabano).

* * *

La première année d'exploitation donne peu de résultats. Le marché offre très peu de débouchés pour le papier à cannelures qui, combiné au papier kraft, entre dans la fabrication de boîtes en carton. Les prix sont très bas. Bien que les dépenses de l'usine soient restreintes tant que faire se peut, les pertes atteignent 1,5 million de dollars la première année.

Pour corriger la situation, Martin Pelletier propose l'installation d'une nouvelle presse, plus efficace. Les modifications coûtent 850 000 $ mais dégagent rapidement des bénéfices, pendant un temps du moins. Dans la même veine, en 1978, Papier Cascades (Cabano) confie la mise en marché à la toute jeune Etcan International, de Montréal. La firme vient d'être créée par Paul Bannerman, qui a abandonné son poste de vice-président à la Consolidated Bathurst pour lancer son propre bureau de courtage. Pendant deux ans, Papier Cascades (Cabano) sera son seul client. Mais des liens fermes se sont établis entre l'homme et les gens de Kingsey Falls: il fait aujourd'hui partie du conseil d'administration de Cascades inc. Sous son impulsion, l'usine de Cabano a trouvé de bons débouchés pour ses produits. Près de la moitié de la production est écoulée au Canada; quant au reste, les deux tiers sont vendus aux États-Unis et le tiers restant dans les autres pays.

Malgré les efforts de la direction, les remèdes appliqués ne suffisent pas à redresser pour de bon la situation. Devant les difficultés financières de l'entreprise, Martin Pelletier demande l'aide de Rexfor. En 1980, la société d'État intervient pour tenter de réduire la facture énergétique de l'usine. L'engagement est en parfait accord avec ses objectifs, dont l'un est justement de promouvoir une meilleure utilisation de la matière ligneuse. Cette année-là, avec les fonds investis par Rexfor, Papier Cascades (Cabano) installe une chaudière à résidus de bois, de marque Volcano, pour produire de la vapeur à partir de déchets d'exploitation des scieries de la région. Rexfor reste propriétaire de la chaudière jusqu'à la restructuration de 1983. Pendant plus d'un an, Papier Cascades (Cabano) l'utilise, en respectant la condition d'en partager les bénéfices avec le propriétaire. Du coup, la consommation de mazout lourd diminue de 65 %. Pour la seconde fois, la bonne fée gouvernementale s'est penchée sur le berceau de Cabano.

Aujourd'hui les coûts d'exploitation de l'usine de Cabano sont au même niveau qu'ils étaient il y a dix ans. Par quel miracle? Il y a, d'une part, les modifications apportées au fil des ans et les baisses successives des coûts de production de la vapeur et, d'autre part, un accroissement non négligeable des performances. Cela est dû sans contredit, en partie au moins, au grand chamboulement de 1983.

*   *   *

En 1983, l'heure est à la restructuration. Selon l'entente initiale qui lie les quatre partenaires de Papier Cascades (Cabano), cette restructuration du capital-actions doit avoir lieu pour le dixième anniversaire de la société. Au fil des ans cependant, les conseils d'administration se succèdent, certains particulièrement houleux. Les gens de Cascades doivent composer avec une lourdeur administrative à laquelle ils ne sont pas habitués. La fougue de Bernard jure trop souvent avec l'approche timorée de certains fonctionnaires. Plus d'une fois, il faut mettre de l'eau dans son vin. Dans ce contexte, il est presque impossible de progresser.

Compte tenu de ces difficultés, les partenaires conviennent qu'il vaut mieux procéder à la restructuration sans attendre. Il est clair que la situation ne peut plus durer. Il est impérieux de remédier aux problèmes que pose la multiplicité des intervenants sur le plan de la gestion. Le remaniement de la convention de 1974 est le seul moyen de vraiment tirer parti des formidables efforts déployés pour assurer la rentabilité de l'usine. C'est de cette façon que l'entreprise aura le plus possible de chances de réaliser des bénéfices à moyen terme et de profiter au mieux des économies d'énergie.

La redistribution du capital-actions n'efface toutefois pas les dettes. Elles atteignent toujours 8 millions de dollars et portent intérêt à un taux de 13 %, sans compter les déficits accumulés: un montant de 3 millions environ. Heureusement pour Papier Cascades (Cabano), les deux principaux créanciers, Rexfor et la S.D.I., font preuve d'une patience et d'une tolérance exceptionnelles, comme seuls peuvent le faire des organismes gouvernementaux, et acceptent d'alléger les conditions d'emprunt. À plusieurs reprises, les échéances sont reportées afin d'éviter le cul-de-sac financier. Cette délicate situation de sous-capitalisation force un peu la main aux partenaires; elle ne trouvera de solution que dans la redistribution du capital-actions. Si l'on veut en effet que la maison mère de Kingsey Falls prenne une part plus active sur le plan financier à l'opération-survie de sa société satellite, il faut lui permettre de racheter le bloc de 20 % des actions détenues par la S.D.I., sa partenaire. À la suite de la transaction, Cascades se retrouverait avec la moitié du capital-actions de Papier Cascades (Cabano).

Le projet de restructuration concerne aussi la filiale à part entière de Rexfor, Énerbois. Cette société, créée pour les besoins du projet de Cabano, est propriétaire de la bouilloire à résidus de bois. Le montant des actifs que Papier Cascades (Cabano) doit racheter se chiffre à 5 250 000 $. Quant aux sommes prêtées par Rexfor et la S.D.I., elles sont couvertes par l'émission d'actions privilégiées de Papier Cascades (Cabano). Avec une telle charge financière, on ne peut évidemment pas s'attendre à ce qu'il reste beaucoup des bénéfices escomptés dans l'avenir immédiat. Il suffit de laisser parler les chiffres: on calcule qu'il faut réaliser quelque 2 300 000 $ de bénéfices nets – avant amortissement et impôts – pour joindre les deux bouts! La rentabilité assurée est encore loin, et ce n'est pas demain qu'on versera des dividendes! Heureusement, il est convenu que Rexfor et la S.D.I. ne toucheront de dividendes que si les bénéfices excèdent le seuil de la rentabilité, fixé à 2 300 000 $, ce qui permet aux administrateurs de souffler un peu.

C'est le scénario finalement retenu. Plus d'un an après, en novembre 1984, Cascades obtient l'autorisation d'acheter les actions détenues par la population de Cabano et les employés de l'usine. La société procède par offre publique, à raison de 13 $ par action émise, neuf ans auparavant, au prix initial de 5 $, ou d'un échange au pair avec des actions de Cascades inc., dont la valeur en Bourse est alors de 9,25 $. Le rachat du capital-actions de Papier Cascades (Cabano) n'a rien de forcé. Les gens ont le choix de garder ou de vendre leurs titres. L'offre de Cascades prend fin le dernier jour de janvier 1985. À terme, le projet de rachat permet à la société de Kingsey Falls d'ajouter 35 000 actions à son actif, soit la moitié du total détenu par la population de Cabano. La transaction coûte 455 000 $.

Après la restructuration, Cascades détient 65 % du capital-actions de Papier Cascades (Cabano); la population de Cabano reste propriétaire de 5 à 7 % des actions tandis que la balance est détenue par Rexfor. Viennent alors les années de paix, le conseil d'administration pouvant œuvrer sans contraintes, au terme desquelles Cascades accroît encore sa mainmise. En novembre 1986, la société se porte acquéreur de la part des actions qui appartient encore à Rexfor. À la suite de la transaction, il n'y a plus que deux partenaires à Cabano. On revient finalement au projet initial de Lucien Saulnier et Bernard Lemaire, à cette différence près que Cascades inc. détient 95 % des actions, au lieu des 50 % prévus.

*   *   *

Les producteurs de bois de la région du Grand-Portage, réunis en syndicat, se sont d'abord élevés contre la restructuration de Papier Cascades (Cabano). Ils craignaient surtout de perdre un certain droit de regard que leur permettait d'exercer leur siège au conseil d'administration de la société. Membres de la population locale, ils détenaient aussi des actions. On s'était rendu compte qu'il s'agissait d'une tempête dans un verre d'eau. Les producteurs se sont ravisés après avoir compris qu'ils ne risquaient pas de se faire évincer du conseil d'administration.

Leur inquiétude s'explique néanmoins car ils avaient fait leur part pour permettre à l'entreprise de prendre le chemin de la rentabilité. Martin Pelletier rappelle que les producteurs de bois n'ont jamais refusé de faire crédit à Papier Cascades (Cabano), offrant même des facilités de paiement chaque fois que c'était nécessaire. Sensible aux concessions faites, la direction a cherché à son tour une formule qui tienne compte des besoins des producteurs tout comme des problèmes de l'usine. Personne n'ignore que les producteurs sont des partenaires indispensables. À Cabano, on fabrique le papier à cannelures avec une pâte faite à 80 % de bois feuillu, et à 20 % de carton recyclé. Pour la période 1982-1983, la direction de l'usine propose donc de garantir aux producteurs de Rimouski et de La Pocatière, les deux grandes régions productrices de bois franc, une quantité de bois en commandes qui ne pouvait pas représenter plus d'un certain pourcentage de la consommation de l'usine. Cette proposition était assortie d'une formule de partage des bénéfices échafaudée sur les bases de la restructuration financière tout juste réalisée[2]. Les producteurs de Rimouski acceptent la proposition tandis que ceux de La Pocatière la refusent.

Malgré le rejet de la proposition, les producteurs de La Pocatière vendent à l'usine, à prix réduit, un lot de 5 000 cordes (20 000 mètres cubes) de bois. En fin de compte, l'expérience montre que les chiffres avancés par Papier Cascades (Cabano) sont à l'avantage des producteurs, ce dont ces derniers ne tardent pas à convenir. Il faut préciser que la moitié environ de la forêt voisine de Cabano appartient au domaine public et que Martin Pelletier a offert, lors du renouvellement de l'entente avec les producteurs de bois, de ne pas combler plus de 40 % des besoins en bois de l'usine à même les terres de l'État. C'est donc dire que pour une période de dix ans, Papier Cascades (Cabano) est tenue de s'approvisionner à 60 % par l'intermédiaire des producteurs de la région. En échange, ceux-ci consentent à ce que le prix payé par l'usine ne soit égal à celui du marché que *si et seulement si* les bénéfices de la papetière atteignent 25 $ par tonne.

Faut-il que la confiance règne! Il est vrai que les producteurs siègent au conseil d'administration mais ce n'est pas ce qui importe le plus. On reconnaît, à Cabano comme partout ailleurs, les effets bénéfiques de la politique des portes ouvertes. Quoi qu'on veuille voir ou savoir, on l'obtient de la direction. Et l'on n'a pas l'habitude, chez Cascades, de donner des informations erronées.

Avec la formule Pelletier, tout le monde se retrouve finalement sur un pied d'égalité. Les deux principaux créanciers, les sociétés d'État Rexfor et S.D.I., qui attendent que les bénéfices nets passent le cap des 2 300 000 $ pour toucher des dividendes, les actionnaires qui voient là le seuil de la rentabilité... et les producteurs de bois puisque ce

---

2. Selon la seconde entente, valable pour dix ans à partir de 1985 et copiée sur celle de 1983-1984, acceptée cette fois par les producteurs de bois de La Pocatière comme ceux de Rimouski, Papier Cascades (Cabano) s'engage à payer le prix du marché lorsque les bénéfices par tonne de production atteignent 25 $. Ce montant correspond à l'effort consenti par Rexfor et la S.D.I. pour permettre à la société de respirer, soit 2 300 000 $. Fallait-il que les producteurs de bois nourrissent une solide foi en l'avenir de l'usine de Cabano

montant correspond justement à des bénéfices de 25 $ par tonne. C'est ça, l'esprit de solidarité.

Les producteurs de bois n'ont pas mal placé leur confiance. Ils avaient raison, comme les employés, de croire que l'usine serait un jour rentable. Aujourd'hui, Papier Cascades (Cabano) est une unité performante et réalise des bénéfices. Il aura tout de même fallu huit ans de patience et d'efforts. Pendant longtemps, la direction a indiqué sa ferme volonté de procéder au partage des bénéfices, dans la veine de la philosophie Cascades, mais on enregistrait déficits sur déficits. Ce n'est qu'en 1981-1982 que l'usine réalise un premier exercice financier avec bénéfices; jusque-là, il y a tout juste eu quelques mois où l'on arrivait à un état des résultats au solde positif. Ça n'est jamais rien de suffisant pour provoquer un enthousiasme fou. Malgré cela, les gens ont prouvé que la foi – mieux encore, le respect – permet de déplacer des montagnes.

L'avenir est particulièrement prometteur pour l'usine. Après les années difficiles, il est bien possible qu'on se retrouve bientôt avec le problème inverse, celui du plafonnement. Les défis des années qui viennent sont peu communs. Il faudra que la direction trouve de nouvelles perspectives d'investissement pour les bénéfices qui sont appelés à augmenter avec une exemplaire régularité. À moins qu'on ne trouve le moyen de rendre plus performante, allez savoir comment, une machine qui donne déjà son plein rendement. À la suite des derniers investissements, on peut compter sur une production quotidienne de 300 tonnes de papier à cannelures. L'usine de Cabano est ainsi devenue l'une des plus performantes en son genre. Les employés prennent la chose à la blague et répètent, caricaturant la situation, «qu'on ne peut pas éternellement repeindre les toilettes» pour dépenser les bénéfices accumulés.

Résultats intéressants pour une usine qui compte, somme

---

et en ses dirigeants pour faire de telles concessions! En fait, et c'est ce qui ne manque pas d'étonner, les gens de la région ont convenu d'ajuster les prix de vente non pas sur les cours du marché mais plutôt sur le montant des bénéfices réalisés par leur client. Il est heureux pour eux que leurs partenaires jouent franc jeu.

toute, peu de personnel. Alors qu'elle employait une trentaine de personnes en 1976, il y a maintenant 135 employés. Ce sont des gens du milieu, plusieurs à l'emploi de Papier Cascades (Cabano) depuis les tout débuts, qui n'avaient pourtant aucune formation dans le domaine papetier. C'est que la direction de Cascades était convaincue qu'il valait mieux engager des gens de la région plutôt que de parachuter des travailleurs spécialisés. Le contexte de la relance de l'usine était lourd de susceptibilité et il valait mieux faire preuve de délicatesse. Ce fut un bon choix. D'abord parce que si l'entreprise n'avait pas bénéficié du soutien de ses employés, jamais elle ne serait passée à travers les années difficiles. Ensuite, parce qu'en favorisant l'emploi des gens de Cabano, les promoteurs s'assuraient une certaine stabilité du personnel.

*   *   *

Tout est bien qui finit bien, conclut-on. Pourtant, l'«aventure» de Cabano a connu ses hauts et ses bas. À plusieurs reprises, les choses se sont gâtées au point que Bernard ait songé à tout abandonner. Aujourd'hui encore, il en parle comme d'une expérience douloureuse. Il a fallu construire une usine à partir de rien, rappelle-t-il, et non récupérer un complexe industriel dont personne ne voulait, une usine en difficulté mais en parfait état de fonctionnement. Il fallait aussi composer avec les bonnes fées, ces sociétés gouvernementales qui apportent l'avantage du financement facile mais imposent leur présence au conseil d'administration. Plus le pouvoir est dilué, plus les décisions sont difficiles à prendre. Il faut considérer des objectifs multiples, chacun ayant ses buts et ses visées, même si le plus souvent ils ne correspondent pas du tout. Plus d'une fois, on a atteint le point de rupture; plus d'une fois, il a fallu faire des concessions pour gagner la paix. Certains ont dû s'encourager en disant que le succès allait être à la mesure des efforts fournis. Les résultats sont là pour prouver que leurs espoirs étaient sensés. Martin Pelletier est indéniablement de ceux-là.

En fin de compte, Cascades a beaucoup gagné de l'expérience de Cabano. Elle lui a ouvert de nouveaux horizons. C'est que la création de Papier Cascades (Cabano) repose sur l'union de deux organismes gouvernementaux d'envergure et du Mouvement Desjardins, par l'intermédiaire du Crédit industriel Desjardins, avec la jeune société de Kingsey Falls. Les hauts fonctionnaires de Rexfor et de la S.D.I. ont mis leur confiance en Bernard et en son équipe. Ce sont les «bonnes fées» qui se sont penchées sur le berceau de Cabano. Fonctionnaires, employés ou producteurs de bois du Grand-Portage et du Bas-Saint-Laurent, personne n'a à le regretter. Ensemble, grâce à l'apport gouvernemental, ils ont ramené paix et espoir à Cabano.

À l'occasion de ce premier projet d'envergure pour Cascades, Bernard se fait connaître des dirigeants de Rexfor et de la S.D.I. Sans ces bonnes fées, associées d'importance, l'usine n'aurait jamais été construite. Il est vrai que sa réputation de bon gestionnaire n'est pas difficile à faire. Plus d'un collaborateur gouvernemental vante les mérites de l'homme et de ses collaborateurs. Certains ont même fait le grand saut et rejoignent l'équipe des cascadeurs. Gilbert Pelletier et André Fortin ne sont pas les moindres de ceux-ci, l'un se retrouvant aujourd'hui à la tête de la filiale européenne du groupe, Cascades S.A., et l'autre au poste d'adjoint à la direction, aux bureaux de Montréal. Pour Cascades, Gilbert Pelletier a quitté son poste de vice-président chez Rexfor. Quant à André Fortin, il était l'un des proches collaborateurs de Lucien Saulnier lorsque ce dernier s'est intéressé au projet de Cabano. Comme il fallait que Bernard, ses idées et ses projets les inspirent!

Au fond, les gens de Cascades ont fait leurs classes à Cabano. C'est là qu'ils ont appris à traiter avec les instances gouvernementales et découvert le mécanisme des subventions. Il est certain que les mariages de la sorte ne comptent pas que des jours idylliques; Cabano a connu ses périodes sombres, Martin Pelletier en sait quelque chose. L'expérience se solde néanmoins par un bilan positif, tant pour Cascades que pour la population qui a enfin vu son projet passer du rêve à la réalité.

Avec Cabano, c'était la première fois que Cascades attirait l'attention des bailleurs de fonds du gouvernement. L'apprentissage de Bernard et de ses collaborateurs quant aux relations avec les hauts fonctionnaires leur a ouvert beaucoup de portes, leur permettant aussi de faire la preuve de leur dynamisme. Cette première expérience s'est finalement révélée très positive. Ça n'allait cependant pas être la dernière fois que les bonnes fées institutionnelles allaient se pencher sur le berceau de l'entreprise de Kingsey Falls.

Chapitre 5

Des usines
à l'avenir incertain

Au cœur de la région des Bois-Francs, un village sommeille au soleil de l'automne. La vie s'y écoule paisible, ralentie. On entame les derniers mois de 1963. Il y alors sept ans que l'activité économique est presque inexistante à Kingsey Falls, l'usine papetière ayant fermé ses portes à la suite de difficultés financières. Pourtant, la vie continue. Les habitants sont demeurés là tout en allant chercher du travail à Victoriaville ou à Asbestos, à quelques kilomètres du village. Ils partagent sans doute, avec les dirigeants de la caisse populaire locale, le fol espoir de vivre un jour prochain la relance de leur usine.

Louis Coderre, sous-ministre de l'Industrie et du Commerce dans le gouvernement Duplessis, a bien tenté de remettre l'entreprise sur pied après avoir racheté les actions de la Sterling Paper Company. Son entreprise n'a pas duré plus d'un an. Lorsque l'usine ferme ses portes, en 1957, c'est la Caisse populaire de Kingsey Falls qui en est le principal créancier. Les installations sont cédées à la Caisse et ses dirigeants se voient obligés de les entretenir, question de protéger les 75 000 $ investis dans le projet de Louis Coderre.

Puis, les années passent sans qu'on trouve de solution. Avec le temps, la direction de la caisse locale est forcée de demander l'aide financière de l'Union des Caisses populaires Desjardins de Trois-Rivières.

C'est donc avec intérêt que les représentants de l'Union considèrent le projet de relance de l'usine papetière que leur présentent, en cette fin d'année 1963, Antonio, Bernard et Laurent Lemaire. «Relance»: le mot apparaît pour la première fois mais reviendra souvent dans le vocabulaire des Lemaire! À Kingsey Falls, ceux-ci proposent de louer l'usine et d'en assurer le redémarrage. La crédibilité de ces Drummondvillois entreprenants est encore toute à faire. Toutefois, Bernard se fait convaincant et le projet est accepté, avec quelques modifications cependant. La Caisse accepte finalement de louer l'usine aux Lemaire, pour une période d'essai de trois mois. L'Union impose en plus l'intervention du vérificateur-comptable qu'elle désignera. Dans le contrat, une clause garantit aux Lemaire – devenus papetiers à l'occasion de cette première relance d'usine – un droit de rachat des installations. Comme les affaires vont assez bien, ils exercent ce droit un an plus tard, pour une somme de 560 000 $, dont ils complètent le paiement en 1967. C'est ainsi que la première tentative de sauvetage d'usine se solde par un succès.

C'est dans le cadre de cette reprise que naît la société Papier Cascades inc., en avril 1964. C'est un pas de géant pour la famille Lemaire. C'est là aussi que la réputation de sauveteurs d'usines des frères Lemaire prend sa source. À l'occasion de cette première tentative, ils posent les bases d'une politique de croissance qui assurera, au fil des ans, de multiples succès à leur société. En considérant les grandes dates du développement de Cascades, surtout depuis l'entrée en Bourse en 1983, on comprend qu'une telle réputation soit pleinement justifiée. Qu'il suffise de rappeler qu'à East Angus et à Jonquière, les anciens propriétaires menaçaient de fermer les usines papetières; l'avenir était encore plus incertain à Port-Cartier, quelque sept ans après l'abandon de l'exploitation par I.T.T.-Rayonier. À La Rochette, en France, l'usine était aux mains d'un syndic qui avait comme premier mandat de liquider les actifs et d'abandonner les installations. Là comme ailleurs, Cascades a réussi ce que personne d'autre ne voulait tenter. Et s'il faut se fier aux résultats, il est clair que la valeur de la recette des sauvetages d'usines «à la Cascades» a fait ses preuves.

Bien que les Lemaire et leurs collaborateurs n'apprécient pas vraiment qu'on les définisse strictement comme des sauveteurs d'usines, il faut reconnaître que le principe du sauvetage *in extremis* a été l'un des facteurs déterminant de la superbe croissance du groupe au cours des dernières années. En pleine crise économique, tandis que les concurrents sont aux prises avec des taux d'intérêt excessifs au-dessus de la barre des 20 % l'an, Cascades passe allègrement d'acquisition en acquisition, souvent à des prix d'aubaine. Le scénario, maintes fois répété au Québec, est par la suite repris à plusieurs occasions en France, de façon tout aussi spectaculaire.

Les Lemaire ont souvent eu recours à la relance d'usines pour assurer la croissance du groupe. En repassant l'histoire de ces reprises, il est facile de déterminer les grandes lignes de leur politique. Car il existe, chez Cascades, une constante pour le sauvetage d'usines, véritable mode d'emploi qui définit le contexte type, c'est-à-dire la situation la plus favorable à une éventuelle reprise. Selon les règles que s'impose la haute direction, un dossier d'usine propre à faire l'objet d'un rachat n'est considéré qu'à condition que certains paramètres soient présents.

Ces paramètres sont au nombre de sept. Il faut d'abord que l'usine compte comme l'un des principaux employeurs de sa ville, de sorte que la relance coïncide avec le sauvetage de toute une région. Il importe ensuite que la gestion présente des failles importantes – que les gens de Cascades parviennent, pour leur part, facilement à déceler –, tandis que les installations sont toujours en assez bon état. Il est aussi important que le propriétaire désireux de s'en départir accepte de céder l'usine à fort bon prix. Il est par ailleurs préférable que les employés soient prêts à faire des concessions pour sauvegarder leurs emplois; la rentabilité future repose non seulement sur la réorganisation financière et administrative de l'usine mais aussi sur une remise en question des politiques de gestion du personnel. Cela se concrétise le plus souvent par une réduction du personnel, avec gel ou baisse des salaires et modification des conditions de travail avec, comme objectif ultime, la remise du complexe industriel sur le chemin de la rentabilité. Il faut encore que la population de la région, à son tour, comprenne bien la nécessité de maintenir l'outil de travail; dans une petite communauté industrielle, une fermeture d'usine s'accompagne toujours de pertes d'emplois indirects et d'un certain marasme économique régional. Lorsque cette dernière condition est remplie, il va de soi que les élus municipaux ne peuvent ignorer l'acuité du problème que présente l'absence de repreneur éventuel; on s'attend donc à ce qu'ils œuvrent dans le but de corriger la situation. Pour les mêmes raisons, les gouvernements provincial et fédéral, ou autres selon le cas, seront finalement poussés à subventionner toute reprise éventuelle.

Lorsqu'une usine répond à tous ces critères, on peut croire que quiconque dispose des moyens et de l'expertise nécessaires s'y intéresse naturellement. Si le dossier présente un intérêt certain aux yeux des gestionnaires de Cascades, il serait normal qu'il en soit de même pour les dirigeants des autres sociétés papetières. Ce n'est pourtant que rarement le cas. Pourquoi? Parce que, en réalité, dans toutes les relances d'usines menées à bien par le groupe Cascades, il y avait «contexte favorable» parce que l'administration précédente avait commis une bévue majeure. Dans certains cas, les difficultés d'ordre financier résultaient d'une gestion inadéquate ou de choix d'investissement discutables mettant en péril la rentabilité de l'usine; dans d'autres cas, les ennuis provenaient de problèmes quasi insolubles sur le plan des relations de travail. Curieusement, là où d'autres papetiers ne voyaient qu'une situation peu favorable, voire dangereuse pour leurs investissements, les Lemaire ont découvert des possibilités d'avenir. À ce jour, jamais leur instinct ne les a trompés.

À Port-Cartier, par exemple, les Scandinaves ont été impressionnés par la mauvaise réputation des travailleurs et la force traditionnelle du syndicalisme sur la Côte-Nord. Cela n'a jamais été un sujet de préoccupation pour les gens de Cascades. Pourtant, le problème des relations entre patrons et employés avait été on ne peut plus ardu à l'usine d'I.T.T.-Rayonier – franchement catastrophique en fait! Compte tenu des grandes distances géographiques et de la faible densité de la population dans ce coin de pays, il était évident que le repreneur éventuel allait devoir compter avec la main-d'œuvre régionale. À cause de cela, la question des accréditations syndicales allait un jour ou l'autre refaire surface. Dans ce cas, qu'est-ce donc qui a fait avancer Cascades là où d'autres n'ont osé s'aventurer? La réponse tient en un mot: perspicacité. À Port-Cartier, même si les concurrents boudaient le dossier et que les repreneurs se faisaient rares, le marché n'en continuait pas moins d'exister. Le jour où l'usine allait à nouveau produire de la pâte, il y aurait suffisamment d'acheteurs pour garantir sa rentabilité. C'est du moins ce dont Bernard a toujours été parfaitement convaincu: «Que les ouvriers produisent de la pâte parfaitement blanche et l'usine de Port-Cartier tournera à plein régime.» Dans ces conditions, en supposant que l'instinct ne trompe pas, la rentabilité est garantie. C'est cette profonde conviction qui explique l'intérêt de Bernard pour ce dossier, intérêt qui datait de l'abandon de l'exploitation par l'ancien propriétaire. Il avait évalué le risque et savait ce que le groupe devait miser dans ce projet. Les médias n'en ont jamais fait état mais l'offre que présente Cascades en 1985 pour l'usine de Port-Cartier est, en fait, longuement mûrie. Lors de l'ultimatum que lance la société de Kingsey Falls aux instances gouvernementales dans l'espoir de faire sortir le dossier de l'impasse, en décembre 1985, rien n'a changé au projet initial. «Cascades mettra cinq millions de dollars parce que nous avons calculé que c'est le montant que nous pouvons investir, rien de plus», affirme Bernard. Il lui suffira d'attendre que le fruit soit mûr pour qu'il tombe simplement dans son sac.

Il est vrai que lors des reprises d'usines effectuées par le groupe, les offres déposées par Cascades ont rarement été substantielles – moins de 5 % du montant total de l'investissement nécessaire au redémarrage de l'usine à Port-Cartier, par exemple. Chaque fois, le prix avancé et les conditions de la relance visent à tirer le meilleur parti du contexte... devenu évidemment favorable pour le repreneur. Cela n'empêche toutefois pas que le vendeur puisse aussi, quant à lui, y trouver son compte. Tout compte fait, l'intervention de Cascades lui permet de se débarrasser d'une unité de production qui n'a plus de place au sein de son groupe ou dont il ne peut assurer la rentabilité. Il faut croire que le mal soit assez sérieux, chaque fois, pour que le propriétaire laisse aller l'usine à vil prix! Du point de vue de Cascades, la faible capitalisation qui a caractérisé les reprises effectuées a été un facteur additionnel favorisant le succès de l'entreprise. La croissance s'est faite ni plus ni moins à prix d'aubaine, les fonds économisés dans chaque cas pouvant servir à la relance ou, plus simplement encore, minimiser les risques.

Le côté financier mis à part, il faut aussi que Cascades, chaque fois qu'elle reprend une usine, règle la question des relations de travail. Dans bien des cas, les difficultés d'entente entre les employés et la partie patronale ont été un des facteurs responsables de la situation de crise; quand patrons et employés sont à couteaux tirés, le moindre affrontement risque de tourner à la catastrophe. Conscients de l'importance de la force ouvrière, les Lemaire négocient donc, parallèlement aux offres faites aux propriétaires de l'usine visée, avec les employés ou leurs porte-parole. Dans les scénarios de relance menés par Cascades, l'état de la situation était toujours à ce point critique que les emplois dépendaient absolument de la reprise effective de l'usine. La menace de fermeture a été une constante. Dans un tel contexte, jamais les employés n'ont été en position de force pour négocier leurs conditions de travail. Ayant ainsi le couteau sous la gorge, ils ont dû multiplier les concessions pour favoriser la relance et assurer la survie de leur usine. Cela s'est vu à East Angus comme à Jonquière, ou même à La Rochette et à Blendecques, en France. Heureusement toutefois, on n'a pas l'habitude de profiter d'une telle situation chez Cascades. Toutefois, affaires obligent, on joue assez serré!

Les représentants de Cascades négocient aussi avec les autres parties prenantes au dossier. Les municipalités, par exemple, ont leur mot à dire quand il y va du maintien de quelques centaines d'emplois. Une fermeture d'usine est toujours une catastrophe régionale. Ce n'est pas pour rien qu'on a parlé de «sauvetage d'une vallée savoyarde» lorsque Cascades a racheté l'usine de La Rochette. Pour favoriser la reprise, la commune a dégrevé les nouveaux propriétaires de taxes municipales la première année, et leur a imposé une taxe réduite les deux années suivantes. À Cabano, la ville a fait sa part en développant les infrastructures nécessaires à la construction d'une nouvelle usine papetière. Il y a mieux encore dans ce dernier cas, alors que les producteurs de bois de la région ont multiplié les concessions, ajustant le prix de vente de la matière première au montant des bénéfices réalisés par l'usine de Papier Cascades (Cabano)!

On le voit, les Lemaire savent minimiser les risques. Chaque reprise a été réalisée avec des investissements relativement faibles par rapport à la valeur des usines visées. La croissance du groupe ne se fait pas à l'aveuglette et l'investissement suit des règles précises. «Il y aura toujours de bonnes affaires», répète Bernard, qui ajoute du même souffle qu'il n'est toujours pas question de payer le gros prix pour réaliser une acquisition. Quand on peut se satisfaire de ce dont les autres ne veulent plus, cela va de soi, d'autant plus qu'il y a peu à risquer en procédant ainsi. En cas d'échec, ce ne seraient pas les pertes financières qui feraient le plus mal aux gens du groupe mais plutôt le fait que cette réputation d'infaillibles repreneurs, qui les précède maintenant partout où ils se manifestent, en souffrirait largement.

* * *

Il serait audacieux de prétendre que la recette des Lemaire est infaillible, même si elle a bien fait ses preuves. Appliquée à la lettre, elle s'avère d'une efficacité étonnante. Cependant, chaque fois que Cascades a repris une usine, Bernard, Laurent ou Alain avaient, au préalable, identifié les points faibles à corriger. C'est cela qui fait leur force et ce n'est un secret pour personne. Voilà maintes fois que le scénario se répète, toujours semblable: une fois l'affaire conclue aux prix et aux conditions favorables à la relance, l'équipe des repreneurs passe aux actes. Tous les correctifs requis sont apportés sans tarder. Ainsi, l'on passe de la théorie à la pratique.

On augmente d'abord la productivité de la machinerie. Cela peut se faire par un accroissement de la vitesse, quand c'est possible, mais surtout en tentant de réduire le nombre et la durée des arrêts techniques. Une machine à papier est conçue pour tourner 24 heures sur 24. Avec des interruptions judicieusement planifiées – suffisantes néanmoins pour assurer un parfait entretien – on limite autant que possible le nombre des arrêts intempestifs causés par les bris de machine, ceux-là mêmes qui coûtent le plus cher. On rentabilise aussi le fonctionnement en apportant toutes les modifications possibles au secteur le plus coûteux: l'approvisionnement en énergie. Dans plusieurs usines du groupe, l'électricité ou le mazout ne fournissent plus qu'une faible partie de l'énergie requise, le reste provenant de brûleurs de copeaux. On voit aussi à ce que la qualité des produits soit maximale. Une fois la relance devenue effective, la production de l'usine aura ainsi une bonne place dans les différents marchés. Avec la croissance de la demande, survie et rentabilité seront assurées. On applique enfin la politique du «maître chez soi», toutes les décisions relatives à la nouvelle usine se prenant sur place, sous une surveillance comptable stricte. De la sorte, les solutions adoptées sont toujours les plus efficaces qui soient. On peut aussi juger rapidement des résultats obtenus et apporter, s'il y a lieu, les correctifs nécessaires sans tarder.

Le redressement administratif des usines reprises par Cascades s'est toujours accompagné d'une philosophie des relations de travail peu commune. Au fond, c'est cela qui fait la particularité du groupe de Kingsey Falls. En établissant d'emblée un bon climat de travail, la nouvelle équipe de direction motive les employés qui, en retour, donnent un meilleur rendement. C'est que partout, toujours, tout le monde semble avoir compris qu'il y va de l'intérêt général que le projet de relance soit mené à bien. Voilà ce que permet la philosophie Cascades. Les Lemaire prétendent qu'il est important que l'employé bénéficie du respect de son employeur, et qu'il le lui rende. Au sein d'une même unité de production, tout le monde doit travailler de concert, que ce soit aux commandes d'une machine ou derrière un bureau, en visant le même but: la rentabilité des opérations.

Bien sûr, tout cela va de soi. On ne peut rêver de théorie plus simple. Pourtant, rares sont les sociétés ayant adopté une attitude comparable. Ce qui explique les succès qu'a connus Cascades lors des reprises d'usines, c'est le fossé qui existe entre l'administration selon la philosophie du Respect, propre à Cascades, et les méthodes de gestion que pratiquent de nombreuses sociétés papetières. Que serait-il arrivé si les concurrents, au lieu de liquider leurs actifs, s'en étaient tenus aux mêmes règles, avaient appliqué la même recette? Pourquoi n'auraient-ils pas eu droit aux mêmes succès? À ce jour, l'administration de Cascades a maintes fois prouvé la valeur de son approche. Pour en connaître les grandes lignes et mieux la comprendre, nous étudierons trois cas importants qui jalonnent l'histoire du groupe. Les dossiers de Cascades (East Angus) et de Cascades (Jonquière) font le sujet du reste de ce chapitre, tandis que nous réservons celui de Cascades (Port-Cartier) au chapitre suivant.

*   *   *

Cascades (East Angus) est née le 10 août 1983, du sauvetage d'une usine qui appartenait à la société papetière Domtar, de

Montréal. Le complexe industriel, qui emploie aujourd'hui quelque 465 personnes, comprend en fait deux unités de production. La première, une usine de papier kraft, fournit 70 % de la production totale du complexe. La seconde usine fabrique du carton pour boîtes d'emballage.

C'est William Angus, homme d'affaires anglo-saxon, qui choisit le site qu'occupent les deux usines, de part et d'autre de la rivière Saint-François. Pour tirer parti des rapides qui s'étalent sur plusieurs dizaines de mètres, il décide d'aménager la rivière, construisant un barrage pour alimenter une scierie. On est en 1881. Les travaux sont à peine commencés que la société Royal Paper Mills se propose d'installer une machine pour fabriquer du papier à écrire dans les nouveaux bâtiments. L'association entre l'homme d'affaires et la société papetière mène, un an plus tard, à la naissance de la William Angus Company.

Le papier produit dans les nouvelles installations est fabriqué à partir de pâte à la soude et de chiffons, selon le procédé le plus courant à l'époque. Pour répondre aux besoins de la machine à papier, on ne tarde pas à construire une usine de soude d'une capacité de 30 tonnes par jour. La prospérité de la jeune société et l'abondance de la matière première, l'Estrie étant une région réputée pour ses réserves forestières, permettent l'installation d'une seconde machine à papier en 1896. Dix ans plus tard, en 1907 plus précisément, la William Angus Company cède l'usine papetière à la société Brompton. À ce moment-là, la production est de 35 tonnes par jour. Cette même année, l'usine crée une première en Amérique du Nord en produisant de la pâte aux sulfates – produits chimiques responsables, de nos jours encore, de l'odeur nauséabonde qui caractérise la plupart des usines papetières.

La société Brompton investit largement à East Angus pendant les vingt années suivantes. La direction installe une machine à formes rondes en 1910 – le papier prend forme sur des cylindres au lieu d'une table horizontale – et construit une râperie pour le déchiquetage des billots. On ajoute ensuite deux machines à l'usine: la machine numéro 3 en

1914 puis la numéro 4 en 1918, toutes deux pour la production de papier journal. (Ces machines fonctionneront sans
changement jusqu'à la fin des années 20, où l'on abandonnera
l'exploitation de la machine numéro 4 et transformera la
numéro 3 pour produire du carton à doublure.) En 1920
enfin, on inaugure une nouvelle râperie dernier modèle
fonctionnant entièrement à l'électricité.

Viennent ensuite la crise économique et les difficultés
financières. À la faveur de la Dépression, la St. Lawrence
Corporation prend le contrôle de la société Brompton en
1930. Le nouveau propriétaire ne brillera ni par l'ampleur ni
par la rapidité de ses modernisations. En effet, ce n'est pas
avant 1938 que la direction choisit de rénover les installations servant à fabriquer de la pâte aux sulfates et installe
une nouvelle chaudière d'une capacité de 125 tonnes pour
produire la chaleur nécessaire au séchage du papier. Ensuite,
il faut attendre les années 1952-1954 pour connaître une
nouvelle phase d'expansion. Il s'agit cette fois d'une modernisation généralisée puisqu'elle touche tous les secteurs du
complexe industriel. L'usine en a bien besoin.

En 1961, la société St. Lawrence devient la propriété de la
Dominion Tar and Chemical Corporation, appartenant à des
intérêts canadiens-anglais, qui va donner naissance, dès
l'année suivante avec la fusion de plusieurs entreprises
papetières, à la société Domtar Ltd. Les nouveaux propriétaires de l'usine d'East Angus entendent rentabiliser les
installations. Pour cela, ils complètent le programme d'investissement avancé par la direction précédente. Parmi les
modifications importantes qu'ils apportent, il y a l'ajout d'une
coucheuse à la machine à formes rondes, ce qui permet de
produire du carton de qualité supérieure destiné à la fabrication de boîtes d'emballage[1].

---

1. La coucheuse est une machine qui couvre le carton produit par la machine à
   papier d'une couche protectrice, souvent à base d'amidon. Les boîtes de céréa-
   les, courantes en Amérique du Nord, sont le type même d'emballage réalisé
   àpartir de carton couché d'un côté. Elles présentent un intérieur gris tandis que

La population d'East Angus a tout lieu de se réjouir du changement de propriétaire qui survient à l'usine. La nouvelle administration manifeste, entre autres, un certain intérêt pour la lutte contre la pollution. C'est que le problème est important pour les habitants de la petite ville estrienne. La rivière Saint-François, qui descend des hauteurs du mont Mégantic, alimentée par les lacs Aylmer et Weedon, se charge en traversant la ville des déchets mousseux provenant de l'usine papetière. À cette pollution s'ajoutent les rejets provenant des autres usines papetières de la région, celle de la société Kruger, à Bromptonville, et celle de Domtar, à Windsor, plus loin en aval. Pour limiter les dégâts, la direction décide d'abord de construire un petit poste de filtration en 1965. Les budgets consacrés à la lutte contre la pollution sont par la suite accrus si bien que Domtar annonce, deux ans plus tard, les premiers résultats de la nouvelle politique: les deux usines ont cessé de rejeter des boues de chaux à la rivière. Voilà qui est prometteur.

En vingt ans d'administration par Domtar, le complexe industriel change beaucoup. En 1967, la société frappe un grand coup en lançant la production de pâte mi-chimique et de carton ondulé. Pour cela, il faut construire de nouvelles installations. Les travaux s'étalent sur trois ans. Une fois qu'ils sont terminés, l'usine peut produire 100 tonnes par jour de pâte mi-chimique, tandis que la cartonnerie a une capacité quotidienne de 150 tonnes de carton ondulé. À ce moment-là, le complexe offre plus de 200 catégories de papiers et de cartons à ses clients: du papier d'emballage au papier de boucherie en passant par le papier pour câbles ou le papier à crêper, en plus des différents cartons couchés.

C'est une période de prospérité pour East Angus. D'abord parce que, sur le plan administratif et financier, tout va pour le mieux. L'ensemble de la production est écoulé non seulement au Québec mais aussi en Ontario, dans les provinces

---

la partie imprimée, la «couche», est blanche et lustrée. Cette couche blanche sert de support à l'impression. Le couchage permet aussi, entre autres, de produire du carton résistant à la graisse.

maritimes et, dans une proportion de 15 %, sur les marchés américains. Ensuite, parce qu'il s'est établi un bel équilibre entre les différents intervenants du milieu économique, assurant bon nombre d'emplois indirects. Les copeaux de bois qui entrent dans la fabrication de la pâte kraft proviennent de conifères produits principalement dans la région d'East Angus, ce qui assure une stabilité satisfaisante aux entreprises forestières locales, produisant des «retombées économiques» non négligeables. (La cartonnerie, quant à elle, est alimentée presque exclusivement par des rebuts de papier et de carton.)

En ce qui concerne les relations de travail cependant, les choses ne changent pas beaucoup avec la création de la société Domtar: les rapports entre patrons et ouvriers sont toujours aussi difficiles. Les problèmes qui opposent l'administration locale de l'usine, comme la haute direction de Montréal, aux syndicats d'East Angus et aux employés de l'usine remontent en fait au début des années 60. La mésentente semble latente et perdure au point de mener à un affrontement ouvert en 1969, à la suite duquel le travail cesse à l'usine. Les employés syndiqués votent en faveur de la grève pour forcer l'employeur à leur accorder une augmentation de salaire et à revoir les conditions de travail qui prévalent à l'usine. Pourtant, l'écart entre les dernières offres de l'employeur et les demandes syndicales n'a rien d'énorme, à 0,18 $ l'heure. Au fond, cette différence n'est qu'un prétexte. Le conflit, qui porte officiellement sur la question salariale, repose en réalité sur une question autrement importante: la survie de l'usine. À plusieurs reprises, la maison mère de Montréal a manifesté son intention de limiter les investissements au complexe d'East Angus. Papeterie et cartonnerie ont jusque-là englouti d'importantes sommes d'argent et la manne provenant de la métropole va se tarir. Personne n'ignore, à East Angus, que l'usine ne peut générer seule suffisamment de bénéfices nets pour compléter les projets de modernisation ou d'agrandissement en cours, ne serait-ce même que pour répondre aux nouvelles exigences du gouvernement provincial en matière de lutte contre la pollution.

La grève dure six mois. Les syndiqués ont finalement gain de cause. Le long conflit laisse toutefois beaucoup d'amertume chez les travailleurs car c'est la première fois, à East Angus, qu'un affrontement prend de telles proportions.

En plus d'obtenir l'augmentation de salaire réclamée, les employés gagnent sur un autre point, essentiel entre tous: la société Domtar s'engage à garder l'usine ouverte. La direction promet aussi que, ce faisant, elle entreprendra un plan de modernisation de la machinerie et de l'équipement. Cette étonnante volte-face n'est sans doute pas étrangère à la conclusion des négociations en cours avec le gouvernement québécois en matière d'approvisionnement en bois, négociations qui se sont soldées par de solides garanties pour la société. La direction de Domtar vient en effet de conclure une entente selon laquelle elle est autorisée à faire venir du bois du nord en cas de pénurie de ses approvisionnements en Estrie. Elle n'aura toutefois jamais à utiliser le passe-droit que vient de lui concéder le gouvernement. L'usine est bien située et elle n'a nul besoin de recourir à l'approvisionnement extérieur: le bois utilisé est transporté sur une distance de 75 kilomètres en moyenne. Néanmoins, avec de tels avantages garantis, la haute direction de Domtar était à même de faire preuve d'une certaine largesse sur le plan des investissements.

Malheureusement, une fois réalisées les promesses administratives, la direction met fin à son programme d'améliorations. De 1972 à 1977, les investissements se font rares à East Angus. Il faudra que le gouvernement amende largement la Loi sur la qualité de l'environnement et apporte des modifications qui resserrent de beaucoup les normes en matière de pollution industrielle, pour que la société papetière délie à nouveau sa bourse. Pourtant, même sans amendement, on n'a pas le choix: malgré les modifications apportées à la fin des années 60, le couple papeterie-cartonnerie d'East Angus reste l'une des usines les plus, polluantes de sa catégorie au Québec (en septième position sur plus de soixante usines).

Au printemps de 1977, les difficultés pointent. À plusieurs reprises, le syndicat se sert sporadiquement de son droit de grève. Le choix des heures a tout pour déplaire à la direction; après le troisième arrêt intempestif, l'usine est mise en *lock-out*. La fermeture durera six semaines. À peine est-on de retour au travail que la haute direction de Domtar annonce ses couleurs: de Montréal, elle prévient officiellement les employés, le 16 mai, que l'usine fermera définitivement ses portes le 30 septembre 1977. Curieusement, c'est cette même année, au mois de mai, que vient à échéance la convention collective qui lie la direction de l'usine à ses employés syndiqués. Malgré le projet bien arrêté de fermeture, la direction décide de faire le nécessaire pour que les négociations entreprises soient menées à leur terme. Selon l'objectif fixé, il y aura un nouveau contrat de travail au début du mois de septembre, même si les employés reçoivent un préavis de trente jours leur annonçant officiellement leur mise à pied en date du 30 du même mois!

La nouvelle a l'effet d'une bombe dans la région. Toutes les instances locales multiplient les pressions auprès de Domtar pour que l'usine maintienne ses activités. À la radio et dans les journaux, l'affaire est de toutes les manchettes. Les membres de la chambre de commerce locale s'en mêlent à leur tour. Il se trouve même un curé qui, ayant suffisamment à cœur la défense des intérêts de ses ouailles, parle en chaire de l'avenir de l'usine.

Le syndicat, qui a toujours légalement le droit de recourir à la grève, décide de s'en servir. Les délégués organisent plusieurs réunions impromptues, ralentissant la production. Au cours de l'une de celles-ci, les syndiqués optent pour le retour définitif au travail. Le vote est serré cependant; il faut trois tours de scrutin pour qu'une majorité se dessine. En plus, la paix sociale se paye cher. Pour l'obtenir, les employés doivent accepter d'importants reculs. Parmi les concessions faites par la partie syndicale, l'une des plus importantes porte sur le nombre des emplois dans les deux usines. Des 550 postes que compte l'usine au moment du *lock-out*, cent vingt-quatre vont disparaître. C'est la cour à bois qui est le secteur le plus touché car on y perdra une quinzaine d'employés. Là, la direction de l'usine justifie les mises à pied par l'avènement de changements technologiques: on ne traite plus de billots de bois dorénavant mais exclusivement des copeaux. Disparaît aussi «la sixième main»[2] tandis que les augmentations salariales prévues pour les trois années de la convention vont se limiter à 4 % par année. Cela représente à peine la moitié des augmentations consenties pour la même période dans les autres usines papetières – dont celles appartenant à Domtar, ce qui ne manque pas d'étonner! On compte de 2,00 $ à 2,50 $ de différence de salaire horaire entre employés de même catégorie.

Entre temps, un groupe de sept ou huit personnes présente à la direction de l'usine un plan de sauvetage. Les cadres qui l'ont préparé souhaitent voir leur document aboutir sur le bureau du directeur général de Domtar. Devant leur insistance et touché par l'intérêt qu'ils manifestent, le directeur décide de passer outre ses directives et d'aller franchement à l'encontre des volontés de la maison mère de Montréal. Il joue donc le tout pour le tout et accompagne même l'équipe des sauveteurs improvisés aux bureaux de la haute direction. Une dizaine de jours plus tard, un vice-président de Domtar annonce que le projet de relance est accepté à condition qu'il soit entériné tel quel par 80 % des travailleurs. Les employés passent au vote: 55 % pour et 45 % contre. Alors que le moral s'affaisse à East Angus, la direction de Domtar demande un temps de réflexion. Quelques jours plus tard, à la surprise générale, on apprend que le projet a malgré tout l'aval des grands patrons, bien qu'il soit assorti d'une quirielle de conditions. C'est donc une victoire pour les cadres.

Dès la relance, les objectifs de fonctionnement sont

---

2. Pour faire fonctionner les machines à papier de l'usine d'East Angus, il faut six hommes par quart de travail. Avec cette nouvelle clause dans la convention collective, la direction se réserve le droit de n'affecter que cinq hommes à chaque machine par quart de travail.

dépassés. L'usine fait des bénéfices la première année et continuera à en faire jusqu'à la reprise par Cascades, en 1983.

Au printemps de 1978, la direction de Domtar commande à une firme d'ingénieurs-conseils de Montréal une étude visant à déterminer si l'usine est rentable ou non. Il s'agit d'un contrat de 200 000 $ au terme duquel les spécialistes conseillent le maintien des activités. La direction de l'usine ne fait aucun commentaire à la suite de la recommandation et le dossier reste en suspens. Au bout d'un certain temps, des rumeurs naissent. Devant l'indécision de la haute direction montréalaise, les gens d'East Angus élaborent des hypothèses sur les raisons de ce silence. Hésite-t-on encore vraiment quant à l'avenir de l'usine? N'est-il pas impossible que la filiale soit d'ores et déjà condamnée, quoi qu'il advienne? Il est vrai que la situation n'est pas claire et se prête à toutes les interprétations.

Trois années passent ainsi, au cours desquelles d'autres intervenants prennent position de façon plus catégorique, de sorte que le dossier finit par devenir politique. Le ministre péquiste Yves Bérubé promet de prendre les mesures nécessaires pour assurer la survie de l'entreprise. À sa suite, le premier ministre René Lévesque annonce que son gouvernement interviendra directement si la société décide de mettre la clé sur la porte.

Comment se fait-il qu'après quatre ans, les grands patrons ne puissent toujours pas prendre de décision finale? Pourquoi l'annonce officielle du choix arrêté quant à l'avenir de l'usine tarde-t-il tant à venir? Ce silence ne s'explique plus maintenant que la rentabilité des installations est clairement établie. On sait, évidemment, que ce n'est plus ce qui est en cause. D'autant plus que la direction locale a pris l'habitude, au cours des derniers exercices financiers, d'afficher sur les babillards de l'usine, à intervalles réguliers, les résultats des opérations. Tout le monde voit bien que les bilans sont positifs et est naturellement porté à croire que l'explication se trouve ailleurs.

C'est qu'en 1982, la direction de Domtar caresse d'importants projets d'avenir. Il s'agit d'investissements majeurs, lourds de conséquences pour le bilan financier de la société. Le projet concerne l'usine québécoise de Windsor, à une trentaine de kilomètres à l'ouest d'East Angus et celle de Cornwall, en Ontario. Il consiste à remplacer des installations devenues vétustes par une usine flambant neuve dont la construction doit dépasser largement le milliard de dollars. L'ampleur des investissements implique nécessairement une rationalisation de l'exploitation, qui s'accompagnerait d'une restructuration des filiales. Si Domtar, ce faisant, doit se débarrasser d'une partie de ses actifs, en plus d'une des deux usines visées, à Windsor ou à Cornwall, pourquoi ne pas fermer celle d'East Angus? Sur le plan de la stricte rationalisation, ce choix s'expliquerait par le fait que les projets d'avenir concernent des usines qui produisent du papier fin – Domtar devant ainsi spécialiser sa production – tandis que celle d'East Angus fabrique du papier kraft et du carton. On sait aujourd'hui que c'est le site de Windsor qui a bénéficié de l'investissement de la société papetière et des largesses gouvernementales[3]. Avec la proximité des deux villes industrielles, comment douter que les dossiers de Windsor et d'East Angus aient été étroitement liés? Il faut croire que Domtar ne pouvait pas investir dans la modernisation de l'usine d'East Angus tout en procédant à la mise en chantier d'une usine neuve aussi importante que celle prévue à Windsor.

Voilà peut-être la raison pour laquelle la direction de Domtar annonce officiellement, le 5 août 1983, que l'usine d'East Angus est à vendre. Chacun des employés reçoit une lettre expliquant la teneur de la décision du conseil d'administration. Parmi les repreneurs possibles, on compte les sociétés papetières Kruger et Cascades, de même qu'un

---

3. Le fait que la Caisse de Dépôt et de Placement du Québec soit devenue le principal actionnaire de la société Domtar en 1982 n'est sans doute pas étranger à l'engagement financier des gouvernements fédéral et provincial dans l'usine de Windsor, cette participation étant l'un des facteurs qui a favorisé la réalisation du projet estrien, au détriment sans doute de l'usine d'East Angus.

groupe d'hommes d'affaires de la région. Les gouvernements, appelés à intervenir dans le dossier, écartent tout de go le dernier candidat, craignant que le manque de liquidités à court et à moyen terme ne mette en péril le projet de reprise. Les syndiqués, pour leur part, voient d'un bon œil la venue du groupe Cascades. La réputation des frères Lemaire n'est déjà plus à faire et joue en leur faveur. Dans les jours qui suivent l'annonce officielle de la mise en vente, le groupe de Kingsey Falls fait une offre. C'est celle qui est acceptée.

* * *

En rachetant les actifs de Domtar à East Angus, Cascades doit négocier avec les syndicats de l'usine pour déterminer les conditions de travail sous la nouvelle administration. Les Lemaire en sont à leurs premières armes avec les syndicats. Hormis Matériaux Cascades, avec sa cinquantaine d'employés, l'usine d'East Angus sera la première grosse unité de production du groupe employant des travailleurs syndiqués. Elle compte deux syndicats: le Syndicat national des employés de bureaux et le Syndicat national des travailleurs de la pulpe et du papier d'East Angus, affiliés l'un et l'autre à la C.S.N. Les représentants de Cascades déposent donc des offres, qualifiées de «finales», dans lesquelles ils proposent la reconduction de la convention collective en cours jusqu'au 30 septembre 1986, soit pour une période de trois ans, alors qu'elle vient normalement à échéance un an plus tard. Sur le plan des salaires, il est convenu que les augmentations seraient copiées sur celles offertes à Windsor, à l'usine de la société concurrente Domtar. C'est ce qu'on appelle «la clause taxi», une entente conclue emmenant *de facto* des conditions équivalentes dans toutes les usines concernées.

En réponse aux offres, les représentants des employés syndiqués se rendent à Kingsey Falls pour y rencontrer les trois frères Lemaire. Une entente de principe est conclue lors de la réunion et prend effet dès le premier septembre. Les Lemaire ont cédé sur certains points du dossier. Ils acceptent, par exemple, d'ajuster les augmentations salariales sur les normes gouvernementales, à l'époque où la politique fédérale des 5 et 6 % est toujours en vigueur. Ils conviennent aussi d'assujettir les augmentations prévues aux conditions qui prévaudront à l'usine de Windsor; si la direction de Domtar accorde, pendant les trois ans couverts par la convention collective d'East Angus, des augmentations salariales supérieures aux normes gouvernementales, Cascades s'engage à faire de même. Les frères reculent aussi sur la question du régime de retraite, qu'ils acceptent tel quel, bien qu'ils ne soient pas convaincus de la valeur du programme retenu par l'ancienne administration. Comme le dit Bernard à ce moment-là: «Nous sommes prêts à vivre avec un syndicat et nous respecterons la convention collective.»

Cette bonne volonté permet de faire avancer les choses; dès l'avènement de Cascades, l'atmosphère de travail change sensiblement à East Angus. Bien que tout ne soit pas que perfection – il se trouvera toujours quelqu'un d'insatisfait, tant chez les employés qu'au sein de la direction de l'usine – les relations entre patrons et employés progressent nettement. La politique des portes ouvertes donne des résultats positifs, celle du partage des bénéfices aussi. Mais si la confiance règne, certaines difficultés restent latentes. Cinq ans plus tard, elles ne sont toujours pas réglées. Par moments, elles reviennent au premier plan des préoccupations des travailleurs de l'usine: elles ont fait surface lors de la négociation d'une nouvelle convention collective au cours de l'automne 1986, puis de nouveau au milieu de 1988. Il s'agit de la question des coupures de postes et de celle de la sous-traitance.

Lors de la reprise, Bernard confirme qu'il n'est pas dans ses intentions de réduire le personnel de l'usine à l'exception des cadres, dont le nombre devrait passer à 25. À ce moment-là, on compte près de 450 travailleurs à East Angus, dont 65 cadres. Cinq ans plus tard, l'usine a perdu une vingtaine d'emplois; le nombre de cadres a peu baissé et les postes coupés, parmi les journaliers surtout, l'ont été à l'occasion des départs, le plus souvent des mises à la retraite. Évidemment,

Bernard explique ces mesures par la recherche de l'efficacité et la course à la rentabilité, version qu'entérine la direction de la filiale. Le fait qu'il y ait effectivement des bénéfices et que ceux-ci soient dûment partagés avec les employés favorise la tolérance de ceux qui restent.

La question de la sous-traitance est un autre point qui inquiète les employés de l'usine d'East Angus. Leurs représentants syndicaux l'ont clairement fait savoir au moment des négociations pour le renouvellement de la convention collective, à la fin de 1986. Le problème n'est pas propre à Cascades, puisque le recours aux entrepreneurs locaux est une pratique courante dans l'industrie papetière. De nombreux travaux, surtout dans le domaine de l'entretien et de la construction, sont confiés à de petites sociétés qui présentent l'avantage de pouvoir fournir des travailleurs sur demande. Pour les sociétés papetières, le recours, même indirect, aux travailleurs temporaires représente de substantielles économies par rapport à ce qu'il en coûterait de faire appel au personnel de l'usine pour réaliser les mêmes travaux. Que sert en effet d'engager sur une base annuelle un briqueleur si l'on n'a besoin de ses services qu'une semaine par année? S'il faut en croire les représentants syndicaux, cette pratique se ferait dans bien des cas aux dépens de leurs membres. Selon eux, le personnel de soutien, dont le travail n'est pas directement lié aux machines à papier, peut ainsi craindre de disparaître un jour. Cette incertitude nuit quelque peu à l'ambiance qui règne dans l'usine. Elle pourrait être la cause d'affrontements – et n'est pas étrangère, en fait, à la grève du printemps de 1988 – si les gens de Cascades n'y trouvent pas une solution définitive et satisfaisante.

Mises à part ces quelques ombres au tableau, le dossier d'East Angus est exemplaire. Les Lemaire ont démontré là ce que vaut leur philosophie du Respect. Cette usine où Domtar ne voulait plus investir, même si elle n'avait jamais connu de déficit d'exploitation, est parfaitement rentable maintenant: Cascades (East Angus) n'a jamais non plus eu de résultats négatifs. Avec la politique du partage des bénéfices, tous les

employés participent aux profits comme ils participent à
l'effort. C'est de cette façon que les Lemaire ont prouvé que
les principes de gestion et les politiques d'investissement *à
la Cascades* sont garants du succès. C'est pourquoi, aussi, on
ne doit pas s'étonner que l'histoire se répète quelques mois
plus tard, à Jonquière.

*   *   *

Si la région d'East Angus est réputée pour la force de sa
tradition syndicaliste, celle de Jonquière n'a rien à lui envier.
De tout temps, la région du Saguenay a été celle des extrêmes, sur le plan des revendications syndicales comme en
politique, d'ailleurs. C'est là que le groupe Cascades, malgré
l'inexpérience de ses gens sur le plan des relations de travail
avec des employés syndiqués, poursuit sa croissance en
acquérant, en mars 1984, l'usine mise en vente par la société
Abitibi-Price.

La société papetière Price, filiale québécoise de Abitibi-
Price, possédait trois usines au Saguenay-Lac-Saint-Jean. La
première est située à Alma, la deuxième se trouve à Kénogami et la troisième, passée sous la bannière Cascades, est
située dans la municipalité voisine, à Jonquière. Ceux qui
connaissent la région comprendront que les deux dernières
usines n'en forment en fait qu'une seule; elles se font face,
construites à quelques centaines de mètres l'une de l'autre, de
part et d'autre de la rivière aux Sables.

La première usine établie sur le site de Jonquière
remontait au début du siècle. Elle avait été construite par la
famille Perron. Devenue désuète, elle fut remplacée par une
cartonnerie neuve, érigée en 1961 par la société Price. La
nouvelle unité produit pâte et papier à partir de 1962 mais
s'avère rapidement trop petite. C'est qu'elle est construite à
l'ombre d'un géant. Si l'usine de Jonquière ne compte qu'une
machine à carton, celle de Kénogami exploite sept machines
à papier. Ses besoins sont tels qu'elle absorbe les trois quarts
de la production de pâte de l'usine de Jonquière. En effet, la

machine à carton ne permettant pas de transformer plus de 40 à 50 tonnes de pâte par jour, les surplus sont transférés au complexe de Kénogami au moyen d'un système de pompage.

La construction de l'usine de Kénogami remonte à 1911. Elle était, à l'origine, la propriété de Price Brothers, passée depuis sous la bannière de la société papetière Abitibi-Price Ltd[4]. Elle a toujours été en étroite relation avec l'usine de Jonquière puisqu'elle fournissait à cette dernière l'électricité et la vapeur nécessaires à la fabrication de la pâte. En échange, l'usine de pâte de Jonquière livrait une grande partie de sa production à celle de Kénogami. À les voir ainsi fonctionner en symbiose presque parfaite, on peut se demander s'il s'agissait bien de deux usines distinctes, d'autant plus qu'elles appartenaient au même propriétaire. Les gens de la région disent bien que la cartonnerie n'a toujours été qu'une simple annexe de la grande usine de papier journal sise de l'autre côté de la rivière. Il y en a qui prétendent que la nouvelle usine de Jonquière, dès sa construction, aurait été conçue comme un simple ajout à celle de Kénogami. Pour preuve, ils rappellent que trois ans après sa construction, l'usine de Jonquière était déjà trop petite, erreur inacceptable si elle avait dû être totalement indépendante! Selon leur interprétation, la différenciation n'aurait été nécessaire qu'au niveau comptable. Même au niveau de l'emploi, la distinction n'est pas franche: les ouvriers appartiennent bien à des syndicats séparés, négociant chacun pour leur part une convention collective distincte avec leur employeur respectif, mais les employés de bureaux de l'une et l'autre usines se retrouvent sous la même accréditation syndicale, partageant la même convention collective.

L'interdépendance des deux usines papetières voisines limite quelque peu la croissance de celle de Jonquière. Il faut dire que l'éloignement des marchés n'est pas un moindre

---

4. C'est en 1974 que la société ontarienne Abitibi Ltd. achète 90 % environ du capital-actions de Price Brothers, créant alors une nouvelle filiale au Québec: Price ltée.

handicap, même pour un papier de «haut rendement» qui surpasse largement en qualité celui des firmes concurrentes. Il est certain que sans la clientèle de l'usine de Kénogami, celle de Jonquière n'aurait pu survivre. (Outre la filiale de Kénogami, ses principaux clients se trouvent à Montréal et Toronto.) Néanmoins, la société Abitibi-Price investit dans sa «petite» usine de carton. Au fil des ans, les bénéfices sont vite canalisés vers l'amélioration de la production. Il en coûte 1 200 000 $ en 1967 pour remplacer par une machine allemande la coupeuse qui, bien que neuve, s'avère de piètre qualité. S'ajoute un investissement de 2 000 000 $ en 1974 pour l'informatisation de l'unique machine de l'usine et l'amélioration des formes rondes. L'année suivante, on change les raffineurs de l'usine, trop petits pour répondre aux besoins de la production... des deux usines; du même coup, la qualité de la pâte s'accroît sensiblement. En 1980, finalement, on investit 5 000 000 $ pour faire passer la capacité du blanchiment de 50 à 100 % de la pâte produite.

Entre temps, en 1973, Abitibi-Price est aux prises avec un conflit majeur dans ses trois usines de la région. Les négociations avec les syndicats achoppent sur la question des horaires de travail. Les discussions dégénèrent en affrontement et les employés déclenchent une grève qui va durer quatre mois. Sur le plan financier, les conséquences se font peu sentir car l'année 1974 est particulièrement bonne pour les cartonnages. Deux ans plus tard, l'usine est à nouveau fermée, cette fois à cause d'un incendie majeur. Les opérations sont interrompues pendant huit semaines. Puis les conventions collectives sont à nouveau échues en 1977; cette fois, les négociations se font sans heurts. En 1980 cependant, les choses ne sont pas aussi faciles. L'industrie est dans une période creuse et les directions d'usines sont peu promptes à faire des concessions. L'affrontement est inévitable. La grève, très dure, va durer sept mois à Jonquière, neuf mois à Kénogami. L'employeur reste intraitable sur les questions salariales. C'est qu'il est courant, dans l'industrie papetière, de chercher à ajuster les salaires des travailleurs sur la rentabilité des produits qui sortent des usines. En période difficile, cela se solde par une croissance nulle des salaires, si ce n'est même une réduction. Cette pratique a toujours eu valeur de règle chez Abitibi-Price, au grand dam des syndicats qui voudraient bien, pour une fois, que la tradition se perde.

Le conflit laisse des cicatrices qui seront longues à s'effacer. Les directions des usines sont prises à parti par les représentants syndicaux qui leur reprochent leur manque d'ouverture. À Jonquière, la détérioration des relations de travail amène le désintéressement de la haute direction de Price ltée pour l'usine cartonnière. Sa rentabilité est faible en comparaison des résultats qu'obtiennent les autres usines du groupe; les concessions nécessaires faites aux employés pèsent lourd au bilan d'exploitation. Aux dires des membres de la direction, les charges salariales sont par trop élevées. Dans ce contexte, compte tenu que l'usine de Jonquière ne représente que 3 % de son chiffre d'affaires global, la société Abitibi-Price prépare un prospectus pour la mise en vente de sa filiale. Le document est envoyé à une quarantaine de sociétés papetières. Une copie parvient au bureau de Bernard Lemaire, à Kingsey Falls. On est à la fin de 1982.

La rumeur ne tarde pas à circuler à Jonquière. Il aurait été difficile de garder secret le projet de vente. Les gens ne sont pas dupes. Ils devinent bien que si l'usine n'est pas reprise par une société concurrente, elle fermera ses portes. La direction leur donne raison en annonçant officiellement, en mars 1983, que la maison mère n'est plus intéressée à exploiter l'usine. Les investissements requis pour assurer sa rentabilité à long terme sont trop lourds, dit-on. Le prospectus devrait permettre de trouver un repreneur possible. Si l'opération avorte, il est clair que la fermeture sera l'unique solution. Au théâtre Bellevue, où la direction a réuni ses employés, la salle est comble. Même si l'annonce officielle ne fait que confirmer des rumeurs qui circulent depuis plusieurs mois, un vent de panique souffle dans la foule. La déception se lit sur tous les visages. La direction syndicale ne tarde pas à réagir. Ses représentants se rendent à Toronto pour rencontrer les frères Reichman, grands patrons d'Abitibi-Price, dans l'espoir de renverser la vapeur, ou du moins d'obtenir un sursis. C'est peine perdue. La haute direction ne revient pas sur sa décision.

Ce sont les représentants de la société Price ltée, propriétaire de l'usine et filiale d'Abitibi-Price, qui sont responsables de la vente. Comme Cascades est intéressée par l'usine, Denis Hamel, président de Price, rencontre Bernard Lemaire à Montréal. Les négociations vont s'étendre sur toute une année. Il faut non seulement que Cascades (ou un autre repreneur) et Price s'entendent sur les conditions de la vente mais aussi que la direction de Price obtienne l'aval de celle du groupe Abitibi-Price, puis que les syndicats entérinent indirectement le choix en signant une entente sur le renouvellement ou la prolongation de la convention collective qui est toujours en vigueur. C'est une dure guerre des nerfs pour les employés. Le travail s'en ressent évidemment: enthousiasme ou entrain sont devenus de vains mots à l'usine.

Une semaine à peine après l'annonce, la société Cascades fait parler d'elle. Les Lemaire, avec lesquels des négociations semblent déjà être entamées – ce qui prouve qu'il s'est bien écoulé quelques mois entre la mise en vente effective de l'usine et l'annonce officielle de cette décision – demandent à rencontrer les représentants syndicaux. À cette époque, le groupe Cascades est parfaitement inconnu au Saguenay. Les syndicats se tournent donc vers la fédération provinciale pour obtenir des précisions sur ces candidats entreprenants. Précaution inutile, puisque les gens de la fédération n'en savent guère plus sur la société de Kingsey Falls. La réunion a tout de même lieu. Jean Giasson, directeur de l'usine, Michel Guimond, relationniste industriel, Francis Dufour, maire de Jonquière et le gérant de la Société de développement de Jonquière assistent à la réunion. Les trois frères Lemaire sont présents. La rencontre est cordiale, sans plus. Rien de concret n'en résulte si ce n'est que les participants se voient confirmer la ferme intention de Cascades d'acheter l'usine, de la garder ouverte et, surtout, de la rentabiliser. Au sortir de la réunion, Francis Dufour, sous le coup de l'enthousiasme, annonce que la vente pourrait être facilement conclue et les emplois sauvés si les employés syndiqués sont prêts à faire «de grosses concessions». C'est une opinion que ne partagent pas les représentants syndicaux, qui s'efforcent de rétablir la situation. Cascades est dans la course, sans plus; le jour de la rencontre, les Lemaire n'ont fait aucune offre précise aux employés.

Toute l'année 1983, le dossier reste en suspens. Hormis Cascades, d'autres sociétés papetières manifestent leur intérêt pour les installations de Jonquière. Il y a plusieurs repreneurs possibles, confirme la direction de l'usine, sans pour autant en préciser le nombre. Les représentants syndicaux disent trois, tout au plus. En fait, le chiffre est difficile à déterminer puisque ces candidats à la reprise se sont tous retirés assez tôt dans le dossier pour que l'équipe syndicale n'ait jamais eu à les rencontrer. Il y a aussi les démarches des représentants syndicaux qui semblent pouvoir déboucher sur quelque projet concret. À Jonquière, on entend dire qu'en dernier recours, les syndicats se porteraient acquéreurs de l'usine pour assurer le maintien des emplois. Personne ne sait s'il s'agit d'une rumeur fondée ou d'une lointaine possibilité. En plus de cela, la firme d'ingénieurs-conseils Lemieux, Morin, Bourdages et Simard étudie la possibilité d'acheter l'usine. Le projet prévoit la participation des employés, qui deviendraient actionnaires. La firme forme donc, avec les syndicats, une association et prépare une offre ferme de reprise. Mais déjà, à ce moment-là, la direction de Price semble avoir un faible pour la candidature de Cascades. Il est clair que le dossier des Lemaire est bien avancé et appelle les efforts les plus soutenus. Nonobstant cette préférence, la firme d'ingénieurs et le syndicat soumettent leur projet.

La haute direction du groupe Abitibi-Price montre peu d'enthousiasme pour la proposition. Sensibles à ce manque d'intérêt, les employés manifestent leur mécontentement. La tension monte alors à l'usine, qui tourne toujours malgré le spectre de la fermeture en cas de mévente. Inflexible, la direction du siège social, à Toronto, rejette l'offre. C'est une mauvaise nouvelle mais on n'a pas vraiment le temps d'en mesurer l'ampleur, à Jonquière, car les négociations avec Cascades donnent enfin des résultats. Le dossier progresse de telle sorte qu'on en arrive au dernier point à régler, condition *sine qua non* qu'ont posée les Lemaire à l'achat de l'usine: Cascades ne se portera acquéreur des installations que si la direction du groupe parvient à s'entendre avec les employés quant aux conditions de travail. Question épineuse entre toutes!

*   *   *

Les employés et leurs représentants n'ont plus tellement le choix. Compte tenu de la rapidité avec laquelle se sont désistés les autres repreneurs éventuels, puis du rejet de la solution syndicale par la direction torontoise, il ne reste pas d'autre avenue possible que le rachat par Cascades. Il faut donc, coûte que coûte, parvenir à conclure une entente. Cependant, bien qu'ils soient conscients de la précarité de leur position, les syndicats ne sont pas prêts à céder sur tous les fronts. Les négociations s'annoncent (et seront) particulièrement dures.

Le syndicat forme un comité de négociation qui se compose de Richard Côté, Christian Filion et Jean-Marie Guay, respectivement président, vice-président et secrétaire du syndicat des ouvriers. Leur font face Bernard et Laurent – auxquels se joint Alain à l'occasion – Jean Giasson et Michel Guimond. C'est Cascades qui fait le premier pas en présentant ses propositions: on souhaite d'abord signer une convention collective d'une durée de trois ans, sans augmentation de salaires ni modifications des bénéfices marginaux, on veut ensuite laisser aux syndicats la gestion des caisses de retraite et des assurances, avec participation financière de Cascades toutefois, puis établir enfin une formule de participation aux bénéfices.

La réaction des représentants syndicaux est franchement

négative. À la déception première s'ajoute le désagréable sentiment que Cascades veut profiter de la situation et obtenir le maximum de concessions. Réunis en assemblée générale à la fin du mois de septembre 1983, les employés font preuve d'impatience mais accordent néanmoins à leurs dirigeants syndicaux le mandat de continuer à négocier. Ont-ils le choix? Non, évidemment, et c'est bien ce qui les ennuie. «Les employés ont jugé que les propositions de Cascades étaient très dures», rappelle Richard Côté. Ils conviennent pourtant qu'il faudra bien accepter des coupures quelque part pour que l'usine survive. Au sortir de l'assemblée, le message aux Lemaire est clair: les premières offres sont rejetées mais on accepte de négocier franchement les conditions salariales, la durée de la convention collective, puis la question des caisses de retraite et des assurances.

Au cours des rencontres suivantes, les sourires ne sont pas de mise. L'atmosphère tendue n'est pas sans rappeler aux syndiqués les négociations avec Abitibi-Price à l'occasion desquelles, chaque fois, les syndicats représentant les trois usines du groupe au Saguenay-Lac-Saint-Jean faisaient front commun pour en imposer à l'employeur. Avec cela, les syndicats affiliés à la C.S.N. se sont fait une réputation de tous les diables. Malgré tout, le dossier progresse. Le syndicat fait un premier pas en avant en acceptant que la durée de la convention collective en cours de négociation soit portée à trois ans. En échange, il faudra que Cascades accorde, les deuxième et troisième années, des augmentations de salaire de 2 puis 4 %. C'est fait. On s'entend aussi pour que Cascades retire ses exigences concernant le temps supplémentaire et les primes de repas. On règle aussi, finalement, la question des cinq journées flottantes. À Jonquière, la convention collective donnait le droit aux employés de prendre cinq jours additionnels de congé par année, à leur gré. Cette mesure visait à remplacer les congés pour cause de maladie, inconnus à l'usine. Les Lemaire proposent de réduire de moitié ces jours de congé, et demandent qu'il soit possible de les monnayer, comme les congés réguliers d'ailleurs, advenant le cas où un employé choisirait de s'en passer. Le syndicat s'y oppose carrément, expliquant que si de telles politiques étaient en vigueur, c'était pour permettre aux travailleurs de prendre un repos mérité et nécessaire. Sur ce point, les frères cèdent.

Au mois d'octobre 1983, Cascades dépose des offres «finales». La société accorde aux employés les augmentations de salaire réclamées par le syndicat, laisse au syndicat la responsabilité de gérer la caisse de retraite, convient de participer financièrement aux dépenses reliées aux assurances en versant 55 ou 75 $ par mois selon que l'employé est célibataire ou marié, alors que le syndicat demande des sommes de 95 et 145 $. Insatisfaits, les représentants syndicaux rompent les négociations. Bien décidés à ne pas en rester là, ils vont jusqu'à Québec chercher des appuis. Marc-André Bédard, ministre de la Justice d'alors, est aussi député de la région à Québec. Clément Dufour, négociateur qui représente la C.S.N. dans le dossier, décide de tirer parti de l'offre que ce dernier lui a faite de l'aider en cas de besoin. Le ministre Bédard reçoit donc la visite impromptue des dirigeants syndicaux de l'usine. Ceux-ci se plaignent que les négociations avec Cascades soient au point mort. Selon eux, il faut que quelqu'un «qui fait le poids» exerce des pressions auprès des Lemaire pour les amener à assouplir leurs exigences, faire avancer le dossier et assurer, une fois pour toutes, le sauvetage de l'usine.

Pendant ce temps, l'usine reste ouverte. Réunis en assemblée générale, les employés ne cachent pas leur déception face aux négociations qui piétinent. La réunion, particulièrement houleuse, se solde par le rejet de l'offre «finale» de Cascades, à 80 % des voix. Du coup, le projet entre dans un cul-de-sac. Heureusement pour les travailleurs, les représentants syndicaux parviennent à faire part de leurs difficultés au premier ministre d'alors, René Lévesque. Ce dernier promet d'intervenir. Leur dernier espoir n'est pas vain. C'est ainsi que Denis Hamel, président de Price (dont les bureaux sont situés à Québec), Marc-André Bédard et les représentants syndicaux se retrouvent un samedi midi, à Chicoutimi. Bernard Lemaire, bien qu'invité à prendre part à la rencontre, ne peut y participer. Il s'arrange toutefois pour être en communication téléphonique avec le groupe. En trois heures, l'écart entre les parties est réduit à néant. Bernard hausse à 95 et 115 $ la part de Cascades aux primes d'assurance-collective, et convient que la société versera l'équivalent de 2 % de la masse salariale totale à la caisse de retraite. Affaire conclue. Le 15 décembre 1983, la convention collective de travail des employés de l'usine de Jonquière est signée pour trois ans. La dernière condition posée par les Lemaire est ainsi remplie. Pendant les trois mois qui vont suivre, Fernand Cloutier parachèvera les demandes de subventions de Cascades. C'est ainsi qu'en mars 1984, les sociétés Abitibi-Price et Cascades signent le contrat de vente de l'usine de Jonquière.

*   *   *

À Jonquière, l'hiver finit bien cette année-là et le printemps est plein de promesses. Comme le précise Richard Côté: «Le rachat par Cascades est la meilleure chose qui pouvait arriver à l'usine de Jonquière.» Tout compte fait, les syndiqués n'ont pas trop perdu même si les négociations ont été ardues. Les coupures de postes, puisqu'on a convenu qu'elles étaient inévitables, ne dépassent pas ce qui a été agréé. Les quelque 24 emplois à éliminer ne disparaîtront que progressivement, au fil des ans.

Il serait cependant un peu fort de parler de lune de miel. Les travailleurs du Saguenay-Lac-Saint-Jean ne sont pas des gens à qui l'on peut faire des promesses à la légère. Ils ont leurs particularités et leurs exigences, qui ne sont pas des moindres. C'est pourquoi, rapidement, certains problèmes refont surface à l'usine de Jonquière. L'une des causes, selon les dirigeants syndicaux, c'est que le personnel d'encadrement est toujours en poste même après la reprise par Cascades. «Pourtant, Bernard avait promis...», répète-t-on. En effet, c'est à Jonquière, où l'on compte une moyenne étonnante de un cadre pour cinq employés, qu'il avait promis de ramener ce rapport à des proportions plus adéquates en prétendant que «l'usine pourrait fonctionner sans cadres». L'affirmation, bien qu'exagérée, est prise au pied de la lettre par les employés. Ceux-ci ne tardent pas à manifester leur impatience devant le peu de changements effectifs qui s'effectuent. «Le propriétaire est différent mais la direction est restée à peu près la même», se plaint-on. Est-il possible que l'ambiance ait peu changé? Et les mentalités? La lourdeur administrative est indéniablement moindre avec Cascades, philosophie du Respect oblige, quand on compare à ce qui prévalait sous la direction de la société Price. Avec les conditions dans lesquelles la nouvelle convention collective s'est négociée au printemps de 1987, on doit bien convenir qu'un vent nouveau souffle à Jonquière. On peut laisser le bénéfice du doute à Cascades, d'autant plus que Bernard a plus d'une fois fait amende honorable: «C'était une erreur de faire une telle promesse», convient-il.

S'il y a faux pas sur le plan des relations de travail, il n'y a rien de tel quant aux mesures de redressement des affaires de l'usine. Au contraire, la victoire des nouveaux gestionnaires est totale. Au lendemain de sa création, Cascades (Jonquière) rompt le contrat qui la lie à Hydro-Kénogami, propriété de la société Price, pour se brancher directement au réseau d'Hydro-Québec. Même mesure pour la vapeur: on se coupe de l'usine de Kénogami, qui produit sa vapeur avec des brûleurs à mazout, pour passer à la production *maison*, à l'électricité. On conserve enfin la clientèle de la grande usine pour la pâte non transformée, réduisant cependant les ventes à 50 % du total produit, alors que c'était jusque-là 75 % de la production qui était pompé de l'autre côté de la rivière aux Sables. Cette restructuration des contrats d'approvisionnement et de vente établit un sain équilibre entre les deux complexes industriels. Sous la direction de la société Price, c'est l'usine de Kénogami qui profitait seule de la situation. La proximité de son fournisseur de pâte limitait ses coûts d'approvisionnement, tandis qu'elle réalisait d'importants bénéfices sur les ventes d'électricité et de vapeur à sa voisine. Comme on dit depuis le début dans la région, l'usine de Jonquière a eu le malheur d'être construite à l'ombre d'un géant, de qui on l'a longtemps considérée comme une simple annexe.

Il est habile, de la part des gestionnaires de Cascades, d'avoir conservé la clientèle de l'usine de Kénogami. La pâte peut y être livrée sans frais de transport puisque les installations unissant les deux usines servent toujours. Cela se solde par d'importants bénéfices malgré un prix de vente qui reste concurrentiel. Il est bien aussi d'avoir éliminé la dépendance de cartonnerie en ce qui concerne l'électricité et la vapeur. Aujourd'hui, Cascades (Jonquière) est à même de produire la vapeur dont elle a besoin à un coût moindre de 33 %, économisant pas moins des deux tiers des sommes autrefois allouées aux achats d'électricité. Ajoutons à cela les quelques millions de dollars investis par Cascades entre 1984 et 1988 pour la modernisation des installations et l'on comprend qu'on puisse entrevoir l'avenir avec beaucoup d'optimisme à Jonquière.

Le plus curieux, c'est qu'en 22 ans d'existence, avant l'achat par Cascades, l'usine n'avait connu que deux années bénéficiaires. Combien de fois les employés ont entendu la direction de la société Price se plaindre que la cartonnerie n'était pas rentable? On répétait que le marché de la pâte est difficile, que les producteurs sont les premiers à souffrir lorsque surviennent les périodes creuses, que les salaires sont trop élevés et les conditions de travail trop lâches, etc. Si ces excuses sont en partie valables, il faut surtout considérer le type de relations qui existait entre la cartonnerie de Jonquière et l'usine de papier journal de Kénogami. Dans le cadre de cette symbiose, la première était beaucoup trop petite pour être rentable sans la seconde. La société Price a toujours investi en regard des besoins de la grande usine, parfois au détriment de la petite. En plus de cela, les coûts facturés pour les livraisons de vapeur et d'électricité étaient supérieurs à ceux du marché, ce qui grevait sensiblement le budget de l'usine de Jonquière. Cascades a bien montré qu'avec ses

propres chaudières et un contrat avantageux pour l'achat
d'électricité – négocié directement avec Hydro-Québec –, la
petite cartonnerie aurait facilement pris le chemin de la
rentabilité.

Il doit exister un fossé égal entre, d'une part, les méthodes
administratives des sociétés papetières concurrentes et celles
qu'on utilise chez Cascades et, d'autre part, le niveau de
succès qu'obtiennent ces différentes sociétés dans la gestion
de leurs usines. Comment expliquer autrement la réussite des
relances d'usines à la Cascades? Comment les gens de
Kingsey Falls parviennent-ils à vaincre là où d'autres, pourtant plus puissants, n'ont pas fait trop bonne figure? Si l'on se
refuse à accepter que ce soit la philosophie du Respect qui
fasse toute la différence, il ne reste qu'une seule explication
possible: disons que les Lemaire sont des petits débrouillards
qui n'ont pas leurs pareils.

Chapitre 6

La renaissance
de Port-Cartier

Port-Cartier est une petite ville joliment assise à l'embouchure de la rivière aux Rochers. Les vagues du golfe du Saint-Laurent, qui viennent se briser, molles et froides, sur ses plages sablonneuses, sentent bon l'air de la mer. Les maisons, battues par le vent qui souffle de l'est sans jamais se lasser, s'alignent le long de la côte. À les voir, on distingue facilement les quartiers ouvriers de celui des patrons, de part et d'autre de l'embouchure de la rivière. Dans cette région aux neiges abondantes, l'hiver, bien que long et froid, n'impose pas de contrainte à la circulation maritime. Le chemin de l'Atlantique est ouvert toute l'année. C'est le motif qui a poussé la société minière Québec-Cartier à s'installer dans cette ville, baptisée à son nom, en 1958. C'est l'époque de la «ruée vers le fer», largement provoquée par les conditions avantageuses qu'accordait le gouvernement Duplessis aux sociétés américaines. Pays d'abondance, encore vierge, la Côte-Nord laissait partir son fer au prix de «un cent la tonne».

Avec les années, d'autres entreprises se joignent à la société Québec-Cartier. La région devient vite prospère. Port-Cartier, et Sept-Îles encore plus, à une cinquantaine de kilomètres plus au nord, connaissent un développement important. Leur population augmente à un bon rythme. Cependant, cette étonnante croissance est étroitement liée à l'exploitation des ressources naturelles. Ces villes de la Côte-Nord sont des ports par lesquels transite la matière première plutôt que des produits finis. Il se fait peu de transformation sur place. Conscients des risques que cela comporte, certains élus locaux parlent déjà, à ce moment-là, de favoriser la diversification économique. Ils brandissent le spectre de la dépendance, craignent qu'une prospérité économique très étroitement liée à quelques géants industriels ne soit trop fragile.

L'avenir donnera malheureusement raison à ces prophètes de malheur. À la fin des années 70, la Côte-Nord perd quelque 5 000 emplois, auxquels s'ajoutent un nombre trois fois plus élevé d'emplois indirects. À Sept-Îles, la population passe en quelques années de 40 000 à 25 000 habitants; à Port-Cartier, la baisse est tout aussi dramatique. Au sommet de l'activité économique, la ville compte 12 000 habitants; en 1986, il n'en reste plus que 6 500.

La réalisation d'un faramineux projet d'usines papetières sur la Côte-Nord, dont la première phase s'est soldée par un retentissant échec à Port-Cartier, n'est pas étrangère à cette situation de crise. Les déboires de la société Rayonier-Québec à son usine de Port-Cartier entre 1971 et 1979 ont été la cause de bien des malheurs. Plus de 2 000 travailleurs y perdent leur emploi. De nombreuses familles quittent la région. À la suite de l'exode massif, le prix des maisons est en chute libre. À Port-Cartier, dans certains quartiers, les immeubles, vidés de leurs locataires, ont les fenêtres bouchées au moyen de panneaux de contreplaqué. Ils resteront ainsi pendant les sept années de vaches maigres qui vont suivre. Les élus municipaux calculent qu'avec la faillite de l'usine, première des trois phases du projet, la Côte-Nord perd des sommes totalisant 850 000 000 $ en retombées économiques. Aucune autre région du Québec n'a subi, à ce jour, d'épreuve comparable.

Les possibilités de développement de la région restent

pourtant immenses. Plusieurs entrepreneurs l'ont compris, jugeant qu'il valait la peine de considérer des projets d'expansion sur la Côte-Nord. C'est le cas de la société Straboco, qui produit de la pâte à papier dans la région de Rivière-Pentecôte, à 35 kilomètres au sud de Port-Cartier. C'est aussi celui de cet investisseur de Hauterive, près de Baie-Comeau, qui veut produire du granit à Port-Cartier. C'est encore celui des nombreux industriels qui songent à tirer parti de la proximité du golfe et à développer la pêche, dont les perspectives de bénéfices à long terme sont très intéressantes. C'est enfin le cas de celui que les gens de Port-Cartier ont surnommé, non sans affection, «le capitaine Haddock», Bernard Lemaire, artisan de la reprise de l'usine de Rayonier-Québec à Port-Cartier.

Avec la venue de Cascades souffle un vent de renouveau sur la Côte-Nord. La relance de l'usine redonne à toute la région la crédibilité perdue à l'occasion de l'épisode I.T.T.-Rayonier. Les gens de Port-Cartier renouent enfin avec la fierté après sept ans de purgatoire. Ils perdent petit à petit cette mauvaise réputation que leur ont value les grèves sauvages à l'usine papetière. Il semble maintenant qu'il n'y aura plus de *gros bras* ou de *promeneur de pancartes* et que les moutons noirs se soient parés d'une toison blanche. Michel Fournier, commissaire industriel de la municipalité, a longtemps répété qu'il est «criminel de ne pas faire tout ce qui est possible pour remettre Port-Cartier sur les rails de la prospérité économique». Parmi les mesures à prendre, il y a celle, difficile entre toutes, qui consiste à faire oublier le passé. Il faut convaincre les investisseurs éventuels que l'avenir peut être plein de promesses pour qui saurait faire confiance aux travailleurs de la région.

La société Rayonier-Québec, filiale provinciale d'I.T.T.-Rayonier – qui appartient elle-même à la grande famille de la multinationale américaine I.T.T.[1] – avait une méconnaissance

---

1. I.T.T. – International Telegraph and Telephone Ltd. – est née en 1920 de l'enthousiasme de deux frères, Sosthenes et Hernand Behn, natifs d'une petite

flagrante du milieu portcartois. Ce qui a manqué à ses administrateurs, c'est sans nul doute une philosophie de gestion du personnel qui s'apparente à celle de Cascades, c'est-à-dire un respect minimal à l'endroit de ses ouvriers. Sous la direction des Américains, jamais, à l'usine, le travailleur n'est considéré comme partie prenante au succès de l'entreprise; au lieu d'être agent développeur, il se retrouve exécutant anonyme. Par ailleurs, à une époque où le nationalisme québécois prend un singulier envol, l'unilinguisme anglais de la haute direction ne favorise sûrement pas l'intégration de la société au Québec. Puis le syndicalisme, particulièrement virulent aux premières années de la crise pétrolière, n'aide pas non plus. C'est l'époque des saccages à la Baie-James et des graves problèmes du chantier olympique, à Montréal. Pour compléter ce sombre tableau, enfin, il y a la réputation de la société I.T.T. qui vient de prendre un dur coup. Harold Geenen, président de la multinationale, se fait reprocher par l'administration américaine et l'opinion publique l'intervention de ses gens dans les affaires intérieures de l'État chilien, aux côtés de la C.I.A., à l'automne de 1973. Les journaux font largement état de l'appui financier fourni par la direction d'I.T.T. aux forces d'opposition au gouvernement socialiste de Salvador Allende Gossen. Harold Geenen et I.T.T. deviennent, aux yeux du grand public, l'image même d'un capitalisme condamnable. Tout cela, pour éviter la nationalisation de la Chitelco, filiale chilienne d'I.T.T. qui représente une valeur de 150 millions de dollars en actifs au bilan de la multinationale.

Tous les éléments sont en place pour mener à la catastrophe. Les gens de la Côte-Nord se laissent berner par

---

île des Antilles, pour le monde des télécommunications. En procédant rapidement à d'audacieuses acquisitions, Sosthenes Behn et son frère bâtissent un véritable empire international du téléphone. Après la Seconde Guerre mondiale, avec une diversification de ses actifs qui ne fait qu'accélérer sa croissance, la société devient le premier «conglomérat»: ses ramifications s'étendent sur tous les continents, dans tous les secteurs de l'économie, et sa puissance financière lui permet de devancer bon nombre d'États sur le plan des pouvoirs économique... et politique!

l'illusion d'un avenir doré. Les Québécois ont pourtant la réputation de ne pas être de ceux qui mettent «tous leurs œufs dans le même panier». Mais l'aventure que propose I.T.T. ne paraît pas vraiment risquée; elle commence en pente douce, dans les années 60.

* * *

C'est en avril 1968 qu'I.T.T. fait l'acquisition de la société forestière Rayonier, dont Russel Erickson a pris depuis peu la direction. Celle-ci, particulièrement riche en actifs immobiliers aux États-Unis, dispose de nombreux experts habiles dans la chasse aux terrains à bâtir ou aux terres vierges, spécialistes qui sont alors à l'œuvre dans plusieurs régions du Canada. Lors d'une réunion du conseil d'administration d'I.T.T., Russel Erickson fait part à Harold Geenen de quelques projets grandioses qu'il a dans ses cartons. L'un d'eux consiste à acquérir de vastes territoires outre-frontière. Selon lui, les négociations en cours avec les représentants du gouvernement du Québec devraient permettre la réalisation d'énormes investissements dans le domaine papetier et de tirer parti des réserves de bois de la Côte-Nord. Les sommes requises pour la réalisation de cet ambitieux projet dépassent le milliard de dollars. Peu importe, l'occasion est trop belle. Harold Geenen donne son accord: I.T.T.-Rayonier recevra les capitaux nécessaires pour aller de l'avant.

Le 29 juin 1971, Kevin Drummond, député libéral du comté de Westmount et ministre des Terres et Forêts, signe au nom du Québec le contrat qui donne à I.T.T.-Rayonier un droit exclusif de coupe de bois pour une période de quarante ans. Le territoire concédé est si vaste qu'il est difficile d'en concevoir la superficie: c'est le dixième du territoire de la province de Québec, l'équivalent de deux fois celui du Nouveau-Brunswick, vingt-cinq fois l'Île-du-Prince-Édouard, presque l'île de Cuba, soit 130 000 kilomètres carrés de forêts!

Dans son ensemble, le projet d'I.T.T.-Rayonier comprend

la construction de trois usines papetières. La première phase se déroulera à Port-Cartier. Si tout va bien, le projet se poursuivra avec la construction d'une deuxième usine à Natashquan, puis d'une troisième quelques années plus tard sur un site qui n'a jamais été précisé. C'est le contexte économique de l'époque qui explique l'engouement soudain des Américains pour le bois québécois. Avant même la crise du pétrole, de nombreux spécialistes prévoient une flambée des prix de l'or noir et du gaz naturel. Prompts à les croire, les directeurs d'I.T.T. et d'I.T.T.-Rayonier calculent que le prix du pétrole pourrait grimper à 60 ou 70 $ le baril en 1980. Avec un tel scénario, il devient évident que les investissements prévus allaient rapporter gros parce que la rayonne, fabriquée à partir de la cellulose du bois, aurait alors remplacé le pétrole et le gaz naturel dans la fabrication des fibres synthétiques. Quel avenir !

Depuis la création d'I.T.T.-Rayonier, la filiale a vu croître ses actifs mais ses performances financières ne sont pas à la hauteur de ce qu'attend la maison mère de New York. C'est pourquoi le projet arrive à point pour Harold Geenen. Si les prévisions des spécialistes quant aux prix du pétrole s'avèrent exactes, I.T.T.-Rayonier connaîtra un développement formidable au cours des années 80. Les bénéfices générés par l'exploitation de l'usine de Port-Cartier permettront la poursuite du projet et la construction des deux autres usines prévues sur la Côte-Nord.

La construction de la première usine, à Port-Cartier, débute au cours de l'année 1971. On prévoit y produire de la pâte dissoute, à partir de l'épinette noire, reconnue pour la qualité supérieure de ses fibres. La capacité quotidienne devrait atteindre 750 tonnes, ce qui représente une consommation de 150 000 à 200 000[2] cunits de bois par année. La réalisation du projet va s'étaler sur trois ans. À titre d'aide à

---

2. Le cunit est une unité de mesure propre à l'industrie forestière. Il vaut 100 pieds cubes, ou 2,83 mètres cubes, ce qui équivaut aux huit dixièmes d'une corde de bois.

l'investissement, les gouvernements fédéral et provincial subventionnent la société Rayonier-Québec, créée pour l'occasion et filiale à part entière d'I.T.T.-Rayonier. La manne gouvernementale se chiffre à 40,5 millions de dollars, dont 60 % provient d'Ottawa.

Dès la première pelletée de terre, les promoteurs du projet font face aux difficultés. Les conflits ouvriers se multiplient, les coûts dépassent rapidement les prévisions et l'on accumule bientôt un retard énorme sur l'échéancier prévu. Quatre ans plus tard, des 120 millions de dollars prévus initialement, Rayonier-Québec aura dépensé quelque 320 millions pour la construction du complexe industriel. Celui-ci est à peine inauguré qu'il semble douteux qu'il soit un jour rentable.

En 1975, l'usine de Port-Cartier emploie 800 personnes et fournit du travail à 1 200 personnes en forêt. Tous ces gens sont syndiqués mais leurs syndicats sont affiliés à des centrales différentes. L'ennui de cette situation, c'est qu'au moindre conflit, en cette période généralement troublée des relations de travail au Québec, toute l'usine est paralysée. Il n'y a donc pas à s'étonner qu'au cours des cinq ans d'exploitation de l'usine, les temps d'arrêt aient représenté une durée plus grande que le total des jours de travail. Car il se trouve toujours un groupe d'employés pour manifester contre la direction de l'usine ou pour engager une grève d'appui! Les affrontements, qui se multiplient, contribuent à envenimer la situation. En fin de compte, le vase déborde en janvier 1976 alors que les employés de l'usine et les travailleurs en forêt s'entendent pour interrompre le travail. C'est la grève générale, illégale et dure.

L'impossibilité de fonctionner à un régime suffisant pour atteindre au moins le seuil de la rentabilité pousse la direction américaine d'I.T.T.-Rayonier à s'ingérer dans les affaires de sa filiale québécoise. Au début de 1977, les bureaux de New York délèguent une équipe de 28 spécialistes pour «doubler» les administrateurs québécois et tenter de rentabiliser les opérations. Ce sont les supérieurs et les cadres de l'usine qui sont visés par cette mesure. Les nouveaux venus sont rapidement baptisés «R.P.M.» (de l'anglais *Rayonier Profit Makers*). Évidemment, la manœuvre se solde par une nette perte d'intérêt de la part des cadres en place, d'autant plus que les *R.P.M.* ont, eux, carte blanche pour apporter les modifications qu'ils jugent nécessaires sans avoir à consulter ceux qu'ils viennent officiellement épauler.

Le travail se poursuit malgré tout à l'usine mais l'administration est chaotique Les communications entre les cadres québécois et les Américains sont réduites au strict minimum, que ce soit pour des raisons linguistiques ou plus simplement par fierté de la part de ceux qui se font damer le pion. Les relations entre les différents paliers de décision deviennent labyrinthiques: on compte jusqu'à onze intervenants pour faire un simple choix ou appliquer un remède – souvent inefficace, de toute façon. En cas de pépin technique, il faut parfois compter deux mois pour qu'une solution soit apportée. Les retards deviennent habituels, si bien que des délais de 60 jours pour la moindre réparation, qui sont finalement la norme, n'étonnent plus personne.

Le principe du *managerial grades* qui prévaut à l'usine n'est pas non plus étranger à la situation catastrophique. L'administration est effectivement divisée en deux clans: au groupe de décision s'oppose celui de la comptabilité, qui a droit de regard sur les dépenses envisagées. Il est arrivé que le service de contrôle refuse de signer un chèque pour payer les coûts d'un investissement pourtant dûment voté par le conseil d'administration. L'éloignement de la haute direction, qui siège à New York, et de l'administration de Rayonier-Québec est un autre facteur qui vient envenimer les choses. Il faut en appeler au siège social d'I.T.T.-Rayonier pour la moindre décision importante, avec les délais et les incongruités qu'une telle pratique ne manque pas d'amener. C'est ainsi que les Américains décident d'acheter 26 machines fabriquées par la firme suédoise Locomo, au prix de 650 000 $ la pièce, bien qu'elles ne soient pas conçues pour le climat qui sévit à Port-

Cartier: la lubrification se fait mal et les moteurs brûlent les uns à la suite des autres.

Les dirigeants d'I.T.T.-Rayonier à New York ont fait preuve d'une méconnaissance incroyable du Québec. Ne serait-ce que par curiosité intellectuelle, ils auraient pu au moins par conscience professionnelle s'enquérir des particularités géographiques et sociales du pays où leur employeur investit à coup de centaines de millions de dollars. Nenni. Qu'on ne s'étonne pas, alors, qu'à l'occasion d'une visite des installations de Port-Cartier tous ces braves gens aient chaussé des bottes à l'épreuve des morsures de serpents. Il n'y a pas de raison d'être surpris, non plus, d'apprendre que l'usine de Port-Cartier sous sa forme première n'ait pas été conçue pour le climat québécois. En effet, Rayonier-Québec y a produit de la pâte bisulfite. Le fonctionnement des installations s'accompagnait donc d'émanations de SO_2 – du bioxyde de soufre, un gaz hautement toxique. Les usines comparables construites aux États-Unis ne comportent pas de toit, ce qui facilite l'évacuation des gaz toxiques. Au Québec, il a fallu improviser. On a décidé, évidemment, de couvrir l'usine mais son système de ventilation était loin d'être adéquat. Par conséquent, il est arrivé que les employés aient dû travailler avec des masques à gaz pour éviter l'asphyxie.

Il est curieux que les grands patrons américains n'aient pas été mieux informés de ce qui les attendait au Québec. Que valent donc les communications entre les différentes entités corporatives des multinationales qui ont l'envergure d'I.T.T.? Il est difficile de croire que ces sociétés soient si faciles à berner. Pourtant, c'est ce qui se passe à plus d'une reprise avec I.T.T. Ainsi, par exemple, un groupe de délégués de la haute direction se fait joliment avoir lors d'une visite des chantiers forestiers des environs de Port-Cartier. Au moment de l'inspection, la majorité des machines sont à l'arrêt. Pour confondre les Américains, qui font la visite en hélicoptère, les contremaîtres donnent l'ordre aux chauffeurs de démarrer les moteurs et de faire bouger les machines. Le subterfuge fonctionne parfaitement: les inspecteurs n'y voient que du feu!

Tout cela explique qu'on ne parvienne pas à atteindre le seuil de la rentabilité. L'usine, conçue pour produire 750 tonnes de pâte par jour, ne dépasse pas une moyenne de 220 tonnes la première année. Cela représente moins de 30 % de l'objectif à atteindre. Et la gestion des ressources forestières n'est guère meilleure que celle de l'usine. Pour atteindre un rendement de 750 tonnes de pâte par jour, il aurait fallu, chaque année, 1 200 000 mètres cubes de bois. La première année, en fonctionnant au ralenti, on n'utilise que 350 000 mètres cubes... bien que la totalité du bois soit coupée. Le surplus se chiffre alors à 850 000 mètres cubes! Et tout ce bois inutilement livré est payé malgré tout 52 $ le mètre cube, ce qui représente une perte sèche de 4 420 000 $ pour Rayonier-Québec. Joli début.

En 1978, les prix du pétrole et du gaz naturel n'ont pas atteint les sommets escomptés quelques années plus tôt par l'équipe de Russell Erickson. La marge qui sépare les prévisions des cours atteints est énorme, tout comme le déficit de l'usine. Les pertes accumulées par I.T.T.-Rayonier à Port-Cartier dépassent les 200 millions de dollars. La rayonne n'a pas l'avenir qu'on lui avait prédit, au désespoir de Harold Geenen qui commence à s'inquiéter de la tournure des événements. Il ne se décide pourtant pas à agir; les sommes engagées sont très importantes et l'abandon de l'aventure coûterait cher. Finalement, ce n'est pas lui qui aura à trancher. En février 1977, Lyman Hamilton lui succède à la présidence d'I.T.T. Deux ans plus tard, le nouveau président, engagé dans une importante phase de restructuration des actifs de la société, commande une étude sur le dossier de Port-Cartier à la firme spécialisée Sandwell and Co., de New York.

Entre temps, le conseil d'administration d'I.T.T. se prononce en faveur de la fermeture de l'usine et de l'abandon des grands projets de Russell Erickson. Il est vrai qu'on a de bonnes raison de ne pas poursuivre l'expérience plus longtemps. En fermant l'usine, I.T.T.-Rayonier pourrait tirer parti des dettes accumulées pour réduire les impôts à payer de l'année en cours, d'autant plus que ses autres secteurs d'activité sont largement bénéficiaires. De cette façon, les pertes encourues s'effaceraient en quelques années. Cela pris en considération, l'arrêt de l'exploitation semble la solution la plus simple et la plus efficace. Au siège social de la filiale, chez I.T.T.-Rayonier, on s'oppose à une solution aussi radicale et l'on choisit plutôt d'attendre les résultats de l'étude. Lorsque les experts déposent leur rapport, l'étonnement est général. Ils recommandent le maintien de l'exploitation et un investissement additionnel de 125 millions de dollars étalé sur une période de cinq ans. De cette façon, la rentabilité serait selon eux assurée... à condition que les prix de la cellulose se maintiennent suffisamment longtemps.

Ce n'est pas encore la solution qui est retenue. La direction d'I.T.T.-Rayonier choisit une autre voie, qui consiste à investir 150 millions de dollars pour changer la vocation de l'usine et produire un type de pâte nouveau, moins sensible aux aléas du marché. Ce dernier scénario plaît à la direction d'I.T.T.-Rayonier, qui le retiendra à la condition expresse d'obtenir des syndicats québécois des garanties fermes de paix sociale à l'usine. Les représentants de Rayonier-Québec entament donc des négociations avec les représentants syndicaux. Celles-ci ne donnent malheureusement aucun résultat positif. Pourtant, à l'usine de Port-Cartier, les conditions de travail sont meilleures que celles que l'on retrouve partout ailleurs, dans l'industrie papetière au Québec. Les salaires des travailleurs sont d'environ 10 % supérieurs à ceux de leurs confrères des sociétés papetières concurrentes. À la suite de cet échec, le dossier de Port-Cartier entre dans sa phase finale.

En juillet 1979, Lyman Hamilton, qui est forcé de remettre sa démission, est remplacé par Rand Araskog au poste de président d'I.T.T. C'est ce dernier qui règle une fois pour toutes l'épineux dossier de Port-Cartier. En septembre de la même année, fort de l'appui de la totalité des membres du conseil d'administration de la maison mère, il met un terme au projet de la Côte-Nord. L'usine ferme ses portes le 12 octobre 1979.

L'aventure aura fait un trou de plus de 600 millions de dollars dans les coffres d'I.T.T.-Rayonier. La ville de Port-Cartier, pour sa part, perd 2 000 emplois directs, en même temps que la prospérité promise par les investisseurs américains. Chez les travailleurs de la région, le désarroi est total. Un mois après la fermeture, les employés licenciés manifestent; c'est le seul rassemblement qui aura lieu. Pendant ce temps, l'employeur prend les mesures requises pour que le renvoi des travailleurs se fasse dans de bonnes conditions. Rayonier-Québec verse des indemnités de licenciement et de logement, met sur pied un programme de relocalisation des familles et prévoit le rachat de leurs maisons. La société devient ainsi propriétaire de 430 maisons unifamiliales à Port-Cartier, sans compter celles qu'elle possédait déjà. Au fil des ans, elle les vendra à des particuliers puis, avec l'annonce de la reprise de l'usine papetière par Cascades, à des spéculateurs.

Aux premiers temps de la fermeture, 220 personnes restent encore à l'emploi de la société. Leur tâche consiste à compléter la mise à l'arrêt des installations. La machine est nettoyée et recouverte d'un enduit pour éviter que l'air salin ne la fasse rouiller. Par la suite, le nombre des employés baisse graduellement; cinq ans plus tard, on ne compte plus que 23 personnes à l'usine de Port-Cartier.

*   *   *

L'abandon des activités à l'usine est un coup dur pour la ville. Rayonier-Québec payait quelque 85 millions de dollars par année en salaires à ses 2 000 employés. Cet argent était bien sûr dépensé sur place par les portcartois – retombées économiques directes – pour l'achat de biens et de services. À part cela, l'usine rapportait 735 000 $ par année en taxes municipales. À la perte de ce revenu, il faut ajouter une somme à peu près équivalente à cause de la baisse importante de l'évaluation foncière qui a suivi le départ massif des employés mis à pied; des 400 millions de dollars d'évaluation totale à Port-Cartier, on se retrouve en effet rapidement à 280 millions. Il faudra la relance de l'usine par Cascades pour que ce mouvement à la baisse soit renversé. En attendant, le conseil municipal a dû hausser régulièrement les taxes pour pallier la baisse des recettes et éviter les déficits. Il a en même temps fallu réduire les services et, en cinq ans, le nombre des employés de la ville est passé de 165 à 60.

Évidemment, la réalisation de projets d'envergure comme celui d'I.T.T.-Rayonier a forcé l'administration municipale à investir lourdement pour la construction des infrastructures nécessaires à l'usine. Alors que le service de la dette coûte 3 millions de dollars par année en 1971, les coûts grimpent à 22 millions de dollars avec la construction de l'usine papetière, à laquelle s'ajoute la venue de la société Québec-Nord-Mines en 1974. Au moment où I.T.T.-Rayonier abandonne l'usine, le service de la dette gruge le tiers du budget annuel de la ville. C'est payer cher pour obtenir quelques milliers d'emplois et un semblant de prospérité économique !

Dans ce contexte, on comprend que l'annonce de la reprise de l'exploitation par Cascades ait fait souffler un vent d'optimisme. Il est certain que l'effet psychologique de la relance des activités à l'usine de Rayonier-Québec sur la population régionale est réel, après sept ans d'espoir et de patience. En ville, les gens retrouvent le sourire. Parmi eux, Michel Fournier, commissaire industriel, n'est pas le moins heureux. Il en était arrivé à redouter le moindre déplacement à Port-Cartier, les gens l'accostant en lui posant invariablement la même question: «À quand la réouverture?»

La venue de Cascades, en plus d'amener des retombées économiques importantes avec 17,2 millions de dollars prévus en salaires en 1990, a aussi des effets directs sur le plan industriel. À sa suite, la société ontarienne Maghemite, dont le siège social est à Mississauga, décide de s'installer à Port-Cartier. Il est convenu qu'elle occupera une partie des bâtiments de l'ancienne usine de Rayonier-Québec – le garage où l'on entreposait la machinerie forestière –, partageant le site avec Cascades (Port-Cartier). L'entreprise fabrique des aimants à partir des résidus de minerai de fer purifiés à 99 %. Sa production est entièrement destinée à l'industrie automobile. L'intérêt de la Côte-Nord réside dans le fait que les rejets provenant de l'usine de Sidbec, située à Sept-Îles, suffisent à eux seuls à assurer à Maghemite des réserves en matières premières pour les cinquante prochaines années. L'existence à Port-Cartier de bâtiments industriels inutilisés – l'ancienne usine de Rayonier-Québec, en l'occurrence – a facilité l'installation de la société. Toutefois, ses dirigeants prévoyaient produire non seulement des aimants mais aussi des moteurs électriques à Port-Cartier même. Si le projet s'était réalisé, il aurait fallu construire une usine séparée, ce qui aurait amené, du coup, la création de 450 nouveaux emplois. Cette phase deux de l'implantation ne s'est pas faite.

Par ailleurs, c'est encore Port-Cartier qui est le site choisi pour la construction d'un nouveau pénitencier fédéral ultra-moderne. Pour la municipalité, cela représente des revenus additionnels de 350 000 $ par année... et 470 emplois.

Voilà donc, au total, trois projets qui ont vu presque simultanément le jour. Cascades (Port-Cartier) amène la création de 750 emplois en usine et en forêt pour 1990; le pénitencier apporte 470 emplois; la venue de Maghemite ajoute 450 postes, pour un total de 1 670 emplois. Avec cela, la différence entre le niveau d'emploi promis et celui de la fin des années 70 s'amenuise. En fin de compte, les nouveaux postes auront presque complètement compensé les pertes dues à la fermeture de l'usine de Rayonier-Québec. Dans ces conditions, les habitants peuvent considérer l'avenir avec optimisme. Il est certain que la ville est appelée à doubler rapidement sa population. Il faut considérer, en plus de cela, le fait que cette renaissance n'obligera pas la municipalité à investir lourdement, avantage à ne pas négliger. Toutes les infrastructures requises existent depuis quinze ans maintenant; si elles sont restées inutilisées depuis 1979, tout est néanmoins en place pour faire face à la demande nouvelle. Enfin, la diversification des activités économiques est un autre sujet de satisfaction, dans une région où les villes ont trop tendance à rester mono-industrielles.

* * *

Ceux qui sont restés à Port-Cartier après la fermeture de l'usine n'ont jamais perdu espoir. Parmi eux, nombreux sont ceux qui ont toujours cru que la réouverture des installations était certaine. Il aurait été ridicule, disait-on, de détruire un outil de travail de cette taille et de ce prix. Les administrateurs de Rayonier-Québec partageaient certainement cette opinion puisque la société a continué à chauffer l'usine jusqu'en 1983, ce qui a permis de préserver la machine à papier. Cet entretien minimal n'est pas étranger à la ferme conviction dont fait preuve une bonne partie de la population au fil des ans de voir l'usine rouvrir ses portes. De toute façon, la venue de Cascades leur aura donné raison.

L'optimisme n'était toutefois pas sans fondement. Dès 1982, le «Groupe des cinq», composé du maire de Port-Cartier et de membres de divers organismes du milieu économique, participe activement à la recherche d'un repreneur pour l'usine de Rayonier-Québec. En parallèle à leur action, d'autres intervenants du milieu créent une société à but non lucratif pour promouvoir la relance de l'exploitation forestière sur la Côte-Nord: SOREF-Côte-Nord. Ces efforts finiront par donner des résultats satisfaisants, malgré un démarrage plutôt difficile. C'est que le chemin était semé d'embûches au départ. Il y a d'abord eu le problème de l'entretien de l'usine papetière, que Rayonier-Québec décide d'abandonner en 1983. (Cette année-là, il en coûte plus de quatre millions de dollars pour chauffer le bâtiment pendant l'hiver.) Décidés à prendre la relève, les gens de SOREF-Côte-Nord offrent à I.T.T.-Rayonier de racheter l'usine. La société refuse de vendre les installations, jugeant que le montant avancé, quinze millions de dollars, est insuffisant. Conscients qu'un seul hiver sans chauffage signifierait la perte définitive de l'usine, les dirigeants de

SOREF-Côte-Nord règlent malgré tout les coûts du chauffage, aidés en cela par des subventions gouverne- mentales. À la suite de cette intervention, le conseil d'I.T.T.- Rayonier vote l'octroi de 200 000 $ à SOREF-Côte-Nord pour financer la recherche d'un acheteur éventuel.

Avec ce nouveau mandat, SOREF-Côte-Nord connaît un véritable départ. Ses gens peuvent enfin passer à l'offensive et partir à la chasse aux candidats à la reprise. Il est vrai que la région de Port-Cartier offre à toute société papetière qui voudrait s'y établir des avantages certains, et ce à tous les niveaux. La Côte-Nord possède la dernière réserve impor- tante de matière ligneuse au Québec. De Baie-Trinité à Blanc-Sablon, le potentiel forestier permettrait sans dom- mages une exploitation commerciale de l'ordre de 1 500 000 mètres cubes annuellement. Alors que partout dans le monde la demande de fibres de qualité s'accroît sans cesse, ce territoire forestier possède encore suffisamment de res- sources forestières pour approvisionner une usine de forte capacité sur une base permanente. Il faut ajouter à cela le fait que la longueur des fibres de l'épinette noire de la Côte-Nord en fait une matière première d'une exceptionnelle qualité. Il y a aussi les installations industrielles existantes, avec le maintien en état de marche de l'usine de Rayonier-Québec, qui minimisent les délais impartis au lancement d'une nouvelle entreprise. En plus de cela, l'énergie est abondante et peu chère. Puis la municipalité de Port-Cartier dispose des services requis pour servir une population triple de celle qu'elle compte à ce moment-là, soit 18 000 habitants. La main-d'œuvre, enfin, est qualifiée et disponible.

Tout est donc en place pour favoriser la relance de l'usine. Avec l'appui financier d'I.T.T., les efforts de SOREF- Côte-Nord portent leurs fruits. Les représentants de la société dénichent plusieurs papetiers intéressés par les installations portcartoises. L'une des sociétés les plus importantes est sans contredit la firme Norsk-Hydro, multinationale dont le siège social est en Norvège. La direction entrevoit la possibilité de modifier les installations de Port-Cartier pour produire du papier satiné. La demande mondiale étant en hausse constante, l'avenir semble prometteur. L'investissement prévu se chiffre à plusieurs dizaines de millions de dollars et devrait bénéficier de l'aide des gouvernements fédéral et provincial. À la même époque, ce groupe norvégien considère une autre possibilité d'investissement au Québec, à Matane plus précisément. L'histoire nous apprend que ce dernier projet a finalement été repris par la société québécoise Donohue, avec de nombreuses variantes.

Au moment où la firme Norsk-Hydro poursuit l'étude du dossier, l'usine de Port-Cartier fait l'objet d'un intérêt manifeste de la part de la direction de Tembec, société québécoise née en 1973 à l'occasion du sauvetage de l'usine papetière de la C.I.P., à Témiscaming. La direction entrevoit la possibilité de modifier les installations de Port-Cartier pour y produire de la pâte chimico-thermo-mécanique (C.T.M.). C'est que la machine, bien que de dimensions respectables avec ses 530 mètres de longueur, se prête bien à ce genre de changements. Le fait qu'elle ne soit pas de la dernière technologie est un réel avantage: les modifications ne présentent aucun risque, la technologie étant parfaitement connue et rodée. Quant à la pâte C.T.M., il s'agit d'une pâte à haut rendement, qui peut remplacer la pâte kraft dans bien des applications. Elle a été mise au point par la société suédoise Sweska-Cellulosa. Son intérêt réside dans le fait que la production requiert presque deux fois moins de bois, à quantité égale, que celle de la pâte kraft. (Pour obtenir une tonne de pâte kraft, il faut 2,2 tonnes de bois, et seulement 1,2 tonne pour la même quantité de pâte C.T.M.) Cependant, devant la complexité du projet, Tembec fait marche arrière. À ce moment-là, la société ne peut se permettre d'investir à Port-Cartier à cause de difficultés financières. Entre 1980 et 1984, elle connaît une seule année de bénéfices contre trois années déficitaires. Quant à Norsk-Hydro, elle accorde sa préférence à Matane, momentanément du moins puisqu'elle laissera finalement la place à d'autres sociétés papetières.

À Port-Cartier, l'échec cause une profonde consternation.

Pourtant, la population croit en son avenir bien qu'il ne reste plus qu'un projet sérieux en plan, celui de Cascades. La reprise de l'usine est un rêve que Bernard Lemaire caresse depuis l'abandon de l'exploitation par Rayonier-Québec. Il y a longtemps que ses calculs sont faits: Cascades peut miser 5 millions de dollars pour la relance de l'usine, la centaine de millions de dollars manquants devant venir d'autres sources. Hommes politiques et institutions gouvernementales interviennent dans le dossier mais, malheureusement, les discussions traînent en longueur sans que personne sache trop pourquoi. C'est pour cela qu'en décembre 1985 Bernard adresse un ultimatum aux gouvernements fédéral et provincial. Il menace de retirer la candidature de Cascades si les fonctionnaires ne parviennent pas à s'entendre et à régler la question dans les dix jours. Ce qu'il ignore, c'est que l'affaire a déjà fait l'objet, quelques jours plus tôt, de tractations en haut lieu. À ce moment-là, les jeux sont faits: l'usine et la ville de Port-Cartier renaîtront sous la bannière de Cascades.

*   *   *

En ce froid début de décembre 1985, la ville de Québec est le théâtre d'une cordiale rencontre entre les premiers ministres Brian Mulroney et Robert Bourassa. À l'ordre du jour des discussions figurent deux dossiers fort épineux: le projet de création d'une usine papetière dans la région de Matane, très politisé et tout autant controversé, et celui de relance de l'usine de Rayonier-Québec sur la Côte-Nord. Sans que nul ne sache ce qui s'est effectivement passé entre les deux premiers ministres ce 5 décembre, le gouvernement fédéral annonce, quelques jours plus tard, qu'il se retire du projet de Port-Cartier. Les 12 millions de dollars que devait miser Ottawa vont provenir de sources québécoises. C'est l'étonnement chez tous ceux qui suivent de près ce second dossier. Que s'est-il passé pour que le gouvernement provincial prenne à son compte les promesses de subventions d'Ottawa?

Il faut savoir que la ville de Port-Cartier est située dans la circonscription fédérale de Manicouagan, celle-là-même que représente Brian Mulroney à la Chambre des communes. Le comté a été le sujet de beaucoup d'attention de la part d'Ottawa depuis l'avènement des conservateurs. C'est là, à Port-Cartier justement, qu'a été construit le dernier pénitencier fédéral, un projet qui remontait au gouvernement Trudeau. À cette époque, Robert Caplan, solliciteur général, avait opté pour la construction d'un second pénitencier à Drummondville. Selon lui, le partage des services entre l'institution existante et le futur pénitencier aurait permis des économies de l'ordre de 18 millions de dollars. Cependant, il y eut les chamboulements politiques de l'automne 1984. Quelques mois plus tard, à la suite d'une décision émanant du bureau du Premier ministre, les conservateurs choisissent de déménager le projet de pénitencier sur la Côte-Nord... même si les travaux entrepris à Drummondville ont déjà coûté un million de dollars. L'opposition libérale s'élève alors en Chambre contre un tel gaspillage.

Dans ce contexte, on comprend que Brian Mulroney aurait eu du mal à faire accepter une nouvelle subvention, de l'ordre de 12 millions de dollars, dans la ville même de Port-Cartier! On imagine alors facilement que le marché conclu à Québec puisse consister en ceci: que le gouvernement provincial s'occupe de réaliser le projet de relance de l'usine de Port-Cartier, par le biais de sociétés d'État comme Rexfor et la S.D.I., tandis que le fédéral, en échange, appuierait la réalisation de celui de Matane. De la sorte, tout le monde y gagne, y compris les populations de Port-Cartier et de Matane, tandis que disparaissent les risques politiques de subventions trop franchement favoritistes. L'intervention en Chambre du ministre provincial John Ciaccia, en avril 1986, donne beaucoup de crédibilité à cette thèse. En effet, le ministre de l'Énergie du Québec relance à ce moment-là son homologue fédéral, Sinclair Stevens, l'accusant d'oublier «l'entente de février» concernant le projet de Matane, sans plus préciser. Il est tentant de penser que les fonctionnaires aient justement mis quelque deux mois à donner corps à l'entente scellée par une poignée de main entre Messieurs Mulroney et Bourassa. Si c'est le cas, l'ire du ministre Ciaccia est amplement justifiée. Car en ce qui concerne Matane, le gouvernement fédéral a tardé à remplir ses promesses alors que Cascades (Port-Cartier) produit déjà de la pâte sur la Côte-Nord. Il faut croire que la politique a ses raisons que la raison (des affaires) ne connaît pas.

Au fond, peu importe ce qui s'est passé. Les gens de Port-Cartier disent bien que ce qui compte, c'est que le mot *avenir* ait repris, du jour au lendemain, tout son sens. Ils n'ont pas de ressentiment à l'égard de leur député, même s'il a officiellement laissé tomber le volet fédéral du projet de relance de l'usine. Ceux d'entre eux qui ont pris part, de près ou de loin, à la réalisation du projet disent bien croire que le Premier ministre a pesé de tout son poids pour que Cascades (Port-Cartier) voie le jour et que soit assurée la renaissance de toute la région. Selon eux, il n'y a pas d'intérêt à savoir s'il y a eu ou non un marché de conclu; l'important est que leur ville y ait gagné au bout du compte.

* * *

En janvier 1986, les gens de Cascades entrent dans leurs nouveaux quartiers. Le projet de relance de l'usine, comme celui de Norsk-Hydro, consiste à modifier les installations pour produire de la pâte chimico-thermo-mécanique. De la sorte, le groupe de Kingsey Falls pourra accaparer une part importante du marché international pour ce type de pâte, marché qui est considérable, et en pleine expansion de surcroît. Cascades (Port-Cartier) profite des avantages du milieu, la province disposant des deux ressources essentielles: l'énergie électrique et du bois en abondance – de l'épinette noire surtout, dont les fibres sont de très haute qualité. Bien que la concurrence mondiale soit vive, la nouvelle direction compte se tailler une part importante au sein des grands producteurs de pâte C.T.M. Les Lemaire prétendent à juste titre avoir une longueur d'avance sur leurs concurrents car la pâte produite à l'usine est d'une blancheur relativement élevée, différence à ne pas négliger. Bernard a bien dit, en parlant des travailleurs de la région: «Qu'ils produisent une pâte parfaitement blanche, et le succès de l'entreprise sera assuré.»

D'autres facteurs jouent aussi en faveur de Cascades (Port-Cartier), comme ils ont favorisé l'acceptation du projet par les gouvernements. Il y a le contexte qui prévaut sur la Côte-Nord et les conditions économiques régionales favorables au démarrage d'un tel projet. Le bassin de population de Port-Cartier peut très bien fournir la main-d'œuvre qualifiée requise dans tous les métiers. Il y a aussi l'ampleur des réserves de bois de la région: là, tout projet papetier, si important soit-il, est viable à long terme parce qu'il n'y a pas de risque de pénurie de matière ligneuse. Il faut enfin considérer le choix de la pâte chimico-thermo-mécanique, tout à fait judicieux. En effet, la production de ce type de pâte offre des avantages marqués. Les coûts en matière première sont bien moindres, grâce au rendement très élevé du procédé, ce qui favorise, en plus, une économie substantielle du potentiel forestier et satisfait bien les exigences de protection de l'environnement. Il est facile de calculer à quel point le rendement accru de la pâte C.T.M. multiplie le potentiel de la forêt: à Port-Cartier, lorsque l'usine de Cascades fonctionnera à plein régime, elle ne requerra que 15 à 20 % du potentiel forestier de la région immédiate, évalué à 2,3 millions de mètres cubes par année. À la lumière de ces chiffres, on peut affirmer qu'il y aurait place dans la région pour cinq usines comparables.

Au total, le projet de relance représente un investissement de quelque 102 millions de dollars. À la suite du retrait du gouvernement fédéral, les fonds nécessaires proviennent de quatre sources. Cascades, promoteur du projet, investit 5 millions de dollars en échange d'un bloc d'actions ordinaires de la nouvelle société, comportant le droit de vote. I.T.T. Canada Ltd., filiale d'I.T.T. et propriétaire de l'usine, reçoit

une somme de 19 millions de dollars contre la cession de
l'usine à Cascades (Port-Cartier); elle réinvestit 14 millions
de dollars en échange d'actions privilégiées sans droit de
vote. La société d'État Rexfor verse 22 millions de dollars et
reçoit une valeur de 5 millions en actions ordinaires assorties
d'un droit de vote et 17 millions en actions privilégiées non
votantes. À cet argent s'ajoutent deux prêts, le premier de
21,3 millions de dollars consenti par la S.D.I. (Société de
Développement industriel), sans intérêt, le second de 40
millions, garanti cette fois par la S.D.I. malgré une hypo-
thèque de premier rang grevant l'usine et les terrains de
Cascades (Port-Cartier). Un crédit d'impôt à l'investissement
remboursable de 9,6 millions complète le tout. Tout compte
fait, le capital-actions, qui représente à peine plus de 40 % de
l'investissement total, se divise de la façon suivante:
Cascades détient 50 % des actions comportant un droit de
vote, à parts égales avec Rexfor; I.T.T. a 45 % des actions
privilégiées, qui ne comportent pas de droit de vote, et
Rexfor détient la balance de 55 % des actions privilégiées
non votantes.

I.T.T. et Cascades – cette dernière société surtout – font
une bonne affaire. Pour ramener la vie à Port-Cartier, le
gouvernement québécois se fait généreux. En misant moins
de 5 % du capital requis, Cascades crée une coentreprise,
société satellite, qui devient propriétaire d'une usine ayant
coûté quelque 300 millions de dollars. Les actions privilégiées de Cascades (Port-Cartier) que détient I.T.T. Canada
portent un intérêt cumulatif au taux de 6 % par année; en
comparaison, Rexfor n'a droit, pour la même classe d'actions,
à de l'intérêt – non cumulatif en plus – qu'à partir de la
onzième année. Ces actions sont par ailleurs rachetables dès
1989 et il est prévu, advenant le cas que Cascades (Port-
Cartier) ne puisse les acquérir au moment de la vente, que le
gouvernement du Québec le fera à sa place. Quant aux prêts,
ils ne seront remboursés que si la société est rentable, à
raison du tiers des bénéfices nets réalisés. De toute façon, sur
cette question, c'est la S.D.I. qui a remporté le gros lot.

Quand la société d'État ne prête pas directement, c'est elle qui répond de l'emprunt et des intérêts dus! Pour compléter le tableau, devinons enfin qui a la responsabilité des dépenses encourues par l'établissement des infrastructures en forêt... Une fois encore, c'est l'État qui débourse: Rexfor s'en charge, au coût de plus de 5 millions de dollars.

La firme d'ingénieurs-conseils Roche-Cowan a préparé le cahier des charges pour l'adaptation de l'usine à sa nouvelle vocation. Les changements requis pour passer de la production de pâte à dissoudre à la pâte C.T.M. consistent à ajouter deux lignes d'affinage, inexistantes dans l'ancienne usine, puis à modifier le poste de blanchiment. Malgré l'importance des aménagements à apporter, Bernard, qui a revu le devis des ingénieurs, entend utiliser au maximum ce qui se trouve sur place. Solution intéressante mais qui n'enlève rien à l'ampleur des investissements requis. Il faut consacrer, au total, 60 millions de dollars aux divers travaux, à raison de 44 millions en matériel et 16 millions en main-d'œuvre[3]. Les transformations s'étalent sur une période de 21 mois, avec la réouverture effective de l'usine au cours de l'automne 1987 pour le rodage, et en octobre 1988 pour l'inauguration officielle.

En août 1986, Cascades retient les services du groupe Laperrière et Verreault pour la remise en activité de l'usine de Port-Cartier. Ce n'est pas la première fois que les Lemaire traitent avec cette société de Trois-Rivières, première de sa ville à avoir des actions cotées à la Bourse de Montréal. Avec un mandat de 18 mois, ses spécialistes disposent de 9,5 millions de dollars pour roder l'usine et former le personnel. Les premiers travaux effectués visent à minimiser les coûts de chauffage de l'immense bâtiment. On installe des aéro-

---

3. En fait, tous les secteurs de l'usine sont touchés par les modifications. Il est intéressant de citer les chiffres, afin de montrer à quel point l'investissement peut être lourd dans l'industrie papetière: traitement des résidus (1 500 000 $), cour à bois (1 000 000 $), modification de la machine pour la fabrication de la pâte C.T.M. (20 500 000 $), nettoyage, tamisage et épaississement de la pâte (3 500 000 $), blanchiment (4 140 000 $), chambre des machines

thermes, ventilateurs munis de résistances, pour assurer le chauffage au cours du premier hiver. Par la suite, on prévoit récupérer la chaleur du raffinage puis remettre en marche la chaudière à écorces, ce qui allégera de beaucoup la facture d'électricité.

En ce qui concerne l'équipement, les ingénieurs avaient compté un délai minimal de 14 mois, ce qui portait la date de livraison de la nouvelle machinerie à l'été 1987. Cela signifiait que, dans le meilleur des cas, le démarrage de l'usine ne pouvait se faire avant le printemps 1988. En réalité, les choses se sont passées mieux que prévu, de sorte que le travail a repris à l'usine avec une légère avance sur l'échéancier établi à l'automne 1987. Tel que prévu au départ, le taux d'efficacité atteint 60 %. Ce n'est qu'au cours de l'année 1990 que l'usine tournera à pleine capacité. Malgré cela, compte tenu du fait que le prix de la pâte est en hausse constante depuis que le projet est en voie de réalisation, il est bien possible que Cascades (Port-Cartier) atteigne le seuil de rentabilité à l'aube de 1989. Voilà qui correspondrait aux plus optimistes des scénarios. Les différents partenaires du projet de relance avaient en effet décidé que le rachat d'actions et le paiement des intérêts sur une partie de la dette, tous deux conditionnels à ce que la société réalise des bénéfices, s'effectueraient à partir de 1989. La réouverture avancée présente donc un important avantage, d'autant plus qu'à l'instar des autres filiales du groupe, Cascades (Port-Cartier) doit voler de ses propres ailes. Si l'exploitation se solde par des bénéfices, l'entreprise croîtra au rythme de ses moyens et de ses réinvestissements. Si elle enregistre des pertes, elle en subira seule les conséquences. Car ainsi le veut la philosophie Cascades.

(1 500 000 $), centrale thermique (2 000 000 $), alimentation et distribution de l'énergie électrique (4 000 000 $), honoraires du personnel-conseil (2 500 000 $), frais de supervision des travaux (5 000 000 $) et éléments divers (4 250 000 $). À cela s'ajoute un fonds de prévoyance de 10 100 000 $ pour l'indexation éventuelle des coûts et les dépassements de budget, car on n'est jamais trop prudent.

Une fois réglée la question de la production, reste à s'assurer que Cascades (Port-Cartier) puisse écouler sa production. Bien sûr, à Kingsey Falls, personne ne s'assied sur ses lauriers. Avant même que la période de rodage ne soit entamée, les clients possibles avaient été approchés. Il est certain qu'une partie de la production de l'usine sera écoulée au sein des autres filiales du groupe, mais cela ne représente pas des débouchés suffisants. Il faudra chercher ailleurs et cela, c'est la responsabilité d'I.T.T.-Rayonier qui possède l'expérience requise et une place enviable sur le marché international. L'incertitude du marché et le poids de la concurrence ne semblent pas inquiéter Bernard, qui continue à prétendre que toute pâte vraiment blanche trouvera preneur à bon prix.

* * *

Au point de vue de l'emploi, Cascades entend faire profiter le plus possible les habitants de la région de la renaissance de leur ville. Après avoir vécu des années sombres, ces gens méritent de prendre une bonne part au projet qui annonce des années de vaches grasses. En adoptant une telle politique, la direction de Cascades (Port-Cartier) marque des points sur plusieurs tableaux. D'une part, il est évident que les habitants de Port-Cartier sont les premiers concernés par la réouverture de l'usine et n'accepteraient certainement pas d'être rayés des listes d'emplois; en leur offrant en priorité les postes, on assure la paix sociale. Conscient de cela, la direction de Cascades, même si elle a confié le démarrage de l'usine à une firme de l'extérieur, demande que l'embauche se fasse à même la main-d'œuvre disponible dans la région. D'autre part, le recours aux travailleurs locaux permet une certaine présélection du personnel, ce qui n'est pas à négliger lorsqu'on sait les déboires qu'a connus Rayonier-Québec en huit ans d'exploitation. Il va de soi que les anciens employés qui ont choisi de rester à Port-Cartier sont ceux qui ont gardé le plus d'espoir de voir un jour l'usine renaître, ceux qui seront aussi, sans doute, les plus fiers de prendre part à la réalisation d'un rêve vieux de près de dix ans. Quant aux autres, dont quelques fauteurs de troubles, ils ont déniché des emplois dans d'autres villes papetières, à Baie-Comeau ou plus loin encore vers le sud.

Parmi les employés de Cascades (Port-Cartier), on ne peut douter qu'il se trouve certaines personnes ayant pris une part active à l'aventure d'I.T.T. à Port-Cartier. Plusieurs travailleurs étaient restés membres de l'ancien syndicat des ouvriers de l'usine. La venue de Cascades les a poussés à faire valoir leur accréditation syndicale. Si leurs pressions avaient fait effet, c'est-à-dire s'il y avait eu bataille juridique et qu'ils l'aient emporté, n'aurait-on pas risqué de connaître, à l'usine, le climat malsain qui a tant nui à l'ancienne administration? Pas nécessairement. Le seul ennui aurait été pour Cascades de ne peut-être plus avoir les mains libres pour organiser à sa façon l'équipe ouvrière. Car ils ont été nombreux, à Port-Cartier comme ailleurs dans les usines du groupe, à surveiller de près le déroulement de la relance sur le plan de l'emploi. La répartition des cadres et des travailleurs en usine a, bien sûr, retenu l'attention. Bernard a trop souvent répété qu'il souhaitait partout minimiser l'encadrement et qu'une usine n'avait pas besoin d'une armée de cadres pour donner son plein rendement. À Port-Cartier, le groupe a hérité d'une usine vide de ses forces vives et restait libre de déterminer le rapport entre le nombre de cadres et celui des employés.

Cette question mise à part, rien n'obligeait les syndicalistes qui étaient encore là à choisir tout de go la ligne dure pour faire valoir leurs droits. Après sept ans d'attente, il aurait été mal vu de mettre en péril l'avenir de l'usine en remuant d'anciennes rancœurs. Et encore, aurait-il fallu que ce soit possible! Les Lemaire ont fait leurs classes à Cabano, à East Angus et à Jonquière. Ils savent qu'une population poussée à bout de patience est prête à faire des concessions quand il y va de son avenir. Les employés privés de leur outil de travail sont les meilleurs alliés qu'ils puissent avoir.

Comment rêver meilleur climat au départ? Tout est en place pour faire de l'entreprise un retentissant succès. Les Lemaire ont une fois de plus eu l'occasion de faire la preuve de la valeur de leur philosophie du Respect. Leur approche plaît tant et l'on y croit si fort, à Port-Cartier, que personne ne parle plus d'*avenir incertain*.

Chapitre 7

Sans eux, Cascades
ne serait rien

Malgré leur réussite, les frères Lemaire ne renient pas leurs origines ouvrières. Adolescents, ils accompagnaient leur père au dépotoir de Drummondville où ils ont appris la valeur du travail manuel. Le succès n'est pas venu sans avoir été mérité. C'est en relevant leurs manches qu'ils ont créé Cascades car la vie n'a pas toujours été facile; les Lemaire ont d'abord été de petits entrepreneurs avant de devenir des industriels de premier rang. Aux premiers mois, aux premières années même de la relance de l'ancienne usine de Kingsey Falls, personne n'aurait pu dire, d'un coup d'œil, qui était patron et qui était employé. Tout le monde était en habit de travail et on ne rechignait pas pour donner des coups de cœur chaque fois que c'était nécessaire. Les Lemaire savaient qu'ils pouvaient compter sur leurs employés, pour qui ils manifestaient naturellement beaucoup de respect. Ceux-ci, à leur tour, respectaient évidemment leurs patrons. Tous ces gens-là sont de la même trempe.

Cette considération qu'ont toujours eue les frères Lemaire pour leurs collaborateurs, qu'ils soient manutentionnaires ou directeurs, est une sorte de seconde nature chez eux. Il ne leur est jamais arrivé de longtemps tergiverser pour savoir si l'effort en vaut la peine, si les gens méritent vraiment la confiance qu'ils mettent presque systématiquement en eux. Pour tous, peu importe la place qu'on occupe dans la hiérarchie, le respect est acquis. Qui que vous soyez, on vous écoute. C'est que Bernard, Laurent et Alain ne se cachent pas d'avoir vécu la condition ouvrière. Aujourd'hui encore, ils roulent leurs manches et plongent les mains dans le cambouis s'il le faut, ce dont ils se font d'ailleurs une fierté. C'est ce qui leur permet de bien comprendre les préoccupations des milliers de travailleurs qui partagent leur raison de vivre, embarqués dans le même bateau qu'eux, dont le présent comme l'avenir dépendent des succès de l'entreprise qu'ils font ensemble.

La philosophie du Respect, à la façon de Cascades, est en quelque sorte une recette. Partout, dans toutes les usines du groupe, on entend dire qu'en l'appliquant on favorise l'apparition d'une motivation collective, d'un sentiment d'appartenance par lequel chacun prend conscience de ses responsabilités et de son importance pour l'avenir de l'entreprise commune. Car on est convaincu que l'outil de travail compte autant pour les patrons que pour les employés, les uns et les autres ayant choisi, par goût ou par nécessité, d'y lier leur avenir. En effet, les patrons perdent aussi, comme les employés, lorsqu'une usine cesse ses activités. Il appartient à tous d'assurer la bonne marche des opérations afin de tirer le plus possible de l'outil de travail. Bon fonctionnement, rentabilité et progression sont les objectifs à atteindre; c'est une cause commune dans laquelle chacun a un rôle important à jouer. C'est pour cela que tous ceux qui participent à cet effort collectif se doivent un respect mutuel.

Recette simple donc que celle de la motivation collective! Il y a vingt-cinq ans qu'on la met en pratique chez Cascades. Il y a à peine moins longtemps qu'on multiplie interventions et conférences pour faire partager à d'autres entrepreneurs cet engouement pour la philosophie du Respect, qu'on répète à s'en lasser des mots comme *motivation, partage des béné-*

fices, politique des portes ouvertes, honnêteté. Pour l'instant, l'idée a du mal à faire son chemin. Pourtant, Cascades a fait, il y a peu, la preuve éclatante de la valeur de son approche. Elle s'est frottée avec succès aux aléas de la négociation avec un syndicat. Après une première expérience en Estrie, il y a déjà eu répétition, si bien qu'on peut maintenant affirmer, preuves à l'appui, que la philosophie du Respect est payante pour tout le monde, patrons y compris.

* * *

Le contrat de travail des employés de l'usine de Cascades (East Angus) prenait fin au dernier jour du mois de septembre 1986. Les négociations qui étaient en cours avec la partie patronale depuis quelques mois ont mené à la signature d'un mémoire d'entente le 27 octobre. La nouvelle convention lie Cascades (East Angus) inc. et le Syndicat national des travailleurs de la pulpe et du papier d'East Angus, affilié à la C.S.N.

C'était la première fois dans une usine du groupe Cascades qu'on entreprenait de négocier directement avec les employés une nouvelle convention de travail. Jusqu'alors, toutes les négociations s'étaient déroulées dans un contexte de reprise d'usine: à East Angus comme à Jonquière ou même lors du rachat des usines de La Rochette-Cenpa, en France.

À l'automne 1986, en Estrie, le contexte est bien différent. Trois ans après la relance, les employés de l'usine d'East Angus n'ont plus d'épée de Damoclès suspendue au-dessus de leur tête et peuvent négocier sans contrainte. Assurément, le déroulement de ces premières négociations libres entre la direction et les employés intéresse également tous les employés des autres filiales du groupe. Tout le monde sait que vont se créer là des précédents et que les négociations à venir, dans les autres usines, vont fortement s'en inspirer. À la signature de la nouvelle convention, une fois l'épreuve complétée, on saura de façon claire comment Cascades négocie en terrain découvert.

Dans bien des cas, lors de rachats d'usines, les employés doivent faire des concessions aux repreneurs éventuels, surtout si les actifs mis en vente sont liquidés à cause de leur faible rentabilité. Le groupe Cascades a assuré une bonne partie de sa croissance par l'acquisition d'usines concurrentes, en difficulté le plus souvent. Le même scénario s'est répété en maints endroits, avec toujours les mêmes résultats. Parce que leurs emplois étaient menacés, parce qu'ils risquaient de perdre leur outil de travail, les employés étaient obligés de mettre la pédale douce aux revendications. À l'automne 1983, lors du rachat de l'usine de la société papetière Domtar, à East Angus, les négociateurs de Cascades avaient demandé la reconduction de la convention collective en vigueur pour une période de trois ans, c'est-à-dire jusqu'au 30 septembre 1986. À la suite d'une rencontre avec les Lemaire à Kingsey Falls, les représentants syndicaux acceptent. Il avait déjà fallu faire le même genre de concession à l'ancien employeur. Les conditions de travail avaient donc peu changé depuis 1977, année où la Domtar avait annoncé la fermeture de l'usine. On comprend que pour plus d'un, l'heure d'un rajustement avait depuis longtemps sonné.

Au terme de la convention en vigueur, il y a belle lurette que l'usine de Cascades (East Angus) réalise des bénéfices. À la veille des premières rencontres pour la préparation d'une première convention collective négociée, représentants syndicaux et employés de l'usine sont convaincus que l'employeur a les moyens de répondre à leurs demandes. L'ensemble des demandes et attentes formulées par les employés touche quelque quarante points. La convention à venir s'annonce donc comme une version largement remaniée de celle alors en vigueur. On peut prévoir non seulement d'importants changements sur le plan des salaires mais surtout sur celui des conditions de travail.

Lors de la dernière négociation, qui remonte à 1981 et est menée avec la Domtar, on met de côté le normatif pour régler surtout la question salariale. Deux ans plus tard, à l'occasion du rachat de l'usine par Cascades, le syndicat accorde aux repreneurs la prolongation de la convention en vigueur jusqu'en septembre 1986. Sur le plan des salaires, on se satisfait d'un rajustement et l'on ne change rien aux conditions de travail. C'est pourquoi, à la veille des négociations qui s'annoncent, les syndiqués conviennent qu'il faut axer les demandes sur les conditions de travail, sans négliger la question salariale toutefois.

Évidemment, l'essentiel de la position syndicale face aux négociations qui s'amorcent est établi en fonction des attentes formulées par les employés à leurs représentants syndicaux. Huit mois avant la date d'échéance de la convention collective, en janvier 1986 donc, le syndicat prépare les futures rencontres. On forme un comité de négociation, composé du président, du vice-président et du secrétaire du syndicat, Fernand Poulin, Jean-Pierre Drouin et Serge Grenier. Pour établir une ligne de conduite, sonder les demandes et connaître les attentes des employés, le comité organise des assemblées départementales.

Le débroussaillement se poursuit pendant deux mois. Passant les demandes au crible, le comité de négociation en élimine sept sur dix environ – proportion normale – parce qu'il les juge irréalistes. En même temps, on se tourne vers la Fédération pour mieux connaître ce qui se fait au niveau national et prendre le pouls des négociations en cours dans d'autres usines papetières. Les demandes des employés syndiqués de l'usine d'East Angus sont alors ajustées aux revendications des travailleurs de l'ensemble de l'industrie. Car les discussions entre syndicat et direction, à East Angus, allaient naturellement reprendre des thèmes qu'on retrouve dans toute négociation, sorte de norme nationale de l'industrie papetière.

Après ce dernier exercice, le comité de négociation revient, ainsi qu'il est prévu par la Loi du Code du travail, devant une assemblée générale des employés de l'usine. Ceux-ci doivent se prononcer sur les résultats du travail du comité et le projet de convention à négocier qu'on leur présente et qui repose, autant que possible, sur leurs propres revendications. L'assemblée a lieu le 25 juin 1986. Le comité obtient facilement le mandat de présenter le projet sans modification à l'employeur.

Dans le projet de convention, le syndicat accorde beaucoup d'importance à la question des vacances. Dans la convention de 1981, reconduite en 1983, les employés avaient obtenu le droit de prendre à leur gré quatre congés mobiles facultatifs par année, après entente avec leurs supérieurs immédiats, évidemment. À l'avenir, les employés souhaitent que le nombre en soit porté à six par année. Le comité présente par ailleurs un projet de réaménagement des vacances annuelles. Cela concerne surtout les employés les plus anciens puisqu'on propose une augmentation du temps de vacances proportionnelle au nombre d'années d'ancienneté. On souhaite en plus que l'accumulation des heures supplémentaires soit possible. Dans ce cas, au lieu de recevoir une compensation salariale pour le travail effectué en heures supplémentaires, l'employé aurait la possibilité d'accumuler ces heures de travail et de les récupérer sous forme de congé. Sur le plan fiscal, puisqu'à salaire plus élevé on paie plus d'impôts, les avantages sont faciles à évaluer.

Le syndicat demande aussi la réduction de la semaine de travail. Jusque-là, les employés travaillaient, en moyenne, 40 heures par semaine. Avec les postes de travail du dimanche, ils avaient une fin de semaine de congé sur quatre. Selon les demandes syndicales, la semaine de travail devrait être ramenée à 37 heures et 20 minutes, avec pleine compensation financière, c'est-à-dire sans baisse du salaire hebdomadaire. Cette réduction, dit-on, présenterait l'avantage de favoriser une augmentation du nombre des travailleurs. On veut encore que les employés reçoivent une compensation pour l'obligation de travailler le dimanche avec l'horaire de sept jours, et porter le nombre de fins de semaine de congé à une sur trois.

Sous la direction de la Domtar, les syndiqués ont signé des conventions renouvelables tous les trois ans. Leur expérience a montré que ce genre d'entente était d'une durée trop longue pour permettre un rajustement adéquat des conditions de travail et des salaires. À l'occasion des négociations avec Cascades, on veut réduire la durée du contrat de travail et signer une convention pour une période maximale de deux ans.

Sur le plan salarial, le projet du comité prévoit une augmentation à taux fixe la première année de la nouvelle convention, et une augmentation en pourcentage la seconde année. Cela représente en fait un rajustement à la hausse, égal pour tous, de 7 % environ du salaire moyen, soit 0,92 $ l'heure environ pour la première année, et une augmentation générale de 7 % la seconde année.

Quant aux délais, on veut de part et d'autre que les négociations se déroulent le plus rapidement possible et que l'échéance du 30 septembre ne soit pas dépassée. Les représentants syndicaux, craignant d'avoir à traiter avec quelque néophyte représentant la partie patronale, veulent éviter que les discussions s'éternisent. Toutefois, chez Cascades, on perçoit bien l'importance des négociations qui s'annoncent. Il n'est pas nécessaire que les représentants des employés fassent la moindre représentation. Au siège social, on choisit de déléguer Alain Lemaire comme porte-parole de Cascades (East Angus); il n'est pas question de lésiner sur les moyens. La première rencontre a lieu le 16 juillet. Se font face Alain Lemaire, David Gingras, directeur de l'usine, Claude Couture, directeur du personnel à l'usine, et Élise Pelletier, directrice du personnel au siège social, à Kingsey Falls pour la partie patronale, et le comité de négociation, composé de trois membres, auxquels se joignent André Vachon, porte-parole du groupe, négociateur pour la Centrale et représentant de la Fédération du papier, et un membre de l'exécutif du syndicat, qui sera choisi à tour de rôle au fur et à mesure que se poursuivront les rencontres.

Alain Lemaire et Élise Pelletier non seulement sont présents à la première rencontre mais se font un devoir d'assister à toutes les autres, sans exception. À l'occasion de la première réunion, le comité de négociation du syndicat présente les demandes des employés tandis que la partie patronale tient pour l'instant un rôle passif. Une semaine plus tard, lors de la deuxième rencontre, on complète la revue des demandes syndicales. Les membres du comité détaillent chacune d'elles avec force explications. Ce n'est donc qu'à la troisième réunion que Cascades fait état de ses attentes. En ce qui concerne l'ampleur du dossier et le soin dans la préparation, l'employeur n'a rien à envier aux syndiqués: le lot des demandes patronales n'est pas moins volumineux. Surprise chez les représentants syndicaux qui concluent que les négociations seront plus ardues que prévu. De part et d'autre, on comprend qu'il faut se mettre sans attendre à la tâche et mener rondement les discussions si l'on veut respecter les échéances et surtout atteindre les objectifs qu'on s'est fixés.

Au cours de la dernière semaine d'août, après une suspension pour les vacances estivales, les rencontres reprennent. La négociation proprement dite débute. En raison du programme chargé, on décide d'un commun accord de multiplier les réunions, qui se font tout de suite à raison d'une ou deux journées par semaine. En peu de temps, on arrive à une proposition «finale» de la partie patronale, sur laquelle les employés vont être appelés à se prononcer en assemblée générale[1].

Aux premiers temps des négociations, la partie patronale a très peu cédé sur la question des vacances, de grande importance pourtant aux yeux des syndiqués. Dans le texte de cette première proposition finale – qui n'a de finale que le nom – l'employeur laisse en suspens la prolongation du temps de vacances en fonction de l'ancienneté, puis concède la moitié de ce que demandent les syndiqués quant aux congés facultatifs. La réticence de la partie patronale s'explique sans doute par le fait que l'âge moyen des employés de l'usine d'East Angus frôle les 40 ans. Pas étonnant qu'on

---

1. Le dépôt d'une proposition finale de la part de la partie patronale impose la consultation des employés sur ladite proposition, en assemblée générale. C'est là une obligation légale pour le syndicat en vertu de la Loi du Code du travail du Québec.

prévoie qu'il y aura dix employés par an qui prendront leur retraite au cours des dix prochaines années. Dans ce contexte, le nombre des années de service est un facteur qui pèserait lourd dans la balance des concessions.

Les offres de Cascades (East Angus) n'exigent pas de recul radical de la part des syndiqués, comme ç'aurait pu être le cas s'il s'était agi de reprendre une usine en situation difficile. Elles obligent néanmoins à certaines concessions importantes. D'abord, l'employeur demande un convention valable pour trois ans encore une fois, au lieu de deux tel que souhaité par les syndiqués. Plus encore, on demande l'établissement de l'horaire comprimé de travail, en vigueur dans plusieurs autres usines du groupe avec un succès plus ou moins égal et une satisfaction tout aussi irrégulière des travailleurs. Le principe présente des avantages mais a ses inconvénients. Il consiste à réduire la semaine de travail à quatre jours, avec des journées de douze heures. Ainsi, les employés travaillent 36 heures pendant trois semaines, puis 48 heures la quatrième semaine. Cela fait un total de 156 heures, ou une moyenne de 39 heures par semaine. Ce type d'horaire est monnaie courante dans plusieurs usines du groupe Cascades, surtout dans les filiales où les employés ne sont pas syndiqués. Les syndicats auxquels on a proposé cette pratique s'y sont farouchement opposés. Selon leurs représentants, il n'est pas possible de travailler de la sorte douze heures d'affilée sans courir le risque d'y perdre la santé, du moins à long terme. Quant aux directions d'usines où l'horaire comprimé est en vigueur, elles jugent qu'il favorise une réduction de l'absentéisme et permet aux employés de toujours bénéficier de longs congés hebdomadaires (qui sont eux aussi, évidemment, de trois ou quatre jours d'affilée selon le cas).

La partie patronale veut d'autre part remettre à l'étude une vingtaine de points restés en litige ou devenus imprécis depuis que l'usine fonctionne sept jours par semaine, soit depuis janvier 1985. En effet, plusieurs clauses de l'ancienne convention étaient conçues en fonction d'un horaire de six jours par semaine. Il y a inévitablement eu un certain décalage depuis que le calcul s'effectue avec des semaines de sept jours de travail. La partie patronale veut enfin que le syndicat abandonne les clauses régissant les travailleurs de métier, qui auraient pour effet d'éliminer les provisions permettant à ces travailleurs de n'être à la tâche qu'une fin de semaine sur deux.

Dès la fin du mois d'août, mais surtout au début de septembre et plus encore aux premiers jours d'octobre, les négociations s'intensifient. Laborieusement, on réussit à passer à travers l'ensemble des dossiers. Les discussions, alors que les réunions débutent à neuf heures le matin, se poursuivent souvent jusque tard le soir. Certaines rencontres parmi les dernières se sont prolongées jusqu'aux petites heures du matin.

Le 6 octobre, Cascades (East Angus) fait un autre dépôt final de ses offres. À ce moment-là, la question de la durée de la convention n'est toujours pas réglée – de deux ou trois ans selon les souhaits des uns et des autres – et l'on ne s'est pas entendu sur les salaires. L'employeur propose une augmentation fixe de 0,70 $ l'heure la première année, 5 % la deuxième année puis, la troisième année, 4 % plus une plus-value basée sur le montant des bénéfices bruts réalisés en 1987-1988, avant le partage des bénéfices, c'est-à-dire avant l'amortissement et les impôts. Il s'agit, plus précisément, d'une augmentation minimale garantie de 4 %, à laquelle s'ajouterait 1 % si les bénéfices de l'année dépassaient 5 millions de dollars, 1 % supplémentaire s'ils dépassaient 7 millions, et 1 % encore s'ils excédaient 9 millions, pour une augmentation maximale possible de 7 %.

Par ailleurs, dans cette offre une fois encore qualifiée de «finale», la partie patronale accepte le principe de réduction du temps de travail. Cependant, au lieu des semaines régulières de 37 heures 20 minutes que proposent les représentants syndicaux, on demande l'intégration de l'horaire comprimé. Cela aurait donné une moyenne de 39 heures de travail par semaine, calculée sur des cycles de quatre semaines. Le document contient aussi l'obligation de mettre à l'essai la nouvelle formule.

Curieusement, la proposition de l'employeur ne tient pas compte d'un possible conflit avec une autre clause de la convention en cours de négociation. Sur le plan des congés en effet, on prévoit que le calcul s'effectuerait sur la base de journées de huit heures de travail; comment allait-on compter les congés avec des journées de douze heures? C'est ce genre de problème que serait appelé à régler, toujours selon le texte des dernières offres patronales, le comité devant être nommé par les parties pour déterminer les modalités d'application de la nouvelle formule.

Cela mis à part, il y a déjà, sur le plan normatif, entente sur presque toutes les clauses. Une fois déposée l'offre finale de l'employeur, les syndiqués sont réunis en assemblée générale afin de se prononcer pour ou contre son acceptation. L'assemblée en question a lieu le 12 octobre, en deux temps à cause du fonctionnement en continu de l'usine. Le taux de participation des employés est relativement faible à 68 % (250 travailleurs sur 350), sans doute parce que les négo-ciations connaissent un terme en pleine époque de chasse à l'orignal [2]. Au cours de la réunion, les membres du comité exécutif du syndicat font état des offres de la partie patronale et se gardent de faire une recommandation aux syndiqués. Il revient à chacun de juger du contenu de la proposition et de se prononcer. Finalement, c'est dans une proportion de 59 % que les employés rejettent les offres de Cascades (East Angus).

L'exécutif du syndicat fait part à la direction du refus de ses membres et annonce qu'il est disposé à poursuivre les négociations dans les délais les plus brefs. Alain, qui mani-

---

2. L'industrie des pâtes et papiers est liée aux richesses naturelles et les gens qui y travaillent sont en général attirés par la forêt; dans ce secteur, les statistiques montrent que le taux d'absentéisme augmente systématiquement quand revient l'automne! C'est en Abitibi, semble-t-il, que ce «mal» est le plus sérieux. À Val-D'Or, à l'époque du festival de l'orignal, l'absentéisme atteint chaque année des proportions inquiétantes.

feste son étonnement face au refus que vient d'essuyer Cascades, (Est-il possible que la bonne foi ne suffise pas à tout régler?) répond qu'il est prêt, quant à lui, à prendre part à de nouvelles rencontres dès le 15 octobre. Les réunions reprennent donc le jour dit.

C'est le comité de négociation du syndicat qui donne le ton; on tient à ce que les points à régler au moment de la reprise soient clairement définis. Il y a d'abord la question de la durée du contrat, que le syndicat accepte de porter à 31 mois – un entre-deux par rapport aux positions respectives des parties. On refuse aussi d'accepter, de la part des employés, l'obligation de mettre à l'essai l'horaire comprimé. Il faut en plus s'entendre sur les ajustements de salaires pour certains postes, sur le prolongement des vacances pour les anciens, sur le principe du calcul des congés payés et sur les congés facultatifs supplémentaires. Du coup, la balle est dans le camp de la direction.

Malgré tout, l'écart n'est pas si important qu'il y paraît entre les positions respectives de la direction de l'usine et des employés syndiqués. En outre, parmi les points à discuter, les deux derniers ne sont que des corrections à apporter aux textes de l'ancienne convention collective: remaniement technique, sans plus. Par ailleurs, le syndicat abandonne sa requête à propos des heures supplémentaires (on souhaitait pouvoir le reprendre en congés plutôt qu'en salaire supplémentaire), accepte de mettre à l'essai l'horaire comprimé à condition que cela ne lui soit en aucune façon imposé, et reconnaît le principe d'augmentation des salaires basée sur les bénéfices bruts à partir de 1988, pour la durée de la nouvelle convention.

Les discussions vont bon train puis, quinze minutes avant le départ prévu d'Alain, l'employeur propose de réduire la durée du contrat de 36 à 34 mois. Les représentants syndicaux refusent mais font aussi un pas de leur côté, modifiant à nouveau leur demande de 31 à 32 mois. L'écart s'amenuise mais on ne va pas plus loin et la réunion coupe court, Alain devant prendre l'avion pour l'Europe le soir même.

Dès le lendemain, Cascades (East Angus) fait une troisième proposition «finale». Se rendant à la demande du comité syndical, on retire l'obligation de mettre à l'essai l'horaire comprimé, on accorde cinq semaines de vacances aux employés qui ont au moins 16 ans d'ancienneté et six semaines après 23 ans. En ce qui concerne les congés, la direction accepte dans leur ensemble les demandes syndicales, non sans apporter quelques corrections: on accorde un congé facultatif de plus, tel que demandé, mais dès 1987 soit un an plus tôt que prévu. Comme tout a un prix, la direction revient en contrepartie à sa position initiale quant à la durée du contrat, qui serait de 36 mois, en accordant toutefois des augmentations salariales de 0,70 $ l'heure la première année, de 5 % la deuxième année et de 4 % la troisième année, avec des augmentations supérieures si les bénéfices bruts dépassent un certain niveau.

Une fois encore, le comité de négociation doit présenter la nouvelle proposition de contrat aux employés réunis en assemblée générale. Celle-ci a lieu le 19 octobre. Comme la première fois, le comité évite de faire des recommandations aux syndiqués quant à la position à prendre face aux offres patronales. Finalement, la proposition est acceptée par les employés dans une proportion de 65 %.

À la direction de l'usine et de la société mère, on souhaitait, au départ, en arriver à signer un contrat négocié avant la fin du mois de septembre. En fin de compte, il aura fallu 14 rencontres pour parvenir à une entente. Dans l'ensemble, les représentants du syndicat sont satisfaits du rythme auquel ont été menées les négociations. Certains trouvent même qu'il y a matière à s'étonner que tout se soit fait dans des délais somme toute raisonnables. Il y avait assurément, de part et d'autre, une volonté d'en venir rapidement à une entente.

Le vote positif des employés syndiqués a coupé court aux négociations et empêché que la convention soit issue d'une *entente* entre les deux parties. Le départ précipité d'Alain a peut-être brusqué les choses et obligé la partie patronale à reprendre l'initiative dès le 16 octobre en faisant une nouvelle proposition globale. Qui sait s'il n'aurait pas suffi d'une ou deux heures de plus pour en venir à une entente négociée? Là, alors, le tour de force aurait été complet!

*   *   *

La signature d'une convention collective négociée à East Angus est la preuve tangible que la philosophie du Respect a de bonnes chances de se solder par quelque bénéfice à saveur monétaire. Autrement dit, la politique de Cascades est payante. La participation aux bénéfices, la politique des portes ouvertes, les activités sociales ont été des facteurs importants qui ont permis d'instaurer un climat favorable à l'usine d'East Angus. Bien avant le début des négociations, l'esprit était à la conciliation plutôt qu'à l'affrontement. Plusieurs des points acceptés par les syndiqués ne l'auraient pas été s'ils avaient été débattus par l'ancienne administration. Domtar est Domtar, Cascades est Cascades et les choses ont bien changé depuis.

Tout va donc pour le mieux dans le meilleur des mondes? Pas vraiment. Les membres de l'exécutif syndical trouvent des raisons pour craindre la mise en application de la nouvelle convention. Il y a, d'une part, le fait qu'on ait reconnu le principe de l'horaire comprimé et, d'autre part, les coupures de postes annoncées par l'employeur, puis la question du recours à des entrepreneurs sous-traitants pour certains travaux à l'usine.

Au cours de la dernière assemblée générale, les employés ont accepté dans leur ensemble les offres finales de l'employeur bien qu'on ne fût pas parvenu à s'entendre sur la question de l'horaire comprimé. Ils ont de fait mis un terme aux négociations sur le sujet et accepté un principe auquel ils s'étaient pourtant fortement opposés à l'époque de la Domtar. Il fut un temps où l'on discutait ferme de la question à East Angus, l'ancienne administration ayant même tenté de mettre en pratique un horaire semblable à celui que Cascades (East

Angus) peut mettre encore à l'essai. On ne doit pas s'étonner de ce que plusieurs syndiqués s'inquiètent de cette reconnaissance tacite, certains même du seul fait que l'idée puisse faire son chemin. Ceux qui y manifestent leur opposition depuis la reprise de l'usine y voient une brèche par laquelle la direction du groupe Cascades pourrait facilement tenter de généraliser l'application de l'horaire comprimé. Selon eux, il est possible qu'à côté des beaux principes de la philosophie du Respect, dont on se fait une fierté à Kingsey Falls, on retrouve partout, toujours, dans les usines du groupe, des horaires de travail de douze heures par jour. Ils sont aussi plusieurs à affirmer, au syndicat, que leurs confrères, en acceptant qu'une telle clause apparaisse dans la convention collective, n'ont sûrement pas compris toutes les conséquences que pouvait avoir leur choix.

Il est vrai qu'on a convenu de ne pas rendre obligatoire la mise à l'essai de l'horaire comprimé. Ce n'est là qu'une demi-victoire pour le syndicat puisque la direction a obtenu qu'avant la fin de la nouvelle convention, les parties forment un comité pour étudier les modalités d'application de nouveaux horaires de travail. Le texte de la convention est sans équivoque: «[...] horaires de travail de moins de 40 heures par semaine sans compensation à raison de 8 heures par jour (37,3 heures par semaine) et/ou de 12 heures par jour (39 heures par semaine).» Selon le projet, une fois qu'on aurait franchi la première étape et déterminé ce que pourrait être le nouvel horaire de travail, on devrait passer à la mise à l'essai avec les employés de relève, mise à l'essai bien planifiée: «[...] dans les unités de production suivantes: machines à papier, salle des piles raffineuses (papier), salle d'apprêt et expédition (papier), moulin à pâte, chaufferie, manutention et préparation du bois, machine à carton, salle des piles raffineuses (carton), salle d'apprêt et expédition (carton), essayeurs (papier/carton) [...]» Une fois la période d'essai terminée, les employés seraient appelés à se prononcer sur le choix de l'un ou l'autre horaire, ou encore sur le maintien de l'horaire traditionnel de 40 heures. Même si les événements ont fait que ce beau scénario ne s'est finalement pas réalisé, il reste prévu dans la convention. C'est donc dire que le seul espoir de ceux que fâche la reconnaissance du principe dans le texte même de la convention réside dans la conclusion que tireront les employés eux-mêmes de la mise à l'essai. En fait, l'avenir de l'horaire comprimé est lié à des négociations à venir entre les deux parties et à l'opinion des travailleurs.

Il est difficile de présumer de l'intérêt que manifesteront les employés syndiqués pour l'horaire comprimé. Il est certain que Cascades marque des points en s'assurant d'abord que les représentants syndicaux en discutent au moins au sein d'un comité patronal-syndical, puis que l'horaire retenu soit appliqué pendant un temps donné et enfin, que le choix final revienne aux employés et non à leurs représentants. Que penser cependant des chances de l'employeur de faire accepter la mise en pratique de son principe? Au fond, l'horaire comprimé présente l'avantage de laisser aux employés plus de temps pour les activités de loisir puisque les fins de semaine comptent alternativement trois ou quatre jours. On peut présumer qu'à East Angus, comme dans toutes les usines papetières, l'engouement généralisé des travailleurs pour les activités de chasse, par exemple, explique l'intérêt que présente ce genre d'horaire. L'employeur y trouve aussi ses avantages. La concentration du temps de travail s'accompagne d'une réduction systématique du taux d'absentéisme. Car la perte d'une journée de travail ne représente plus le cinquième d'une semaine complète, mais le quart ou le tiers. À ce prix, les absences coûtent entre 5 et 13 % plus cher à l'employé en perte de salaire, ce qui l'incite à les limiter! (On devine que le nombre total d'heures de congé de maladie ne serait pas modifié avec l'application d'un nouvel horaire du genre.) La prolongation de moitié des postes de travail – qui passeraient de 8 à 12 heures – réduit aussi d'autant les mouvements dans l'usine et simplifie la gestion du personnel.

Évidemment, il n'y a pas que des avantages. L'horaire comprimé présente son lot d'inconvénients. Les postes de travail de 12 heures sont longs. Il n'est pas certain que tout le monde parvienne, à ce régime, à donner le meilleur de soi-même. Quiconque a visité une usine papetière aura constaté que les conditions de travail n'y sont pas des plus agréables. Il y fait une chaleur difficile à supporter et le niveau du bruit se situe souvent aux limites de la tolérance. On comprend que les employés les plus jeunes soient intéressés par la perspective des fins de semaine prolongées. Après tout, qui n'a pas rêvé de regrouper ses heures de travail pour mieux profiter de son temps de repos? Néanmoins, le raisonnement ne vaut pas pour tout le monde. L'employé qui a charge de famille et qui va passer de vingt à quarante ans de sa vie entre les quatre murs de l'usine sait bien que l'horaire comprimé risque de lui imposer des contraintes dans sa vie sociale. Le décalage des postes de travail de 12 heures avec les journées habituelles de 8 heures limite évidemment les relations entre membres d'une même famille. Que sert en vérité d'être en congé quand l'épouse et les enfants sont retenus au travail ou à l'école? Il faut aussi songer aux employés plus âgés ou à ceux qui ont des problèmes de santé, pour qui l'horaire comprimé frise l'inhumanité.

Chez les membres de l'exécutif syndical, l'enthousiasme est modéré en outre parce qu'on n'a guère avancé quant aux coupures de postes annoncées par la direction. Tout au long des négociations, les deux parties ont abordé la question de la sécurité d'emploi. On sait qu'il devait y avoir une réduction de personnel. Aucun chiffre n'a été avancé mais on n'ignore pas qu'à l'usine de carton, l'une des deux unités de production d'East Angus, une douzaine de postes seront éliminés. La nouvelle convention collective est à peine en vigueur, le 28 octobre, que la direction de l'usine annonce qu'elle ne remplacerait pas un cariste (conducteur de chariot) qui prenait ce jour-là sa retraite.

Heureusement toutefois pour les employés, coupures de postes ne signifient pas nécessairement licenciements. L'employeur convient de ne faire disparaître que les postes devenus vacants à la suite de départs volontaires ou de

départs à la retraite. Ce qui n'empêche pas que le travail fait
jusque-là par les ouvriers qui projettent de quitter leur emploi
devra être absorbé par ceux qui restent. Par le fait même, la
direction démontre qu'elle favorise une polyvalence accrue
des travailleurs de l'usine de même que l'accroissement de
leur charge de travail. Revenons à l'exemple du cariste. Il lui
incombait, lorsqu'une pièce était défectueuse, de la transporter de la machine à l'atelier mécanique. Une fois la
réparation effectuée, il devait la charger à nouveau et la
ramener au point de départ. Dorénavant, il faudra bien que
quelqu'un se charge du travail. Mécanicien ou autre, un
employé devra procéder au transport en se faisant cariste
pour les besoins de la cause. Voilà qui va tout à fait à
l'encontre des objectifs du syndicat. Par le passé, les
employés se sont battus pour accroître la spécialisation des
corps de métier et éviter une telle polyvalence. Sur cette
question, c'est Cascades qui marque des points puisqu'on a
fait machine arrière.

Enfin, les représentants syndicaux ont profité des
négociations de la nouvelle convention collective pour faire
part de leurs doléances en ce qui concerne la sous-traitance.
La direction a fait compléter par des entreprises à contrat
plusieurs travaux de construction et d'entretien électrique. Le
recours aux sous-traitants présente des avantages certains
pour l'employeur mais, selon les porte-parole syndicaux,
risque de troubler la paix sociale à l'usine. Leur raisonnement
s'appuie sur le fait qu'en traitant avec des gens de l'extérieur,
la direction crée des liens de dépendance. Il est facile
d'imaginer un scénario où l'on n'aurait d'autre choix que de
faire appel à la société responsable d'une installation
électrique, par exemple, équipement qu'elle a conçu et qu'elle
peut seule entretenir ou réparer. Dans ce cas, le travail se
ferait alors au détriment des employés réguliers de l'usine.
Pour utiliser sans risque les sous-traitants, il faut que la
direction fasse preuve de pondération et d'une certaine
vigilance. Heureusement, le recours aux travailleurs de
l'extérieur est loin d'être une pratique généralisée dans les

usines du groupe Cascades. «Bien!» disent les syndicats en restant tout de même sur leurs gardes.

* * *

L'expérience d'East Angus prouve que la motivation collective est possible. La recette qu'on retrouve partout chez Cascades fonctionne bien. Gérer le personnel avec respect et intelligence, c'est assurer la paix sociale. C'est le meilleur moyen en fait d'éviter les conflits dans les usines, qu'elles soient syndiquées ou pas. Il suffit d'un minimum de bonne volonté, de compréhension – d'humanité pourrait-on dire. Cela va de soi quand on s'appelle Bernard, Laurent ou Alain Lemaire et qu'on a connu la condition ouvrière. Pourtant, la recette ne semble pas à la portée de tous les patrons, directeurs et autres industriels. Beaucoup d'entre eux, qui ont des leçons à recevoir des gens de Kingsey Falls, donnent l'impression de franchement préférer les affrontements à la collaboration véritable. Le fossé se creuse ainsi toujours un peu plus entre la «norme» de l'industrie papetière, par exemple, et les conditions qui prévalent dans les usines du groupe. Tant pis pour eux et tant mieux pour Cascades. Les négociations engagées à East Angus étaient une première expérience; il y a eu, depuis, répétition et l'on n'a pas à s'étonner des résultats obtenus. Après l'Estrie, la philosophie du Respect fait à nouveau ses preuves au Saguenay.

C'est au mois de mai 1987 que le Syndicat national des travailleurs des pâtes et cartons de Jonquière (qui fait partie de la Fédération des travailleurs du papier et de la forêt, elle-même affiliée à la C.S.N.), et Cascades (Jonquière) inc. ont signé leur première convention collective négociée. À l'occasion des négociations, les employés de Jonquière et leurs représentants syndicaux ont dû se rendre à l'évidence: Cascades a changé les règles du jeu de la négociation.

Si l'on avait eu toutes les raisons de se réjouir du rythme des négociations menées à East Angus, où il fallut quatorze rencontres pour parvenir à signer une nouvelle convention, on pouvait franchement célébrer à Jonquière! Là, neuf rencontres ont suffi. Les syndiqués ont cédé sur quelques points, dont la durée du contrat, mais leurs porte-parole s'estiment néanmoins contents de l'entente conclue. En fait, on est non seulement satisfait mais «heureux», du mot même de certains syndicalistes qui ont pris part aux négociations et portent aujourd'hui Laurent, négociateur de Cascades (Jonquière), en haute estime.

Selon Jean-Marc Gagnon, président du syndicat, la présence de Laurent fut l'un des facteurs qui ont mené au succès des négociations. En permettant d'éliminer les intermédiaires, la présence de l'un des Lemaire a favorisé un dialogue direct et franc. L'approche est tout à fait originale, d'abord dans l'industrie des pâtes et papiers mais plus particulièrement encore à l'usine de Jonquière. Avec l'ancienne administration, les échanges entre parties au cours des négociations s'étaient toujours effectués par écrit. Lorsqu'on voulait s'assurer d'être bien compris, on envoyait un double de chaque lettre au bureau de la direction, au cas où... Il n'y a rien eu de tel face à la direction de Cascades (Jonquière). Bien sûr, dans un tel contexte, les représentants des employés ont profité de l'occasion pour régler un maximum de points avec une efficacité inconnue jusqu'alors.

Tout compte fait, on ne saurait dire qui du syndicat ou de la partie patronale peut se targuer d'avoir «vaincu». Là n'est pas la question puisque jamais on n'a senti d'animosité de part ou d'autre. Grâce à l'esprit de conciliation, tout le monde a gagné dans l'aventure. Belle expérience, au sortir de laquelle on a créé quelques premières au Québec en matière de convention collective. L'employeur a agréé à certaines demandes du syndicat qui n'avaient pas d'égal à ce jour dans l'histoire des relations de travail dans l'industrie papetière au Québec. Qu'on en juge.

D'abord, Cascades (Jonquière) a accepté d'accorder des congés sans solde d'une durée maximale d'un an, avec cumul d'ancienneté, aux employés désireux de s'inscrire à un cours de perfectionnement, à condition que ces études soient directement reliées à leur travail. Quant aux employés qui ont au moins dix ans d'ancienneté à l'usine et veulent suivre un cours sans rapport direct avec leur emploi, on leur accorde un congé sans solde maximal de trois mois, avec cumul d'ancienneté.

Ensuite, l'employeur a accepté, dans certaines conditions, de rendre la retraite admissible dès l'âge de 58 ans. Les négociateurs patronaux ont aussi convenu de laisser un droit de regard au syndicat en ce qui a trait aux contrats de sous-traitance. En plus, conscients de l'importance sociale de leur rôle au sein de la collectivité, Cascades (Jonquière) et le syndicat n'ont pas hésité à aller plus loin et à inclure dans la convention certains articles à saveur sociale. Il y a ainsi, dans la nouvelle convention, un article qui garantit à un employé ayant des démêlées avec la Justice de conserver son poste s'il est incarcéré pour une durée de moins d'un an. Si l'employé est condamné à une peine d'emprisonnement supérieure à un an, employeur et syndicat décident ensemble de l'attitude à prendre, au mérite de l'employé. Évidemment, cette clause ne vaut que s'il n'y a pas de récidive de la part du condamné. C'est une façon originale, surtout par sa reconnaissance dans le texte d'une convention collective, d'intervenir en faveur de la réinsertion sociale des individus qui se retrouvent avec un casier judiciaire. Ce type de problème ne relève pourtant pas de l'usine mais revient à la société entière; cela n'empêche pas qui veut de faire sa part. On se prend à rêver du jour où de telles clauses se retrouveront dans toutes les conventions collectives du Québec! Parions que ce jour-là, on affirmera sans crainte de se tromper que les mentalités auront changé. Il est certain que le problème aura beaucoup perdu de son acuité.

Avec la nouvelle convention en vigueur à Jonquière, même les organismes régionaux à vocation humanitaire pourront bénéficier de la manne. Sensibles au fait qu'il y ait encore des pauvres dans la région, le syndicat et la direction de Cascades (Jonquière) ont créé un fonds spécial pour leur venir en aide. Comme le précise le texte du contrat de travail, l'employeur déduit à la source, à tous les employés qui adhèrent au programme sur une base volontaire, un cent par heure de travail, puis contribue pour la même somme à ce fonds de secours. Ensemble, ces retenues peuvent représenter un montant approchant 20 000 $ par année.

Les négociateurs de Cascades ont fait leurs armes à l'occasion des rencontres d'East Angus, avec d'indéniables preuves de bonne volonté. Attitude de conciliation qui a rapporté, et dont se sont sûrement inspirés les représentants des employés syndiqués de l'usine de Jonquière. Quelques mois plus tard, la philosophie du Respect passait avec succès ce second test. Maintenant, il est certain qu'on s'inspirera de ces deux expériences lors des prochaines négociations de contrats de travail au sein du groupe Cascades. Celles de l'Estrie ont créé leur lot de précédents, auxquels celles du Saguenay en ont ajouté d'autres.

On a salué la bonne volonté des négociateurs patronaux à l'une et l'autre des tables de négociation. On a plus encore apprécié Alain et Laurent, dont l'intervention a pesé lourd dans les discussions entre Cascades (East Angus), Cascades (Jonquière) et leurs employés syndiqués. Pourtant, avant la signature des nouvelles conventions collectives, les frères Lemaire n'étaient pas particulièrement connus pour être en faveur du syndicalisme; on leur donnait tout au plus le bénéfice du doute. Il faut avouer qu'il n'appartient pas à l'employeur, quel qu'il soit, de préconiser la syndicalisation. On peut toutefois exiger, au moins, qu'il accepte de vivre avec les syndicats. C'est ce qu'on fait chez Cascades. Mais on a appris qu'il ne faut pas trop facilement donner dans la naïveté et croire que l'attitude positive des patrons suffit à régler tous les différends. Lors du rachat de l'usine de Jonquière, justement, les gens de Kingsey Falls ont eu quelques surprises. Au siège social, on s'est rendu compte que les négociations peuvent parfois être ardues même si les syndiqués, dans bien des cas, sont des gens raisonnables. La bonne volonté de part et d'autre facilite les relations mais n'est pas une panacée à tous les maux. Au Saguenay, au cours des négociations qui ont entouré la reprise de l'usine d'Abitibi-Price et dans lesquelles les syndiqués avaient leur mot à dire, Cascades a proposé un modèle d'entente pour une nouvelle convention collective. Refusant d'étudier le projet, les représentants syndicaux ont préféré demander tout de go la reconduction du contrat de travail en vigueur pour une période de trois ans. Mal leur en prit puisqu'en fin de compte il s'est avéré que les offres du nouvel employeur étaient supérieures aux conditions négociées avec l'ancienne administration! Cette fois, les employés y ont perdu.

Étonnant mais vrai: il existe des patrons qui traitent mieux leurs employés, syndiqués ou pas, que ceux, malheureusement nombreux, qui font la sourde oreille aux demandes des syndicats. Cascades fait partie du premier groupe. Heureusement d'ailleurs parce que la société de portefeuille de Kingsey Falls, en multipliant les acquisitions, s'est retrouvée avec quelques unités de production où les syndicats sont bien implantés. À East Angus, Alain a négocié avec des gens déterminés et à Jonquière, Laurent a fait des offres qui ne manquaient pas de compter des clauses hors du commun. Même à Port-Cartier, la question n'était pas réglée d'avance puisqu'il a fallu compter avec les syndicats qui s'étaient opposés à l'ancienne administration. La question de la reconnaissance des accréditations syndicales a refait surface mais on l'a réglée en douceur.

Les conflits de travail qui ont secoué la Côte-Nord dans les années 70 ont fait une réputation de tous les diables aux travailleurs de Port-Cartier. Denis Perron, député du comté provincial de Duplessis, a participé à la recherche de repreneurs éventuels pour l'usine papetière de I.T.T.-Rayonier. Selon les propos rapportés par un journaliste du *Soleil* de Québec, la première question des six ou sept investisseurs possibles qu'il a rencontrés dans le cadre du projet de relance de l'usine était invariablement la même: «Où en sont les relations de travail sur la Côte-Nord?» Il faut rappeler que l'aventure du géant américain I.T.T. dans la région n'a rien de reluisant. En cinq ans, de 1974 à 1979, les activités ont été interrompues par quatorze grèves. Une telle suite a bien sûr entaché la réputation des travailleurs «aussi loin qu'en Suède», selon Denis Perron. Aujourd'hui, tant mieux pour Cascades et pour tous les investisseurs qui se sont intéressés à Port-Cartier depuis la relance de l'usine papetière, il semble que le temps des affrontements et des grèves soit révolu.

Cette réputation de syndicalisme virulent n'a d'aucune façon effrayé la haute direction de Cascades. La relance de l'usine d'I.T.T.-Rayonier est un projet que Bernard caressait depuis de nombreuses années. S'il a fallu si longtemps pour qu'on passe de la théorie à la réalité, ce n'est pas parce qu'il fallait laisser le temps aux tensions de s'éteindre ou parce que Bernard craignait les syndicats. C'est plutôt parce que les conditions financières n'étaient pas au mieux. Et Bernard prend plaisir à souligner que les conditions dans lesquelles s'effectue maintenant la relance sont conformes à son projet initial; il n'y a rien changé et la patience a payé. De toute façon, ni Bernard ni ses frères ou quiconque chez Cascades n'a de raison de craindre les syndicats. De nombreuses anecdotes permettent de juger des effets de l'attitude positive sur la qualité des relations entre les directions d'usine et les syndicats. Qu'il suffise d'un exemple, qui concerne l'usine d'East Angus et date d'avant la signature du nouveau contrat de travail.

Dans son numéro de mai 1985, la revue *Actualité* rapportait les propos d'un adjoint à la direction de Cascades: «On attend secrètement le jour béni où tous les employés achèteront des actions de la maison au lieu de continuer à verser leur cotisation syndicale.» Ce commentaire n'a pas manqué de déranger – à juste titre, il faut le dire – les dirigeants du syndicat de l'usine d'East Angus. En juin 1985, Fernand Poulin, directeur du syndicat, demande des explications à Bernard Lemaire. Ce dernier répond deux semaines plus tard. Il explique qu'il n'y a pas lieu, selon lui, de s'alarmer, d'autant plus que les gens sont souvent cités hors contexte. Il ajoute que s'il avait eu la moindre intention d'attaquer le syndicat d'East Angus, il l'aurait fait directement et personnellement, sans utiliser de personne interposée. Suit une véritable profession de foi en la philosophie du Respect: «Chez Cascades, écrit Bernard, nous avons comme politique d'adopter une conception de la gestion qui sache rallier, dans une même démarche, les objectifs économiques de l'entreprise, les intérêts de ses employés et ceux du milieu dans lequel elle exerce ses activités. Je vous réfère à ma lettre du 12 septembre 1983, qui fut distribuée à tous les employés d'East Angus, [que] je cite textuellement: Notre entreprise assumera envers vous toutes les obligations découlant des conventions collectives présentement en vigueur et celles découlant des certificats d'accréditation des syndicats. Nous sommes persuadés qu'une collaboration étroite et réciproque entraînera un regain de vitalité à l'usine d'East Angus.» Ce qui se passe depuis en Estrie prouve qu'il ne s'agissait pas de vœux pieux. La direction du syndicat l'avait compris sans doute, puisque Fernand Poulin s'est senti obligé de justifier son intervention dans la réponse qu'il envoie à Bernard: «Vous n'êtes pas sans savoir, Monsieur le président, que les travailleurs de l'usine d'East Angus évoluent, depuis septembre 1983, dans un climat de confiance envers Cascades inc., ce qu'ils n'avaient pas connu depuis bon nombre d'années. C'est dans la perspective d'une telle conti- nuation (sic) qu'il nous est nécessaire de vous souligner tout point pouvant compromettre l'attitude enthousiaste des tra- vailleurs de l'usine envers leur compagnie.» Nul doute que cela a plu à Bernard, qui a déjà dit: «Un homme est un homme, qu'il soit syndiqué ou pas. S'il a un peu de bon sens, on peut s'entendre.»

Joli discours mais n'allons pas croire pour autant à la légende de l'infaillibilité. Malgré toute la bonne volonté dont on veut faire preuve, les accidents de parcours ne sont pas impossibles. En juillet 1988, à l'usine d'East Angus, les employés ont quitté leur poste en déclenchant une grève illégale. Le motif invoqué – que certains membres de la direction locale ont plutôt nommé «prétexte» – par les représentants syndicaux concerne les coupures de postes. «Il n'y a aucune mise à pied de prévu, affirme pourtant David Gingras, gérant de l'usine, dans les journaux de la région. Nous ne remplacerons pas certains postes laissés vacants lorsque des employés prendront leur retraite.» Tout cela avait été discuté au cours du mois précédent, sans qu'on parvienne à se comprendre semble-t-il. Finalement, après trois jours et maintes tractations, les employés réunis en assemblée générale décident de reprendre le travail. Curieuse aventure dans une usine où l'on pratique la politique des portes ouvertes, au cours de laquelle les journaux ont relaté l'attitude «cavalière» de l'employeur mais où l'on a aussi entendu un membre de l'exécutif syndical s'étonner du chiffre avancé par la direction pour les pertes encourues à la suite de la grève; quiconque le souhaite peut pourtant obtenir le montant exact des bénéfices réalisés. Voilà qui prouve que même dans un contexte très favorable, il y a des jours où la bonne volonté fait défaut.

Cascades aussi a péché, et on s'en est mordu les doigts à Kingsey Falls. En 1984, les employés de Lupel-S.N.A., dont l'usine est située au Cap-de-la-Madeleine, se sont syndiqués. Surprise chez l'employeur, pour qui un tel coup était une première. Pourtant, les employés avaient multiplié les représentations en faisant prévaloir leur situation particulière. Il faut préciser que l'usine, où l'on fabrique de l'endos de linoléum, appartenait à ce moment-là à la Société nationale de l'Amiante et était seulement gérée par Cascades. Situation unique au sein du groupe Cascades qui méritait, selon les gens de l'usine, une considération particulière sur le plan des conditions de travail. La haute direction du groupe a ignoré les appels répétés des travailleurs. C'était une erreur de prendre ces récriminations à la légère sous prétexte qu'il revenait au propriétaire de l'époque de tendre une oreille attentive. La leçon a porté ses fruits.

Bernard ne se cache pas non plus d'avoir péché par excès en annonçant, à plusieurs reprises, qu'il entendait assurer la bonne marche d'usines nouvellement acquises en réduisant le nombre de cadres. À East Angus, Jonquière, puis à La Rochette, il manifesta la même volonté, sans en faire une promesse formelle. Selon lui, «si les employés sont motivés, une entreprise n'a pas besoin de cadres». C'est donc pour valoriser les travailleurs en leur donnant plus de responsabilités qu'une telle mesure est partout envisagée. Bernard précise: «L'important, c'est de donner un sens des responsabilités aux gens en place. Une entreprise qui est gérée par un bon nombre de cadres peut peut-être avoir plus d'efficacité que [la nôtre], du moins sur papier, mais je ne pense pas que l'employé ait autant de plaisir à y travailler.» Favoriser le plaisir au détriment de l'efficacité si nécessaire, quelle promesse! Il faut être bien convaincu des difficultés qu'amène la multiplication des intermédiaires entre direction et travailleurs, encore que cela s'inscrive tout à fait dans le cadre d'une politique des portes ouvertes.

Si l'on croit pouvoir se passer des cadres, force est de reconnaître qu'il y a parfois loin de la coupe aux lèvres, de la théorie à la pratique. Il faut croire que les gestionnaires du groupe ont du mal à mettre en œuvre les idées de la haute direction. On se plaint encore, en effet, tant à East Angus ou Jonquière qu'à La Rochette, du grand nombre de cadres que la nouvelle direction a gardés au poste à la suite de la reprise. Évidemment, il est facile de répondre que quels que soient les ressentiments qu'ont les travailleurs à l'endroit de certains cadres, il n'est pas toujours facile de se passer du jour au lendemain de leurs services. Bien qu'ils aient tous été formés par les administrations précédentes, ils détiennent un savoir essentiel à la bonne marche des opérations et restent, pour un temps du moins, indispensables. Bien sûr, chaque fois que Bernard sert ce genre d'excuse, il se trouve toujours quelqu'un pour souligner que l'explication est en contradiction directe avec la théorie. À moins que, sans le dire, la haute direction de la maison mère juge que les employés de certaines usines du groupe ne sont pas suffisamment motivés pour assurer la bonne marche des opérations sans encadrement. Sur ce point, les opinions sont particulièrement partagées selon ceux dont elles émanent. À écouter les représentants syndicaux, on croirait que les cadres sont partout une nuisance au travail et que plus tôt on les aura éliminés, mieux s'en porteront les affaires! Il est vrai que la plupart des cadres encore à l'emploi des filiales de Cascades ont été effectivement formés par l'ancienne administration. Il est vrai encore que, dans bien des cas, on n'avait pas réussi sous leur conduite à régler tous les problèmes. Les sociétés Domtar, Abitibi-Price et La Rochette-Cenpa ont cédé à Cascades des usines dont elles ne voulaient plus. On ne voit pas comment, si rien ne change, le nouveau propriétaire pourrait faire beaucoup mieux que ses prédécesseurs. D'importantes modifications à l'encadrement, chaque fois promises par Bernard, devront se faire à plus ou moins long terme. C'est une question de bonne foi, une affaire de confiance. Sur ce plan, la direction de Cascades n'a jamais péché. «On livre la marchandise», comme se plaisent à le répéter les frères Lemaire. Cette fois, il faudra sans doute s'armer de patience car l'attente peut être longue. Il est cependant à souhaiter que les délais ne refroidissent en rien l'enthousiasme des travailleurs.

Hormis les difficultés que connaît la direction de Cascades dans la gestion des cadres des usines nouvellement acquises, on se débrouille assez bien en ce qui concerne les cadres supérieurs. À plusieurs reprises, les mouvements de personnel de haut rang ont favorisé une meilleure entente et le maintien de l'enthousiasme généralisé qu'avait apporté la reprise des usines tant au Canada qu'en Europe. De tous les cas, il en est un particulièrement probant qui vaut qu'on s'y arrête.

Pour les employés d'une usine , rachetée par Cascades, le dirigeant était l'homme de l'ancienne administration, symbole d'un mode de direction fermé. Certains représentants syndicaux sont même allés jusqu'à qualifier son attitude d'hostile aux employés. Il s'en trouvait pour ne pas envisager de meilleures relations entre la direction et les travailleurs tant et aussi longtemps qu'on ne lui désignait pas de remplaçant. Pour pallier la difficulté, sans doute aussi parce que le malaise était évident, la haute direction de Cascades propose à ce dernier une mutation dans l'une des usines de la filiale européenne du groupe, Cascades S.A.

Manœuvre habile! Le cadre supérieur profite du climat très favorable qui prévaut en Europe à l'égard de Cascades. Alors qu'il était rejeté par les directeurs du syndicat de l'usine québécoise, il passe maintenant, aux yeux des employés de la filiale française, pour l'un des sauveteurs canadiens de l'usine. Compte tenu du contexte qui prévalait à l'usine où il travaillait, au Québec, l'homme ne pouvait donner son plein rendement. Le ressentiment provenant des difficultés vécues par les travailleurs sous l'ancienne administration était loin de s'être effacé. Pourtant, on ne peut pas mettre sa valeur en doute, en tant qu'administrateur. Ne doutons pas que Cascades l'aurait remercié sans attendre lors de la reprise s'il avait vraiment été incompétent. Toutefois, le fait qu'il soit resté à son poste peut être une explication plausible au malaise qui a perduré alors que l'ambiance a peu changé, même sous la bannière du groupe Cascades. Les tensions qui existaient entre les employés et la direction de l'usine s'étaient estompées, tout au plus.

Aujourd'hui, les employés de l'usine française n'ont que des éloges à adresser au nouveau membre de la direction. Ce qu'on apprécie le plus chez lui, c'est qu'il applique à la lettre la politique des portes ouvertes, principe d'autant plus spectaculaire qu'il est exceptionnel dans le contexte européen[3]. Avec lui, ce n'est pas dans les bureaux que les problèmes se règlent mais sur le terrain. Voilà qui est tout à fait digne de la gestion

---

3. On peut comprendre l'étonnement des Français et autres Européens quand on prend conscience du fossé qui sépare l'administration à la mode des vieux pays et celle qu'on pratique en Amérique, et chez Cascades plus particulièrement. Il m'est arrivé de téléphoner à l'usine de Blendecques, dans le nord-ouest de la France, lors d'un passage en Europe. Il a fallu laisser sonner assez longtemps pour obtenir la communication. Au bout d'un moment, une voix masculine répond d'un court «Allô»; étonné, je demande à mon correspondant de me passer le bureau de la direction. La voix précise que je suis en ligne. Je demande alors à parler à la secrétaire du directeur pour

à la Cascades. Notre homme prouve de la sorte qu'il procède
de l'esprit Cascades, c'est-à-dire qu'il est un «cascadeur».
Avec trois usines en Europe et des projets d'expansion plein
ses carnets, Cascades S.A. a un urgent besoin d'administrateurs de sa trempe. Revirement étonnant que celui de ce
cadre supérieur qui ne pouvait absolument pas être perçu
comme un cascadeur dans l'usine où il avait été porte-parole
d'une administration décriée, et qui s'intègre parfaitement à la
philosophie du Respect outre-mer, dans un contexte qui lui
est hautement favorable.

Tout à la gloire de la haute direction, dont elles prouvent
l'intelligence dans la gestion du personnel de haut rang, des
mutations semblables sont monnaie rare. Difficiles à réaliser
d'abord parce que les cadres supérieurs ne sont pas légion,
encore moins si l'on exige d'eux qu'ils aient une mentalité qui
colle à la philosophie du Respect. Bien sûr, avec les reprises
d'usines, encadrement et direction restent toujours disponibles. Mais on voit bien, dans l'exemple relaté plus haut, que
la reprise intégrale n'est pas toujours la solution idéale.
Difficiles à réaliser aussi parce que les «cascadeurs» prêts à
accepter le parachutage se comptent sur les doigts de la main.
Même si l'on voulait établir une tradition chez Cascades et
confier la direction des usines européennes à des Québécois,
on serait vite à court de candidats. Déjà, il a fallu renoncer en
Savoie, où une usine, située à 50 kilomètres de celle de La
Rochette, était à vendre. Au téléphone, alors qu'on délibérait
à Kingsey Falls sur les avantages de l'acquisition – partage
des représentants, importance des inventaires, clientèle
assurée, etc. –, Bernard a reçu un non catégorique du
directeur de l'usine de La Rochette à qui l'on voulait confier
la responsabilité de l'acquisition projetée. Après avoir

---

prendre rendez-vous. Sans presse ni énervement, ce qui n'est pas rien quand on
connaît l'aversion des gens, en France, pour les requêtes faites au téléphone,
l'homme m'explique que sa secrétaire est absente pour l'instant mais qu'il est
prêt à me fixer lui-même un rendez-vous. Étonnant dans un pays où le prestige
se mesure au nombre de secrétaires qui séparent les directeurs du commun des
mortels!

manifesté son refus, l'administration de Cascades s'est vu offrir l'inventaire à bon prix. Il n'était pas question d'accepter. Comment aurait-on pu, en vérité, porter l'odieux d'une fermeture d'usine à si peu de distance d'un pays où l'on a salué les papetiers canadiens comme des sauveteurs! L'affaire aurait facilement pu être conclue cependant si l'on avait eu un cascadeur à portée de la main. Il est évident qu'il faudra un jour songer à former des cascadeurs européens, ne serait-ce que pour combler les besoins de la filiale d'outre-Atlantique. Si la tempête d'enthousiasme qui souffle sur l'effectif de Cascades S.A. dure un peu encore, il se pourrait bien, en effet, que dans quelques années la société européenne compte plus d'unités de production que la maison mère. Il ne sera alors plus possible de parachuter des directeurs du Québec.

Dans ces conditions, les directeurs à la mode Cascades viendront d'Europe, mais on ne doit pas s'attendre à ce que les parachutages soient plus faciles à réaliser pour autant. En Europe, comme au Québec, les syndicats sont en perpétuelle relation. L'expérience européenne de Cascades a déjà prouvé que les représentants des syndicats de part et d'autre de l'Atlantique ne reculaient pas devant la distance qui les sépare. Dans ces conditions, il est certain qu'un directeur ne pourrait changer d'usine sans que ceux qui le reçoivent ne disposent déjà d'un bilan faisant état de ses services, que ce soit sous Cascades ou sous une autre administration. Qu'on songe à l'affaire de Henri Charles, directeur de l'usine de Blendecques sous La Rochette-Cenpa: il était connu pour avoir participé à la liquidation de plusieurs usines et personne n'a jamais eu aucun doute sur les motifs qui expliquaient sa nomination. Au même titre, la réputation de Pierre Franck était établie dans toutes les usines du groupe La Rochette-Cenpa, comme dans celles des sociétés concurrentes.

Nombreux sont les travailleurs, syndiqués ou pas, qui sont convaincus qu'il existe des listes noires que s'échangent les patrons, listes comprenant les noms d'employés particulièrement actifs sur le plan syndical ou prompts à élever la voix. On peut aussi croire que les syndicats, pour leur part, dressent la liste des patrons indésirables, qui existe au moins dans la tête des dirigeants syndicaux si ce n'est sur papier. Puisque les contacts sont bien établis entre les syndicats des usines de Cascades S.A. et ceux des unités canadiennes, on ne peut douter qu'il soit devenu impossible qu'un Québécois soit parachuté en Europe sans qu'on sache tout de ses antécédents. Les avantages du contexte favorable tendent donc à s'effacer.

* * *

C'est le regretté Alfred Rouleau, autrefois président du mouvement des Caisses populaires Desjardins du Québec, qui aurait eu grand plaisir à voir ses idées ainsi vérifiées. Selon lui, la qualité des relations humaines est un facteur de première importance pour l'efficacité de toute entreprise, lui qui affirmait: «Je n'ai jamais douté que cette approche était payante.» C'est à croire que les frères Lemaire sont allés à son école ou ont voulu suivre ses conseils à la lettre, d'autant plus qu'il ajoutait: «Mais les entreprises qui vont seulement s'en servir pour accroître le rendement des employés vont échouer, car cela va transparaître. Les employés finissent par savoir si c'est vrai. Il faut y croire pour que ça marche» Chez Cascades, on y croit et ça marche. Les plus sceptiques ne pourront maintenant le nier, une fois passée l'épreuve des négociations collectives à East Angus et à Jonquière. Il est clair que la qualité des relations humaines ne nuit aucunement à la rentabilité ou à l'efficacité d'une entreprise. Tout au contraire, la franchise et l'honnêteté, le franc-jeu – le respect pour tout dire en un mot – sont créateurs de motivation. Cet engouement de chacun des travailleurs pour *son* entreprise est nécessaire à l'efficacité de l'entreprise d'abord, et à sa croissance plus encore. Malheureusement, il n'existe pas de méthode d'évaluation de la productivité, même parmi les plus poussées, qui permette de détecter les pertes dues au manque de motivation. Quant à la cause, elle est facilement identifiable: le manque de motivation découle normalement d'une mauvaise gestion des ressources humaines.

La faute n'en revient pas exclusivement aux employés ou aux patrons. La responsabilité en est largement partagée. Bien que les conditions de travail et les salaires se soient améliorés dans des proportions inimaginables depuis le début du siècle, les ouvriers et les patrons gardent un ressentiment traditionnel les uns envers les autres. Depuis les tout débuts de la société industrielle, il existe deux classes strictement définies, vouées à s'affronter l'une et l'autre. Dans bien des industries, cela se traduit par des conflits, des grèves et des fermetures d'usines qu'on pourrait facilement éviter avec une franche négociation. En ce domaine, on peut rire du fait qu'à l'ère des télécommunications, le manque de communication soit le principal facteur de mésentente dans l'industrie!

Pourtant, employés comme patrons ne peuvent survivre les uns sans les autres. Ils doivent travailler ensemble pour le succès de l'entreprise commune. Il y a longtemps que le principe est compris chez Cascades et qu'on le met en pratique. C'est pour cela qu'il est possible pour qui œuvre au sein d'une des entités du groupe de voir les «grands patrons» et de leur parler. Pour les milliers d'employés des usines et filiales du groupe Cascades, les frères Lemaire ne sont pas d'inaccessibles p.-d.g. enfermés dans des tours d'ivoire et occupés à régner sur un mouvant empire. Ce sont des êtres en chair et en os. On peut en dire autant de tout le monde d'ailleurs, cadres supérieurs ou contremaîtres, tous obligés de pratiquer la politique des portes ouvertes.

Toutes les usines du groupe Cascades se caractérisent donc par une gestion du personnel énergique mais humaine. Ce que les frères Lemaire ont essayé de bâtir est un véritable «partnership» social où chaque individu est à la fois acteur et maître. La croissance formidable de l'entreprise n'a rien changé aux mentalités de ceux qui la font. Près d'un quart de siècle après l'achat de la première usine, le siège social du groupe est toujours à Kingsey Falls. Le village, sis au cœur du Québec, a grandi avec la société. Sa population s'est accrue au rythme de l'expansion de la société mère. Bernard y a déménagé au mois d'octobre 1963; depuis, ses deux frères l'y ont suivi avec leurs familles. Tous trois ont jusqu'à maintenant refusé de se laisser griser par le succès et n'ont pas voulu répondre à l'appel des grands centres. Au village, à quelques mètres de l'ancienne usine, pierre angulaire de Cascades, Bernard, Laurent et Alain partagent la vie de quelque 500 employés des différents bureaux et usines.

Ils ne sont d'ailleurs pas les seuls. Travailler chez Cascades, c'est s'engager à prendre pays à Kingsey Falls. Depuis 1984, chauffeurs, mécaniciens, comme tous les membres du personnel de service au siège social, sont tenus de résider au village pour obtenir la permanence d'emploi. C'est pourquoi l'infrastructure municipale se développe proportionnellement à l'expansion de Cascades, d'autant plus qu'en salaires seulement, les sociétés du groupe versent environ 18 millions de dollars par an aux employés résidents. Fernand Cloutier, qui a déménagé au village en 1964 après sa rencontre fortuite avec Bernard et l'offre d'emploi qui suivit, reconnaît que la présence des trois frères Lemaire à Kingsey Falls a son importance: «C'est un symbole.» Alain va même plus loin: «Il faut garder nos gens ici pour qu'ils vivent en communauté. Il faut que les gens s'entraident dans leur vie sociale comme on leur apprend à le faire au travail.»

«Présence» n'est donc pas un vain mot. Au sein des entreprises du groupe, les employés travaillent *avec* et non *pour* les Lemaire. L'image des trois frères est celle de bons patrons. Malgré la croissance phénoménale de la société mère, cette relation directe et sincère a perduré. Les inter-médiaires se sont multipliés; les directeurs d'usine, leurs adjoints, leurs subalternes et maints autres intervenants se sont avec le temps glissés entre la haute direction et les travailleurs. Cela n'a pourtant pas eu de conséquence car les intentions sont restées pures. Les bons patrons non jamais renié leur rôle malgré les aléas de la croissance. La phi-losophie du Respect est et restera l'image de marque du groupe Cascades.

Ce n'est pas du paternalisme déguisé. Du moins Bernard s'en défend bien, lui qui préfère parler d'association entre les employés et les directions d'usines. Cependant, son charisme – que personne ne met en doute – vient imposer un autre équilibre. Selon les employés, manœuvres, contremaîtres ou directeurs, Cascades est avant tout le résultat de la volonté de trois frères unis, trio aux qualités peu ordinaires, dont l'aîné est le porte-drapeau. Leur personnalité impose une gestion tout à fait originale. N'avaient-ils pas promis, à l'occasion de la première émission d'actions, en 1982, de garantir la valeur initiale du titre, au montant de 5,00 $ par action, advienne que pourra? Ils auraient eu toutes les raisons de s'inquiéter, quelques mois plus tard, quand l'action a touché son plancher historique après avoir perdu quelque 10 % de sa valeur, n'eût été leur foi inébranlable en l'entreprise! Ce qui est heureux, c'est que cet enthousiasme est partagé. Pas étonnant que la plupart des employés du groupe possèdent des actions de la société mère. Certains sont devenus millionnaires en dollars (mais sur papier car il n'y a que celui qui vend ses actions qui réalise effectivement des gains ou des pertes). «Association» non plus n'est pas un vain mot: lors de la première émission publique d'actions, toujours, les Lemaire ont offert à chaque employé cinq actions par année d'ancienneté. Du coup, tous les travailleurs devenaient en partie propriétaires de leur outil de travail. La confiance de ces gens repose sur un véritable sentiment d'appartenance. Les efforts, la bonne volonté, la sincérité et l'honnêteté portent leurs fruits. Ils se sont traduits, dans le cours des affaires de toutes les usines du groupe, par l'information régulière sur toutes les opérations, le partage des bénéfices et une formidable politique des portes ouvertes.

Pas étonnant qu'on la retrouve partout, cette politique des portes ouvertes, si chère à Cascades, qui ne manque pas d'étonner les nouveaux venus. Tout employé qui désire rencontrer son directeur peut le faire sans passer par aucun intermédiaire et sans délai. En réglant les problèmes à la source, avec ceux qui sont directement concernés et sans attendre surtout, on améliore les relations de travail en développant le côté humain. C'est dans cet esprit que Bernard avait clairement défini le rôle du premier directeur du personnel embauché par la maison mère. Il lui incombait d'harmoniser la rémunération, de s'occuper des avantages sociaux, d'informer les employés et de voir à tout besoin particulier.

La communication avant tout! Recette toute simple qui, néanmoins, ne doit pas être facile à comprendre. À moins que ce ne soit le ressentiment traditionnel des patrons et des employés les uns envers les autres qui ait la vie dure. Un cadre français de l'usine de Blendecques, acquise par le groupe Cascades en mai 1986, raconte que les premiers temps, la politique des portes ouvertes mettait un peu tout le monde mal à l'aise. Les gens qui avaient été parachutés d'Amérique à Blendecques par la haute direction avaient évidemment l'habitude de travailler au vu et au su de tout le monde, sans ressentir le besoin pressant de se barricader dans un bureau. Les Européens, pour leur part, avaient plutôt tendance à œuvrer à portes closes. Au début, raconte l'employé, chaque fois qu'il passait devant une porte ouverte, son regard était invariablement attiré. S'il s'agissait d'un bureau occupé par un Français, il était certain que son confrère ne pouvait résister à l'envie de lever la tête. Il interrompait son travail et regardait fixement celui qui l'observait ainsi du cadre de la porte. Rien de tel lorsqu'il s'agissait d'un bureau occupé par un Québécois. Habitué à laisser voir qu'il n'y a rien à cacher dans son bureau, celui-ci ne relevait même pas la tête et continuait à faire son travail comme si de rien n'était.

Voilà l'ambiance dans laquelle on devrait normalement travailler. Le «partnership» social repose essentiellement sur la confiance mutuelle. Car la philosophie du Respect n'est pas à sens unique. Bernard a bien dit: «Il faut qu'un gars se fasse respecter par ses hommes mais il faut qu'il les respecte.» On n'a pas d'autre choix, chez Cascades, que de jouer franc-jeu. Comment pourrait-il en être autrement quand on se refuse, par exemple, à reconnaître la participation aux bénéfices comme un droit acquis? Dans ces conditions, aucune erreur ni la moindre incartade ne sont permises. À East Angus, comme à Jonquière et dans toutes les autres usines du groupe, il a été clairement établi que la participation aux bénéfices devait rester la prérogative de la direction. Les Lemaire se sont toujours refusés à en inclure le principe dans une convention collective. Pourquoi cet entêtement alors qu'on pratique cette politique depuis la première année où l'on a réalisé des bénéfices, il y a plus de vingt ans, chez Cascades?

Parce que la participation aux bénéfices doit être le moteur de la motivation, une sorte de baromètre par lequel les employés mesurent l'efficacité du travail d'équipe. S'il y a effectivement participation, c'est que l'usine fait des bénéfices et qu'elle est prospère. Cela doit se comprendre comme tel et il faut que ça se sache. Les frères Lemaire et tous ceux qui partagent leur foi en leur philosophie se font fort de prouver leur constant souci pour tous les employés des unités du groupe. L'entêtement de la direction en ce qui concerne la politique du partage des bénéfices a alors de quoi étonner. On tient à ce que la participation reste un *bonus* versé aux employés selon le rendement d'une usine donnée. C'est donc dire, d'abord, qu'il n'y a participation que s'il y a bénéfices, ensuite que la décision est toujours à la discrétion de la direction. Il est clair que cela ne fera jamais l'objet d'une clause dans un contrat de travail. Il n'est pas question de négocier sur ce point lors du renouvellement des conventions collectives dans les usines syndiquées. À plusieurs reprises, les Lemaire ont été on ne peut plus précis sur ce point. Ce sont eux qui affirment qu'il vaut mieux que le geste soit inattendu afin qu'il ait la plus grande incidence possible sur la motivation des employés.

En procédant ainsi, les directions des usines du groupe conservent l'originalité du processus de participation aux bénéfices. À partir du moment où l'on inclurait le partage dans une convention collective, il deviendrait un droit acquis; on conviendra que sa systématisation lui enlèverait quelque effet sur le plan de la motivation. Il ne faut tout de même pas oublier les motifs essentiels d'une telle politique, dans un contexte où il est entendu qu'employés et patrons travaillent ensemble au mieux-être de tous. En ce sens, la reconnaissance officielle du principe dans un contrat de travail serait raisonnable et juste à la seule condition que les syndiqués acceptent un partage intégral. Chacun prend sa part lorsqu'il y a un magot à partager, mais participe aussi quand il faut éponger des pertes. Doutons qu'aucun syndiqué accepte de jouer ainsi à la roulette russe.

Évidemment, il s'est trouvé des employés pour critiquer l'intransigeance des grands patrons sur ce point. On a même accusé la direction du groupe de vouloir acheter les travailleurs en leur offrant une participation aux bénéfices qui semble spontanée. Un employé est allé jusqu'à contester le montant qui lui avait été versé sous prétexte que le pourcentage calculé n'était pas suffisant. On dit pourtant qu'à cheval donné, on ne doit pas regarder la bride. C'est justement sur ce point que les choses ne sont pas claires pour tout le monde. Pour les uns, il s'agit effectivement d'un «cadeau» de la direction alors que pour les autres, le partage est tout ce qu'il y a de plus normal, partage de la plus-value du travail. Quant aux trois frères, ils refusent de s'immiscer dans le débat. Ce sont eux qui gardent le droit de décision.

Une telle position ne va pas sans risque. Si le partage n'est pas nécessaire ou obligatoire, il doit être systématique. Il ne pourrait en être autrement sans qu'un tollé de protestations se fasse entendre au sein des employés. On ne doit pas s'étonner d'avoir connu, dans certaines usines, des partages inattendus. Ce fut le cas à East Angus, en novembre 1985, lorsque l'usine atteignit pour la première fois le million de dollars de bénéfices en un seul mois. Le partage peut encore prendre diverses autres formes. Depuis l'achat de la première unité de production en Europe, en mai 1985, de nombreux employés québécois choisis au hasard ont eu la chance d'effectuer un voyage outre-mer. Pour compléter l'échange, bon nombre de travailleurs français ont aussi franchi l'Atlantique. À Kingsey Falls, l'hélicoptère sert à l'occasion à d'époustouflants baptêmes de l'air; en 1985, le premier appareil d'Air Cascades a ainsi effectué près de 400 vols de courtoisie au profit de cascadeurs désignés par tirage au sort.

Avec un partage des bénéfices unilatéral, c'est-à-dire sans partage des pertes le cas échéant, on peut s'interroger sur ce qui se passe lorsqu'une unité accumule des pertes d'exploitation. Dans ce cas, la règle veut qu'on attende qu'il y ait effectivement des bénéfices à répartir, donc que les pertes aient été effacées, avant de procéder de nouveau au partage. Par le passé, on a quelque peu dérogé à la règle. Il est arrivé qu'on garantisse un minimum de participation à certains employés même s'il n'y avait pas de bénéfices à partager. Favoritisme? Pas du tout. En fait, ce n'étaient que des versements anticipés. On convenait en effet qu'une fois le redressement de l'usine effectué, les employés ainsi favorisés devaient attendre un certain temps pour prendre à nouveau part au partage. Si le redressement se faisait trois mois après le versement anticipé, les employés concernés devaient attendre trois mois de plus que leurs confrères pour toucher à nouveau une participation aux bénéfices effectifs. Quant au fait qu'on n'ait pas traité, de cette façon, tous les employés selon un régime universel, c'est que plusieurs d'entre eux ont un statut particulier. Il est arrivé, lors de la relance d'usines par exemple, que certains spécialistes n'aient fait que de courts séjours dans une unité de production. Comme on considère que leur travail, au même titre que celui des manœuvres, de la direction et de tous les autres intervenants, engendre des bénéfices, on leur verse une participation sur bénéfices anticipés. Au fond, cela s'explique puisque leur tâche est telle qu'elle les amène à quitter une usine à partir du moment où elle réalise des bénéfices et que tout va pour le mieux. Quelle belle preuve de confiance en la débrouillardise des cascadeurs!

Selon la haute direction, il est important que le partage des bénéfices soit progressif, autant que possible. En jouant sur les pourcentages, on assure une motivation continue. Il vaut mieux commencer bas et augmenter, d'autant plus qu'il est certain que les attentes des employés s'ajusteront au taux de croissance des affaires et des bénéfices. Bien sûr, les sommes partagées diffèrent selon les usines mais le principe de calcul reste à peu près le même. Le partage peut aller jusqu'à 15 % des bénéfices bruts (avant amortissement et impôts), ce qui représente, dans certains cas, 25 % des bénéfices nets. Par ailleurs, au calcul local s'ajoute le partage des bénéfices de la société mère. Le montant que reçoivent les employés provient, dans la plupart des cas, au trois quarts des résultats de l'usine qui les emploie et au quart des bénéfices du sous-groupe dont leur unité fait partie.

Même si le partage des bénéfices demeure une prérogative de l'employeur, il est possible que les employés oublient, à la longue, son caractère arbitraire. Il ne faut pas que la réalité leur en échappe sinon la motivation s'efface. Il est alors nécessaire, pour que l'impact positif dure, de rappeler la réalité du partage et la bonne volonté – disons l'honnêteté – de l'employeur. Heureusement, le partage des bénéfices est ancré dans les mentalités chez Cascades. Mais il n'échappe à personne, à la haute direction, qu'il puisse rapidement être perçu comme un acquis. Il y a vingt ans qu'on compose avec le principe chez Cascades et il y a encore du travail à faire.

Les motifs non plus n'ont pas changé. «Chez Cascades, dit Alain, on ne partage pas pour éviter la syndicalisation.» Et il ajoute, du même souffle: «Mais n'allez pas croire que le partage des bénéfices règle tous les problèmes.» Ce n'est pas difficile à croire quand on sait que l'usine de Cascades qui avait le système de partage des bénéfices le plus généreux s'est syndiquée sans que personne, à Kingsey Falls, ait pu prévoir le coup! Au Cap-de-la-Madeleine, puisqu'il s'agit de l'unité de production de Lupel, rachetée de la Société nationale de l'Amiante en février 1986, le partage des bénéfices a pourtant atteint de 3 à 4 000 $ par employé; et c'est la seule usine du groupe qui se soit syndiquée. On y applique naturellement la même politique que partout ailleurs: on tient les gens au courant des mouvements à venir, des fluctuations du marché, on pratique la politique des portes ouvertes, on cherche à innover, etc., de sorte que tous les employés puissent suivre les affaires de la société et l'évolution des bénéfices possibles. Dans toutes les usines, chaque mois, les services de la comptabilité font le point sur les résultats. Chaque fois, les documents sont mis à la disposition des employés. C'est là une saine pratique car chacun peut facilement mesurer l'effet de l'effort collectif visant un meilleur rendement, une rentabilité accrue.

Avec une telle politique, il faut que les directeurs et leur équipe rencontrent les employés le plus souvent possible. La communication est fondamentale. Un des plus beaux exemples qu'on puisse rapporter est celui de Cascades, au creux de la crise économique, en 1982-1983, alors que Bernard avait pris soin de prévenir les employés des jours sombres qui s'annonçaient. Le contexte économique était clairement défavorable et il fallait prendre la situation en main sans délai. Parfait! Il suffisait de stimuler les troupes. Tout le monde a relevé ses manches et la complicité s'est installée. Alors que l'économie connaissait ses années les plus pauvres depuis l'avant-guerre, Cascades avait le vent dans les voiles, voguant à contre-courant sur une mer on ne peut plus agitée. Voilà qui prouve à quel point la motivation du personnel dépend de l'attitude de la direction.

Communiquer, mot magique, véritable leitmotiv des Lemaire. Bien sûr, les employés ont besoin de gloire, autant que les patrons. Bernard, Laurent et Alain ont toujours souhaité faire partager leur but à tous ceux qui les épaulent. Ils voulaient créer un sentiment d'appartenance à une grande famille devenue aujourd'hui celle des cascadeurs. Ils ont réussi. Au sein du groupe, il est acquis que personne ne travaille pour la direction mais plutôt avec elle. Les employés s'identifient à l'unité où ils travaillent. Ils en connaissent l'histoire, la vivent et la font, participent à son devenir tout en travaillant pour leur avenir.

L'idée va plus loin que le simple partage des bénéfices. La question monétaire n'est pas la seule qui compte. Pour que le partage soit aussi social, les trois frères s'imposent, par exemple, puisque c'est encore possible, de prendre part à toutes les activités de fin d'année dans chacune des usines du groupe. Le partage s'étend en plus aux idées et aux idéaux. Toutes les directions d'usines sont tenues de suivre l'exemple des Lemaire et de faire partout acte de présence. C'est de cette façon que naissent confiance et dialogue. C'est ainsi que paraît aussi la motivation à mieux produire, à plus produire pour le bénéfice de tous, puisque ce n'est pas autrement qu'on produit un surplus à partager.

Cependant, pour que le partage des idées fonctionne, il faut être honnête. On ne peut pas mentir. À long terme, l'honnêteté finit par payer même si, dans un avenir immédiat, ruse et mensonge ont de bonnes chances de rapporter gros. On comprend que les frères aient bien ri de cet entrepreneur qui leur avait demandé conseil pour entrer en Bourse. Les perspectives du financement public l'intéressaient mais une chose l'ennuyait: les règles veulent que les bilans des cinq dernières années soient rendus publics. En réponse aux multiples demandes de ses employés, cet administrateur répétait qu'il convenait de la valeur du partage des bénéfices et qu'il était prêt à l'appliquer dès que possible. Selon ses dires, l'entreprise était toujours déficitaire. C'était faux. Comment expliquer aux employés, qui n'auraient pas manqué d'éplucher les bilans rendus publics, que les déficits s'étaient tout à coup mués en bénéfices? Les Lemaire sont loin d'être aussi pingres. Quand on pense qu'ils ont un moment craint de se faire reprocher l'achat du premier hélicoptère, convaincus que les cascadeurs percevraient ce genre de dépense comme un luxe. Par acquit de conscience – ou par bonne habitude – ils en ont parlé ouvertement. «Si l'on était à votre place, ont répondu les employés, il y a longtemps qu'on en aurait un.» Champ libre, mais il en aurait fallu plus pour pousser Bernard, Laurent ou Alain à l'excès. Évitant de payer l'achat du premier appareil à même les bénéfices de Cascades inc., ils ont utilisé des revenus de placement pour régler la facture; il n'était pas question de prendre l'air en coupant dans les bénéfices à partager.

Une telle attitude n'est pas commune. Elle n'en est pourtant pas moins nécessaire. Avec un système de partage des bénéfices à la Cascades, il n'y a aucune façon pour les employés de vérifier l'adéquation des calculs de l'employeur. On paie ce qu'on veut bien payer, quand on le veut. Tout repose sur la foi qu'ont les travailleurs envers leurs directeurs, et les trois frères. Il est vrai que le partage n'est plus un choix. Comment les gens s'en passeraient-ils? Comment pourrait-on abandonner cette pratique du jour au lendemain, sans raison? Ce serait le meilleur moyen de faire disparaître à jamais la motivation, d'obtenir l'effet directement opposé à celui qu'on a toujours cherché: motiver.

En réalité, nul ne doit craindre de revirement chez Cascades. Il n'est pas question de détruire l'édifice construit avec tant de patience et d'acharnement, de tuer cette confiance presque aveugle qu'ont les cascadeurs envers ceux qui dirigent leur bateau. Au contraire, s'il faut en croire Alain (qui s'est fait le propagateur de la philosophie du partage à la mode Cascades), il n'est pas question de s'arrêter en si bonne voie. On travaille semble-t-il à des formes encore plus audacieuses de partage. «La participation aux bénéfices, dit-il, c'est de l'investissement.» Facile à croire quand on connaît les résultats obtenus à East Angus et à Jonquière. Plus encore quand on entend les gens de la haute direction affirmer que la politique du partage des bénéfices donne des résultats supérieurs à ce qu'attendaient les Lemaire. Bonne surprise!

Cet heureux résultat s'explique en partie par la phénoménale croissance du groupe. Les moyens financiers de Cascades ont beaucoup changé au fil des ans, surtout ces dernières années. Le salaire moyen des ouvriers s'est multiplié exactement par dix depuis 1964 (13,00 $ l'heure contre 1,30 $ en moyenne) alors que Papier Cascades employait 25 personnes. La masse monétaire à partager s'est aussi sensiblement accrue: Papier Cascades perdait près de 22 000 $ en 1964 alors que le groupe a réalisé plus de 34 millions de dollars de bénéfices en 1986. Avec cela, on a de quoi voir venir. Pas étonnant que la société ait été appelée à préparér des politiques de partage des bénéfices pour d'autres entreprises. «On n'est pas des consultants, précise Alain. On est des Québécois qui veulent aider des Québécois.»

Ce qu'on ne sait pas, c'est à quel point les prêches ont d'effet. Alain se plaint de soulever un enthousiasme qui ne dure pas. Le principe est beau, bon, pas cher et surtout efficace mais personne ne l'applique. «C'est formidable... mais on va y penser», entend-on. Malgré les belles démonstrations d'East Angus et de Jonquière, où la bonne volonté fut reine, certains gardent des doutes sur cette panacée parce qu'ils savent que l'intransigeance de Bernard a son prix. En effet, le refus de considérer le partage des bénéfices comme une prime au rendement a soulevé quelque opposition au sein des employés des usines syndiquées. Selon la formule pratiquée chez Cascades, tous les employés touchent une participation calculée selon une politique unique. D'abord, les employés temporaires et les membres des différentes directions sont exclus. Ensuite, le partage a lieu deux fois par année, en juin et en décembre. Enfin (et surtout), les sommes versées sont calculées de façon hiérarchisée, ce qui n'a pas l'heur de plaire à tout le monde.

En septembre 1985, quatre mois après la reprise de l'usine de La Rochette, en France, Bernard Lemaire et Jean-Guy Pépin, directeur de l'usine, rencontrent le délégué syndical de Force ouvrière. Lors de la rencontre, le délégué fait part des craintes manifestées par les employés face au processus mis en place pour le partage des bénéfices. On reproche le recours au calcul hiérarchisé, c'est-à-dire au versement d'une somme proportionnelle au salaire de chacun parce qu'on craint que cela n'accentue les inégalités entre catégories professionnelles. Qu'advient-il de la motivation, dit-on, si l'écart se creuse entre les corps de métiers?

Voyons! Lorsqu'on verse 100 FF de participation pour

1000 FF de salaire, l'employé a droit à un gain total de 1100 FF; celui qui touche 1200 FF a droit à 120 FF de participation, pour un total de 1320 FF. L'écart entre les salaires est passé de 200 à 220 FF pour la même période de travail. Voilà pourquoi certains crient à l'injustice et soulignent les risques de démotivation. Pourtant, proportionnellement, l'écart est le même: 20 %. Néanmoins, le syndicat de La Rochette, appuyé depuis dans sa requête par d'autres syndicats français des usines de Cascades S.A., préconise une participation à parts égales. «S'il y a un gâteau à partager entre 400 personnes, qu'on fasse 400 parts égales», demande-t-on. Refaisons le calcul: 110 FF de participation de part et d'autre (puisqu'il y a 220 FF à partager) pour des gains totaux respectifs de 1110 et 1310 FF. L'écart est resté fixe à 200 FF mais, exprimé en pourcentage, *a baissé*, de 20 à 18 %. La question reste donc de savoir si le partage des bénéfices est lié aux salaires, auquel cas il est normal que les écarts entre les salariés restent les mêmes, ou s'il en est indépendant, auquel cas les écarts diminuent. Évidemment, dans ce dernier cas, on peut toujours voir dans la participation un moyen de réduire les disparités.

La formule est appliquée depuis longtemps dans les usines d'Amérique du Nord et personne ne semble s'en plaindre. Rien ne permet de penser que la baisse de motivation annoncée par les syndiqués français soit une menace réelle. C'est même un employé français qui a expliqué qu'il se fichait de savoir si la participation aux bénéfices était de la poudre aux yeux ou pas. Lorsqu'on lui demande s'il ne craint pas de se faire acheter par la direction, il répond, sourire aux lèvres: «Si c'est de la poudre d'or, il n'y a qu'à fermer les yeux.» Il est cependant possible que le principe passe mieux de ce côté-ci de l'océan parce que les écarts sont beaucoup moins marqués entre les différentes catégories d'employés. En France, la hiérarchisation des tâches est empoisonnante.

La participation a fait ses preuves et l'honnêteté y est pour quelque chose, bien sûr. Il y a longtemps que les trois frères auraient pu plier bagage et tirer la langue à tout le monde, comme sont tentés de faire les multimillionnaires instantanés de la Loto le lendemain où la chance leur a souri. Ils auraient pu choisir la formule des dividendes de préférence à celle du partage des bénéfices. La plupart des employés de Cascades et de ses filiales ne sont-ils pas actionnaires? «La société ne paie pas de dividendes parce que c'est nous qui en recevrions le plus avec notre bloc de 65 % des actions», explique Alain. Même chose en Europe où Cascades détient environ 85 % du capital-actions de sa filiale, Cascades S.A. L'engagement va plus loin encore, et il n'étonne pas: «Quand on se départira de nos actions, ajoute Alain, on les offrira d'abord aux employés.»

Cela prouve bien que Bernard, Laurent et Alain reconnaissent que le succès n'est pas venu tout seul.

Chapitre 8

Cascadeurs de haut vol

Au sein de la vingtaine de sociétés qui composent le groupe Cascades, les gens prennent plaisir à s'identifier par un néologisme apparu à Kingsey Falls: ils se disent «cascadeurs». À l'origine, le terme était réservé aux bricoleurs habiles qui savaient d'instinct faire du neuf avec du vieux, ceux-là même qui ont monté, avec Bernard, les premières machines à papier. Aujourd'hui, le mot a pris un sens plus large. Sont cascadeurs tous ceux qui comptent parmi les forces vives de l'entreprise, ceux sur qui repose en fait l'avenir des sociétés du groupe. C'est ainsi qu'à la centaine de travailleurs qui méritaient ce surnom il y a vingt-cinq ans se sont ajoutés des milliers d'autres au fil du temps, avec les nombreuses acquisitions d'usines et les multiples créations de filiales.

Cependant, il ne suffit pas de «faire» une société; il faut aussi la «penser». Hommes d'affaires audacieux, les Lemaire ont su transmettre leur enthousiasme à leur équipe administrative. Ceux qui les épaulent méritent ainsi le titre de «cascadeurs de haut vol». Œuvrant au plus près de la haute direction du groupe, ils proviennent non seulement de l'industrie papetière mais aussi du milieu universitaire, quand ils n'ont pas tout simplement été formés *sur le tas*. Si leur attachement à Cascades et aux idées des trois frères Lemaire repose sur les motifs les plus divers, ils partagent toutefois le même amour pour leur travail... si travail il y a. Car en réalité – ils l'affirment tous – les cascadeurs de haut vol ne travaillent pas: ils œuvrent dans un domaine où le plaisir est de mise. Exercice du pouvoir, certes, mais aussi exercice d'imagination car les postes qu'ils occupent les poussent à innover. Les cascadeurs de haut vol ont développé un engouement hors du commun pour les défis de taille et savent faire preuve de créativité. On ne compte plus les précédents créés chez Cascades ou ses filiales tant sur le plan administratif que sur celui des relations de travail. Cette aptitude à sortir des sentiers battus est un indice à ne pas négliger: les sociétés du groupe sont bien armées pour poursuivre leur extraordinaire croissance. Partout, toujours, l'originalité est de mise. Elle découle d'un ensemble d'idées brillantes qu'on se plaît à nommer *philosophie* à Kingsey Falls. Effectivement, la gestion d'entreprise à la mode Cascades mérite bien, plus précisément, le nom de philosophie du Respect.

Les trois frères Lemaire partagent la paternité de cette philosophie du Respect. Ayant eux-mêmes connu la condition ouvrière, ils sont à même de bien comprendre les fondements de la motivation. «Il faut qu'un gars se fasse respecter», répète Bernard. Quels que soient leur poste et leurs responsabilités, ceux qui travaillent à l'avenir du groupe Cascades méritent la reconnaissance de tous. Il n'y a pas de tâche insignifiante ou inutile; tout le monde participe à la marche en avant et a droit à sa part de gloire. En réalité, on ne peut pas prétendre que les Lemaire aient «inventé» la philosophie du Respect. Ils ont plutôt eu le courage de mettre en application ce que beaucoup de gens pressentaient ou savaient sans oser passer de la théorie à la pratique. En faisant du respect la pierre d'achoppement de leur philosophie des affaires, ils se sont attiré la sympathie de leurs collaborateurs. Ils se sont en même temps entourés de gens qui partageaient dès le départ leur credo. C'est ainsi que leur approche est devenue l'image de marque de l'entreprise.

La philosophie Cascades, c'est donc la philosophie du Respect, que partagent, chacun à sa manière, les cascadeurs de haut vol. Cependant, n'est pas de leur nombre qui veut. Ce n'est pas parce qu'il existe une philosophie de gestion propre à Cascades qu'on peut prétendre que tous les administrateurs, systématiquement, en procèdent. Bien sûr, le respect s'apprend et se met en pratique. Mais ce qui fait la particularité de ceux des proches collaborateurs des Lemaire qui font partie de ce groupe sélect, c'est qu'ils partageaient tous, avant leur venue chez Cascades, le même esprit face à l'administration des affaires et aux relations de travail. Ils avaient fait leur, avant de se joindre au groupe, la philosophie du Respect que prônent les trois frères. Ils ont toujours été convaincus que la réussite n'est possible que par l'effort collectif, le partage d'un but commun mais aussi des responsabilités. Ils savaient au départ qu'il faut reconnaître l'importance de tous et chacun pour l'avenir d'une entreprise, que tout le monde, sans exception, doit se sentir responsable du moindre succès.

À leurs yeux, le succès de l'entreprise est la plus belle des récompenses. C'est si vrai que la question financière ne joue plus pour eux. Plusieurs cascadeurs de haut vol se sont vu offrir par des sociétés concurrentes des salaires alléchants – certains auraient refusé des sommes représentant une augmentation de l'ordre de 70 pour 100! – mais ont toujours refusé de passer au service d'autres sociétés papetières.

Ensemble, appuyés par les confrères et consœurs qui composent les équipes dont ils chapeautent le travail, les cascadeurs de haut vol pensent l'avenir de l'entreprise. Ils ont le regard tourné vers demain. En comptant bien, on doit pouvoir en dénombrer une bonne centaine au sein des sociétés du groupe ou au siège social même de Cascades. Le nombre n'est pas énorme et pourtant, il n'est pas possible de les présenter tous ici. Nous avons donc porté notre choix sur certains d'entre eux. Pourquoi ceux-là, précisément, et non l'un de ceux qui nous ont échappé? D'abord parce que nous croyons que les cascadeurs de haut vol que nous avons retenus ont, au sein de l'une ou l'autre des sociétés du groupe Cascades, un engagement certes original; c'est ainsi que l'on peut espérer que les autres cascadeurs de haut vol, ceux que les limites de notre travail nous ont imposé de négliger, puissent reconnaître leur propre cheminement parmi l'un de ces «cas types» que nous présentons. Ensuite, parce qu'il a fallu exercer un choix afin que ceux qui nous apprennent, dans les pages qui suivent, comment et pourquoi ils ont joint les rangs du groupe Cascades, forment un groupe minimal mais représentatif: il y a des femmes et des hommes, des membres de la vieille garde comme des plus jeunes, des purs comme des convertis. Il reste à souhaiter, enfin, que les autres cascadeurs de haut vol que nous avons dû mettre de côté acceptent les aléas du hasard.

*　　*　　*

Un jour du mois d'avril 1964, à l'entrée du pont de Québec, un étudiant attend sur le bas-côté de l'autoroute. De nombreux automobilistes passent, indifférents au geste de l'auto-stoppeur. Finalement, l'un d'eux, bienveillant, s'arrête. L'étudiant court jusqu'au véhicule et un bref échange s'engage. L'instant d'après, l'homme reprend la route, emportant cette fois un passager. Fernand Cloutier, sans emploi, inscrit aux cours du soir à l'université, fait la connaissance de Bernard Lemaire, jeune entrepreneur de 28 ans.

Entre les deux hommes, la glace est vite rompue. Bien que le parcours soit des plus courts, Fernand Cloutier ne demandant qu'à traverser le pont de Québec, la conversation entre les deux hommes est des plus vives. Bernard a tant à raconter; la société Papiers Cascades vient de naître, quelques jours à peine avant cette rencontre, à l'occasion de la relance de l'usine papetière de Kingsey Falls. Il y a cinq mois que le projet est en marche. Outre la mise en état d'une machine qui n'a pas fonctionné pendant sept ans, il y a l'établissement d'une structure administrative viable qui préoccupe Bernard. Sur le plan comptable, l'entreprise dépend de Simon L'Heureux, vérificateur délégué par les services techniques de l'Union des Caisses populaires Desjardins de Trois-Rivières, propriétaire des installations. Au hasard des mots échangés, Bernard apprend que son compagnon d'un instant est à la recherche d'un emploi. «J'aurais peut-être besoin d'un comptable», lui dit-il. Et Fernand de répondre: «J'suis ton homme!» Le samedi suivant, le jeune homme se rend visiter l'usine de Kingsey Falls; il entre au travail le lundi matin.

Vingt-cinq ans après cette rencontre fortuite, Fernand Cloutier est toujours au poste. Il a terminé ses études et obtenu un diplôme en comptabilité, en administration industrielle (C.M.A.). Il est aujourd'hui trésorier et vice-président Finances de Cascades inc., société de portefeuille qui chapeaute les activités du groupe. Au siège social, sa tâche consiste à planifier, coordonner, diriger et contrôler tous les services comptables et de gestion. Ce n'est pas une mince affaire! Pourtant, le défi lui plaît. Il a toujours activement participé à la relance d'usines et aux acquisitions – ces dernières années surtout –, analysant la rentabilité de chacun des projets. Grand argentier, c'est lui qui négocie le financement des activités auprès des banques et autres institutions financières. Il suit aussi avec une attention sans égale les moindres développements des programmes de subvention des ministères fédéraux et provinciaux, ainsi que ceux des différents organismes gouvernementaux. En intervenant auprès des services comptables de toutes les filiales, il assure la continuité des politiques de gestion propres à Cascades, étonnante harmonie au sein d'une famille qui compte une vingtaine d'entités! Son omniprésence lui permet aussi de suivre les stratégies de développement des sociétés membres du groupe à court, moyen et long terme, et de conseiller les équipes des services financiers sur à peu près tous les plans: vérification interne, exportation, douanes, rentabilité des produits, rendement des activités et investissements, etc.

Fernand Cloutier a évolué au rythme de l'entreprise qui

l'emploie. Il a connu Cascades à ses tout débuts et a vu ses responsabilités grandir au rythme des affaires de la société. Avec tous les projets auxquels il a été appelé à mettre la main, si différents les uns des autres, il a acquis une expérience dans presque tous les secteurs de sa spécialité. Sa polyvalence fait l'envie de plus d'un, dans une profession où la règle veut qu'un comptable change d'employeur comme on change d'auto, une fois tous les deux ans. En principe, dit-on chez les administrateurs, la carrière d'un cadre supérieur ne peut progresser si l'individu refuse de passer au service d'un nouvel employeur dès que l'entreprise a épuisé les ressources qu'elle pouvait tirer de son savoir et de son expérience. Quiconque reste en place risque de plafonner. À Kingsey Falls, c'est le contraire qui se passe. Bien qu'il n'ait jamais quitté Cascades, Fernand Cloutier a pris autant d'expérience que ceux de ses confrères qui ont dirigé les services financiers de cinq ou six sociétés distinctes. Il faut dire que pendant vingt-cinq ans, les obstacles à franchir ont été nombreux, et les défis à relever encore plus. Pressenti par Bernard comme un administrateur de premier ordre, Fernand Cloutier est rapidement devenu l'un de ses principaux collaborateurs. Il est de tous les projets, artisan dans l'ombre du moindre dossier sur lequel l'équipe de Kingsey Falls s'est penchée ou se penchera.

À l'époque où le projet de relance de l'usine de Port-Cartier entre dans sa phase finale, aux derniers jours de 1985, les journalistes affublent Bernard du surnom de «Monsieur Subventions». Le p.-d.g. de Cascades vient de lancer un ultimatum aux gouvernements fédéral et provincial, qui ont tous deux promis de largement subventionner la reprise de l'usine. Évidemment, l'aide gouvernementale fait l'envie de plus d'un concurrent de Cascades; pourtant, malgré les millions de dollars annoncés par Ottawa et Québec, personne ne veut se frotter au contexte qui prévaut sur la Côte-Nord, surtout après l'ampleur de l'échec d'I.T.T.-Rayonier. Journalistes de la presse spécialisée et autres reporters n'ont cependant jamais su qu'en réalité, ce n'est pas à Bernard mais plutôt à Fernand Cloutier que le chapeau va le mieux. Chez Cascades, c'est lui «Monsieur Subventions». Il cumule une étonnante expérience en la matière, surtout depuis que les bonnes fées gouvernementales se sont penchées sur le berceau de Cabano, en 1973. Il se défend bien de faire des miracles. Selon lui, les programmes de subventions sont offerts également à toutes les sociétés et il en existe pour à peu près tous les genres de projets. C'est pourquoi il a pris pour mission de voir à ce que Cascades tire parti de l'aide gouvernementale chaque fois que c'est possible. «L'astuce consiste à savoir à quelle porte frapper», dit-il.

Il suffit de considérer l'importance de l'intervention des ministères et sociétés gouvernementales dans les projets qui ont permis à Cascades de devenir l'un des géants de l'industrie papetière, pour constater que Fernand Cloutier s'est drôlement bien débrouillé. Devenu un indéniable spécialiste en la matière, il a servi de conseiller auprès d'autres sociétés et a été plusieurs fois invité à prononcer des conférences sur la question des subventions publiques. (Il arrive rarement qu'un conférencier traitant le sujet ne soit pas fonctionnaire gouvernemental.)

À certains moments, l'opinion publique a été prompte à reprocher à Cascades de profiter à l'extrême des subventions gouvernementales. Fernand Cloutier s'en défend bien: «Ce sont les fonctionnaires qui établissent les programmes d'aide fédéraux ou provinciaux, et qui déterminent les règles d'admissibilité des entreprises.» Le succès de Cascades auprès des gouvernements ne tient donc qu'au fait qu'elle répond chaque fois aux critères définis pour l'obtention des subventions offertes. Celles-ci, une fois les programmes arrêtés, sont là pour être utilisées par les entreprises auxquelles elles sont destinées, et bien utilisées. Car la réputation des sociétés candidates n'est pas le moindre des critères. Sur ce point, Cascades est largement avantagée; ce qui fait la force du groupe, c'est d'avoir toujours transformé les subventions obtenues en bénéfices. Les redressements spectaculaires des filiales acquises ont été nombreux et l'on peut croire que la gestion à la mode des Lemaire promet beaucoup d'autres succès comparables. Comment regretter alors que les fonctionnaires confient les deniers publics à de tels gestionnaires? Les bénéfices réalisés profitent à l'usine et à la société mère, bien sûr, mais aussi aux populations concernées grâce au partage des bénéfices, systématique chez Cascades, ainsi qu'aux différents paliers de gouvernement par le biais des taxes, des impôts... et de la sauvegarde d'emplois longtemps menacés. En menant à bien leurs projets de reprise, les gens de Kingsey Falls font fructifier pour le mieux l'argent obtenu par le biais des subventions. Sur ce point, on ne peut leur faire le moindre reproche. Comme dit Bernard: «Cascades livre toujours la marchandise.» Et s'il en est un, au sein de l'équipe administrative, qui se fait un devoir qu'il en soit ainsi, c'est bien Fernand Cloutier, l'artisan de cette politique.

Avec le temps, cet homme de confiance des Lemaire est devenu une sommité en matière de gestion des affaires. En 1984, la Corporation des Comptables agréés du Québec lui décerne le prix *Élite* pour l'ensemble de son travail. Consécration bien méritée pour un homme qui a su développer un style qui lui est propre, qui colle parfaitement à la mentalité des trois frères, un style caractérisé par la netteté et l'honnêteté. Pas étonnant qu'il soit perçu comme un comptable de la nouvelle vague par ses pairs. Il a été l'instigateur de l'informatisation de la gestion chez Cascades, faisant entrer l'ordinateur dans les bureaux dès 1972. L'idée est avant-gardiste à l'époque, bien avant l'avènement de la micro-informatique et dans une société qui réalise à peine le centième du chiffre d'affaires d'aujourd'hui. Pas étonnant non plus qu'il reçoive, quatre ans plus tard, le *Prisme* de la grande entreprise, distinction décernée par le Centre des dirigeants d'entreprises aux cadres qui se sont le plus distingués au cours de l'année. Voilà bien la preuve qu'il appartient à la caste des stratèges, de ceux dont le champ de vision ne se limite pas aux colonnes des chiffriers.

Fernand Cloutier n'est pas un homme de routine, lui qui a dit que dans son métier l'imagination était le meilleur tremplin pour franchir les obstacles. Il prétend qu'il est inutile de chercher des solutions miracles aux problèmes comptables mais qu'il vaut mieux favoriser l'étude de l'environnement global, la recherche du contexte favorable qui permet de franchir un à un tous les obstacles qui se présentent. Il arrive toujours ainsi à définir un ensemble de solutions qui non seulement règlent le problème soulevé mais ouvrent de nouvelles portes. De la sorte, la fuite en avant se poursuit, inexorable. Peut-on rêver approche plus progressiste?

Tout à son métier, il dispose de peu de temps pour lui-même. Il consacre ses loisirs à France, son épouse, et à ses deux fils. Il reste malgré cela très actif au sein de sa corporation professionnelle. Il a été président de la section Centre du Québec de la Corporation professionnelle des Comptables en management accrédités du Québec mais a refusé le poste qu'on lui offrait au niveau national, craignant que de nouvelles responsabilités ne nuisent à son travail chez Cascades. À ses yeux, *sa* société passe avant tout. Après vingt-cinq ans de présence inconditionnelle, «loyauté» n'est pas un vain mot.

C'est ainsi qu'on est cascadeur pour la vie.

* * *

L'hiver est hâtif cette année-là à Cabano. Le lac est presque gelé et la neige forme un épais tapis. Noël sera blanc. Ni le vent ni le froid n'ont pourtant raison de la curiosité de ce visiteur qui parcourt le chantier de l'usine papetière en tous sens, s'arrêtant à l'occasion pour discuter avec les travailleurs. Parmi eux, Martin Pelletier croise Laurent Verreault, l'un des directeurs de la firme d'ingénieurs-conseils Laperrière et Verreault, de Trois-Rivières, responsable de la bonne marche du chantier. Ce dernier ne manque pas de noter le vif intérêt que porte le visiteur à la construction de l'usine. C'est que Martin Pelletier est chez lui, à Cabano, et il prend à cœur les problèmes de sa ville natale. Il n'ignore pas qu'après de nombreuses années d'attente, la venue de Cascades, cette obscure P.M.E. des Bois-Francs, redonne espoir à toute la région. Bien sûr, les Lemaire, pour lui comme pour ses concitoyens, sont de parfaits inconnus. De son propre aveu, il situait alors Kingsey Falls quelque part en Ontario ou au Nouveau-Brunswick!

À entendre les commentaires des gens sur ces patrons nouvelle vague venus du *Sud*, sur Bernard en particulier, il pressent qu'il y a une place pour lui chez Cascades. La construction de l'usine se fait à partir de rien et qui plus est, elle est située aux abords d'un lac. C'est un projet d'envergure qui présente des défis de taille, surtout sur le plan de l'environnement. Voilà Martin Pelletier qui se prend alors à penser qu'il est temps pour lui de passer de la théorie à la pratique, d'abandonner la recherche universitaire. Il se dit qu'un ingénieur n'est pas fait pour vivre dans le cadre restreint d'un bureau de faculté: l'avenir, c'est l'industrie. À ce moment-là, pour lui, Cascades aussi c'est l'avenir puisque, tel qu'il le dit aujourd'hui, «la façon dont Bernard gérait l'entreprise m'allait joliment bien». Il propose donc à son épouse, originaire comme lui de Cabano, de quitter Québec pour venir s'établir dans cette ville du Grand-Portage. Il souhaite travailler en industrie pendant un temps limité, cinq ans par exemple, puis reprendre ensuite ses activités d'enseignement et de recherche.

Aux premiers jours de 1976, il écrit à Cascades pour proposer ses services. La réponse est négative. Qu'à cela ne tienne, Martin Pelletier insiste, au téléphone, pour rencontrer Bernard. Réticent, ce dernier se laisse convaincre de se prêter à l'entrevue. Un vendredi matin, les deux hommes se rencontrent. Pourquoi Martin Pelletier tient-il tant à travailler pour Cascades? La réponse est simple. Cabano est sa ville natale et le projet d'usine papetière l'intéresse, d'autant plus qu'il prétend que le site retenu pour la construction, en bordure d'un lac, pose des problèmes sur le plan environ-nemental. Ingénieur chimiste et spécialiste des fermentations industrielles, il considère que c'est là un défi taillé sur mesure pour ses compétences. Devant son insistance, Bernard finit par accepter la proposition du jeune homme. L'été suivant, celui-ci demande à l'Université Laval un congé partiel à titre de complément de formation. Il est décidé qu'il passera quatre jours par semaine au chantier de Cabano.

Fils d'un industriel de Cabano, propriétaire d'une scierie et d'un garage, Martin Pelletier connaît très tôt le bruit des machines, les odeurs de la sciure de bois et du cambouis. Pourtant, il se refuse à prendre la relève, ce qui est cause d'une vive déception paternelle. Il préfère poursuivre ses études et s'inscrit au cours classique, à La Pocatière. Brillant élève, il décide rapidement de son avenir: il sera ingénieur chimiste. Il termine quelques années plus tard son baccalauréat à l'Université Laval, à Québec, puis entreprend des études supérieures. Il donne en même temps des cours à l'université à titre de professeur assistant. Il n'a alors que 23 ans.

Un an avant de terminer ses études de maîtrise en génie chimique, il présente une demande pour passer directement au doctorat. La direction de l'université accepte. Gagnant ainsi une année, Martin Pelletier dépose sa thèse de doctorat en 1970, puis se met en quête d'un emploi. Après avoir considéré des postes disponibles aux sociétés Domtar et Hydro-Québec, il décide d'accepter l'offre de l'Université Laval pour enseigner à temps complet. N'est-il pas, après tout, chargé de cours depuis quatre ans? La proposition vient d'autant plus à point nommé que c'est une période difficile pour les jeunes diplômés universitaires. Depuis la crise économique qui a débuté en 1967, les emplois sont rares pour ceux qui sortent des universités et la concurrence est vive. Dans ce contexte, seuls les meilleurs élèves parviennent à trouver de l'emploi dans l'industrie. Dès qu'un poste s'ouvre, ils sont plusieurs à poser leur candidature. Toujours, ce sont les meilleurs qui partent tandis que restent les étudiants moyens, ceux qui n'ont d'autre choix que de poursuivre leurs études. Ce sont eux qui, en majorité, composent les classes aux études supérieures, où ce jeune et talentueux garçon va exercer sa nouvelle profession.

Profondément déçu par la fuite des cerveaux au profit de

l'industrie, Martin Pelletier se consacre alors presque entièrement à diverses recherches, toutes orientées vers les applications pratiques du génie chimique car, dit-il d'un ton convaincu, «l'ingénieur est quelqu'un qui *touche* la matière». Il établit plusieurs projets de recherche qui lui vaudront une certaine notoriété dans le milieu universitaire. Il met au point, entre autres, un procédé de briquetage de la sciure de bois qui permet d'utiliser ce matériau comme substitut au charbon. Avec Jean Moreau, l'un de ses confrères, il collabore à la mise en marche du procédé européen de lait à longue conservation, dit U.H.T., qui ne nécessite pas d'entreposage au frais[1]. (Dans ce dernier cas, il lui faut tout juste dix jours pour trouver une solution efficace au problème sur lequel il vient de se pencher.) Entre temps, il mène quelques dossiers en tant qu'ingénieur-conseil dans le secteur de la biotechnologie – qu'on appelait encore, à l'époque, «génie biochimique». Alors qu'il remplit un contrat pour le compte de la société Seagram, de Montréal, où il œuvre comme spécialiste en fermentations industrielles, il découvre les moyens financiers de la grande industrie: là, il a le plaisir de poursuivre ses recherches sans avoir à s'inquiéter de courir à la recherche de fonds pour financer les projets comme le font traditionnellement les universitaires.

Six ans passent ainsi avant que Martin Pelletier ne se décide à profiter de quelques jours de congé pour se rendre à Cabano, à l'approche de Noël 1975. Là, il visite le chantier de construction de la future usine de Papier Cascades (Cabano). C'est en quelque sorte le coup de foudre. S'il est parfaitement ignorant de l'a b c de la technologie du papier, il n'en est pas moins décidé à faire le grand saut. Il sait qu'il fait un bon choix. Ce qui lui plaît, chez Cascades, c'est la façon dont Bernard mène son entreprise. Son ignorance lui importe peu et ce n'est pas ce qui va refréner son enthousiasme. Avec

---

1. C'est à la suite des difficultés qu'a connues une laiterie mineure de Québec, que Martin Pelletier a été appelé à intervenir. Le procédé européen consiste à pasteuriser le lait à ultra-haute température (140° C). À l'époque, il s'agissait d'une première en Amérique du Nord.

l'esprit dont font preuve les frères Lemaire, selon lui, rien n'est impossible.

Bernard se laisse convaincre par la fougue qui habite Martin Pelletier. Le nouveau venu sera responsable de la mise au point du système antipollution de l'usine de Cabano. Ce ne sont pas les diplômes qui impressionnent Bernard et font pencher la balance en faveur de l'universitaire; son manque d'expérience dans le domaine des pâtes et papiers ne l'inquiète pas non plus. Une chose est sûre pour les deux hommes: ce qu'il ne sait pas encore, Martin Pelletier l'apprendra à triple vitesse. Il a une formation de chercheur et a obtenu son doctorat alors qu'il n'avait pas passé le cap de la trentaine. Cela a tout de même de quoi impressionner. De toute façon, Bernard consent un emploi temporaire, pour la durée de l'été. Pour Cascades, le risque est minime et, à l'automne, on pourra tout remettre en question.

Sur le plan de l'environnement, l'usine de Cabano pose des problèmes particuliers à cause de la proximité du lac Témiscouata. Selon l'accord intervenu entre Cascades, les instances gouvernementales et la ville de Cabano, trois ans plus tôt, les installations antipollution appartiennent à la municipalité. Au chantier, depuis longtemps, des solutions ont été retenues et les plans ont été réalisés en conséquence. Martin Pelletier se rend bien compte que son intervention, dans ce premier dossier, ne peut que se résumer à donner quelques conseils alors que le projet entre dans sa dernière phase. Il est trop tard pour procéder à toute modification majeure.

Au bout d'une semaine, comprenant qu'il n'a plus rien à faire ou à dire, il entreprend de relancer Bernard. Il veut un poste au chantier de l'usine même. Le lundi suivant, tel qu'il le souhaite, il revêt l'uniforme des travailleurs manuels: jeans, chemise à carreaux et souliers de sécurité. Sa démarche a porté ses fruits: il prend part avec les «gars» à la construction de «la fabrique de pâte» tandis que Bernard dirige l'équipe qui assemble la machine à papier.

Par la suite, Martin Pelletier s'occupe de l'usine Copeland, ensemble antipollution qui se compose d'un réacteur à lit fluidisé servant à incinérer les liqueurs noires provenant de la cuisson du bois[2]. Il prend par ailleurs une part active à la formation du personnel en vue de la mise en marche de l'usine, prévue pour l'automne. À Cabano, les gens qui participent à la construction de la papeterie sont ceux-là même qui seront appelés à y travailler.

L'été tire à sa fin. Le travail de construction aussi. Déjà, l'usine dresse sa silhouette sur les rives du lac. Un beau jour, Bernard demande à Martin Pelletier de passer le voir chez lui. Il loge depuis deux ans dans une maison mobile, à proximité du chantier, où il a établi ses quartiers généraux afin d'être sur place pour diriger les travaux de construction. Entre les deux hommes, la discussion est sans surprise. Bernard dit à Martin Pelletier qu'il souhaite le voir rester à Cabano. Ce dernier, qui attend ce genre de proposition depuis leur première rencontre, accepte avec enthousiasme. Reste à régler la question du poste. D'un commun accord, il est décidé que Martin Pelletier sera responsable des questions d'environnement chez Papier Cascades (Cabano). D'enseignant qu'il était, le voilà devenu cascadeur le jour où il remet sa démission à l'Université Laval.

En préférant l'industrie privée à la recherche universitaire, Martin Pelletier tombe à son tour dans le piège qu'il a longtemps décrié. Ironie du sort, il a toujours reproché au système industriel de favoriser le départ des meilleurs éléments du monde universitaire pour l'entreprise privée. Au moment où il enseigne à l'Université Laval, il s'engage dans la recherche d'une solution efficace pour lutter contre ce qu'il appelle «la fuite des cerveaux». Selon lui, bien placé pour en parler, le mal vient du fait que les conditions de travail dans les grandes sociétés industrielles ne se comparent pas à celles

---

2. La liqueur noire se compose des résidus responsables de la plus grande partie de la pollution générée par les usines papetières lorsqu'ils ne sont pas récupérés et incinérés. L'incinération permet de recycler les produits chimiques qu'ils contiennent.

qui prévalent dans les centres de recherche universitaires. Dans ces derniers, les budgets sont limités et, bien souvent, les postes ne sont toujours que temporaires. Sur le plan salarial, les universités ne tiennent pas non plus la comparaison. Les entreprises du secteurs privé ont de tout temps offert des traitements de faveur aux diplômés universitaires. Martin Pelletier lui-même, chez Cascades, reçoit un traitement supérieur à celui que lui versait l'université.

Il n'y a pas un an que Martin Pelletier est à l'emploi de Cascades lorsqu'il devient, en mars 1977, directeur d'usine. Le défi est de taille. Au cours des premières années de fonctionnement, Papier Cascades (Cabano) est aux prises avec divers problèmes de rentabilité. Les déficits s'ajoutent aux déficits, sans compter les difficultés qu'amène la participation de multiples intervenants sur le plan financier: la population de Cabano d'une part, mais aussi les gens de Rexfor, société d'État québécoise, et de la Société de Développement industriel, qui détiennent ensemble la majorité du capital-actions de la filiale de Cascades. Malgré cela, le nouveau directeur ne lâche pas prise. Cascadeur dans l'âme, il sera de toutes les tempêtes et s'avérera un capitaine hors pair.

Viennent ensuite les bonnes années. Au tournant de la décennie, l'usine s'engage une fois pour toutes sur le chemin de la rentabilité. Aujourd'hui, après avoir atteint sa capacité de production théorique maximale, elle est l'une des entités les plus rentables du groupe Cascades. Toutefois, pour un homme de la trempe de Martin Pelletier, une usine qui tourne rondement n'a pas l'attrait d'une usine à construire, d'un projet à bâtir. Dès que les problèmes s'estompent, il ne cache pas à Bernard qu'il craint la routine et a besoin de nouveaux défis. Celui-ci, assez perspicace pour s'en être rendu compte, garde quelques projets dans son sac pour l'*ingénieur*.

À Noël 1984, Martin Pelletier cède la direction de l'usine de Papier Cascades (Cabano) aux cascadeurs de relève. Bernard lui propose alors de mettre sur pied un centre de recherche afin de répondre aux besoins des filiales non seulement en production, en mettant au point de nouveaux procédés de fabrication, mais aussi pour la mise en marché de produits améliorés. Le centre, dont la construction débute en 1985, est inauguré en juillet 1986 à Kingsey Falls. Il prend ensuite la responsabilité de l'usine de désencrage de Breakeyville, près de Québec, puis s'occupe de la relance de l'ancienne usine d'I.T.T.-Rayonier, à Port-Cartier, à partir d'avril 1986.

Chez Cascades, Martin Pelletier détonne un peu. Les Lemaire, c'est notoire, sont réputés pour savoir faire du neuf avec du vieux. Lui, il est plutôt l'homme du neuf. Il se trouve toujours là où tout est à faire. Après Cabano, où a pris forme l'usine conçue et dessinée par Bernard, il établit de toutes pièces un centre de recherche à Kingsey Falls, se frotte par la suite aux procédés révolutionnaires du désencrage à Breakeyville, puis à la relance d'une usine restée à peu près neuve à Port-Cartier.

Dans une industrie connue pour être lourdement polluante, il est aussi le grand spécialiste du respect de l'environnement. Ce n'est pas une tâche facile car la lutte contre la pollution représente des dépenses sèches. C'est une responsabilité qui convient à un magicien, puisqu'il faut souvent faire beaucoup à partir de peu. Malgré cela, grâce à lui sans doute, Cascades n'est pas en reste. La situation s'est largement améliorée à East Angus, qui était l'une des usines papetières les plus polluantes au Québec, et des solutions définitives devraient être apportées aux problèmes que connaît l'usine de Jonquière. Il peut se flatter d'avoir établi de bonnes relations avec le ministère de l'Environnement. «Le secret repose sur la franchise», affirme-t-il. La fabrication de la pâte papetière est un procédé polluant et les correctifs qu'on doit apporter coûtent très cher, ce qui explique que la plupart des industriels jouent au chat et à la souris, reportant toujours les échéances à plus tard. Rien de tel chez Cascades, qui a ainsi bonne presse au Ministère en dépit de quelques difficultés de parcours somme toute inévitables.

En 1976, Martin Pelletier avait prévu passer cinq ans au service de l'industrie avant de revenir à ses premières amours, l'enseignement et la recherche universitaires. Quatorze ans plus tard, il est toujours membre de l'équipe des cascadeurs de haut vol. Pourtant, entre temps, la direction de l'Université Laval est revenue à la charge; on lui a proposé le poste de directeur du département de Génie chimique. Il a refusé car en regard du rôle de premier plan qu'il joue maintenant chez Cascades, le fonctionnariat offre peu d'intérêt.

C'est ainsi qu'on est cascadeur par amour.

* * *

Norman Boisvert dépasse à peine la vingtaine quand il se présente chez Cascades pour y postuler un emploi. C'est un choix naturel, la société des Lemaire se trouvant au cœur de la région qui l'a vu naître; sa famille habite en effet Danville, à quelque dix kilomètres de Kingsey Falls. Il n'a évidemment pas, à son âge, une grande expérience de travail. Pendant ses études, il a été à l'emploi de la société Bombardier, puis a obtenu un poste au service de la comptabilité de la firme Seroc, de Danville, à peu de distance d'Asbestos.

Norman Boisvert n'a rien du parfait universitaire bardé de diplômes. Après avoir fréquenté les écoles municipales, il a poursuivi ses études à Asbestos, puis à Sherbrooke. Il n'a que vingt et un ans, en 1972, quand il entre au service de la société Seroc, à l'usine de Sherbrooke. Là, il apprend son métier sur le tas. Prompt à assimiler ce qu'on lui enseigne et travailleur consciencieux, il obtient bientôt la responsabilité des comptes à payer. En 1974, les sociétés Seroc, de Danville, et Sintra, de Sherbrooke, fusionnent. Comme il est de mise en pareilles circonstances, la moitié des postes des services administratifs disparaissent, dont celui qu'occupe Norman Boisvert. La perte de son emploi n'est rien de tragique pour le jeune homme. Il accepte un poste temporaire de commis de chantier, pour une période de deux mois, avec un salaire double de celui qu'il vient de perdre. Par la suite, il décide de profiter de l'occasion pour se rapprocher de sa famille et tenter sa chance à Kingsey Falls.

C'est Fernand Cloutier qui le reçoit. Le garçon fait valoir son expérience, si bien que ce dernier lui confie la responsabilité des comptes à payer. C'est un bon départ. Norman Boisvert est satisfait car il se retrouve d'une certaine façon au même point, à cette différence près que son salaire a largement diminué et que son employeur a changé. Ce dernier détail n'est toutefois pas négligeable: Papiers Cascades, qui deviendra société de portefeuille sous le nom de Cascades inc. près de dix ans plus tard, est une jeune entreprise. À l'aube de sa croissance, elle a un avenir plein de promesses et cela convient particulièrement bien au garçon. Vif d'esprit, Norman Boisvert est un autodidacte qui apprend vite. Il reste un an à peine aux comptes à payer, puis devient contrôleur pour le compte de Papier Kingsey Falls, une filiale installée au village même. L'année suivante, en 1976, on lui confie les mêmes responsabilités à Cabano, où vient d'ouvrir l'usine flambant neuve de Papier Cascades (Cabano), première société satellite *en province*. Pendant deux ans, il se rend occasionnellement dans la région du Grand-Portage avant d'être rappelé par Fernand Cloutier, qu'il va seconder pendant huit ans à titre de directeur adjoint des services financiers. En 1986, la haute direction lui confie le poste de directeur de la planification et du développement, sous la gouverne immédiate de Bernard, Laurent et Alain. Que de chemin parcouru en moins de quinze ans!

Par ses fonctions actuelles, Norman Boisvert est appelé à se préoccuper des problèmes inhérents à la mise en marché des produits. Il se fait un devoir de fournir toute l'information requise à l'équipe des représentants et vendeurs afin que leur travail serve au mieux les usines. Forts des renseignements fournis, ceux-ci connaissent les produits les plus rentables, dont ils cherchent évidemment à promouvoir la vente, sans ignorer les capacités et les limites de chaque unité de production. Il s'assure par ailleurs que les prix de vente offrent une marge de manœuvre satisfaisante par rapport aux prix de revient. Enfin, il consacre beaucoup d'énergie à la normalisation des techniques de gestion des stocks et des procédures comptables. À la tête du service de la planification et du développement, il travaille activement à l'implantation de rapports globaux simplifiés, facilitant ainsi les comparaisons entre les différentes filiales du groupe. D'une certaine façon, cela influence leurs résultats. En effet, les rapports que préparent Norman Boisvert et son équipe facilitent les prises de décision des directions de chacune des filiales concernées, qui sont alors en mesure d'effectuer des choix éclairés, d'identifier les produits les plus rentables, de prendre les mesures appropriées sans tarder chaque fois qu'apparaît un problème, etc.

L'importance de l'intervention de Norman Boisvert et de son équipe fait de lui l'ambassadeur désigné de Cascades auprès des usines nouvellement acquises. Vues sous cet angle, ses responsabilités portent sur deux grands thèmes: il doit d'abord implanter les principes de gestion propres à Cascades chaque fois qu'une nouvelle entité se joint au groupe puis, ce faisant, établir des liens étroits entre la maison mère et chacune des filiales en voyant à la normalisation de la gestion.

Ce rôle d'ambassadeur en fait un promoteur désigné de la philosophie Cascades, tout indiqué pour «faire passer» l'esprit et la lettre de l'approche que privilégient les gens de Kingsey Falls. Sous son impulsion, les nouveaux venus au sein du groupe apprennent à mieux connaître la philosophie du Respect. Ils apprennent aussi – et surtout – à la mettre en pratique au sein de leur entreprise, tant sur le plan humain que sur celui de la gestion. Ce qui s'est passé en Europe à plusieurs reprises, par exemple, constitue la plus éclatante démonstration de la valeur de l'approche. Au fur et à mesure qu'a grandi Cascades S.A., filiale française du groupe, Norman Boisvert a tenu le même rôle. Chaque fois qu'une usine s'est ajoutée au groupe, il y a passé de nombreuses heures afin d'en bien connaître tous les aspects. C'est lui qui s'est fait le défenseur des idées de Bernard et a implanté la politique des portes ouvertes, image de marque de Cascades qui a tant étonné outre-Atlantique. Armé des logiciels propres au groupe, il a normalisé les systèmes informatiques et largement échangé avec les membres des différentes administrations. C'est, selon lui, la meilleure façon de propager la philosophie du Respect. Avec cela, ceux qui l'épaulent sont aujourd'hui passés maîtres dans l'art de transmettre aux nouveaux employés les principes de la philosophie Cascades.

Évidemment, on n'a rien sans peine; «il faut beaucoup travailler pour instaurer un climat de confiance», reconnaît Norman Boisvert. C'est pour cela qu'il privilégie la communication sous toutes ses formes. Beaucoup de son temps se passe en discussions fertiles avec les membres du personnel des sociétés nouvellement acquises, non seulement pendant les heures normales de travail mais souvent bien au delà. Parfaitement fidèle au credo des Lemaire – qui est d'ailleurs devenu sien depuis longtemps –, il se fait un devoir d'être toujours disponible malgré le haut rang qu'il occupe maintenant au sein de la direction du groupe. Il sait l'art de motiver ceux qu'il épaule, fait preuve de confiance envers tout le monde, parvient infailliblement à transmettre son engouement pour la philosophie Cascades. Dans cette perspective, il a le constant souci d'établir une collaboration étroite avec le service du personnel de chacune des usines, assurant ainsi la continuité de la philosophie à travers le groupe. À ce jour, les avantages d'une telle abnégation ne se sont pas démentis. Le souci du partage des idées dont il fait preuve a toujours donné des résultats concrets. Grâce à son intervention, chez Cascades, les liens inter-sociétés sont solides, sains et efficaces.

Bien que rien ne soit jamais facile pour lui, Norman Boisvert a toujours fait preuve d'une énergie peu commune. Il connaît l'importance que revêt son rôle de porte-drapeau de Cascades face aux nouveaux venus au sein du groupe. Il sait que ses méthodes de travail et son approche doivent refléter le plus parfaitement possible la philosophie Cascades puisqu'il doit prêcher par l'exemple. C'est en Europe que cela a le plus d'importance, où les relations entre patrons et

CASCADES
Le triomphe du respect

1

2

1. Aux premières années de la relance, les journées de travail sont parfois longues. Maman Lemaire s'est plainte plus d'une fois de voir ses enfants Bernard, Alain et Laurent dormir auprès des machines à papier quand survenait un coup dur.

2. Depuis le 16 novembre 1963, les frères Lemaire sont des papetiers; malgré quelques efforts de diversification, la fabrication de pâte, de papier et de carton reste leur fort.

(Photo: Cascades Lupel)

CASCADES
Le triomphe du respect

3. Bernadette Parenteau, mère de Bernard, Laurent et Alain.

4. Antonio Lemaire, père de Bernard, Laurent et Alain.

CASCADES
Le triomphe du respect

5

6

5. La rue principale du village de Kingsey Falls en 1917, face à l'endroit où se situe aujourd'hui le siège social de Cascades inc. La deuxième maison est celle où est né Conrad Kirouac.

6. Bernard Lemaire

CASCADES

Le triomphe du respect

7

8

7. Les chutes de la rivière Nicolet, à Kingsey Falls,
dont se sont inspirés les Lemaire pour créer le sigle
de Cascades inc.

8. Laurent Lemaire

CASCADES
Le triomphe du respect

9

10

9. L'usine papetière de la Dominion
Paper en 1917.

10. Alain Lemaire

CASCADES
Le triomphe du respect

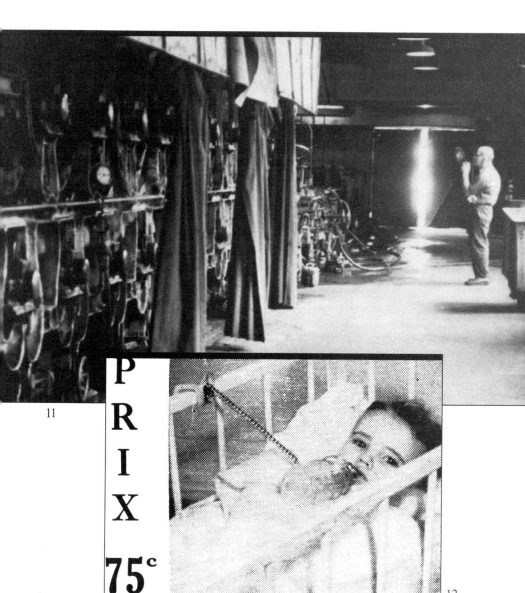

11

**PRIX
75^c**

12

11. Après la relance de l'usine de Kingsey Falls, les Lemaire y installent une machine à papier achetée à Hackensack, au New Jersey. Gérard Dupuis, sur la photo, était à l'époque le plus vieil employé de l'usine.

12. C'est Laurent, malgré ses trois ans et le fait qu'il avait depuis longtemps abandonné le biberon, qui a servi de sujet pour la photo qui a paru sur l'emballage des porte-biberons.

CASCADES
Le triomphe du respect

13

14

13. Les vieux papiers sont attachés en ballots au moyen de rubans de métal.

14. Les « plastichanges » sont nés de l'imagination fertile d'un Drummondvillois bricoleur. Ils présentent de nombreux avantages pour l'emballage de la monnaie.

15

16

15. L'usine de Papier Cascades (Cabano), sur les rives du lac Témiscouata

16. Alain Ducharme

CASCADES

Le triomphe du respect

17

18

17. L'usine de Cascades Sentinel et Cascades Moulded Pulp, à Rockingham, en Caroline du Nord, premier pied-à-terre aux États-Unis pour le groupe Cascades.

18. Norman Boisvert

CASCADES
Le triomphe du respect

19

20

19. L'usine de Cascades (Jonquière) appartenait à la société Price avant le rachat par Cascades. Elle est séparée de l'usine de papier journal de Abitibi-Price par la rivière aux Sables.

20. Le laboratoire du centre de traitement des eaux usées, à l'usine de Papier Cascades (Cabano).

CASCADES
Le triomphe du respect

21

22

21. Une bobineuse «cascadée» à l'usine
de Cascades (Niagara Falls), réouverte
en 1988.

22. Fernand Cloutier

23

24

23. La vallée de La Rochette, « sauvée »
par les papetiers québécois s'il faut en
croire certains journalistes français.

24. Martin Pelletier

25

26

25. L'usine de Cascades (Niagara Falls), dans l'État de New York

26. Suzanne Blanchet

CASCADES
Le triomphe du respect

27

28

27. L'usine construite par la société I.T.T.- Rayonier a de quoi impressionner. On voit ici la salle des commandes, largement modifiée depuis la création de Cascades (Port-Cartier), en 1986.

28. Sylvie Lemaire

29

30

29. Le village de Kingsey Falls, où les usines du groupe se suivent en enfilade. C'est presque toute la population qui y trouve de l'emploi.

30. Jacques Aubert

CASCADES
Le triomphe du respect

31

32

31. L'usine de Cascades (East Angus), dont les installations se situent de part et d'autre de la rivière Saint-François, rachetée de la société Domtar en 1983.

32. Les Plastiques Cascades produit des contenants destinés au marché de la restauration rapide. Son usine est située à Kingsey Falls.

CASCADES
Le triomphe du respect

33

34

33. L'usine de Cascades-Blendecques, deuxième acquisition réalisée en France par le groupe Cascades.

34. Élise Pelletier

CASCADES
Le triomphe du respect

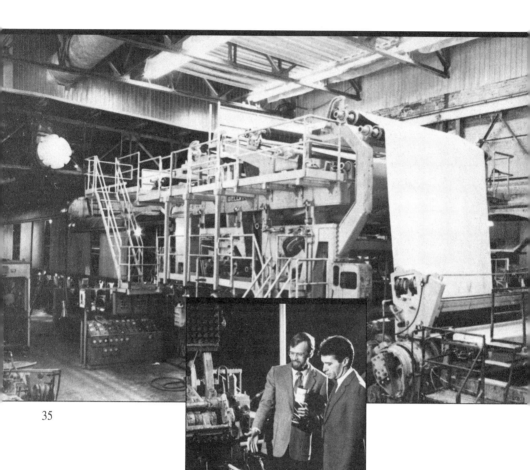

35

36

35. Une usine papetière, c'est avant tout une machine immense. Selon Laurent, il peut coûter cent fois moins cher de remettre à neuf une vieille machine que d'acheter de l'équipement flambant neuf.

36. La division des pâtes moulées a été, aux tout débuts, la vache à lait de Papier Cascades.

CASCADES
Le triomphe du respect

37

38

37. Cascades inc. inscrit ses actions à la Bourse de Toronto en 1984, au moment de la deuxième émission publique d'actions. En mars 1986, le titre de Cascades inc. est inclus dans le calcul du Toronto Stock Exchange Index.

38. Madeleine, l'aînée de la famille Lemaire

CASCADES
Le triomphe du respect

39

40

39. L'usine de Cascades-La Rochette, au creux d'une jolie vallée savoyarde, en France.

40. Quand vient le temps de faire un effort, tout le monde doit mettre la main à la pâte!

CASCADES
Le triomphe du respect

41

42

43

41. Cérémonie marquant l'inscription du titre de Cascades inc. à la Bourse de Montréal, en décembre 1982.

42. Paul Pelletier

43. L'usine relancée par les Lemaire en 1963 sous sa forme actuelle, au pied des chutes de la rivière Nicolet, à Kingsey Falls.

CASCADES
Le triomphe du respect

44

45

44. L'usine de Cascades (Port-Cartier), officiellement inaugurée en octobre 1988.

45. En 1985, Cascades inc. est nommée entreprise de l'année dans le cadre du concours des Mercuriades.

employés sont traditionnellement plus difficiles qu'en
Amérique du Nord. Il a fallu quatre mois pour implanter le
système Cascades à La Rochette, en Savoie, en 1984, après
l'acquisition de la première usine française du groupe. Même
scénario à Blendecques, un an plus tard, puis à Avot-Vallée
en 1987. C'est qu'il y a non seulement les portes des bureaux
à ouvrir, mais aussi celles que les gens ont dans la tête. Ceux
qui connaissent un tant soit peu la lourdeur administrative
qui caractérise bon nombre d'entreprises françaises comprendront que cela n'a pas dû être une mince affaire!

Voilà comment Norman Boisvert est devenu un expert
qui n'a pas son pareil au Québec dans la gestion d'entreprises
françaises contrôlées par des Nord-Américains. Il a appris à
bien connaître le système bancaire français, avantage certain
dans la perspective d'une croissance continue de Cascades
outre-Atlantique. En plus de cela, les méthodes comptables
traditionnelles, les relations avec les différents syndicats et
les réglementations douanières françaises n'ont maintenant
plus de secret pour lui.

Dans le cas précis de l'expansion en Europe, le travail de
Norman Boisvert et de son équipe a non seulement permis
aux usines nouvellement acquises de bénéficier de la gestion
à la mode Cascades, mais a aussi profité à l'une des filiales
québécoises du groupe. C'est en quelque sorte un échange de
bons procédés. L'usine de Blendecques possède une unité de
désencrage qui réunit plusieurs technologies européennes de
pointe. Grâce à cela, un transfert de technologie par-delà
l'Atlantique a de bonnes chances de donner un avantage
décisif à l'usine de Breakeyville, considérée comme une
usine pilote puisqu'en la matière, l'Amérique du Nord accuse
un important retard sur les vieux pays.

Par les résultats de son travail, Norman Boisvert est sans
doute l'un des artisans de la croissance phénoménale de
Cascades. Il se donne sans compter à l'entreprise qui lui a fait
confiance; sa vie personnelle et sa vie professionnelle sont
très liées. Lorsqu'il est entré aux services administratifs à
Kingsey Falls, il jumelait son avenir à celui d'une petite

société pleine de promesses, ce qui lui plaisait au point d'accepter que son salaire hebdomadaire passe de 400 à 125 $! Lui qui espérait grandir a été servi à souhaits. Il a eu la chance de prendre une part active à cette croissance. Avec les années, de commis qu'il était, il est devenu un véritable fer de lance du groupe Cascades.

C'est ainsi qu'on est cascadeur formé sur le tas.

*   *   *

Ce jour de novembre, à Kingsey Falls, toute l'équipe du service de la comptabilité est réunie au grand complet. Aux quatorze personnes présentes fait face un jeune étudiant universitaire. Alain Ducharme est venu chez Cascades quelques jours plus tôt avec la ferme intention d'y obtenir un emploi. Futur diplômé universitaire, il vient de refuser une offre pourtant alléchante de la société I.B.M.; il est aussi décidé à abandonner sa participation dans la société Cyberdata inc., qu'il a créée à Sherbrooke en compagnie de confrères et consœurs de classe. Son intérêt pour Cascades n'est pas nouveau. Elle représente, selon lui, l'entreprise idéale car elle offre des défis à la hauteur de ses aspirations; lorsqu'on lui pose la question, il n'hésite pas à livrer le fond de sa pensée: la société des Lemaire est «intéressante et très prometteuse»... en plus d'être située à la campagne.

L'entrevue se déroule rondement et tout se passe bien, malgré le fait que les questions du comité de sélection soient souvent particulièrement pointilleuses. Alain Ducharme impressionne par l'ampleur de ses connaissances en matière de gestion et de comptabilité. Il obtient finalement ce qu'il souhaite: il peut se joindre à l'équipe du service de la comptabilité. Le mois suivant, avant Noël, il termine son baccalauréat à l'Université de Sherbrooke, en Gestion informatique systèmes (G.I.S.), en prenant soin de parfaire sa formation en comptabilité au moyen de cours à option. Comme les autodidactes sont nombreux et les diplômés universitaires largement minoritaires au service de la comptabilité chez Cascades, le nouveau venu suscite une certaine méfiance dans le groupe. C'est sans doute pour cette raison que le comité de sélection se composait de tous les membres du service!

L'âge d'Alain Ducharme pouvait bien être, aussi, un handicap sérieux. Né en 1955, à Montréal, il n'a que 23 ans lorsqu'il se présente au siège social de Kingsey Falls. Il a néanmoins beaucoup d'expérience. Formé au Cégep de Victoriaville, où il obtient un diplôme en sciences de l'Administration en 1975, il choisit l'Université de Sherbrooke de préférence aux institutions montréalaises pour parfaire sa formation. Pour payer ses études, il déniche chaque été un emploi qui lui permet non seulement de gagner quelques sous mais aussi d'ajouter à son expérience pratique. En 1978, il accepte un poste temporaire en Ontario puis revient à Sherbrooke, en septembre, pour entreprendre le dernier semestre de son baccalauréat.

Jusqu'en mars 1979, Alain Ducharme travaille sous la gouverne directe de Fernand Cloutier, alors directeur financier du groupe Cascades. Il passe ensuite à l'emploi de Plastiques Cascades, où il occupe le poste de vérificateur-comptable pendant neuf mois. Les livres comptables de cette filiale du groupe sont tenus, au moment où il en devient responsable, de façon plus ou moins satisfaisante. Sans rechigner, fidèle à ses bonnes habitudes, Alain Ducharme relève le défi. Son enthousiasme vient à bout de tous les obstacles et force l'admiration. À sa charge de travail, la direction ajoute à l'occasion quelques dossiers spéciaux: rentabilité de la division du transport, collaboration au service de la paie et à la vérification annuelle, et autres mandats du même genre.

Il entre ensuite au service de Matériaux Cascades, à Louiseville, pendant les six premiers mois de 1981, à l'époque où la société joint les rangs du groupe. Là, il est responsable de l'implantation du système comptable propre à Cascades. En juin de la même année, Bernard décide de mettre à profit l'engouement du jeune homme pour tout ce qui sort de l'ordinaire. Il lui propose de collaborer de près à l'élaboration des projets d'expansion de Cascades inc. Dans ses nouvelles fonctions, il prendra une part active à l'étude des projets de Désencrage Cascades, de Cascades-P.S.H. (coentreprise avec la multinationale française Béghin-Say), de relance de l'usine d'I.T.T.-Rayonier à Port-Cartier, du rachat de celle de Domtar à East Angus, d'expansion aux États-Unis et participera même à l'élaboration du dossier financier lors de l'inscription des actions de Cascades inc. à la Bourse de Montréal, aux derniers jours de 1982.

Comme il est l'un des responsables de l'implantation de systèmes comptables normalisés au sein de toutes les filiales du groupe Cascades, sa spécialisation fait de lui l'expert tout désigné pour l'établissement d'un système informatisé intégré à East Angus, où Cascades vient d'acheter l'usine de la société Domtar, à l'automne 1983. Alain Ducharme passe ainsi trois années en Estrie avant de partir pour le Saguenay à l'occasion de l'acquisition suivante, à Jonquière. Là encore, il est responsable de la production des états financiers.

Sa responsabilité consiste alors à s'assurer que les systèmes comptables soient identiques dans toutes les usines du groupe. Comparaisons et consolidations seraient impossibles avec une trentaine de filiales et de divisions si les pratiques comptables n'étaient pas normalisées. Évidemment, jamais les systèmes en vigueur dans les diverses usines rachetées de sociétés concurrentes ne peuvent répondre parfaitement aux normes de Cascades. S'il faut faire table rase de ce qui existe, c'est aussi, bien souvent, parce que la déficience du système comptable a été l'un des critères de sélection par lesquels l'acquisition a été choisie comme cible. S'il faut en croire l'expérience de Cascades, c'est indéniablement l'un des principaux facteurs qui expliquent la différence entre le succès actuel et les difficultés que connaissaient les usines avant leur reprise et, surtout, leur intégration au groupe. Chaque fois, la restructuration du système comptable a été l'un des premiers correctifs apportés par la nouvelle direction. À plusieurs reprises, Alain Ducharme se voit confier pareille tâche. Il précise cependant que le parachutage n'est jamais facile. Selon ses mots mêmes, il passe pour être un «blanc-bec» chaque fois qu'on le présente à l'équipe en place dans une usine nouvellement acquise. Rien n'est plus difficile que de faire accepter une nouvelle philosophie de gestion, surtout quand elle s'inscrit bien en dehors des normes et traditions de l'industrie. Pis encore, il faut ajouter à cela presque une génération d'écart. À East Angus, par exemple, en septembre 1983, la moyenne d'âge des membres de l'équipe des services de la comptabilité est de 48 ans. Alain Ducharme, qui dirige quant à lui les services comptables, se doit d'en imposer malgré ses 28 ans!

Alain Ducharme n'aime pas qu'on dise qu'il fait carrière chez Cascades. S'il y est encore, après dix ans, c'est que les méthodes mises de l'avant par les Lemaire et leurs collaborateurs collent parfaitement à ses aspirations. C'est un homme de défi, dont la mentalité convient de façon idéale à la philosophie des trois frères et à la gestion à la mode Cascades. Il se dit incapable de travailler dans une entreprise qui n'appliquerait pas une politique des portes ouvertes, qui ne saurait respecter ses employés ou l'indépendance de ses filiales. En réalité, il est cascadeur avant la lettre. «C'est une question de mentalité», dit-il, lui qui peut se targuer de n'avoir jamais eu à apprendre l'«esprit Cascades».

À la fin du printemps de 1987, il remet son avenir en question. Les responsabilités qui lui incombent, quelle que soit leur importance, ne représentent plus de défis à la mesure de ce qu'il se sent capable de donner: il voudrait diriger une usine. L'occasion se présente peu après. Le directeur de la division des pâtes moulées, à Kingsey Falls, prend sa retraite; Alain Ducharme le remplace. Il est satisfait puisqu'il peut demeurer à Kingsey Falls. En septembre de la même année, l'unité de Cascades Moulded Pulp, à Rockingham, s'ajoute à ses responsabilités puis, trois mois plus tard, celle de Brantford, en Ontario, qui s'est jointe au groupe à la suite de l'acquisition d'une division de la société

Reid Dominion. Dans ces usines, Alain Ducharme doit assurer le suivi des opérations. Sous son mandat, l'unité de production de Kingsey Falls a démarré sa troisième machine tandis que la machine de l'usine de Rockingham commence enfin la production en continu. Quant à l'usine de Brantford, elle est en bonne voie de devenir rentable.

Rarement a-t-on vu cascadeur à tel point convaincu. Sa foi est si grande qu'il songerait à quitter son poste si la haute direction devait déroger aux règles qu'elle s'est elle-même imposées. Selon lui, le phénomène Cascades repose avant tout sur une philosophie de gestion toute particulière. On ne s'étonnera pas, alors, de son intervention lors de l'étude du projet de rachat des actions de Dofor, à l'automne 1986. La transaction qu'envisagent les frères Lemaire, si elle se réalise, donnerait à Cascades le contrôle des sociétés papetières Donohue et Domtar grâce aux importants blocs d'actions que détient alors la société d'État Dofor. Le projet occupe passablement la haute direction tout au long de l'automne, cette année-là. Lors d'une réunion particulièrement animée, en novembre, on en vient au point où chacun doit se prononcer sur l'extraordinaire projet. Quand arrive son tour, Alain Ducharme conclut par quelques mots lourds de sens, ne laissant aucun doute sur sa position: «Il faut se demander si on veut devenir les plus gros... ou rester les meilleurs.»

C'est donc dire qu'il n'est pas possible, selon lui, de croître sans mettre plus ou moins en péril les méthodes de gestion propres à Cascades. À l'échelle actuelle, la recette fonctionne encore de façon satisfaisante mais rien ne prouve, croit-il, qu'elle vaudra encore quand le groupe aura décuplé son chiffre d'affaires... et le nombre de ses employés. En réalité, et il ne se cache pas pour l'affirmer, Alain Ducharme ne saurait travailler dans un contexte autre; le jour où Cascades ne pourra plus appliquer intégralement la philosophie du Respect, il quittera l'entreprise. Il aime dire que ce qui lui plaît le plus, c'est *la différence*, et cela n'a pas de prix.

C'est ainsi qu'on est cascadeur par conviction.

* * *

Il fallait avoir une certaine dose de courage, en 1978, surtout lorsqu'on est à l'orée de la vingtaine et qu'on se retrouve au cégep *en ville*, pour choisir le petit village de Kingsey Falls. Suzanne Blanchet accepte les railleries de ses copains et copines de classe quand elle leur annonce qu'elle va faire son stage chez Cascades. «Où?» lui fait-on chaque fois répéter. Née à Tingwick, village caché dans les vallons qui séparent Asbestos de Victoriaville, elle aime la campagne. À ses yeux, la taille de l'entreprise n'a pas vraiment d'importance. La proximité du lieu de travail avec son village natal est un facteur qui mérite beaucoup plus de considération. D'ailleurs, si elle s'est retrouvée à Sherbrooke de préférence à Victoriaville, par exemple, c'est que le cégep de la ville innove à cette époque en offrant à ses étudiants en Techniques administratives la possibilité de faire des stages en industrie.

En 1978, la société Papier Cascades accepte pour la première fois de recevoir des stagiaires de niveau collégial. Suzanne Blanchet, première à profiter du programme chez Cascades, va y obtenir un poste temporaire, d'une durée de cinq semaines. Là, face au quotidien des contrôleurs, comptables et autres commis, elle comprend qu'elle ne s'est pas trompée: le métier est fait pour lui plaire.

Avant même de commencer son cours collégial, Suzanne Blanchet sait qu'elle n'ira pas à l'université, pas tout de suite du moins. Elle aimerait bien devenir médecin mais juge qu'elle n'aurait pas la patience de consacrer une dizaine des plus belles années de sa vie aux études. Et puis, elle se satisfait d'un diplôme collégial parce qu'elle tient à mettre le métier à l'épreuve afin de savoir si elle supportera d'exercer la profession qu'elle a choisie.

À la suite de sa première expérience, elle peut donc affirmer hors de tout doute que le métier lui plaît. Christian Lavoie, en partie responsable du personnel à l'époque, lui demande à plusieurs reprises si elle a des projets arrêtés une fois ses études terminées. Elle répond distraitement jusqu'à ce qu'arrive le dernier jour du stage. L'insistance de Christian Lavoie ne lui laisse pas de doute: elle veut sauter sur l'occasion mais se fait répondre de laisser son nom, son adresse et son numéro de téléphone, qu'on la préviendra si l'on a besoin de ses services.

Au printemps, elle termine son dernier cours de niveau collégial un vendredi soir; le lundi suivant, elle passe trois entrevues à la suite de demandes d'emploi présentées dans des entreprises de la région immédiate de Danville. L'après-midi, pure coïncidence, elle reçoit un coup de téléphone de Fernand Cloutier: «Nous avons peut-être quelque chose de disponible pour toi.» Bien décidée à battre le fer tant qu'il est chaud, elle sollicite une rencontre chez Cascades dans l'heure qui suit et obtient ce qu'elle demande. Au siège social de Papier Cascades, après l'entrevue, alors que Fernand Cloutier semble encore hésiter, elle le relance et insiste pour avoir une réponse immédiate. Elle rappelle qu'elle a fait d'autres démarches et attend incessamment des réponses. À cela, Fernand Cloutier répond qu'il va y penser, qu'il a des doutes quant à sa connaissance de la langue anglaise... Qu'à cela ne tienne, elle se dit prête à passer une entrevue en anglais! Bon prince, Fernand Cloutier fait venir une secrétaire bilingue et met la candidate à l'épreuve. Pari tenu, pari gagné. Le lundi suivant, Suzanne Blanchet entre à l'emploi de Cascades. Entre temps, les trois autres sociétés lui répondent par l'affirmative. Bien qu'elle ait l'embarras du choix, sa décision est prise.

Elle prétend que la recette est simple: «Il ne faut pas être gênée.» Après trois mois au service des comptes à payer, elle se plaint à Fernand Cloutier et lui explique que son travail l'ennuie, sollicitant un autre poste si possible. Trois semaines plus tard, elle se voit offrir un premier dossier d'importance: Papier Cascades. Un laps de temps passe avant que les changements de postes ne soient apportés, pendant lequel, en attendant, Suzanne Blanchet travaille sur la mise à jour de quelques documents. En fin de compte, le poste est comblé par quelqu'un d'autre et on lui propose, en échange, de se charger du dossier d'une coentreprise naissante: Les Industries Cascades.

Fâchée de se sentir femme au milieu d'un groupe d'hommes, elle décide de défendre son point de vue. Elle pense bien qu'on craint qu'elle ne puisse être à la hauteur, surtout qu'on lui répète: «Prends Les Industries, c'est plus petit, tu es une femme...» Laurent prend son parti mais cela ne suffit pas à renverser la vapeur; elle lâche prise et accepte de devenir contrôleur des Industries Cascades.

La société vient de naître en cette fin d'année 1978. En plus des tâches qui lui incombent, Suzanne Blanchet s'intéresse à tout, se mêle de tout, pose question sur question, dérange un peu mais ouvre bien des portes en mettant plusieurs mythes à mal. Elle prouve qu'un contrôleur n'a pas à confiner son travail au bureau, n'est pas condamné à n'être qu'un gratte-papier. Comme elle est responsable des dossiers de subventions de la filiale, c'est à elle qu'il revient de compléter les formulaires gouvernementaux. Prompte à s'emporter, elle travaille chaque fois d'arrache-pied pour faire le mieux possible et refuse de ne laisser apparaître que le nom du directeur des finances sur la page titre: elle met chaque fois son nom à côté de celui de ce dernier. «Je voulais que mon travail soit reconnu», s'empresse-t-elle d'expliquer.

Puis elle enchaîne: «J'ai fait des choses qui sortent un peu des normes. Mais les frères aiment sortir des sentiers battus.» Elle rappelle qu'elle a entendu Alain s'offusquer un jour de ce qu'on lui proposait. Il aurait répondu: «Hey! On ne veut pas être une papetière comme les autres; on veut être nous autres.» Selon Suzanne Blanchet, c'est ainsi qu'on crée un sentiment d'appartenance, qu'on avive la fierté. Si Bernard répète qu'il faut motiver les gens, où qu'ils travaillent au sein du groupe, elle précise qu'elle cherche plus encore à faire apparaître un véritable sentiment de fierté. Au début lorsqu'elle travaillait chez Papier Cascades, ses amies se moquaient du «trou perdu» où elle était allée postuler un emploi; quelques années plus tard, c'est l'envie de ces mêmes amies qui ramenait le nom de Cascades dans les conversations.

Au fil des ans, Suzanne Blanchet finit par se décider à poursuivre ses études, question de parfaire sa formation. Elle s'inscrit à un baccalauréat en comptabilité à l'Université du Québec à Trois-Rivières, où elle suit des cours plusieurs soirs par semaine. Ces cours, elle les choisit en fonction de ses goûts et de ses besoins, et non des exigences du diplôme. Elle fait si bien qu'elle saute plus d'un cours prérequis, complète les cours de troisième année alors qu'il lui manque encore des crédits de première année: «Je n'ai conservé que les cours que j'aimais ou qui m'apprenaient quelque chose d'intéressant.»

En 1983, elle participe à la naissance de Cascades Industries, en Caroline du Nord. C'est la première usine du groupe Cascades hors du Québec et elle est fière d'avoir mis la main à la pâte. En 1987, avec l'ajout de l'usine de Niagara-Falls au sein du groupe Cascades, elle répète l'expérience. Ensemble, ces deux usines outre-frontière l'obligent à voyager et lui demandent beaucoup de son temps. Elle travaille sans compter: «Les pâtes et papiers, c'est un amour passionnel! Les gens travaillent fort mais ils s'amusent fort aussi.» Comment peut-on mieux dire?

C'est ainsi qu'on est cascadeur par passion.

*   *   *

La période n'est pas la plus propice à qui cherche de l'emploi lorsque Élise Pelletier obtient son diplôme en Relations industrielles, à l'Université de Montréal. On est aux derniers jours de 1981 et la récession s'annonce, plus difficile qu'aucune autre depuis les terribles années de l'entre-deux-guerres. Cela ne l'empêche pas de se mettre à la tâche avec détermination. Déjà, avant même la fin de la dernière session universitaire, elle accepte de faire un stage en milieu de travail et se retrouve à l'emploi d'une firme privée de consul-tants en relations de travail. Elle n'en suit pas moins ses cours avec assiduité. Au printemps suivant, elle multiplie les visites éclair dans les bureaux des grandes sociétés de la région métropolitaine pour distribuer une copie de son *curriculum vitae*. Quant aux entreprises qui ont pignon sur rue en banlieue ou même à l'extérieur de la grande ville, elle leur fait parvenir une copie par la poste.

Cascades est du nombre. C'est en fait le hasard qui va mener la jeune finissante à Kingsey Falls. Native de Drummondville, Élise accepte avec joie l'idée de devoir s'établir à la campagne. Son père a, lui aussi, eu un rôle non négligeable à jouer dans son choix. Médecin de famille des Lemaire, il connaît Bernard et s'enquiert avec empressement de savoir si sa fille a songé à la possibilité de trouver de l'emploi chez Cascades. Comme elle ne connaît ni la société ni l'homme, son père lui propose de joindre une lettre d'introduction à sa demande d'emploi. Sur réception des documents, elle reçoit un coup de téléphone de la direction du groupe, à Kingsey Falls.

Le contenu de la lettre, ce n'est que plusieurs années plus tard qu'elle en prendra connaissance. «Je n'y ai pas trouvé de formule qui puisse avoir fait radicalement pencher la balance en ma faveur, explique-t-elle. Bernard m'a souvent répété que cette lettre l'avait impressionné; alors que mon père signalait simplement le fait que j'étais disponible et disposée à apprendre, Bernard – qui l'a peut-être lue avec les yeux d'un père – a dû penser: "Si elle travaille aussi fort que son père, alors je l'engage!" Voilà ce dont je suis redevable à mon père.»

Dès la première rencontre, elle doit faire face à Bernard, Laurent et Alain tout à la fois. Ce n'est pas tant la question salariale qui importe, puisque le poste ouvert est subventionné, mais plutôt de savoir si Cascades a vraiment besoin d'un directeur (ou d'une directrice) du personnel. À cette époque, le groupe emploie quelque 700 personnes dans les usines de Kingsey Falls, Cabano, Victoriaville, Drummondville, Cap-de-la-Madeleine et Louiseville. La responsabilité des relations avec les employés revient en majeure partie à Alain, qui ne peut plus suffire à la tâche. Bernard et Laurent, quant à eux, gardent une certaine réserve face à l'idée de faire intervenir un intermédiaire entre la haute direction et l'ensemble des employés. En fin de compte, Élise Pelletier a droit au bénéfice du doute. Les trois frères acceptent de la laisser faire ses preuves.

«Ce n'est pas la philosophie propre à Cascades qui m'a amenée à faire carrière ici, dit-elle sans s'en cacher. Cependant, j'ai rapidement découvert les avantages que présentent la politique des portes ouvertes et le respect mutuel qui a toujours régné au sein de l'entreprise.» C'est qu'elle est toute à ses responsabilités: «J'ai eu le bonheur d'être la première à occuper un poste permanent au service du personnel; partout, j'ai toujours bénéficié de la présence et de l'appui de Bernard, Laurent ou Alain. Je ne peux éviter de traiter avec l'un d'eux, puisqu'ils se partagent la responsabilité des différentes usines. C'est ainsi que j'ai pu apprendre à bien les connaître, que je me suis rendu compte que leur approche me convenait à merveille.»

C'est face aux représentants des employés de Matériaux Cascades, de Louiseville, qu'Élise Pelletier mène ses premières négociations. C'est Laurent qui l'accompagne. Elle n'a aucune expérience du genre de discussions auxquelles elle va être appelée à prendre part mais accepte avec joie de relever le défi. Cet intérêt manifeste pour les tâches ardues et les responsabilités vont faciliter son intégration dans la petite communauté de Kingsey Falls. Il y a encore beaucoup de gens, dans l'industrie, qui mettent en doute les capacités d'une femme à diriger les services du personnel. Dans les congrès, pendant un temps, les gens lui demandaient de qui elle était la secrétaire. «Ce temps-là est heureusement révolu», soupire-t-elle.

Si c'est en quelque sorte le hasard qui a amené Élise Pelletier chez Cascades, ce sont bien d'autres motifs qui la poussent à rester au poste: «J'admire les frères pour la confiance qu'ils ont mise en moi malgré mon manque flagrant d'expérience au début.» Il est vrai qu'il ne lui est jamais difficile de se faire accorder carte blanche pour régler un problème ou corriger une situation donnée. Elle sait faire preuve d'initiative et s'est faite propagatrice de la philosophie du Respect, ce qui n'est pas nécessairement facile. Heureusement, à l'en croire, les défis sont loin de lui faire peur; elle aurait plutôt tendance à les rechercher. Elle se plaît à répéter qu'elle aime se frotter à des tâches qui sortent de l'ordinaire, prétend qu'il revient à chacun de fixer les buts qu'il veut atteindre. «L'échec ne se mesure pas selon la satisfaction de ceux qui nous entourent mais bien en fonction des objectifs que l'on a fixés au départ. Si on ne les a pas atteints, il ne faut pas cacher sa déception.» Et faire mieux la fois suivante, pourrait-on ajouter sans crainte de se tromper.

C'est ainsi qu'on est cascadeur par anti-conformisme.

* * *

Sylvie Lemaire a connu une enfance sans problème. Née au printemps de 1962, fille de Bernard, elle n'a pas vraiment connu les débuts de Cascades. À l'école du village, elle se fait remarquer par des résultats scolaires exceptionnels. À l'époque où elle entreprend des études secondaires à Danville, à une dizaine de kilomètres de Kingsey Falls, «l'entreprise de papa» est déjà entrée dans sa phase d'expansion. En effet, Bernard s'installe alors seul à Cabano pour diriger la construction de l'usine de Papier Cascades (Cabano), seconde société satellite du groupe après la coentreprise avec la société Johns-Manville d'Asbestos.

À l'école secondaire de Danville, Sylvie Lemaire se cherche. Dans un système scolaire où la normalisation s'est faite par la base, les exigences sont trop faibles pour répondre à ses attentes. Pour pallier ce manque d'attrait, elle s'intéresse de plus en plus aux activités parascolaires qui, prenant bientôt le plus clair de ses temps libres, finissent par inquiéter ses parents. Afin de minimiser les risques d'échec scolaire, ceux-ci décident que leur fille terminera son cours secondaire dans une institution privée de Drummondville. Fausse alerte: mademoiselle Lemaire obtient avec succès son diplôme d'études secondaires, s'inscrit ensuite en sciences pures au cégep, à Montréal, puis poursuit ses études en Génie industriel à l'École polytechnique de l'Université de Montréal. Dès la fin de son cours secondaire, son idée est faite: elle sera ingénieure. Au collège, elle hésite un moment car l'optométrie la tente mais elle revient à ses premières amours parce que, imagine-t-elle, «l'ingénieur n'a pas à craindre la routine du métier».

Bien qu'elle ait quitté assez tôt le village, elle reste sentimentalement attachée à Kingsey Falls. Chaque été, elle y passe ses deux mois de congé, travaillant au siège social comme secrétaire remplaçante. Elle devine qu'elle pourrait un jour faire carrière chez Cascades, même si les machines à papier ne présentent guère d'intérêt à ses yeux. Selon elle, il importe plus que son futur employeur soit une *bonne société*, fût-elle ou non dirigée par son père.

De tempérament plutôt terre à terre, elle oriente ses études vers le domaine de la production plutôt que vers celui de la recherche pure. Elle avoue se sentir plus à l'aise à travailler directement la matière qu'à faire et défaire sur papier. «J'aime voir mon travail avancer, j'aime voir ce que je fais se concrétiser sous forme de produits finis», explique-t-elle. C'est peut-être pour cela que l'industrie papetière ne l'enthousiasme pas. Elle explique que la production de papier n'est qu'une étape dans un processus industriel très varié, la première parmi une multitude d'opérations. «Il est rare que le papetier voie le but final de son travail. La plupart du temps, il livre une matière qui demande encore des transformations et ne découvre le produit fini que sur les tablettes des marchands», poursuit-elle du même souffle.

En 1984, pour fêter l'obtention de son diplôme universitaire, elle s'offre deux mois de voyage en Europe et découvre la France. Ingénieur industriel, elle est membre de la Corporation des ingénieurs du Québec. Elle profite de son voyage pour visiter les usines de la société papetière Béghin-Say, déjà en pourparlers avec Cascades pour la création d'une coentreprise en Amérique du Nord.

Son père lui a toujours laissé savoir qu'il y aurait de la

place pour elle au sein de l'entreprise familiale. À son retour de vacances, force lui est pourtant de constater que les postes sont rares. Sans remettre son avenir en question, elle accepte, le temps de faire le point, la responsabilité des fêtes qui marqueront le vingtième anniversaire de naissance de Cascades. Disposant d'un budget raisonnable, elle mène sa tâche à bien.

Son contrat terminé, elle se rend rapidement compte qu'elle ne peut attendre indéfiniment qu'un poste à sa convenance s'ouvre chez Cascades. Avec un dossier scolaire particulièrement brillant, il est évident qu'elle n'aurait guère de difficulté à trouver un emploi à la mesure de ses aspirations. À l'automne 1984, elle songe un temps à poser sa candidature chez I.B.M., qui requiert les services de plusieurs ingénieurs industriels. Peu enclin à la laisser partir, Bernard lui propose de remettre sa décision à plus tard et de tenter un essai en développement de projets. Dans ce service, elle s'occupe des questions relatives au traitement des eaux. Au bout de quatre mois, elle a fait le tour des problèmes et s'aperçoit que la routine peut devenir mortelle. Une fois encore, elle lorgne de l'autre côté de la clôture.

Bernard, qui ne veut toujours pas la laisser partir, songe alors à une belle occasion de lui procurer un poste d'avenir au sein du groupe. Parmi les projets qui sont en plan à ce moment-là, il y a celui de la coentreprise entre Cascades et la firme française Béghin-Say. Pour Sylvie Lemaire, il y a là matière à vif intérêt puisqu'il s'agit d'implanter une usine. Imaginez l'ampleur du défi! Avec les ingénieurs parachutés de France par Béghin-Say, elle prend part à la création de Cascades-P.S.H., dernière-née des filiales du groupe à cette époque. Une fois les travaux terminés, elle reste à l'emploi de la société, au service de la production.

Ses nouvelles responsabilités l'amènent à voyager. Elle traverse à nouveau l'Atlantique, envoyée spéciale de Cascades-P.S.H. cette fois, pour se familiariser avec les techniques de production des autres usines de Béghin-Say. Décidée à tirer profit de l'expérience qu'elle prend ainsi, elle demande le poste de directrice du développement de la nouvelle filiale, ce qu'elle obtient sans difficulté. Elle devient ainsi l'égale du directeur de la production, son ancien patron... pour un temps du moins. À son départ, c'est elle qui prend sa place et se trouve promue directrice d'usine à 23 ans! Au côté du directeur général de Cascades-P.S.H. d'alors, Nicolas Sikorski, non seulement elle supervise la production mais elle s'occupe aussi du contrôle de la qualité et de l'entretien.

Sa position est des plus inconfortables. Fille du *grand patron*, il faut qu'elle fasse doublement ses preuves. N'est-il pas normal de penser qu'elle doit au pistonnage d'occuper le poste qui est aujourd'hui le sien? Pourtant, cela ne correspond pas du tout à la réalité. «Mon père n'est pas fou, dit-elle sans mâcher ses mots; il *run* un *business*.» En effet, on ne doit pas douter que les performances des usines passent loin avant les liens familiaux chez les Lemaire. Et en plus d'être la fille de Bernard, Sylvie Lemaire a eu d'autres obstacles à surmonter: d'abord elle est femme, ce qui n'est pas un mince handicap dans le monde du génie industriel, ensuite elle est très jeune. «Mais ce ne sont pas des raisons pour mettre en doute ma compétence», affirme-t-elle avec vigueur. Il n'y a qu'à considérer les performances de Cascades-P.S.H. pour réaliser que les gens qui sont à la tête de l'entreprise, avec Sylvie Lemaire, ne doivent leur position qu'à leur savoir-faire; ce n'est pas le hasard qui les a menés là.

Comme plusieurs autres cascadeurs de haut vol, Sylvie Lemaire aime trop le mouvement pour se laisser prendre par la routine. Le jour où Cascades-P.S.H. n'aura plus de défis à lui offrir, elle regardera vers d'autres horizons, chez Cascades ou ailleurs. Pour l'instant, elle vient à peine de faire ses premiers pas dans la grande industrie; elle n'est qu'à l'aube de ce qui sera indéniablement une brillante carrière. Cependant, où qu'elle aille au cours des années à venir, elle ne pourra jamais renier ses origines. À l'ombre de son père, elle est devenue cascadeuse jusqu'au tréfonds d'elle-même. Elle raconte: «Mon père était rarement à la maison mais je ne me souviens pas qu'il m'ait jamais manqué. Le temps qu'il passait avec nous était intensément mis à profit. À part cela, ma mère s'occupait beaucoup de nous.» Depuis qu'elle a joint les rangs du groupe Cascades, beaucoup de choses ont changé. Pendant un temps, elle s'est plainte de voir de moins en moins souvent son père, contrainte à attendre les réunions officielles pour le rencontrer. Cependant, depuis la naissance de Jade, au grand plaisir de sa fille, grand-papa Bernard vient de plus en plus souvent *faire un tour* à la maison.

Élevée dans l'esprit de ce qui est maintenant devenu la philosophie Cascades, Sylvie Lemaire doit à Bernard de vivre le respect propre aux Lemaire. La société qui l'aura à son service, si elle n'appartient pas au groupe Cascades, devra procéder de la philosophie du Respect. Il ne pourrait en être autrement.

C'est ainsi qu'on est cascadeur de naissance.

* * *

Une nouvelle, qui ne manque pas d'étonner, court à Kingsey Falls en ces derniers jours du printemps 1976: un bureau de notaire ouvre ses portes au village. Jacques Aubert, qui vient tout juste d'être reçu à la Chambre des notaires du Québec, décide d'exercer sa profession dans la région des Bois-Francs. Son choix a été longuement mûri car il n'est pas homme à laisser une grande place au hasard. Aux derniers mois de ses études, intéressé à s'installer à proximité de Victoriaville, il dresse le tableau des entreprises qui présentent l'avenir le plus prometteur dans la région. Parmi celles-ci se trouvent Lactantia, dont le siège social est à Victoriaville même, et Cascades, de Kingsey Falls. Il ouvre donc un bureau à Arthabaska; il en établit simultanément un second, à Kingsey Falls.

Il n'y a pas trois semaines que l'étude de Jacques Aubert est ouverte que Laurent vient frapper à la porte. Chez Cascades, c'est lui qui assume le secrétariat de la société et il aimerait bien se départir de cette responsabilité. Le jeune notaire accepte de le seconder et passe en revue le livre des minutes de la société mère et de ses filiales de l'époque, remontant jusqu'aux premiers jours de mars 1964. Ce faisant, il procède à diverses corrections et devient *de facto* conseiller juridique auprès des trois frères. Bien que ce travail prenne une bonne part de son temps, il reste malgré tout libre de toute attache et maintient l'étude Kingsey Falls, comme celle de Victoriaville.

En classe, Jacques Aubert se retrouve parmi les meilleurs. Né en 1947, il termine ses cours primaire et secondaire avant les grandes réformes scolaires qui ont suivi le rapport Parent. Au début de l'été de 1966, il fait une demande d'inscription à l'Université de Sherbrooke à un diplôme d'enseignement en enfance inadaptée; en même temps, il présente sa candidature à un poste d'enseignant. Il choisit le marché du travail de préférence aux études. Enseignant en histoire et en anglais, il fait face à des jeunes de son âge, ou presque: la moyenne d'âge des élèves de sa classe est de 17 ans, et lui n'a que 19 ans!

En 1968, il abandonne l'enseignement pour se lancer dans la vente d'assurance-vie. Il se donne sans compter à ce nouveau défi et, en six mois, devient champion vendeur de toute la région de l'Estrie. À la suite de cet étonnant succès, on lui propose la gérance d'un bureau local de courtiers en assurance-vie, offre qu'il s'empresse d'accepter. Il a 22 ans et les dix personnes qui travaillent sous sa direction sont presque toutes plus âgées que lui.

Entrepreneur-né, Jacques Aubert ne saurait se contenter de mettre tous ses œufs dans le même panier. Alors qu'il fait ses armes dans l'assurance, il occupe ses rares temps libres à gérer une boutique de vêtements qu'il vient d'ouvrir dans la région. Très actif au niveau social, il est membre de plusieurs associations dans sa région. Tous reconnaissent sa vive intelligence et, surtout, son esprit de décision. Nul ne s'étonne, quelques jours après qu'on l'ait entendu dire qu'il souhaitait retourner aux études, de le retrouver inscrit en Droit à l'Université de Sherbrooke!

Ce qui intéresse le plus Jacques Aubert à ce moment-là, c'est le droit criminel. Il sait bien, toutefois, qu'il n'y a qu'à

Montréal qu'il pourra exercer sa profession s'il maintient son choix. Pourtant, il ne parvient pas à se résoudre à abandonner sa région natale. Cet attachement lui vaut un changement d'orientation. Du droit criminel, il passe au droit commercial. Au moment où il entreprend la dernière année de son diplôme, il décide de s'orienter vers le notariat, plus valable selon lui pour le type de droit qu'il veut pratiquer. C'est qu'il s'est frotté au métier tout en suivant ses cours le jour, à l'Université de Sherbrooke: il a aidé son frère à établir un bureau de notaire dans la région de Weedon, à une cinquantaine de kilomètres de Victoriaville.

En 1977, alors qu'il travaille occasionnellement pour Cascades à la demande de Laurent, il continue à exercer sa profession de notaire. Là encore, l'originalité le démange et il entend ne pas passer inaperçu. Il fait des vagues en s'immisçant dans les affaires traditionnellement réservées aux avocats. Il devient ainsi le premier notaire au Québec à préparer des conventions pré-divorce qui seront acceptées par la Cour. Autre première: il se présente devant la commission provinciale responsable de l'octroi des permis d'exploitation de débits de boisson, notaire précurseur pour ce genre de demande.

En 1980, la direction de Cascades entreprend la construction d'un nouveau siège social à Kingsey Falls. Dans la section réservée à la haute direction, autour des bureaux des trois frères, on a prévu un local pour Jacques Aubert. Officieusement, ce dernier se retrouve à l'emploi de son principal client, bien que ses études restent toujours ouvertes, au village comme à Arthabaska. Cette situation ambiguë ne plaît pas particulièrement à Bernard qui lui sert un ultimatum: s'il ne peut choisir entre son entreprise et Cascades, c'est quelqu'un d'autre qui deviendra conseiller juridique du groupe. Jacques Aubert refuse d'abandonner ses deux études et se satisfait de ne travailler pour Cascades qu'à la demande. C'est donc quelqu'un d'autre qui devient conseiller juridique de Cascades. À cette époque cependant, le dossier de Papier Cascades (Cabano) a pris une telle ampleur qu'il occupe à peu près tout le temps dont dispose le nouveau venu, ce qui laisse amplement de place à Jacques Aubert pour les autres sociétés du groupe.

Entre temps, Jacques Aubert a bien failli se laisser tenter par la politique. Membre en règle du Parti québécois, il suit de près la progression du mouvement péquiste et célèbre la victoire du Parti aux élections de 1976. À la suite de la défaite référendaire de mai 1980 et de l'annonce d'un scrutin général pour octobre de la même année, il décide de se porter candidat à l'investiture du Parti québécois dans le comté de Richmond. Mais les élections sont reportées par le gouvernement Lévesque qui étire son mandat et reporte l'appel aux électeurs jusqu'en avril 1981. Cela laisse un répit de quelques mois dont Jacques Aubert profite pour revenir sur sa décision. Il laisse la place à d'autres. Pourtant, dans le comté choisi, il est avantageusement connu. Ses chances de victoire auraient été grandes. Dans son cœur, cette fois, les affaires ont le dessus sur la politique.

Après deux ans de service à peu près complet chez Cascades, Jacques Aubert prend une nouvelle décision. Il cherche à vendre l'étude de Kingsey Falls pour ouvrir, en collaboration avec d'autres professionnels, une étude multidisciplinaire à Victoriaville. Le projet est original puisqu'il s'agit d'offrir, dans les mêmes locaux, des services jumelés de notaires, avocats, comptables, fiscalistes et courtiers. Ce projet se présente au moment où les Lemaire caressent, de leur côté, un projet d'envergure. Depuis le retour d'un voyage au Sénégal, où l'on a discuté des possibilités qu'offre le financement boursier, les Lemaire s'intéressent à l'émission publique d'actions de Cascades inc. et à l'inscription du titre à la Bourse de Montréal. Si le projet se réalise, il faudra compter avec l'entière collaboration de quelqu'un comme Jacques Aubert. C'est pourquoi Bernard le relance encore une fois: s'il mettait un temps ses entreprises en veilleuse, il pourrait se consacrer pendant quelques mois au financement public de Cascades. Jacques Aubert accepte, vend ses études à son associée et se consacre exclusivement au projet.

Une fois pris le pli, il est difficile de l'effacer. Le projet de financement public se concrétise. Jacques Aubert remplit sa mission et les actions de Cascades sont inscrites à la Bourse de Montréal dès la fin de 1982. Bien que le dossier ait été mené à terme, il n'en continue pas moins à servir l'entreprise sans égard pour ses propres affaires. Bientôt, il prend conscience que la société n'est plus sa cliente mais bel et bien son employeur, malgré le fait que le traitement qu'il reçoit est encore sous forme d'honoraires. Pendant un an, il vogue ainsi entre deux eaux, indécis quant à l'orientation que prendra son avenir. Puis, en janvier 1984, son nom apparaît dans la liste des employés de Cascades. La page est tournée; c'est Bernard qui gagne.

Jacques Aubert ne tient pas en place. Il n'a jamais accepté de limiter ses activités au cadre très étroit d'une étude notariale ou d'une seule société. Le fait que Cascades soit une société de portefeuille qui regroupe tout un ensemble de filiales le satisfait. Après l'inscription à la Bourse de Montréal, viennent les acquisitions, nombreuses pendant un temps, puis l'inscription à la Bourse de Toronto, suivie de l'expansion en Europe, de la création de Cascades S.A. et du projet de financement public de cette filiale à la Bourse de Paris. Jacques Aubert se plaît à garder bien alignés dans son bureau les livres des minutes et les sceaux des sociétés filiales du groupe. Belle enfilade qui montre à quel point les projets se sont bousculés ces dernières années au siège social de Kingsey Falls. «En cinq ans, raconte-t-il, j'ai participé en temps que notaire à la création de 105 sociétés pour mes différents clients.» Il n'y a pas à s'étonner qu'il prenne son rôle tant au sérieux. Rien de surprenant à ce qu'il dise «ma» société quand il parle de Cascades et qu'à ses yeux, les cascadeurs soient «ses» employés. Sur ce point, il considère qu'il partage les mêmes responsabilités que Bernard, Laurent et Alain à l'égard de ceux qui font Cascades, lui qui se fait un devoir d'assurer la transparence des pratiques administratives depuis l'entrée en Bourse du groupe.

Dans ce contexte, est-il possible pour Jacques Aubert

d'envisager l'avenir sans Cascades? «Ce n'est pas impossible», répond-il, puis il ajoute sans attendre: «J'ai toujours rêvé d'écrire.» Il s'était dit, avant que le vent de l'expansion ne souffle sur Cascades, entraînant dans son souffle tous les membres de la haute direction, que le jour où sa situation financière le lui permettrait, il vivrait de sa plume. «Mais j'aime trop ce que je fais», s'excuse-t-il afin qu'aucun doute ne persiste sur ses intentions. Les projets de romans ou de recueils de poésie sont reportés aux calendes grecques. C'est tout juste s'il se laisse tenter par sa Muse, chaque fois que l'éloignement lui pèse, à l'occasion des voyages en Europe pour Cascades S.A., par exemple. Il écrit alors quelques vers, histoire de se satisfaire, puis referme ses cahiers pour revenir à sa préoccupation première: Cascades. «Il y a tant à faire!»

C'est ainsi qu'on est cascadeur par passion des défis.

*   *   *

En attendant son avion, qui décolle dans l'heure qui suit, Paul Pelletier tue le temps au bar, à l'aéroport de Dorval. Le hasard veut que ce même jour, Bernard y soit. Les deux hommes se sont déjà rencontrés à East Angus, où Cascades s'apprête à racheter l'usine dont la société Domtar ne veut plus. Quand le président de Cascades lui demande ce qu'il pense de la transaction, Paul Pelletier répond franchement: «Je crois que tu devrais acheter l'usine.» Il s'empresse d'ajouter qu'il souhaite donner sa démission chez Domtar pour passer à l'emploi de Cascades. «Je voulais qu'on m'accorde le même traitement, pas un sou de plus mais pas un sou de moins. Bernard a accepté sans même me demander quel était mon salaire!»

L'attachement de Paul Pelletier à Cascades vient à ce moment-là du fait qu'il a eu l'occasion de voir Bernard à l'œuvre. Il prend plaisir à relater la façon dont celui-ci a traité l'affaire de l'usine d'East Angus. Lors d'une des premières réunions, le représentant de Domtar remet à Bernard une pile de documents en lui faisant signer plusieurs formulaires de confidentialité. La fois suivante, Bernard entame la discussion en disant simplement: «On veut acheter.» On lui demande s'il a eu le temps de prendre connaissance des documents présentés; il répond par la négative mais précise que Cascades est prête à faire une offre ferme pour l'usine. Le vice-président délégué par Domtar s'attendait à ce que les négociations soient menées par l'intermédiaire des avocats et autres conseillers légaux respectifs des parties en présence. Rien de tel. Le prix est fixé et l'on attend la réponse. Évidemment, quand le représentant de Domtar demande la date où l'offre d'achat est échue et quand on attend la réponse de sa société, il se fait répondre: «Tout de suite.» Il y a de quoi dérouter plus d'un négociateur.

C'est cette vivacité, qui vient de Bernard et qui s'est propagée à tous les niveaux sans exception, chez Cascades, qui plaît à Paul Pelletier. Lorsqu'il traite une affaire, il refuse de perdre des jours ou des semaines en études inutiles. Peut-il se faire rouler? «Je vais dire à tous les gens que je connais dans l'industrie que Untel m'a roulé. Lorsqu'on est en affaires, c'est pour rester en affaires, pas pour voler les autres.» Il aime rappeler que son père lui disait que lorsqu'on ne se sent pas assez intelligent pour être un bon menteur, il vaut mieux être franc.

L'expérience qu'il a vécue à East Angus avant la venue de Cascades l'a beaucoup marqué. S'il a certains reproches à se faire, il reconnaît qu'il a passé là des années merveilleuses. En 1977, poussé par quelques cadres de l'usine, il choisit d'aller à l'encontre des volontés de la direction de Domtar, à Montréal, et de faire tout ce qui était en son pouvoir pour empêcher la fermeture de l'usine et rentabiliser les installations. Pendant quatre ans, ses responsabilités lui rendaient la vie terriblement difficile mais il avait l'impression de travailler pour une bonne cause et il y mettait autant d'énergie que s'il s'était agi de sa propre entreprise. L'ampleur des défis qu'il devait relever donnait une saveur particulière à son intervention, compte tenu des contraintes qu'imposait la société Domtar.

Cascadeur converti, puisqu'il compte vingt-six ans de services dans d'autres sociétés papetières lorsqu'il entre chez Cascades, il peut comparer les philosophies de gestion des uns et des autres. Ce qui fait la force de la philosophie Cascades, selon lui, c'est la confiance qu'on investit en chacun des membres de la grande famille que forment les cascadeurs, fussent-ils de souche profonde ou nouvellement convertis. Pour en faire la preuve, il raconte qu'une semaine seulement après la reprise de l'usine d'East Angus, on lui apprend qu'il y a plusieurs pièces d'équipement qui présentent de l'intérêt à Dryden, en Ontario, dans une usine qui appartient à la société Great Lakes Forest Products, filiale de Canadien Pacifique. Il s'y rend accompagné de deux personnes après avoir obtenu de Bernard le mandat de payer jusqu'à 250 000 $ pour la machinerie qu'il souhaite acquérir. Sur place, Paul Pelletier est accueilli par un ancien confrère qui est chargé de la vente. En faisant le tour, il repère les deux lessiveurs qu'il convoite, puis en aperçoit un troisième ainsi que d'autres pièces d'équipement. Devant son intérêt manifeste, son hôte lui avoue qu'il est prêt à lui céder la totalité du lot. Paul Pelletier lui confie qu'il ne dispose que d'un budget de 250 000 $. L'autre ne veut pas laisser partir l'équipement à moins de 350 000 $. Après quelques minutes de négociations, on s'entend sur un entre-deux: 320 000 $. Paul Pelletier téléphone alors à Bernard pour lui annoncer que l'expédition va coûter 70 000 $ de plus que prévu, tout en expliquant qu'il rapporterait plus d'équipement. «Ça vaut la peine?» demande Bernard. «Ah oui!» «Eh bien, achète!» Étonné par la rapidité de la réaction de son président, Paul Pelletier poursuit en demandant comment il va faire pour payer la note. Un peu narquois, Bernard lui répond: «Tu téléphones au comptable et tu lui demandes de te faire un chèque.» Dans n'importe quelle autre société papetière, il aurait fallu se battre ou, à tout le moins, attendre pour faire débloquer des fonds supplémentaires. «C'est ça, Cascades. C'est ça que j'aime chez Cascades, de conclure Paul Pelletier. C'est ça qui fait que le travail est intéressant.» Ce jour-là, il a compris qu'il mènerait sa carrière à son terme chez Cascades.

Les cascadeurs qui ont vécu l'expérience des autres sociétés papetières n'arrivent pas toujours à se faire très facilement à l'ouverture d'esprit qui règne chez Cascades. «Au début, cette adaptation est déroutante. On a l'impression qu'on n'a pas besoin de tout le monde, qu'on pourra se passer de vous.» La facilité avec laquelle on peut s'échanger des idées ou agir a toutefois d'indéniables attraits. Mais il n'est pas possible d'y voir que des avantages. Le système est exigeant. «Il faut qu'il y ait suffisamment de bonnes personnes aux bons endroits, des gens qui sont capables de se tenir seuls debout, qui sont capables de fonctionner relativement seuls et qui ont suffisamment de liens avec les trois frères ou même un seul des trois afin de bien sentir dans quelle direction il faut aller. Parce que chez Cascades, on travaille encore beaucoup par instinct. Jusqu'à maintenant, cela a payé et je suis convaincu que ça continuera à payer.» Jolie profession de foi!

Paul Pelletier établit les principes de sa conversion: «La philosophie Cascades faisait partie de moi-même. J'ai vécu une grève de sept mois à Windsor. Je suis allé dans un bureau de syndicat pour m'asseoir avec ces gens-là. Il y a très peu de gens sur terre avec qui l'on ne peut pas parler. On peut ne pas être d'accord mais cela n'empêche pas de discuter. Il ne me fait rien de parler avec un communiste extrémiste, avec un missionnaire d'Afrique qui croit sincèrement qu'il n'y a qu'une façon de sauver sa vie et que c'est, selon lui, de se consacrer complètement à un idéal. Dans chaque individu il y a quelque chose de bien. Les seuls gens avec qui j'ai quelque difficulté sont ceux qui sont foncièrement malhonnêtes. Un politicien malhonnête qui prêche qu'il veut essayer de sauver le monde ou aider la population, ça, ça ne va pas. Il y a beaucoup de directeurs d'usines, de vice-présidents de grandes sociétés qui pensent et agissent ainsi. Il y a même des gens à qui je l'ai dit ouvertement. Je ne suis pas capable de supporter quelqu'un qui n'est pas honnête. Certaines personnes finissent par se convaincre qu'elles font bien alors qu'elles sont foncièrement malhonnêtes; elles endorment leur conscience en se faisant croire qu'elles ont été forcées par les circonstances d'être malhonnêtes. J'aime les trois frères parce qu'ils sont honnêtes. Je peux ne pas être d'accord avec l'un ou l'autre mais jamais je n'ai encore, à ce jour, été en désaccord avec leur intention.»

C'est ainsi qu'on est cascadeur par principe.

*   *   *

Dans le groupe sélect des cascadeurs de haut vol, il s'en trouve trois qui ont droit à une place particulière. Ensemble, ils sont l'âme de Cascades. Ce sont eux qui ont créé Papier Cascades en 1964. Ensuite, au fil des événements qui ont façonné la petite société papetière devenue aujourd'hui multinationale, ils ont élaboré la philosophie du Respect et s'en sont faits les promoteurs. Cette réalisation, à elle seule, leur vaut d'être comptés parmi les chevaliers du nouvel entreprenariat québécois.

Bernard est l'aîné des trois garçons d'Antonio Lemaire et de Bernadette Parenteau. Né en mai 1936, à Drummond-ville, il complète son cours élémentaire puis son cours secondaire dans sa ville natale. En 1957, il s'inscrit en génie civil à l'Université de Sherbrooke d'abord, puis passe ensuite à l'Université McGill, à Montréal. Les difficultés que con-naît l'entreprise familiale, la Drummond Pulp and Fiber, le forcent à abandonner ses études. Il s'emploie à renverser la vapeur. Son dynamisme vient à bout de tous les obstacles et, sous sa direction, les affaires prennent rapidement du mieux.

En 1963, son père, toujours à l'affût de bonnes affaires, s'intéresse à la petite usine à papier de Kingsey Falls, abandonnée depuis sept ans. Il décide Bernard et son frère, Laurent, à présenter un projet de relance au propriétaire, la Caisse populaire du village. Avec son éternel enthousiasme, Bernard gagne la confiance des dirigeants de l'institution. Le 1er mars 1964, il devient président de Papier Cascades.

Vingt-cinq ans plus tard, Bernard occupe toujours le même poste au sein de la société, devenue Cascades inc. à l'occasion du premier financement public, en 1982. Il a le même titre dans plusieurs des filiales du groupe et siège aux conseils d'administration de diverses sociétés: Banque Nationale du Canada, le Groupe Transcontinental, Les Produits forestiers Saucier, le Groupe Laperrière et Verreault, Sodisco et Noverco.

Lors de la collation des grades de l'Université de Sherbrooke, en juin 1986, il reçoit, comme son frère Laurent, un doctorat honorifique en Administration. Le monde universitaire consacre ainsi l'œuvre remarquable de cet étonnant autodidacte, reconnaissant en ses réalisations l'affirmation de capacités qui sortent de l'ordinaire. Ce bouillant personnage a en effet quelque chose qui fait de lui un être hors du commun.

Il a 27 ans, en octobre 1963, lorsqu'il arrive à Kingsey Falls. Quatre mois plus tard, France et les trois enfants du couple, Richard, Sylvie et Patrick, quittent Drummondville pour venir s'établir à leur tour au village. La famille s'intègre rapidement à la petite communauté. À la fin de leurs études, Richard et Sylvie reviennent travailler à Kingsey Falls. Richard, avec l'aide de sa mère, lance une entreprise de camionnage qui compte Cascades parmi ses clients. Sylvie, après avoir travaillé au siège social, se consacre à la réalisation du projet de Cascades-P.S.H., à Drummondville. Patrick, le cadet attiré par la profession d'ingénieur, poursuit ses études à l'Université Laval. En 1988, il devient directeur des services d'entretien à la nouvelle usine de Cascades, à Niagara Falls.

Il est certain que même s'il n'a pas toujours pu être auprès des siens aussi souvent qu'il le désirait, Bernard a largement influencé ses enfants. Leur père est un meneur-né. Impétueux, il sait néanmoins être raisonnable; c'est sans doute ce qui séduit ceux qui l'entourent et l'épaulent dans ses entreprises. Savoir convaincre est l'un des traits caractéristiques de son caractère. Les gens de l'Union des Caisses populaires Desjardins de Trois-Rivières l'avaient bien compris, aux premiers temps de Papier Cascades, eux qui s'étaient donné le mot d'éviter de négocier directement avec lui parce qu'ils le trouvaient trop persuasif. On ne peut en effet mettre son charisme en doute. Il possède le don merveilleux de savoir se faire aimer de ses collaborateurs. Plusieurs cascadeurs ne tarissent d'ailleurs pas d'éloges à son égard. Parmi eux, certains le connaissent depuis les tout débuts de Cascades; il y a belle lurette que leur opinion est faite. Comme tous les autres, Bernard les a convaincus de monter à bord de son bateau. Et en bon capitaine, il veille à ce que le navire parvienne à bon port.

Ce qui fait sa force en tant qu'administrateur, c'est qu'il sait choisir les gens avec qui il travaille. De tout temps, il a su s'assurer la collaboration des personnes les plus valables, des administrateurs les plus compétents. Bernard précise pourtant: «Il faut choisir les gens pour eux-mêmes et non pour leur compétence.» Dans ce cas, ses succès en la matière prouveraient qu'il possède un don particulier pour discerner un potentiel prometteur chez ceux qu'il choisit. Parmi ceux-ci, plusieurs doivent leur présente carrière à sa perspicacité. Nombreux sont ceux qui ont été formés sur le tas, en se frottant aux multiples difficultés que présente une société en expansion continue pendant plus de vingt ans.

Mais tout bien pesé, la plus belle des qualités de Bernard reste d'avoir laissé une bonne place à ses deux frères, Laurent et Alain. Dès la création de Papier Cascades, en 1964, ils ont droit à leur part des actions, alors que leur père n'en détient qu'une portion symbolique (il choisit de profiter d'une retraite bien méritée). Alain n'a pourtant pas encore dix-sept ans. Ce partage à trois du pouvoir, étonnant par lui-même, dure depuis un quart de siècle. Aux avantages qu'il présente, il se trouve peu d'inconvénients pour faire contrepoids. Grâce à ce triumvirat effectif, Bernard dirige à trois têtes!

Si Bernard, Laurent et Alain partagent le pouvoir, ils partagent aussi les responsabilités. Et la loyauté de chacun d'eux est bien la dernière chose qu'on pourra mettre en doute. De toute façon, pourquoi se surprendre que la bonne entente règne entre eux? C'est tout à fait typique de la mentalité des

Lemaire. Honnêteté et franchise sont des mots qui font partie de leur vocabulaire depuis leur tendre enfance. Ils sont la franchise incarnée et comptent sûrement parmi les hommes d'affaires les plus intègres qui soient. Tout découle de cette sincérité; c'est sur elle que repose la philosophie du Respect, cette approche de la gestion du personnel et des entreprises qui a fait de Cascades un cas d'exception parmi les entreprises québécoises.

Un jour viendra où Bernard devra laisser sa place à quelqu'un d'autre. Ce jour est-il encore lointain? Nul ne saurait le dire, non plus que le principal intéressé. Bernard parle parfois de retraite. Il y a songé à l'approche de son cinquantième anniversaire de naissance mais a reculé l'échéance de trois à cinq ans, sinon plus. «Pour l'instant, je m'amuse», affirme-t-il candidement quand on lui demande s'il songe à abandonner Cascades. Il est vrai que l'exercice du pouvoir est grisant. La croissance phénoménale du groupe, surtout depuis l'inscription des actions en Bourse, a propulsé les trois frères, et Bernard surtout, dans le clan très sélect des grands financiers du Québec. Il le reconnaît: «Je commence seulement à vraiment tirer parti de ce que j'ai bâti.» Aujourd'hui, les portes s'ouvrent devant lui avant même qu'il ait fait mine de frapper. Banquiers et financiers viennent solliciter la clientèle de la multinationale que Cascades est en passe de devenir.

Ce qui le pousse à rester à la tête de la société qu'il a mise au monde il y a vingt-cinq ans, c'est avant tout le plaisir, une espèce de jouissance sourde qui force les poussées d'adrénaline quand viennent les bonnes nouvelles ou quand s'amoncellent les nuages à l'horizon. D'aucuns, à sa place, ne manqueraient pas de jouir ostensiblement de leur réussite; rien de tel chez Bernard. Il se fiche des richesses mais jamais du plaisir. Les deux vont peut-être de pair, mais ce n'est que pure coïncidence. Si la fortune avait été son seul motif, il y a longtemps qu'il aurait pu se retirer en paix.

Aujourd'hui, il consacre le plus clair de son temps à chasser les aubaines. C'est de lui que dépend l'expansion

future du groupe. Jusqu'à ces dernières années, il restait à
l'affût, attendant que les bonnes affaires se présentent.
Maintenant, il fait les premiers pas et court après l'occasion.
Succès et revers n'influencent aucunement son incroyable
enthousiasme. De tout temps, il a voulu que Cascades gran-
disse, que sa société devienne plus forte, plus prospère, plus
importante, plus connue, plus aimée enfin. C'est qu'il a
toujours une longueur d'avance sur la réalité. Aujourd'hui, il
parle de l'objectif du milliard de dollars de chiffre d'affaires.
Ce sera chose faite «d'ici deux ou trois ans». Et après? Il est à
parier qu'il y aura toujours place pour plus encore, car
Bernard a gardé la merveilleuse faculté de s'émerveiller.

*   *   *

Au petit matin, alors que le vent n'a pas encore chassé la
brume qui monte de la rivière, deux hommes entament la
journée en courant quelques kilomètres à bonne allure.
Plusieurs fois par semaine, Laurent se joint au coiffeur du
village pour l'entraînement. «C'est pour rester performant»,
dit-il, cherchant à se justifier. Soucieux de sa bonne forme, le
vice-président de Cascades et de sa flopée de filiales s'est mis
au *jogging* il y a plusieurs années.

Laurent a moins de trois ans de différence avec Bernard.
C'est le diplômé de la famille. Alors que son frère s'attaque
aux problèmes de l'entreprise familiale, à la fin des années
50, il entre à la faculté de Commerce de l'Université de
Sherbrooke. Après son baccalauréat, il décide de poursuivre
des études supérieures et obtient une maîtrise en Sciences
commerciales, en 1962. C'est alors que, fraîchement émoulu
de l'Université, il se joint à la Drummond Pulp and Fiber à
titre de gérant. Deux ans plus tard, il participe à la relance de
l'usine de Kingsey Falls en compagnie de Bernard et de son
père. Il est secrétaire de la société qui naît en mars 1964,
poste qu'il occupe jusqu'en 1982 lorsqu'il devient premier
vice-président.

La passion qu'il nourrit pour les affaires remonte à ses

jeunes années. Laurent se souvient d'avoir confié à un ami, en pointant du doigt les cheminées d'une usine voisine: «Un jour, j'aurai moi aussi une usine avec des cheminées comme ça.» Il aurait pu, au sortir de l'université, entreprendre une carrière prestigieuse et s'assurer un avenir prometteur dans une grande société, d'autant plus qu'il reçoit plusieurs offres intéressantes. Nenni. À la sécurité, il préfère la liberté de celui qui travaille pour son propre compte.

Chez Cascades, dès le début, c'est lui qui tient les cordons de la bourse. Au sein du triumvirat, il joue le rôle du modérateur. Plus calculateur que son aîné, il garde la tête froide quoi qu'il arrive. S'il risque parfois de passer pour un rabat-joie, il ne s'en formalise pas: il faut bien refréner l'ardeur de Bernard, prompt à brûler d'enthousiasme chaque fois qu'un projet pointe à l'horizon. Il prend son rôle au sérieux et se plaît à être indéfectible. «C'est le plus têtu des trois, disait de lui sa mère, même si ça ne paraît pas vraiment.»

En plus de siéger à tous les conseils d'administration des filiales du groupe Cascades, Laurent est administrateur de la Banque de Nouvelle-Écosse et des sociétés Ciment Québec et Volcano. Il est en outre, depuis 1985, gouverneur au Centre de promotion de l'enseignement et de la recherche en ingénierie à l'Université de Sherbrooke.

Autre passion, celle des chevaux. Cavalier émérite, il a reçu ses couleurs de chasse à courre et est membre depuis de nombreuses années du Club de Montréal. Son amour pour les chevaux remonte à sa plus tendre enfance. À quatre ans, il réclame sans cesse à ses parents un poney, qu'il n'aura jamais. Quelque vingt ans plus tard, il achète son premier cheval. À Kingsey Falls, il s'est fait construire une écurie modèle, avec une arène intérieure. Son épouse, Andrée Guillemette, de même que ses enfants, Caroline et Francis, partagent son passe-temps.

Comme Bernard ou Alain, Laurent est un Lemaire jusqu'au bout des ongles: franchise et honnêteté sont chez lui une seconde nature. Élu maire de Kingsey Falls en 1973, son intégrité le force à démissionner quelques mois plus tard. Il craint en effet que les gens ne lui reprochent l'emprise que pourrait avoir Cascades sur le village. Évidemment, la moindre de ses décisions risque d'être mise en doute. Le plus souvent, quand le conseil vote une amélioration, les citoyens ont beau jeu de pointer la société du doigt et d'annoncer que Cascades va être la première bénéficiaire. Il est difficile de faire autrement. Il en est ainsi par la force des choses, dans une ville mono-industrielle. Situation inconfortable donc qui a poussé Laurent à mettre un terme à l'expérience et à retourner à temps complet à ses préoccupations d'homme d'affaires.

Méticuleux, il remplit ses fonctions avec un souci qui vise la perfection. Alors que Bernard, devenu porte-drapeau de Cascades, est au premier plan chaque fois que la société fait la manchette des journaux, Laurent accepte de bonne grâce de rester dans son ombre. Il n'est pas question qu'il lui dispute la première place dans les médias. Il faut garder l'esprit pratique: l'important, c'est que les décisions se prennent encore et toujours à trois têtes.

*　　*　　*

Alain est le plus jeune des trois frères. Né à Drummondville, en mai 1947, il est encore adolescent à l'époque où la famille relance l'usine papetière de Kingsey Falls. Considéré par ses frères dans le projet, il devient second vice-président de Papier Cascades, poste qu'il occupe encore aujourd'hui chez Cascades inc., ainsi qu'au sein de presque toutes les filiales.

Si Bernard et Laurent sont devenus, en quelque sorte, papetiers à la suite d'un concours de circonstances, ce n'est pas le cas d'Alain. Avec la relance de l'usine de Kingsey Falls, il réalise que son avenir est tout tracé. À la fin de son cours secondaire, il choisit de poursuivre ses études à l'Institut des pâtes et papiers de Trois-Rivières. Malheureusement, force lui est de constater qu'il y perd son temps. Les études lui sont pénibles du fait que l'enseignement est surtout théorique, alors qu'il possède déjà une bonne expérience pratique avec sa participation à l'entreprise familiale. Il juge en plus que la matière qu'on y enseigne n'est pas à jour: selon lui, les techniciens de l'usine ont bien quelques années d'avance sur le personnel de l'Institut. Décidé à poursuivre malgré tout sa formation, il demande une modification de son statut afin de devenir étudiant libre. Sa requête étant refusée, il quitte l'Institut et se joint alors définitivement à ses deux frères à la tête de Papier Cascades. On est en 1968.

Deux ans plus tard, après avoir épousé Mariette Laplante, Alain déménage à Kingsey Falls. Le jeune couple fait construire une maison sur l'îlot qui fend les eaux de la rivière Nicolet. C'est là que se situait le magasin général du village aux plus belles années de la société papetière, avant la grande crise des années 30.

Des trois frères, il est celui qu'on voit le plus souvent au siège social de Kingsey Falls. Avec la multiplication des filiales et les maints projets que caresse la haute direction de Cascades, les Lemaire ont bien des difficultés à restreindre leurs déplacements. Il arrive fréquemment que leurs bureaux restent vacants. Quand Bernard et Laurent sont absents, c'est lui qui prend la relève comme porte-drapeau de Cascades. Il arrive de plus en plus souvent, en l'absence de ses mentors, que les gens de la presse écrite, radiophonique et télévisée s'adressent à lui pour obtenir les dernières nouvelles sur l'entreprise ou des commentaires sur l'actualité. À vrai dire, ce rôle de porte-parole ne lui déplaît pas. Au cours des dernières années, il a appris à bien maîtriser le trac qui noue les tripes aux premiers moments d'une conférence ou à formuler clairement la position «officielle» de sa société sur un point précis de l'actualité.

Des trois frères, Alain est celui qui est le plus engagé sur le plan social en Estrie. Il a, entre autres, accepté la présidence d'honneur du Centre des dirigeants d'entreprise, en 1982, celle de la campagne de souscription de la fondation du C.H.U.S., à Sherbrooke, l'année suivante, celle du Salon de la P.M.E. de Mégantic-Compton puis de la campagne de financement de la Fondation canadienne de l'iléite et de la colite, région de Drummondville, en 1985. Il a par ailleurs été président du Club des Lions de Kingsey Falls et siège à titre de trésorier au conseil de l'Association forestière de l'Estrie.

Loin de songer à la retraite (à son âge!), Alain entend rester à la tête de l'entreprise pendant bon nombre d'années encore. Dauphin tout désigné, il est prêt à faire face à la musique. Évidemment, sa présence, une fois que Bernard et Laurent auront quitté, sera le gage de la pérennité de la philosophie Cascades.

* * *

Au fond, s'il faut en croire l'expérience des cascadeurs de haut vol, l'histoire de Cascades est une histoire d'amour: amour du travail fait et bien fait, amour des défis toujours renouvelés, amour d'un idéal jamais renié. Autour de trois frères unis qui partagent les mêmes goûts, les mêmes aspirations, le même avenir, gravitent ces gens qui ont fait leur la philosophie du Respect. On peut bien croire que ce qui contribue à garder leur enthousiasme à vif, c'est simplement de voir grandir l'entreprise, de la sentir prospère et de constater que progressent avec elle les gens qui la font. À leurs yeux, c'est la plus belle des satisfactions. Comme tous les autres cascadeurs, ils sont conscients qu'ils sont maintenant en mesure de profiter des vingt-cinq années d'expérience acquise.

Chapitre 9

Sauver des emplois
pour sauver des régions

L'incendie qui détruit complètement la scierie Fraser, à Cabano en 1966, a des conséquences dramatiques. La majeure partie de la population de cette ville située à mi-chemin entre Rivière-du-Loup et les limites du Nouveau-Brunswick vivait jusque-là des emplois directs et indirects que procurait l'usine. La perte de l'outil de travail s'accompagne évidemment d'un augmentation importante du taux de chômage dans la région et, localement, du marasme économique qui suit inévitablement la réduction de l'emploi disponible. Décidés à faire face à la situation, plusieurs intervenants de Cabano se donnent corps et âme pour relancer un projet quelconque et assurer de nouveaux emplois.

Sept ans passent ainsi, marqués tour à tour par l'espoir et les déceptions. Plusieurs projets voient le jour, certains très sérieux, d'autres moins réalistes. Comme la région du Grand-Portage est reconnue pour la richesse de ses forêts, les habitants voient d'un bon œil tout projet qui se rapporte à l'exploitation du bois. Une nouvelle scierie, comme une usine papetière d'ailleurs, en plus de procurer des emplois en usine, assurerait du travail aux entrepreneurs en coupes de bois. Les porte-parole et autres représentants de la population tentent d'obtenir la collaboration financière du gouvernement du Québec pour chacun des projets présentés. Plusieurs grandes sociétés sont pressenties, certaines élaborent même des scénarios d'investissement. Pourtant, après plusieurs années d'efforts, le bilan reste négatif et l'on n'obtient aucun résultat concret.

Toutes les avenues empruntées ne sont qu'autant d'impasses. C'est pourquoi, finalement, le gouvernement provincial intervient directement dans le dossier. Québec nomme un responsable. Officiellement, sa tâche consiste à trouver une solution au problème de Cabano. Au fond, il s'agit de résoudre définitivement la question afin d'éviter, ni plus ni moins, la disparition de la ville. Lucien Saulnier, à peine s'est-il penché sur le dossier qu'il vient de se voir confier, écarte résolument le projet d'usine papetière de la firme belge Sybetra, jugé irréaliste, et rencontre Bernard pour discuter d'une éventuelle coentreprise entre Papier Cascades inc. et la population de Cabano et de la région.

Son intervention se solde, l'année suivante, par la création de Papier Cascades (Cabano) avec l'aide du gouvernement québécois, de la société d'Investissement Desjardins et de la population de la région de Cabano. Le projet consiste à construire une usine pour la fabrication de carton ondulé à partir de bois des feuillus de la région et de papier de récupération. Depuis lors, la vie est revenue à Cabano; l'usine tourne à plein régime et réalise aujourd'hui bénéfices sur bénéfices. Le rendement est tel que pour augmenter encore le chiffre d'affaires, il faudra installer une seconde machine à papier, la première ayant atteint sa capacité maximale de production. Le succès de l'entreprise s'est traduit, naturellement, par le retour de la prospérité dans la petite ville.

*   *   *

Le redressement de situation effectué à Cabano depuis la venue de Cascades n'est pas exceptionnel, du moins pour la société de Kingsey Falls. Les projets et investissements du groupe ont permis le maintien d'emplois dans de nombreuses autres régions, tant au Québec qu'outre-Atlantique. Ces villes et villages touchés par des difficultés économiques ou menacés de l'être sont presque toujours situés en périphérie des grands centres et leur économie repose sur une seule industrie. L'engagement de Cascades à relancer l'usine est donc, en réalité, un sauvetage en règle. À ce jour, les maîtres-sauveteurs n'ont failli qu'une seule fois. Toujours, ils cherchent le contexte favorable. Il n'est donc pas étonnant que l'histoire de Cascades, surtout depuis l'entrée en Bourse en 1982, compte plusieurs répétitions de l'expérience de Cabano.

C'est le cas d'East Angus, en Estrie, où la société papetière Domtar menace, à plusieurs reprises depuis 1977, de fermer son usine. Au point tournant de l'histoire, en 1982, les employés n'ont plus de sécurité d'emploi: l'avenir de l'entreprise est remis en question. Pour la petite ville estrienne, cette incertitude est inquiétante. Il est évident que la communauté ne se remettrait pas de la perte de l'usine. C'est pour cela que l'arrivée des négociateurs de Cascades dans le dossier est bien accueillie tant par les travailleurs de la Domtar que par la population en général. Lorsque la reprise se concrétise, en août 1982, c'est un soupir général de soulagement. Depuis, personne ne se dit déçu, le nouveau propriétaire sachant «livrer la marchandise», pour reprendre une expression chère à Bernard.

Même scénario à Jonquière et à Joliette. Au Saguenay, la société Abitibi-Price possède deux usines papetières qui se font face, de part et d'autre de la rivière aux Sables. L'une d'elles, située du côté de Jonquière, jugée peu rentable, doit cesser ses opérations. La fermeture, causant la perte de 400 emplois, se ferait durement sentir dans toute la région. Lorsque le propriétaire la met en vente, en mars 1984, Cascades est preneur. Trois ans plus tard, sa survie est assurée. Si les investissements et l'ouverture de nouveaux marchés ont permis de reprendre le chemin de la rentabilité c'est, plus encore, le fait que les gens aient accepté de relever leurs manches et de collaborer avec le nouveau propriétaire qui a permis de sauver ces emplois. À Joliette, où la Canadian Gypsum possède une petite usine de papier pour doublures, l'histoire se répète: au début de 1986, Cascades ajoute une unité de production au groupe et assure le maintien des emplois, sauvant du même coup la région des affres du chômage.

Au Québec, c'est la reprise de l'ancienne usine de I.T.T.-Rayonier, à Port-Cartier, qui est le coup d'éclat du groupe Cascades en matière de sauvetage d'usines. Il faut savoir combien le projet initial de la multinationale américaine est faramineux. Il s'agit de construire, en trois temps, trois usines gigantesques toutes dans la même région. Selon l'entente intervenue entre la société et le gouvernement du Québec, I.T.T.-Rayonier s'est vu octroyer des droits de coupe de bois sur un territoire immense (le dixième du territoire du Québec, l'équivalent du tiers de la superficie de la France). Malheureusement, les concepteurs du projet ont fondé leurs calculs sur l'augmentation du prix du baril de pétrole. La crise de 1973 les laissait confiants. Selon eux, il n'était pas impossible que l'or noir atteigne un sommet de 80 $ le baril avant la fin des années 80. L'histoire a voulu qu'il en soit autrement. En six ans, le complexe industriel de Port-Cartier, géré à bonne distance à partir du siège social d'I.T.T.-Rayonier, situé à New York, ne connaît que des déboires: coûts sans cesse croissants au chantier qui fait du projet un véritable gouffre financier, problèmes administratifs de taille, difficultés monstres sur le plan des relations de travail, gaspillage phénoménal, etc. Rien n'a fonctionné, si bien que la seule solution raisonnable s'impose: Port-Cartier perd 2 000 emplois directs et presque autant d'emplois indirects avec la fermeture de l'usine en 1980. La ville perd la moitié de ses habitants et entre dans une période sombre. Plusieurs années durant, les gens vivent de l'espoir de voir l'usine reprendre ses activités. Quelques projets voient le jour, dont celui de Cascades. À Kingsey Falls, on élabore un projet de reprise dès l'année de la fermeture, mais il faut attendre l'automne 1985 pour que les événements se précipitent. Bernard maintient l'offre de relance de Cascades.

L'usine est l'une des plus fonctionnelles qui soient. C'est en quelque sorte la «Rolls-Royce» des usines papetières. L'unique machine, construite sur trois étages de béton vibré, est presque flambant neuve. Quant à la matière première, elle est abondante et accessible. La forêt de la Côte-Nord est la dernière grande réserve de matière ligneuse au Québec. L'épinette noire, bien que de petite taille, donne une fibre d'une longueur et d'une qualité exceptionnelles. La main-d'œuvre, enfin, est disponible et déterminée. Sept années de vaches maigres ont laissé leurs traces. Même si l'aventure d'I.T.T.-Rayonier a été marquée par l'âpreté des affrontements entre employés syndiqués et patrons, même si la réputation des travailleurs de la région a pu nuire au dossier jusqu'à la reprise de l'usine par Cascades, les ouvriers d'expérience seront au poste sur demande, prêts à mettre la main à la pâte. Ils représentent une main-d'œuvre qualifiée désireuse de travailler. Le contexte est on ne peut plus favorable au succès de la reprise.

À la fin de 1985, Cascades, qui s'est assuré la collaboration de la société d'État Rexfor pour l'approvisionnement en bois, réitère l'offre de rachat de l'usine de Port-Cartier sans rien changer au projet original. Les gouvernements hésitent. On ne sait plus qui, du fédéral ou du provincial, versera les fonds manquants. Après quelques semaines d'incertitude, le projet fait l'objet de discussions entre les premiers ministres Mulroney et Bourassa à l'occasion de leur rencontre de Québec, au début du mois de décembre. Le débat est rapidement clos. Aux premiers jours de janvier, l'offre de Cascades est retenue. L'usine rouvrira ses portes. Port-Cartier est en liesse. On parle de renaissance. Selon plusieurs intervenants, l'arrivée de Cascades est un stimulant de poids. Pourtant, l'usine comptera des effectifs quatre fois moindres que ceux d'I.T.T.-Rayonier. Cela n'empêche pas que l'effet psychologique est majeur: c'est la vie qui revient.

Les conséquences de l'engagement de Cascades en

France, plus particulièrement à La Rochette, où se situe la première usine rachetée par le groupe en Europe, ne sont pas moindres. Au moment de la reprise, des journaux locaux titrent en première page: «Sauvetage d'une vallée savoyarde». Dans ce dernier cas, l'usine est bel et bien sous saisie. Le syndic nommé par le gouvernement a pour mandat de liquider les actifs. La population sait que l'usine fermera ses portes mais cela n'enlève rien à sa détermination, au contraire. L'opposition se fait vive. Face à l'extraordinaire volonté dont les gens font preuve à La Rochette, Maître Roger Rebut passe outre son mandat et décide de chercher un repreneur éventuel. Parmi les candidats se trouvent une dizaine de sociétés papetières nord-américaines, dont Cascades, qui est loin d'être la plus importante; elle est pourtant sur un pied d'égalité avec les géants que sont la Consolidated-Bathurst ou la Canadian International Paper. Pourtant, en ce début de 1985, les gens de Kingsey Falls ont déjà bien fait parler d'eux. Leur renommée a dépassé les frontières du Québec. Les Français n'ont sans doute pas été insensibles à leur réputation de sauveteurs d'usines. À La Rochette, où les Lemaire sont de parfaits inconnus, on apprend bien vite à les connaître. Dès que s'entament les négociations, la confiance s'installe. Pour beaucoup d'employés, le choix est clair: ce sera Cascades et personne d'autre. S'il faut que le projet québécois avorte, les syndiqués n'envisagent pas d'autre solution que de relancer eux-mêmes l'usine. Finalement, l'option Cascades est retenue, pour le bénéfice de tout le monde. Le groupe met de la sorte le pied en Europe – établissant en fait une tête de pont pour faciliter sa croissance ultérieure – et la population de La Rochette considère, non sans un certain étonnement, que le miracle est possible. Dès le mois de septembre, les employés reçoivent un premier chèque de participation aux bénéfices. Les journalistes qui titraient en pariant sur l'enthousiasme en mai avaient raison: la vallée n'est pas morte.

*   *   *

La santé économique de plusieurs régions du Québec repose largement sur les ressources naturelles; la forêt et les mines sont la seule alternative pour des villes nées autour d'une usine ou d'un projet industriel d'envergure. Lorsque, pour différentes raisons, le principal employeur de la région se retire, c'est toujours une majorité de la population qui est atteinte. En effet, à cause des liens étroits qui existent entre les usines de ces régions mono-industrielles et les ressources naturelles, la fermeture de l'une d'elles signifie non seulement de lourdes pertes d'emplois directs à l'échelle d'une ville de dimensions réduites, mais aussi la disparition de beaucoup d'emplois indirects dans les sociétés de services, les entre-prises sous-traitantes, les commerces, la fonction publique, etc. C'est pourquoi, en sauvant un emploi en usine, on assure la survie de plusieurs emplois indirects.

En réalité, les relances d'usines ne touchent pas que les travailleurs du complexe industriel, des sociétés associées d'une façon ou d'une autre ou de la population de la ville ou du village concerné. L'expérience de Cascades à East Angus, par exemple, montre bien l'importance de la proximité d'une métropole régionale. La ville de Sherbrooke et les villes avoisinantes, Bromptonville et Windsor, où se trouvent les usines papetières des sociétés Kruger et Domtar, auraient assurément ressenti la fermeture de l'usine d'East Angus – la ville est située à 25 kilomètres de Sherbrooke –, ne serait-ce qu'au point de vue de l'emploi. Il n'est pas facile, en effet, d'absorber un surplus soudain de 300 ou 400 chômeurs spécialisés.

À East Angus, Cabano et Port-Cartier au Québec, comme à La Rochette ou Blendecques en France, le contexte était tel que la seule interruption des activités de l'usine risquait de n'avoir que des conséquences dramatiques. Que dire alors d'une fermeture! La gravité du problème repose sur le fait que l'activité économique de ces petites villes «de province» repose essentiellement sur une seule usine. La moindre menace de fermeture touche inévitablement l'ensemble de la population locale, voire régionale. Ce phénomène n'est pas inconnu à Cascades; qui peut ignorer ce qui se passerait si les usines du groupe à Kingsey Falls fermaient toutes simultanément leurs portes? La prospérité ne reposerait plus sur grand-chose.

La situation de ces villes à l'économie fragile repose sur le processus d'implantation industrielle qui leur a donné le jour. Elles sont toutes nées autour d'une activité reliée aux ressources naturelles, à l'inverse des grandes villes qui ont favorisé l'industrialisation par la masse des travailleurs qui s'y sont installés. Au siècle dernier, au Québec, les cours d'eau représentaient la seule source importante d'énergie. De très nombreuses rivières ont été aménagées. Des *moulins* ont fait leur apparition sur leurs rives: rivière Nicolet à Kingsey Falls, rivière Saint-François à East Angus, rivière aux Sables à Jonquière; minoteries, *moulins* à lin, usines papetières, scieries ou mines selon la richesse naturelle régionale. Rapidement, autour de ces usines, les industries secondaires s'installent et l'activité économique se développe. Naît ainsi un petit pôle industriel dont l'usine est le centre puisque c'est autour d'elle que la vie s'organise.

La vulnérabilité des villes mono-industrielles est extrême. Il suffit qu'un beau jour, peu importe la raison, l'usine ferme ses portes pour que le château de cartes s'effondre. Ce qui s'est bâti au fil des générations peut disparaître en quelques jours, d'autant plus que les dirigeants des grandes sociétés n'ont pas toujours le souci de l'avenir économique régional. La décision d'interrompre l'exploitation d'une usine peut être liée à son manque de rentabilité, au manque d'intérêt du siège social, surtout quand il est situé à bonne distance de la localité concernée (certaines sociétés ont la lubie de réorganiser périodiquement leurs actifs), à un accident majeur, à un incendie, enfin à mille et un motifs. Inévitablement, la population qui dépend de l'usine, plus ou moins directement, se retrouve en plein désarroi. Il n'est donc pas étonnant que les gens se rebiffent, refusant de voir fondre leurs espoirs et disparaître tout avenir. L'exemple de Cabano n'en laisse en rien à celui de La Rochette, en France; dans le premier cas, nombreux sont ceux qui ont rejeté la fatalité et ont gardé espoir, misant tout sur la reconstruction; en Europe, les travailleurs ont lutté ferme, s'opposant aux forces de l'ordre à l'occasion, pour éviter la fermeture définitive de leur usine. Dans ce contexte, le drame prend rapidement des allures politiques. En multipliant les revendications, les coups d'éclat et autres moyens de pression, les travailleurs parviennent à sensibiliser les responsables gouvernementaux à la précarité de leur situation. Il n'y a plus d'autre choix alors pour les fonctionnaires et les hommes politiques que d'intervenir rapidement.

Commence ensuite la recherche d'une solution viable, qui se traduit souvent par la recherche d'un nouveau promoteur. Ce qu'il faut, c'est un investisseur capable de reprendre l'usine ou d'en créer une autre. Car chaque fois qu'un dossier s'envenime – devient politique en fait –, il n'est plus guère possible de mettre la clé dans la porte et de reléguer aux oubliettes tout un groupe de travailleurs qui ont ameuté l'opinion publique, non plus qu'il est plausible de rayer leur région de la carte industrielle. Nul doute que les pressions politiques sont celles qui ont le plus de poids. Elles jouent aussi en faveur du repreneur éventuel. En effet, on choisit de préférence un promoteur sérieux, c'est-à-dire une société qui a fait ses preuves. (C'est justement pour cette raison que Lucien Saulnier avait rejeté l'important projet de Sybetra à Cabano, puisque la société belge n'avait aucune expérience dans le domaine des pâtes et papiers.) En plus, afin que les chances de succès soient les meilleures possibles sinon tout le bénéfice politique de la reprise n'est que pure perte, l'État fait jouer les mécanismes des subventions, subsides directs, coentreprises ou dégrèvements d'impôt, auxquels s'ajoutent souvent l'intervention des gouvernements municipaux. Cet interventionnisme bienvenu favorise le succès financier du projet, assure la satisfaction de la population et ajoute, qui en douterait, à l'attrait d'une reprise pour la société qui accepte de relever le défi. Tout se met ainsi en place pour que s'engagent à leur tour les repreneurs de la trempe des gens de Cascades.

On peut toujours croire que si Cascades n'avait pas participé à la création d'une usine papetière à Cabano, à la relance des usines d'East Angus, de Port-Cartier, de La Rochette et des autres, d'autres sociétés l'auraient fait à sa place. Rien n'est moins sûr. La concurrence a certainement été vive dans plusieurs de ces cas, mais il n'en reste pas moins que les audacieux se font moins nombreux quand vient le temps de passer aux actes. Les bâtiments d'I.T.T.-Rayonier à Port-Cartier sont restés vides pendant sept ans. Les concurrents avaient le temps d'analyser leurs projets en long et en large, de faire valoir leurs points de vue, d'emporter le morceau s'ils l'avaient vraiment voulu. Même chose à La Rochette où, à 2 francs, compte tenu de l'aide gouvernementale garantie aux repreneurs, la question monétaire n'était sûrement pas ce qui a freiné les entrepreneurs. C'est que les sociétés souffrent aussi, comme les individus, de blocages «psychologiques». Bien que certaines usines menacées puissent s'avérer rentables à moyen terme, surtout lorsque ceux qui la relancent savent faire preuve d'ingéniosité, apporter des remèdes originaux ou mettre en pratique de nouvelles méthodes, il y a toujours quelque crainte qui assombrit le tableau. À Port-Cartier, c'est la question des relations entre travailleurs syndiqués et patrons qui a constitué la principale inconnue. L'administration d'I.T.T.-Rayonier avait dû faire face à une adversité étonnante de la part des syndicats, au point que la réputation de tous les travailleurs de la Côte-Nord en ait souffert. Face à ce genre de menace, Bernard a rappelé qu'il n'avait aucune raison de craindre a priori les syndicats et que Cascades ferait son chemin de la façon habituelle; selon lui, la bonne volonté devrait venir à bout de tous les obstacles. Les autres sociétés candidates à la reprise ne pouvaient-elles pas nourrir les mêmes espoirs, partager les mêmes convictions? Comment les administrateurs de Cascades peuvent-ils prétendre réussir à Port-Cartier, là où ceux de Tembec, entre autres, ont reculé? Si c'est par audace, alors l'appui financier du gouvernement, subventions ou autres, fait partie du trésor de guerre qu'emporte le plus fort... ou le plus audacieux.

*   *   *

Le sauvetage de régions à la façon de Cascades n'est pas à la portée du premier venu. Pourtant, à Port-Cartier, l'investissement initial du groupe n'est que de cinq millions de dollars, alors que l'usine a coûté quelque 320 millions à son promoteur original! Mieux encore, Bernard double la mise pour l'acquisition de la première usine du groupe en France, à La Rochette, quand on lui annonce qu'il faut payer la somme symbolique de 1 franc, c'est-à-dire moins de 25 cents, même pas de quoi payer un café au restaurant du coin. Si ces affaires se traitent à d'aussi bons prix, elles n'en sont pas moins sérieuses. À Port-Cartier comme à Cabano ou à La Rochette, la situation atteint le seuil critique au moment où les Lemaire manifestent leur intérêt pour ces dossiers. Ce n'est plus un repreneur qu'on cherche alors mais véritablement un sauveteur. (Autrement, pourquoi Bernard et ses collaborateurs auraient-ils reçu le titre de «maîtres-sauveteurs»?) Dans ce contexte, la crédibilité de chacun des projets présentés pèse lourd dans le choix des sociétés candidates pour la reprise. N'importe qui peut dépenser 2 francs sans défoncer son budget; moins nombreux sont les entrepreneurs capables de relancer une exploitation de l'importance du complexe de La Rochette. Hormis la question des fonds disponibles pour d'éventuels investissements, il faut tenir compte de la réputation des sociétés intéressées. Sur ce plan, Cascades a toujours – jusqu'à présent du moins – une belle avance sur les autres concurrents. En effet, si le choix de Lucien Saulnier reposait en bonne partie sur la confiance et l'espoir à l'époque de la création de Papier Cascades (Cabano), Maître Rebut sait quant à lui à qui il a affaire quand il considère le projet de Cascades pour l'usine de La Rochette.

Bien sûr, le fait de n'intervenir qu'en dernier ressort, une fois que toutes les autres avenues ont été empruntées sans succès, donne à Cascades un avantage certain. Lorsqu'un dossier atteint les proportions qu'ont connues ceux de Port-Cartier ou de La Rochette, leur importance politique s'accroît. Les gouvernements sont alors plus enclins à intervenir tant sur le plan social, parce qu'il est toujours dramatique de laisser mourir toute une région, que sur le plan financier. Cascades a donc profité, à plusieurs reprises tout au long de sa croissance des dernières années, d'importants subsides gouvernementaux. Lors de la résolution du dossier de Port-Cartier, les journalistes font bien état des largesses des sociétés d'État qui épaulent Cascades et pour tous, Bernard devient «Monsieur subventions». Il est évidemment facile de jalouser les autres quand le succès leur sourit. Pourtant, dans chacun des cas où Cascades l'emporte dans un projet de reprise, les Lemaire ne sont pas seuls sur les rangs. Leurs concurrents ont aussi la chance de peser le pour et le contre, de mesurer les risques à prendre et, le plus souvent, retirent leur candidature. L'audace paye sans doute, s'il faut se fier aux brillantes démonstrations de Cascades, mais encore faut-il en avoir. Et avant même de s'intéresser aux repreneurs possibles, on peut se demander pourquoi les anciens propriétaires ont choisi de se débarrasser d'usines comme celles d'East Angus, de Jonquière, de Joliette. Les solutions apportées par les gestionnaires de Cascades n'auraient-elles pas pu l'être par d'autres? Il est facile de répondre par l'affirmative une fois que le redressement est effectué, mais c'est oublier le contexte même de la reprise.

La réputation, ou plutôt l'expérience des sauveteurs d'usine, est un facteur qu'on ne doit pas négliger. Au Québec, Cascades s'est associée à plusieurs reprises à la société d'État Rexfor, créée par le gouvernement pour mieux gérer les réserves forestières de la province. L'argent investi dans les projets communs a porté ses fruits. L'expérience passée permet de croire que le scénario se répétera à Port-Cartier, où Rexfor est une fois encore partie prenante aux côtés de Cascades. Certains parlent d'opportunisme de la part des

Lemaire; à cela, Bernard répond que l'aide gouvernementale est là pour tous. Ceux qui acceptent de relever les défis, qui qu'ils soient, y ont droit. Il ne faut tout de même pas croire que la porte soit également ouverte à tous. (Qui n'achèterait pas une usine pour le prix d'une tasse de café?) Il suffit de questionner les gens directement concernés, les populations des villes et villages dont la survie est mise en péril par la fermeture prévue de leur usine, pour réaliser à quel point la solution Cascades les satisfait. Effectivement, il vaut mieux miser gagnant. Sur ce point, la réputation des Lemaire et de leurs gens n'est plus à faire. Bien que l'aide et l'argent du gouvernement soient également offerts à tous, autant que les dossiers soient confiés à des gens capables, à ces administrateurs qui ont fait leurs preuves en terrain comparable. Ce n'est pas une garantie absolue de succès mais c'est au moins un moyen raisonnable de faire pencher la balance du bon côté. Ce qu'on ne doit pas oublier non plus, c'est que dans chacun de ces cas, la survie d'une région est l'enjeu de la reprise. L'intervention gouvernementale, dans ce contexte, n'est pas un libre choix mais une obligation; l'argent investi dans ces projets de relance industrielle s'inscrit dans une politique globale de partage des richesses à l'échelle nationale.

C'est que les bénéfices de l'intervention gouvernementale ne se mesurent pas qu'en dollars mais aussi sur le plan social. L'exemple de Port-Cartier est particulièrement probant. Il n'est pas facile de quantifier les bénéfices que tire la ville de la venue de Cascades et des sociétés associées, Rexfor et autres. La seule annonce du déblocage des négociations et de la réalisation certaine du projet de reprise a suffi, avant même que le premier sou ne soit investi, à ramener la confiance et l'espoir dans la région. C'est toute une partie de la Côte-Nord qui reprend vie. La morosité qui perdurait depuis sept ans a soudain fait place à l'optimisme. Alors que la fermeture de l'usine avait provoqué l'exode d'une bonne partie de la population de la ville, la fermeture en cascade de commerces et la disparition de plusieurs services, la seule annonce de la reprise a relancé la spéculation foncière, baromètre de l'optimisme économique: en l'espace de deux semaines, au début de 1986, le prix des maisons a grimpé de 20 %. Pourtant, la situation était à ce point critique que la Société canadienne d'hypothèques et de logement avait mis sur pied une politique de rachat des maisons afin de faciliter le départ des habitants, leur «relocalisation» pour reprendre le vocabulaire des fonctionnaires. Voilà le genre de solution qu'on n'applique que dans les cas où la disparition d'une ville semble imminente.

La réaction positive des gens est d'autant plus spectaculaire que l'attente d'une solution viable est longue. À Port-Cartier, Bernard s'intéresse à l'usine dès la fermeture, sept ans avant le dénouement du dossier. Comme la population de la région, il sait que le complexe est trop important pour tomber sous le pic des démolisseurs. Il est certain qu'il faut que quelqu'un fasse quelque chose; il est évident que le gouvernement interviendra, surtout s'il n'y a pas d'autre solution. Quant à lui, son plan est tout tracé. Au moment du dénouement, il n'a pas changé d'une ligne son projet quand il brave les fonctionnaires et lance un ultimatum aux parties en cause; on est alors aux derniers jours de 1985. La réponse favorable du gouvernement puis le redémarrage de l'usine font boule de neige. Si Cascades investit, disent les rumeurs dans la région, c'est qu'il y a de l'avenir à Port-Cartier. Il suffit qu'un promoteur aille de l'avant pour que d'autres suivent. Pourtant, la relance de l'usine papetière en elle-même ne représente pas un nombre impressionnant d'emplois. C'est surtout l'effet d'entraînement qui est important. Avec la construction du pénitencier fédéral de Port-Cartier, la création de Cascades (Port-Cartier) est un événement moteur sur le plan économique comme sur le plan social. Il existe maintenant une incitation à investir dans la région, qui favorise la diversification des activités économiques et permet aux élus d'affirmer qu'une fois pour toutes, Port-Cartier est véritablement sauvée. Déjà la société Maghemite s'est installée à Port-Cartier et le gouvernement fédéral annonce, en août 1986, l'octroi de subventions pour la construction d'un port en eau profonde dans cette région. C'est cela, la renaissance.

Les Lemaire et leurs collaborateurs doivent-ils en tirer toute la gloire? Pas nécessairement. Aussi habiles qu'ils soient, rien ne garantit absolument le succès de leur entreprise. On l'a souvent répété, le projet d'usine de production de pâte chimico-thermo-mécanique à Port-Cartier a de bonnes chances d'être rentable. «De bonnes chances», dit-on bien, ce qui signifie qu'il faut tenir compte du fait que le marché est passablement chargé et que l'écoulement de la production est loin d'être assuré. «Si l'on réussit à faire de la pâte vraiment blanche, c'est gagné», dit Bernard avec confiance. En une phrase, le problème est cerné et la balle passe dans le camp des travailleurs. L'usine est l'outil de travail et les travailleurs se retrouvent en tête de la chaîne industrielle. «La qualité avant tout», joli slogan qui engage cependant tous les employés à fournir leur part d'efforts pour que l'usine puisse livrer cette pâte «superblanche» que promet Bernard. La volonté des travailleurs fera le succès de l'usine, de pair avec les capacités des gestionnaires du groupe Cascades, capacités qui ne sont plus à démontrer. Ne doutons pas que tout le monde travaillera main dans la main, par nécessité au moins, et que le succès viendra presque assurément. L'effet d'entraînement sera encore plus spectaculaire. Lorsque la prospérité reviendra effectivement à Port-Cartier, tout le monde pourra se frotter les mains après avoir prouvé, une fois de plus avec Cascades, que la bonne volonté peut venir à bout de tous les obstacles et sauver villes et régions.

*   *   *

Profiter du contexte favorable, c'est ce qu'a fait Cascades plus souvent qu'à son tour. Plus d'un administrateur des sociétés concurrentes se mord les doigts d'avoir laissé le champ libre aux Lemaire et à leurs équipiers. L'expansion phénoménale du groupe a en effet reposé en majeure partie sur la reprise d'usines dont personne ne semblait vouloir. Même lorsqu'il s'agit de complexes industriels, les lois du marché valent: quand la demande est faible, les prix sont bas. Cascades a trouvé dans de tels cas matière à croître à prix d'aubaine. Personne, hormis ceux qui pâtissent aujourd'hui de la puissance industrielle du groupe de Kingsey Falls – les sociétés concurrentes essentiellement –, ne le lui reprochera, d'autant plus qu'en assurant sa prospérité, la société a aussi sauvé plus d'une région. Les frères Lemaire ont su mesurer les risques et relever des défis à la mesure de leur ambition. On ne doit pas regretter que leur audace paie, ce qui n'est pas anormal, d'ailleurs.

Aujourd'hui, plusieurs villes et villages du Québec et de France doivent leur survie à l'intervention de Cascades. Si les villes de Schefferville et de Gagnon ont disparu, c'est parce qu'il n'y a eu personne pour prendre la barre et que la relance ne s'est finalement pas faite. Le cas de ces deux villes pourrait ne pas être exceptionnel s'il n'y avait pas ces scénarios de reprises d'usines à la Cascades pour freiner la tendance. De cette façon, personne ne s'en cache, le malheur des uns peut faire le bonheur des autres mais aussi, pourquoi pas, le bonheur retrouvé des uns. Cela, Cascades l'a démontré avec brio à maintes reprises: Cabano, au cœur du Grand-Portage, Port-Cartier sur la Côte-Nord, la vallée savoyarde où niche La Rochette existent toujours et semblent même plus vivantes que jamais.

Chapitre 10

À la recherche de l'usagé

Curieux convoi que celui qui entre à Kingsey Falls, en cette fin d'été 1972. La caravane compte 65 camions, lourdement chargés, partis quelques jours plus tôt du New-Jersey. La machine à papier qu'ils transportent en pièces détachées complète l'usine nouvellement construite de Papier Kingsey Falls, coentreprise née de l'association de la Johns-Manville d'Abestos et de Papier Cascades.

Au cours de l'été 1972, une quinzaine d'hommes de Kingsey Falls, sous la direction de Bernard, se rendent à Hackensack, petite ville côtière du New-Jersey. Mécaniciens et manœuvres doivent démonter l'imposante machine à papier récupérée par Papier Kingsey Falls. Ramenée au Québec et installée dans l'usine toute neuve, elle devrait pouvoir fonctionner de façon satisfaisante pendant quelques décennies encore. C'est que les machines du genre ont une étonnante durée de vie.

Le démontage n'est pas simple à réaliser. En plus de la complexité de la tâche, il faut compter avec les difficultés administratives. L'usine est à cheval sur la ligne qui délimite les territoires de deux municipalités. Une partie des bâtiments se trouve sur le territoire de la ville d'Hackensack, tandis que l'autre est située à l'intérieur des limites de la municipalité de Ridgefield Park. Évidemment, les deux municipalités ont chacune leurs règlements, ce qui pose quelques problèmes. Il est difficile de déterminer, par exemple, à qui revient la responsabilité d'un service lorsque l'équipe de Cascades a besoin de quelque chose. Cela se solde par des délais. À ces tracasseries administratives s'ajoutent les affres du hasard, la nature se mettant elle aussi de la partie. Alors que les travaux sont en cours, une digue cède et la mer envahit l'usine. Le chantier est inondé et il faut attendre la marée basse pour poursuivre le travail.

Sur place, Bernard est le maître d'œuvre. Non seulement il dirige le chantier mais il prend aussi une part active aux travaux. Pour déménager l'énorme machine, qui constitue l'«usine» à elle seule, il faut la *mettre en pièces*. Dans l'aventure, ce n'est pas la distance à parcourir qui étonne – quelque 1 000 kilomètres séparent Hackensack de Kingsey Falls – mais plutôt l'ampleur de la tâche. Le défi consiste à assembler une machine dont le déménagement nécessite l'utilisation de 65 camions. L'ensemble représente un immense casse-tête, un véritable *Meccano*. «J'aurais pu la remonter les yeux fermés», affirme pourtant Bernard aujourd'hui encore.

Une fois le chargement parvenu à destination, chaque pièce est nettoyée puis sablée avant d'être mise en place. Pièce par pièce, la vieille machine rajeunit. C'est à cette occasion qu'est née l'expression «cascader». Dans le langage des gens de Kingsey Falls, cela consiste non seulement à remettre à neuf une machine usagée, mais plus encore à faire d'une vieille machine une mécanique performante. L'expression fait depuis lors partie du vocabulaire de tous les cascadeurs, d'autant plus qu'il y a plusieurs filiales de Cascades qui possèdent une machine «cascadée».

Toutes les sociétés du groupe Cascades se sont en effet manifestées par leur prudence dans leurs politiques d'immobilisation. On cherche encore et toujours à «cascader», à faire du neuf avec du vieux. La récupération n'a jamais été un vain mot pour les cascadeurs. Un peu par tradition, puisque c'est le recyclage qui est à l'origine de l'entreprise de Kingsey Falls, mais aussi par souci d'économie, devenu en quelque sorte une habitude. Cela reste vrai à tous les niveaux. D'abord, la reprise d'usines a longtemps été l'image de marque du groupe et a favorisé son extraordinaire rythme de croissance. Les unités de production, rachetées à prix d'aubaine parce que leurs propriétaires n'en voulaient plus, sont rapidement devenues rentables. Ensuite, il y a évidemment les filiales papetières qui produisent beaucoup à partir de papier et de carton de récupération. Ces usines sont les héritières directes de la Drummond Pulp and Fiber. Enfin, on ne doit pas s'étonner de retrouver les mêmes principes appliqués à la lettre quand il est question de machinerie et d'équipement, à quelques exceptions près. Certaines particularités de l'industrie papetière justifient d'ailleurs pleinement le recours à la machinerie usagée plutôt que l'investissement dans de l'équipement neuf.

C'est que la durabilité des machines à papier a de quoi étonner. Au fil des ans, la mécanique a peu changé. Les principes de construction de ces immenses machines sont les mêmes qu'il y a cinquante ans. Sur une base à peu près identique, peu importe ce que doit produire la machine, viennent se greffer des composantes adaptées aux besoins particuliers de chaque usine. Cela offre de très grandes possibilités d'adaptation et ouvre toute grande la porte à la récupération. Plus encore, l'informatisation de l'équipement n'a jamais représenté d'insolubles défis. L'installation de capteurs et de senseurs gérés par ordinateur ne requiert pas de modifications importantes. Grâce à cela, des machines de plus de cinquante ans, devenues désuètes, connaissent une seconde jeunesse et redeviennent performantes. La preuve en a été faite à Cabano, où Cascades a construit une usine en participation avec la S.D.I., Rexfor et la population locale en 1973. Cette unité de production fut dotée d'une machine usagée de marque Dominion, achetée à Kapuskasing, en Ontario, et transportée sous la direction de Bernard. Elle était installée dans une usine de papier journal et dut subir de nombreuses transformations pour répondre aux besoins de

Papier Cascades (Cabano), qui allait l'utiliser pour fabriquer du papier à cannelures. À la suite des nombreuses améliorations dont elle a fait l'objet au fil des ans, cette machine se compare aujourd'hui, sur le plan du rendement, aux meilleures unités du monde. On considère même, à la direction de Papier Cascades (Cabano), qu'on a atteint un niveau de performance maximal. Autrement dit, la manœuvre qui consiste à faire du neuf avec du vieux, même si elle s'étale sur quelque dix ans, a si bien fonctionné dans ce cas que l'unité de production plafonne!

Est-ce à dire que le monde du papier n'a pas évolué depuis plus d'un demi-siècle? Pas du tout puisque les changements technologiques survenus dans l'industrie sont nombreux. Cependant, ils portent presque essentiellement sur les produits. Alors qu'on peut facilement utiliser les mêmes machines, on ne produit plus la même pâte ni le même papier. Dans ce contexte, il n'est pas étonnant qu'on choisisse le plus souvent d'investir beaucoup d'argent dans la modernisation de l'équipement au lieu de remplacer des machines qui ont pris de l'âge par d'autres flambant neuves mais incroyablement chères.

Au point de vue financier, la récupération offre des avantages évidents. La récupération de machines à papier usagées limite l'importance des investissements et les risques à courir. «Le plus souvent, l'achat de machines neuves ne se justifie pas, explique Laurent. Il en coûte quelques centaines de milliers de dollars pour remettre en marche une vieille machine alors qu'il faudrait investir 30 millions de dollars au moins pour avoir l'équivalent en équipement neuf.» À cent fois moins cher, il est certain que le risque en vaut la chandelle. Quel risque, au fait? Presque nul selon les Lemaire, qui considèrent qu'une machine à papier est à peu près inusable et, une fois remise à neuf, d'une fiabilité tout à fait comparable à celle d'une machine neuve. Voilà pourquoi la récupération est un mot d'ordre chez Cascades: il suffit de retaper ou de modifier au besoin les machines à papier au lieu de les remplacer par du neuf. L'application de ce principe a permis d'économiser des sommes substantielles que Cascades a pu utiliser pour accélérer sa croissance.

Toutefois, le principe n'est pas toujours facile à mettre en pratique. Le déménagement d'équipement usagé n'est pas une entreprise de tout repos. Mises à part les dimensions impressionnantes des machines à papier, il faut aussi, parfois, compter avec des difficultés qui n'ont rien à voir avec la complexité mécanique. À Ocean-Falls, en Colombie-Britannique, où Bernard a déniché une machine à papier-serviettes, la population réagit à la présence de ceux qu'elle considère comme des «charognards». Le déménagement de la machine met définitivement un terme à l'exploitation de l'usine qui assurait la survie du village. C'est dans une atmosphère tendue que Bernard et ses hommes démantèlent l'équipement qui doit être transporté par barges jusqu'à Vancouver. De là, la machine est expédiée à Kingsey Falls puis installée dans l'usine des Industries Cascades où elle sert, aujourd'hui encore, à la fabrication de papier-serviettes.

Il n'est pas non plus toujours possible de faire du neuf avec du vieux. «Cascader» n'est pas une solution miracle qui s'applique à toutes les sauces. À Rockingham, en Caroline du Nord, la machine à papier de l'usine de Cascades Industries a été achetée neuve à Trois-Rivières. Dans ce cas, c'est la distance qui a imposé l'installation d'équipement neuf. Comme le disent les employés du service de l'entretien: «Plus c'est loin, plus c'est difficile à cascader». Une machine remise en état présente toujours un certain risque de bris, surtout en période de rodage. À près de 2 000 kilomètres de Kingsey Falls, la mise en marche et l'entretien d'une machine usagée aurait représenté un risque d'une telle ampleur que même les substantielles économies de la récupération ne pouvaient le justifier. Bernard sait bien qu'à défaut d'investir d'importantes sommes d'argent, c'est en temps de travail qu'il faut compenser. À Cabano, il a vécu deux ans dans une maison mobile pour superviser les travaux de construction de l'usine, l'installation et la mise en marche de la machine à papier achetée d'occasion à Kapuskasing, en Ontario. À

Kingsey Falls, Bernard, Laurent et Alain ont passé plus d'une nuit blanche les deux mains dans le cambouis à remettre une machine en état, travaillant à triple vitesse pour limiter le temps d'arrêt de la production. Combien de fois maman Lemaire s'est-elle plaint de voir ses garçons dormir aux côtés des machines à papier!

Et encore, il s'agit de machines à papier. Les trois frères sont avant tout des papetiers et tant qu'on reste dans leur domaine, ils sont difficiles à battre. L'enthousiasme avec lequel ils se sont lancés dans la reprise d'usines en Europe s'explique bien puisque les unités de production reprises appartenaient à La Rochette-Cenpa, importante société papetière française. Cependant, avec la diversification de ses intérêts, Cascades fait de plus en plus d'incursions dans d'autres secteurs de l'industrie. Tant et aussi longtemps que les trois frères seront directement concernés par l'installation d'une machine usagée, il vaut mieux ne «cascader» que dans le domaine papetier, où le principe a depuis longtemps fait ses preuves. D'ailleurs, la longévité de la machinerie est une particularité de l'industrie qu'on ne retrouve pas systé-matiquement partout ailleurs. C'est pour cela qu'à Drummondville, à l'occasion de l'installation de l'unité de production de Cascades P.S.H., coentreprise avec la firme française Béghin-Say, les machines ont été achetées neuves. Les normes de qualité sont autres que celles qui sont en vigueur pour la fabrication du carton, par exemple, puisqu'il ne s'agit plus de livrer de la matière première mais un produit fini. La marque de commerce Vania identifie des produits haut de gamme; la pâte à bourre qui entre dans leur fabrication est de qualité supérieure. Le contexte est bien différent de tout ce qu'on avait connu jusque-là chez Cascades. Dans ces conditions, faire du neuf avec du vieux aurait été prendre des risques inutiles. C'est donc dire qu'on ne «cascade» pour l'instant que dans ce qu'on connaît le mieux.

*   *   *

Ce n'est pas d'hier que Bernard, Laurent et Alain se sont découvert un penchant pour la récupération de machines usagées. Bien avant la naissance de Papier Cascades, ils ont été à bonne école avec leur père. Ce dernier poussait même le principe à l'extrême. À entendre parler Bernard, il réalisait bien souvent des économies de bouts de chandelles en faisant mille détours pour parvenir à un résultat tout juste satisfaisant. Cela a toutefois eu du bon. Les fils ont appris à faire face aux problèmes mécaniques, à relever d'impossibles défis. Avec le temps, l'habileté est devenue aptitude. Sur ce plan, Bernard n'a pas son pareil. Il a appris à percevoir avec une rapidité inouïe ce qui fait la valeur d'une machine. Devant une mécanique vétuste, sale ou mal entretenue, il parvient à mettre sans hésitation le doigt sur le problème. En un rien de temps, il sait quelles sont les modifications à apporter pour faire d'une vieille machine un équipement non seulement fonctionnel mais rentable. À l'usine de La Rochette, en France, les employés n'ont pas oublié sa première visite. «À le voir courir d'un bout à l'autre de la machine, mettant la main *dans* la pâte, personne ne pouvait deviner qu'il s'agissait d'un p.-d.g.» Devant l'imposante machine Voigt, c'est le coup de foudre: «Il n'y en a pas cinq au monde comme celle-là», explique Bernard pour justifier son enthousiasme. Parti visiter l'usine sans trop croire au projet, il est revenu gagné par l'idée d'une éventuelle reprise. Dès la première visite, il s'est fait une bonne idée de ce qu'il faudra changer. Il comprend ce qui cloche, pressent la bonne affaire. L'étonnant redressement financier de l'usine, qui n'a pas tardé après le rachat par Cascades, lui a donné raison. Pourtant, l'unité de production avait été condamnée par l'ancien propriétaire, la société papetière La Rochette-Cenpa.

L'intelligence mécanique de Bernard a longtemps été un atout dans la recherche et la récupération de machines usagées. Jamais il n'a craint l'ampleur de la tâche quand il s'est agi de retaper une vieille machine à papier. C'est comme cela que l'aventure a débuté à Kingsey Falls, où l'usine avait cessé ses activités plusieurs années avant qu'Antonio

Lemaire s'y intéresse. Avant cela même, Bernard avait tenté de tirer parti de ses capacités, avec un succès pas toujours égal. Les premières années de Cascades inc. n'ont pas été faciles; l'avenir se limitait toujours à la fin du mois. Il fallait compter serré. C'était le défi de Fernand Cloutier à la comptabilité. Il n'était évidemment pas question d'investir à coups de millions de dollars. L'aptitude de Bernard était un des atouts de la jeune entreprise. Forte de cela en effet, l'équipe de Cascades a pu profiter de maintes occasions d'affaires et lancer de nouvelles usines à peu de frais.

L'expansion à prix réduit n'est pas encore parvenue à son terme. Rien n'empêche en effet que l'histoire se répète maintes fois encore, d'autant plus que sur ce plan, Alain ne cède en rien à son frère. Il partage avec son aîné cette aptitude mécanique essentielle aux repreneurs de leur trempe. Comme lui, il peut remonter pièce par pièce une machine à papier après l'avoir mise en morceaux, sans numérotation préalable! Si Bernard a hérité de l'esprit inventif de son père, Alain n'est pas en reste. À moins de changements radicaux à la direction de l'entreprise, Cascades ne risque pas encore de perdre l'esprit de récupération qui l'a caractérisée jusqu'à maintenant.

Les trois frères, et tous les gens de Cascades, sont redevables à Antonio Lemaire du principe de la récupération, devenu pierre angulaire du groupe. C'est en lui que Bernard, Laurent et Alain reconnaissent le «patenteux de génie» qui est à l'origine de l'idée qui a fait Cascades. Il reprenait, pour son compte et à sa façon – mettant l'emphase sur la première partie de la citation, question de mieux l'adapter – les mots de Pascal: «Rien ne se perd, rien ne se crée.» Lui, justement, cherchait à créer avec ce qui risquait de se perdre. Par l'intermédiaire d'un ancien associé, qui du reste avait favorisé ses intérêts propres plutôt que ceux de leur coentreprise, Antonio apprend qu'un certain Lacroix, Québécois exilé en Alberta, possédait une machine à mouler la pâte qu'il était disposé à vendre. C'est le genre de machine dont le nombre est si faible au pays qu'il se compte sur les doigts de la main.

La nouvelle paraît donc incroyable et les fils refusent d'y croire avant d'avoir pu juger *de visu*. Sur place, ils doivent se rendre à l'évidence et convenir que l'affaire est bonne. Les Lemaire rachètent la machine et l'installent à Kingsey Falls. Ils se lancent ainsi dans la fabrication de contenants à œufs en pâte moulée. Comme la matière première est abondante chez Cascades, qui vit alors du principe de la récupération de papier et de carton, l'approvisionnement est assuré et peu coûteux. Dès le début, les affaires vont bon train et la marge bénéficiaire est intéressante. Grâce à cela, pendant un temps, la division des pâtes moulées s'est avérée être la «vache à lait» du groupe, ce qui n'a jamais manqué d'être apprécié, surtout en période difficile.

C'est la plus belle preuve de la valeur du principe de la récupération sur le plan de l'immobilisation. Aussi difficile que soit celui-ci à mettre en pratique, le risque en vaut la chandelle. Comme le précise Laurent, le prix d'achat de l'équipement usagé, même si on ajoute les quelques millions de dollars nécessaires au déménagement et à la remise en état, n'a aucune commune mesure avec le coût d'acquisition d'une machine neuve. C'est pourquoi, tant et aussi longtemps que le contexte le permettra, les gens de Cascades continueront à «cascader» à qui mieux mieux.

Chapitre 11

Le marché est au sud

Ce matin doux du mois de mars 1986, Bernard, Laurent et Alain sont tous trois au siège social de Cascades. Ce n'est pas chose fréquente; il est de plus en plus rare de trouver les trois frères ensemble aux bureaux de Kingsey Falls. Le nombre et la dispersion géographique des usines ne leur facilitent pas la tâche. Il arrive souvent que l'un d'eux, au moins, soit parti en tournée. Ce matin-là fait toutefois exception. Les Lemaire comptent en profiter pour discuter de plusieurs projets qui sont encore en plan dont un, en particulier, n'est pas banal. C'est qu'au siège social de Cascades, on s'interroge sur l'intérêt qu'il peut y avoir à prendre part à un encan. La vente aux enchères doit avoir lieu à Niagara Falls, du côté américain de la rivière Niagara, dans l'État de New York.

L'équipement mis en vente comprend six machines à papier. Si les deux premières sont bonnes à jeter à la ferraille, les deux autres sont «cascadables». C'est-à-dire qu'elles sont non seulement en assez bon état pour fournir des pièces de rechange mais pourraient aussi, à la rigueur, être remises en état de marche. Finalement, les frères décident que l'occasion est trop belle pour la laisser passer. Un coup de téléphone suffit à confirmer l'intérêt de Cascades. Quelques semaines plus tard, Alain se rend sur place. Lors de la visite, un courtier de Toronto l'aborde pour lui proposer une bonne affaire; selon lui, il est possible de tout acheter d'un bloc. La transaction est réglée en moins de deux: Cascades emporte le tout.

Conclusion rapide, victoire facile... trop sans doute puisque la direction de Cascades ne sait pas encore ce qu'elle fera de sa dernière acquisition. Par ailleurs, les bâtiments dans lesquels se trouvent les machines appartient à la ville de Niagara Falls et n'ont pas de vocation arrêtée. C'est l'une des raisons qui pousse la direction, à Kingsey Falls, à considérer finalement la possibilité de relancer carrément l'usine. À partir de là, on entreprend des négociations avec les autorités municipales de Niagara Falls. Ainsi, après plus d'un an de tractations, Cascades (Niagara Falls) voit le jour. Deux machines sont envoyées à la ferraille, une autre est vendue tandis que la quatrième est expédiée à Kingsey Falls. Les deux dernières machines restent en place et la production reprend à l'usine.

La nouvelle filiale américaine du groupe s'ajoute à Cascades U.S.A., Cascades Industries et Cascades Moulded Pulp. Ces trois sociétés ont toutes été créées dans le même but, celui de favoriser la percée américaine des usines membres du groupe en facilitant l'écoulement de leur production aux États-Unis. La proximité des marchés, leur ampleur et leur importance expliquent l'intérêt que les Lemaire attachent à la progression du chiffre d'affaires outre-frontière. Car, c'est évident, l'essentiel du marché nord-américain est au sud.

*　*　*

L'industrie papetière, à laquelle le groupe Cascades est pour l'instant intimement lié, compte pour une part importante dans l'économie canadienne. Ses fluctuations cycliques influencent largement les indicateurs économiques. Au Québec, son importance est encore plus grande. Car la province est réputée pour la qualité de son bois, qui donne des fibres d'une exceptionnelle longueur. Il n'est pas étonnant que la vie de chantier ait longtemps fait partie de la tradition chez ses habitants. Même si l'on peut déplorer le peu d'attention que les gouvernements ont accordé par le passé au secteur forestier, il faut reconnaître que la sylviculture, la coupe du bois, le sciage et la fabrication des pâtes et papiers, en plus des activités de quelques industries connexes et de moindre importance, occupent encore les tout premiers rangs parmi les activités économiques au pays.

Les chiffres ne mentent pas. Si l'on exclut la région administrative du grand Montréal, les sommes d'argent consacrées au secteur forestier représentent environ 40 % de l'ensemble des investissements manufacturiers réalisés au Québec chaque année. L'industrie des pâtes et papiers, à elle seule, compte pour les neuf dixièmes de ce pourcentage! Ces statistiques n'ont rien d'exceptionnel; depuis la fin de la dernières crise économique, en 1983, les investissements ont dépassé le milliard de dollars chaque année. La construction de nouvelles usines ou l'amélioration des usines existantes amènent, incidemment, un accroissement sensible de la production. Les 60 usines papetières que compte le Québec mettent en marché, annuellement, plus de huit millions de tonnes de matières premières ou de produits finis, pour une valeur qui dépasse les six milliards de dollars. On comprend facilement que le marché québécois, fort restreint avec ses six millions d'habitants, ne peut à lui seul absorber une telle production.

Bien avant le reste du Canada, qui s'étale à n'en plus finir à l'est et à l'ouest de la province, ce sont les États-Unis qui présentent un débouché naturel pour la production papetière québécoise. La province n'est pas la seule dans cette situation; il en est de même partout ailleurs au pays. Les distances qui séparent les grandes agglomérations cana-diennes sont de loin supérieures à celles qu'il faut franchir pour atteindre les principaux marchés américains. Côté coûts, la question ne se pose même pas de savoir quelle direction prendre. Les statistiques parlent d'elles-mêmes: les États-

Unis sont, avec une bonne longueur d'avance sur les autres, le principal client du Québec pour les pâtes et papiers. Les Québécois n'utilisent que le sixième de la production provinciale, en écoulent autant sur l'ensemble des marchés canadiens, alors que les deux tiers restants prennent la route du sud. Les États-Unis achètent, à eux seuls, six fois plus de produits papetiers québécois que tous les autres pays du monde réunis. Les chiffres correspondent, à peu de choses près, pour tous les secteurs de l'industrie papetière. Les trois quarts de la production québécoise de papier journal, par exemple, prennent le chemin des États-Unis[1]. Le New York Times, l'un des plus grands consommateurs de papier journal au monde, est même copropriétaire de l'usine de Chandler, en Gaspésie, dont il achète la totalité de la production. Près des deux tiers du bois de sciage sont écoulés outre-frontière. Quant aux pâtes papetières, c'est 44 % de la production annuelle qui est vendue aux États-Unis.

Évidemment, le groupe Cascades n'échappe pas à la règle. Comme toutes les autres sociétés papetières, ses filiales se sont tournées vers le marché américain pour accroître leurs débouchés. Papier Kingsey Falls, par exemple, y exporte 60 % de sa production, Papier Cascades (Cabano), 40 %, et Cascades (East Angus), 15 %. Dans le cas de Cascades Industries, dont l'usine est installée à Rockingham, en Caroline du Nord, c'est la totalité de sa production qui est vendue aux États-Unis.

Les sociétés québécoises et canadiennes ne peuvent donc ignorer cet important marché qui représente une masse de plus d'un quart de milliard de consommateurs. Mais quel est son avenir? Du point de vue strictement québécois, il y a de quoi se réjouir. Si on ne considère que l'industrie des pâtes et papiers, les perspectives sont encourageantes pour les

---

1. Le Québec n'écoule localement que 7 % de sa production de papier journal – qui représente, dans son ensemble, un peu plus de la moitié de la production totale de l'industrie des pâtes et papiers. Il en vend une quantité équivalente dans les autres provinces canadiennes, puis 10 % de sa production à travers le monde. Les 76 % restants vont inonder le marché américain!

producteurs étrangers au pays. Dans ce secteur, il y a belle lurette que l'expansion est freinée aux États-Unis. Les possibilités de construction de nouvelles usines papetières sont très limitées. C'est pour cela que les économistes ne prévoient pas d'augmentation importante de la production nationale de pâtes et papiers, tandis qu'ils s'accordent pour affirmer que la consommation va continuer à augmenter année après année. Donc, à défaut de pouvoir répondre à la demande domestique, les producteurs américains devront inévitablement avoir recours à l'importation.

Les avantages du Québec et des autres provinces canadiennes par rapport aux États américains résident dans la qualité du bois qu'on y produit. La forêt septentrionale donne des arbres à pousse lente, aux fibres longues. L'épinette noire est particulièrement recherchée. Avec cela, les producteurs sont à même de fournir une pâte qui est considérée comme la meilleure au monde. C'est ce qui explique, d'ailleurs, l'intérêt des papetiers pour les réserves forestières de la Côte-Nord. Ce n'est évidemment pas par pur hasard que la direction d'I.T.T.-Rayonier avait jeté son dévolu sur Port-Cartier et Natashquan.

Devant l'incapacité prévisible des Américains à satisfaire leurs propres besoins en matière de pâtes et papiers, la course est ouverte chez les grands producteurs. Les Suédois dominent le marché mondial et entendent ne pas se laisser damer le pion en Amérique. Toutefois, le Québec aussi est aux premières lignes, favorisé par la proximité géographique et la possibilité d'un marché nord-américain libre de toutes barrières tarifaires.

*   *   *

Dans ce contexte de libre concurrence, Cascades aussi est prête à relever le défi. Les Lemaire n'en sont pas à leurs premières armes aux États-Unis avec la relance de l'usine papetière de Niagara Falls. Déjà, à la fin des années 50, Bernard parvenait à écouler une partie de la matière première récupérée par la Drummond Pulp and Fiber à des clients américains. Par la suite, Papier Cascades a toujours exporté une bonne partie de sa production. Puis, plus récemment, le groupe Cascades a pu s'enorgueillir d'avoir pignon sur rue chez les Américains. D'abord à Rockingham, en Caroline du Nord, puis à Baltimore, au Maryland et, plus récemment, à Niagara Falls, dans l'État de New York.

Les Industries Cascades s'implantent directement aux États-Unis en créant une filiale, en 1983. Selon les termes de l'entente initiale qui lie Cascades à son associée, il est convenu que la nouvelle coentreprise produira la matière première tandis que P.H.A. Industries, filiale à part entière de Wyant, se chargera de façonner le papier essuie-mains et de le mettre en marché. Pour s'assurer une percée significative outre-frontière, les sociétés associées choisissent d'acheter une usine à Rockingham, à une centaine de kilomètres au sud-est de Charlotte, en Caroline du Nord. Les installations, abandonnées trois ans auparavant, sont occupées par Cascades Industries, qu'on a baptisée du nom américanisé de la coentreprise québécoise. Dès le départ, il est décidé que la totalité de la production de cette dernière sera vendue à une filiale américaine de Wyant, selon le même principe que celui retenu pour le Canada.

Avec la naissance de la nouvelle société américaine du groupe, la coentreprise canadienne, Les Industries Cascades, limite son marché au Canada seulement. C'est Cascades Industries, sa jumelle, qui doit servir le marché américain. Pour simplifier les choses et accroître l'efficacité du scénario retenu, la filiale américaine de Wyant responsable de la transformation et de la mise en marché s'installe aussi dans les bâtiments mêmes de l'usine, à Rockingham.

Bien pensé, le mariage est toutefois de courte durée. Alors que bonne entente et efficacité règnent au nord du 45e parallèle entre Cascades et Wyant, les difficultés se multiplient outre-frontière. Le façonnage et la mise en marché sont déficients et le chiffre d'affaires s'en ressent. Devant une situation qui se dégrade constamment, les gens de Cascades décident d'intervenir. En avril 1986, la société de Kingsey Falls se porte acquéreur de la totalité des actions de Cascades Industries. Tout bien considéré, les Lemaire choisissent de faire cavaliers seuls et mettent aussi la main sur l'unité de transformation, installée à l'usine, puis prennent la responsabilité de la mise en marché. Depuis ces grandes manœuvres, la situation s'est radicalement améliorée.

Cependant, il ne faut pas croire que la tâche a été facile et que tout est allé comme sur des roulettes à partir du moment où Cascades a pris seule le fardeau. Le fossé qui sépare la théorie de la réalité est parfois très large. À Rockingham, la reprise a donné du fil à retordre à la direction de la filiale. L'essentiel du défi a consisté à mettre sur pied un réseau de mise en marché couvrant l'ensemble du territoire américain. Cela n'a pas été une mince affaire, d'autant plus que Cascades n'a aucune expérience en la matière. Les succès obtenus sont de bon augure et l'expérience a de bonnes chances de servir à d'autres filiales de Cascades. La direction de Cascades-P.S.H., par exemple, dont l'usine est située à Drummondville, envisage de lancer les produits *Vania* aux États-Unis; Plastichange aurait aussi intérêt à faire le saut à son tour de l'autre côté de la frontière, où l'attend un marché gigantesque. Mais rien n'est gagné d'avance. Avant de multiplier à souhaits les chiffres d'affaires, il faut franchir une barrière psychologique qu'on ne peut en aucune façon ignorer.

C'est précisément ce genre de difficultés qui poussent Laurent, en 1986, à établir un projet d'usine de pâte moulée aux États-Unis. Il espère ainsi lutter efficacement contre les réticences des Américains à acheter des produits *Made in Quebec* en leur servant du *Made in U.S.A.*! Car c'est ça, la «barrière psychologique». Sans qu'on ne sache trop pourquoi, les Américains voient d'un mauvais œil les produits fabriqués au Québec. La direction de Plastichange est bien au courant du problème! Celle de Cascades-P.S.H. risque aussi de s'y frotter un jour ou l'autre. Au fond, ce n'est pas une question de qualité mais plutôt l'expression d'un certain chauvinisme économique. Il semble qu'aux yeux des consommateurs américains, ce qui vient du Québec n'est ni anglo-saxon, ni *american*. Importer du château fort de la francophonie en Amérique du Nord serait alors importer de l'étranger, au même titre que les achats effectués en Europe, au Japon, en Corée ou partout ailleurs dans le monde à l'exception du Canada anglais. Pour passer outre ce blocage, les Québécois ont recours à la seule méthode valable. Ils cherchent à accéder au marché par l'intérieur. Ainsi, le projet de Laurent mène à la création de Cascades Moulded Pulp, qu'on installe dans l'usine de Rockingham avec Cascades Industries.

Comme ce genre de manœuvre de détournement fonctionne à merveille, il faut l'appliquer systématiquement. En ce qui concerne l'industrie des pâtes et papiers, l'enjeu est énorme. La prospérité des entreprises québécoises passe nécessairement par le marché américain. Les États-Unis sont les plus gros consommateurs de papier au monde. On ne peut pas raisonnablement répondre au chauvinisme économique des Américains en boudant leur marché sous prétexte qu'il est trop difficile d'y percer. Il faut relever le défi. Avec la perspective d'une libéralisation effective des échanges économiques entre le Canada et les États-Unis, nombreux sont les industriels qui espèrent que les difficultés s'aplanissent.

Ont-ils raison d'espérer? Rien n'est certain. Bien que le marché américain soit le plus considérable qui s'offre à l'industrie papetière, il est aussi largement dominé par les sociétés nationales, dont on ne peut négliger l'importance ni le poids économique et politique. Comme au Canada, l'industie des pâtes et papiers pèse d'un bon poids dans l'économie des États-Unis. Quelle concurrence en perspective! Dans un contexte de libre-échange, on peut se demander si le Québec sera vraiment favorisé. Quand seule la loi du plus fort vaudra – à moins que ce ne soit celle du plus audacieux –, chacun ne pourra plus compter que sur soi. «Autrement dit, selon les mots de Bernard, nous devrons être les meilleurs sinon nous serons perdants.» Ce qui est certain, et qui peut en inquiéter plus d'un, c'est que sans barrières tarifaires et autres mécanismes de protection des marchés, les chasses gardées canadiennes sont appelées à disparaître. Heureusement, disparaîtront aussi avec elles les barrières qu'imposent les Américains. Car le *Made in Quebec* qui handicape les producteurs québécois n'aura guère plus de sens à ce moment-là que les *Made in Canada* et *Made in U.S.A.* qui identifient aujourd'hui les productions canadienne et américaine; il faudra remplacer tout cela par *Made in North America*. Alors, les chances seront égales pour tous au départ.

* * *

Ce genre de théorie est sans doute ce qui sous-tend le raisonnement de Bernard, qui ne voit qu'une solution aux problèmes soulevés par le libre-échange, celle du rendement: «Il faut être efficace. Battons-nous et nous allons réussir; nous avons les outils pour réussir», dit-il devant les membres de la Chambre de commerce des Bois-Francs à la fin de 1985, alors qu'il est conférencier invité, avec Laurent et Alain. À cette époque, la question de la libéralisation des échanges entre le Canada et les États-Unis fait des gorges chaudes, soulevant beaucoup d'inquiétude du côté canadien de la frontière. Bernard profite de la tribune qui lui est offerte pour prendre clairement position en faveur du libre-échange. À plusieurs reprises, devant les journalistes, il confirmera pourtant par la suite qu'un marché libre menacerait quelque 14 % du chiffre d'affaires du groupe Cascades. Il prend néanmoins soin de préciser, chaque fois: «Le libre-échance cause des problèmes pour certains produits de Cascades, mais il faut savoir s'ajuster. Quand on protège des industries par des moyens artificiels, ces industries ne sont pas aussi efficaces.» Savoir s'ajuster, on ne peut douter que les Lemaire le fassent parfaitement bien. C'est un jeu où Cascades partirait gagnant. Car une fois débarrassés des artifices du protectionnisme, les échanges commerciaux entre les deux pays reposeraient sur la simple concurrence. Autant dire que le marché reviendrait enfin aux gens d'affaires et ne serait plus aussi largement influencé – voire dominé – par la politique et les gens qui la font. Dans de telles conditions, qualité et efficacité compteraient plus que tout autre critère dans le succès d'une entreprise. D'où l'engouement de Bernard, qui voit dans l'Amérique du libre-échange un immense champ libre pour Cascades, «une occasion favorable pour les plus efficaces et pour ceux qui sauront s'adapter aux nouvelles conditions du marché»!

Il ne faut pas croire que l'ensemble des dirigeants de l'industrie papetière canadienne abordent cette question avec un esprit aussi ouvert. Face aux perspectives d'un libre-échange économique, leur objectif premier consiste surtout à maintenir leurs acquis. C'est pourquoi ils prônent plutôt le *statu quo* que des changements radicaux. Dans un marché contrôlé et réglementé, l'industrie canadienne n'a pas d'autre choix que de lutter contre les mesures protectionnistes des Américains, mais elle peut au moins, en même temps, compter sur l'aide d'Ottawa. Le gouvernement fédéral a en effet la possibilité d'intervenir pour faire contrepoids aux succès des lobbyistes américains en votant des mesures compensatoires pour les producteurs canadiens.

Rien ne va plus cependant lorsque les industriels disent souhaiter la disparition des barrières tarifaires tout en refusant de perdre les avantages d'une intervention gouvernementale directe. Évidemment, advenant un libre-échange réel et effectif entre le Canada et les États-Unis, les Américains seraient à court de moyens pour restreindre l'accès des Canadiens à leurs marchés. Du même coup, les producteurs canadiens n'auraient plus, eux non plus, d'autres armes que la qualité de leurs produits et l'efficacité de leurs entreprises pour accéder à un marché qui s'étendrait sur l'ensemble du continent. Voilà pourquoi rien n'est gagné d'avance ni pour les Canadiens ni pour les Américains.

Les enjeux ne sont pas négligeables. Certains défenseurs du libre-échangisme prétendent que ce n'est que le dixième des échanges commerciaux entre les deux pays qui serait touché, les neuf dixièmes restants faisant déjà l'objet d'une circulation libre de part et d'autre de la frontière. Néanmoins, même en divisant par dix les 150 milliards de dollars de biens et services qui franchissent annuellement la frontière, c'est un chiffre d'affaires de 15 milliards qui est remis en question. Une bonne partie de cette somme concerne directement le secteur des pâtes et papiers. On comprend que les dirigeants de l'industrie papetière citent leur propre cas en exemple lorsqu'ils parlent des avantages et des inconvénients que présentent la situation actuelle du marché contrôlé et celle d'un éventuel marché libre.

L'industrie des pâtes et papiers est l'une des plus menacées par une entente commerciale de l'envergure de l'accord de libre-échange que visent Canadiens et Américains. C'est que l'exiguïté des marchés québécois et canadien force les producteurs forestiers et papetiers du Québec à exporter. Bien sûr, une bonne part de leur production est écoulée sur les marchés internationaux, qui représentent un total de 50 milliards de dollars de chiffre d'affaires par année (chiffre qui ne tient pas compte des marchés intérieurs). Les ventes du Québec représentaient, en 1981, plus de 3 milliards de dollars de produits, expédiés dans 50 pays à travers le monde. Mais de tout cela, ce sont les États-Unis qui en absorbent la majeure partie.

Malgré cela, de tous les produits des industries forestière et papetière qui s'échangent entre le Canada et les États-Unis, une très bonne partie passe la frontière sans aucune contrainte. C'est le cas du bois d'œuvre, du papier journal et des pâtes à papier. Par contre, d'autres produits font l'objet d'une protection tarifaire susceptible d'être modifiée dans le cadre d'une entente sur le libre-échange. Parmi ceux-ci, certains ne sont protégés que par un seul gouvernement; ainsi, le Canada restreint l'importation de papier d'emballage et de papiers faits de pâte mécanique non couchée. D'autres sont contrôlés à la fois par Ottawa et Washington, qui limitent de la sorte, par exemple, l'importation des papiers fins, des papiers faits de pâte mécanique couchée, des papiers hygiéniques et de différents types de cartons. Évidemment, tous ces produits verraient leur marché perturbé par l'application stricte d'un traité de libre-échange.

Les industriels qui s'opposent radicalement au libre-échange et comptent sur le *statu quo* pour maintenir leur part du marché, auraient intérêt à reconsidérer leur stratégie. En supposant que les Canadiens et les Américains ne signent jamais de traité global libéralisant les échanges commerciaux entre les deux pays, quelles que soient les raisons d'un tel échec, les barrières tarifaires sont appelées à disparaître de toute façon. À la suite des accords de la conférence de Tokyo du G.A.T.T. (de l'anglais *General Agreement on Tariffs and Trade*), ce genre de protection va décroître. Depuis janvier 1987, les papiers non couchés, les papiers fins et les papiers hygiéniques ne sont plus tarifés, et cela s'est fait sans considération aucune pour les négociations sur le libre-échange! Avec ces changements, c'est moins de 20 % de la production forestière et papetière québécoise qui reste protégée par un quelconque tarif douanier. C'est donc dire qu'une grande partie de l'industrie de la province vit déjà dans un contexte de libre-échange, où la concurrence est libre et vive. Et pourtant, nombreuses sont les sociétés qui tirent honorablement leur épingle du jeu[2]. C'est à croire qu'il faut se laisser convaincre que le libre-échange n'est pas un frein à la prospérité, bien au contraire. Car le courant protectionniste est loin d'être mort aux États-Unis et seul un accord économique global peut enrayer ses conséquences néfastes pour l'économie canadienne.

Du point de vue québécois, l'objectif des entrepreneurs est

---

2. Dans un article publié par la revue canadienne *Aspects*, d'Énergie Atomique Canada, en décembre 1987, Bernard relate justement les efforts d'adaptation fournis par Cascades (East Angus) pour survivre à l'élimination graduelle des droits de douane concernant l'industrie canadienne du papier kraft: «[...] confrontés à des réductions tarifaires au cours des dernières années et à la concurrence des grands moulins situés au sud de la frontière, [...] les moulins de moindre envergure comme celui que nous exploitons à East Angus ont été forcés de développer de nouveaux marchés et de se spécialiser pour pouvoir survivre.» Et il conclut, plus loin dans le texte: «Nous avons survécu au libre-échange en partie parce que nous avons bénéficié d'un délai raisonnable pour nous ajuster à un libre marché.»

insuffisant s'il ne consiste qu'à maintenir l'accès au marché américain tel qu'il existe actuellement. Cependant, les industriels les plus audacieux prennent déjà des mesures pour s'adapter au marché libre, qu'ils pressentent comme inévitable, prévoyant qu'un accord canado-américain viendra libéraliser à l'extrême l'économie du continent tout entier. Leurs usines se préparent activement à faire face à la disparition progressive des barrières tarifaires, travail d'autant plus difficile que jusqu'à maintenant, dans bien des cas, leurs affaires se sont développées dans un contexte de concurrence locale. Avec le libre-échange, ou au moins les changements survenus à la suite des accords de Tokyo, ce sont toutes les usines qui sont touchées, plus ou moins directement.

Dans ce contexte, il n'y a pas de stratégie miracle. Les moyens de faire face à la disparition des barrières tarifaires sont aussi nombreux qu'il y a d'usines et d'entrepreneurs. Parmi les recettes les plus sûres, plusieurs ont été retenues par les entités du groupe Cascades: elles tournent autour d'une plus grande spécialisation de la production dans le but d'assurer la rentabilité de l'usine, ou consistent en investissements parfois massifs pour améliorer la qualité des produits ou réduire les coûts de production.

Les projets de Cascades (Jonquière) et Cascades (Port-Cartier) en sont de beaux exemples. Dans le premier cas, l'usine a bénéficié d'investissements de 30 millions de dollars pour améliorer sa capacité de production. Quant à l'usine de Port-Cartier, elle pourrait bien devenir la future vache-à-lait du groupe si les objectifs de blancheur de la pâte sont atteints. En effet, disposant d'une pâte de qualité supérieure à bon prix, d'autres usines du groupe Cascades pourraient accroître la qualité de leurs produits et s'assurer, de la sorte, une bonne place dans un marché nord-américain débarrassé des barrières tarifaires.

Mais l'avenir n'est pas aussi rose pour tout le monde, même chez Cascades. Les usines de papier hygiénique et de cartonnage, pour leur part, auront beaucoup de difficultés à affronter la concurrence américaine dans un marché libre. Le marché américain appartient depuis toujours à des multinationales puissantes et, devant leur force, leurs concurrents canadiens s'en sont traditionnellement tenus au marché domestique. Les usines candiennes ont donc été conçues pour une production restreinte et ne bénéficient pas des économies d'échelle comparables à celles que réalisent les géants américains. En situation de libre-échange, ces usines risquent fort de n'avoir d'autre protection pour faire face à la concurrence américaine que celle qu'apporte l'économie des coûts de transport dans un marché fort limité géographiquement. Mais il est dangereux de développer l'esprit de clocher alors que tous les industriels se mettent à penser à l'échelle du continent. Ce serait certainement un bouclier insuffisant.

Ironiquement, la situation qui prévaut dans le secteur du bois de sciage résineux est exactement inverse. Les producteurs américains de bois d'œuvre éprouvent d'énormes difficultés à concurrencer leurs vis-à-vis canadiens. Les statistiques publiées par l'*International Trade Commission* américaine montrent que les usines canadiennes ont une production moyenne qui est presque le double de celles des usines américaines. Selon les chiffres, les travailleurs des scieries canadiennes produisent 26 % de plus que leurs collègues américains chaque année. Forts de cela, les représentants des sociétés américaines ont exercé des pressions sur leur gouvernement. Finalement, en mai 1986, Washington a imposé un premier train de mesures tarifaires visant à limiter les importations de bardeaux de cèdre aux États-Unis. Profitant du courant protectionniste, plusieurs producteurs membres du mouvement *Coalition for Fair Lumber Imports* ont ensuite accusé les sociétés canadiennes de vivre des subventions gouvernementales et de profiter de droits de coupe qui les avantagent largement. Jusqu'à ce qu'un accord de libre-échange devienne effectif, les Américains profitent de la situation et de l'équilibre artificiel qui s'est créé.

Une fois encore, malheureusement, le *lobbying* et la politique ont eu le dessus sur la simple raison des affaires. Il faut maintenant espérer que les administrations gouvernementales, comme les politiciens des deux pays, se fieront plus aux faits qu'aux pressions intéressées des industriels pour établir des droits compensatoires en faveur des sociétés lésées par un libre-échange effectif. Dans le cadre de l'affaire des bardeaux de cèdres, au printemps de 1986, André Duchesne, président de l'Association forestière québécoise, a clairement mis en garde les Canadiens à l'occasion d'une intervention faite devant le *Conference Board*, à Montréal, en mai 1986: «Si d'autres mesures comme celle que l'on vient d'imposer à l'importation de bardeaux de cèdres de l'ouest du Canada étaient prises, il faut bien se rendre à l'évidence que, pour le peuple américain, le libre-échange est un concept unilatéral.» Puis il ajoute: «Dans cette éventualité, tous les producteurs canadiens pourraient lire avec intérêt la fable de La Fontaine intitulée *Le pot de terre et le pot de fer*.»

* * *

Chez les papetiers, Bernard n'est pas le seul à s'être prononcé en faveur du libre-échange. En général, l'industrie papetière canadienne tend à la libéralisation du commerce avec les États-Unis. L'Association canadienne des producteurs de pâtes et papiers (A.C.P.P.P.) a présenté, dès janvier 1985, un projet en ce sens au gouvernement fédéral. Les auteurs du document, qui parlent au nom de toutes les sociétés membres de leur association, font le point sur l'état du marché papetier.

Selon les chiffres avancés, une partie des industriels canadiens, ceux qui produisent du papier journal et de la pâte commerciale, font face à une vive concurrence dans un marché qui ne connaît pas de frontières. Ils s'en tirent malgré tout très bien puisque si la tendance qui se manifeste depuis la reprise de 1983 se poursuit, il est certain qu'ils deviendront d'ici la fin de la décennie des fournisseurs bien établis à l'échelle mondiale. Si aucune des filiales de Cascades ne produit encore de papier journal, plusieurs sociétés du groupe comptent parmi les producteurs de pâte mécanique.

En ce qui concerne les producteurs canadiens de carton pour boîtes, de cartonnage, de papiers fins, de papiers kraft et de papiers à usages spéciaux – dont le papier hygiénique que fabriquent Les Industries Cascades et sa filiale américaine, Cascades Industries –, les conditions de mise en marché sont moins faciles. Ces sociétés doivent en général se limiter au marché intérieur. À cause de cela et par la force des choses, elles se sont développées dans un marché protégé et ne peuvent pas bénéficier d'économies d'échelle, leurs produits restant adaptés à des marchés régionaux. Ce n'est pas sans raison que Cascades a dû s'implanter aux États-Unis avec Wyant pour faire passer la frontière à certains de ses produits! Dans le cas de ces producteurs, le libre-échange risque de chambouler de vieilles habitudes.

L'industrie canadienne des pâtes et papiers se divise donc en deux catégories distinctes. Il y a les producteurs à vocation internationale, d'une part, et, d'autre part, ceux dont le marché est géographiquement limité, souvent par tradition. Les sociétés membres du premier groupe sont responsables de 80 % de la production canadienne de l'industrie des pâtes et papiers. Pour elles, le libre-échange est chose faite depuis longtemps. Quant aux autres, dont font partie plusieurs filiales du groupe Cascades, elles seront plus vulnérables à la concurrence américaine dans un marché libre de toutes barrières tarifaires.

Depuis le début des pourparlers pour la libéralisation des échanges canado-américains, en 1986, l'A.C.P.P.P. a présenté au nom des producteurs plusieurs propositions d'abandon des barrières tarifaires. Cela ne touche cependant pas tous les produits de l'industrie, loin de là. En ce qui concerne le carton pour boîtes, le cartonnage et le papier hygiénique, par exemple, l'Association souhaite qu'il n'y ait aucune autre diminution des tarifs canadiens que celles convenues à Tokyo dans le cadre de l'accord du G.A.T.T. Plus encore, dans le cas des papiers fins (et cela, pour une fois, ne concerne aucunement Cascades), les représentants de l'A.C.P.P.P. demandent au gouvernement canadien de prendre le temps nécessaire pour établir des programmes précis d'aide aux entreprises, de façon que celles-ci s'assoient sur les bases les plus solides possibles avant l'élimination des barrières tarifaires pour faire face à leurs concurrentes américaines! Cela prouve bien qu'en matière de libre-échange, chacun voit midi à sa montre.

Lorsqu'on considère les statistiques de l'exportation québécoise des produits de l'industrie des pâtes et papiers, on se rend facilement compte que le libre-échange n'est pas une panacée pour les producteurs de la province. Il ne faut pas croire que la libéralisation des échanges, avec l'ouverture du vaste marché américain, soit la solution miracle à tous les maux. Ce serait de la naïveté! En réalité, il n'y a qu'une recette qui permette de profiter des marchés d'exportation qui vont s'ouvrir sur toute l'Amérique du Nord. Bernard et André Duchesne abondent dans le même sens: il faut fabriquer un produit de qualité, pour lequel il existe toujours un bon marché, à un coût qui permette à la fois de faire face à la concurrence et de réaliser un profit.

Impossible? Pas vraiment, mais plutôt difficile, d'autant plus que dans un contexte de libre-échange, il faudra que l'accroissement du chiffre d'affaires des sociétés papetières québécoises se fasse sans porter directement préjudice à leurs concurrentes américaines. Déjà, Bernard et Laurent ont entrevu ou appliqué la seule solution viable: Cascades a créé des filiales américaines pour atteindre le marché du sud par l'intérieur. Au siège social de Kingsey Falls, on a, une fois encore, quelques années d'avance sur la concurrence.

Chapitre 12

Une tête de pont en Europe
pour deux francs

C'est dans les bureaux de la Maison du Québec à Paris que le nom de Cascades s'est fait entendre pour la première fois dans le dossier de relance de l'usine de La Rochette, en France. Jean-Marie Babaloyne, chargé par le syndic responsable de l'administration temporaire de l'usine de trouver un repreneur pour les installations, s'était adressé à la mission québécoise. Une copie du dossier fut soumise à la plupart des grandes sociétés papetières canadiennes: MacMillan Bloedel, Consolidated Bathurst, Domtar et autres, parmi lesquelles Cascades avait été incluse. Sur recommandation d'Yves Humbert, attaché commercial de la Délégation générale du Québec, une copie de la proposition de reprise est envoyée à la direction du groupe, à Kingsey Falls.

Les documents parviennent au siège social aux derniers jours de décembre 1984. Bernard est alors absent pour une courte période de vacances en Floride. Rejoint au téléphone, il refuse d'abord de s'intéresser à l'affaire, prétextant que la société n'est pas encore prête à investir à si bonne distance du siège social car «la France n'est pas à la porte». Devant l'insistance de ses collaborateurs, il finit par céder et interrompt son séjour aux États-Unis. À la mi-janvier, en compagnie de quelques collaborateurs – dont Martin Pelletier et Jean-Guy Pépin, respectivement directeurs de Papier Cascades (Cabano) et de Cascades (East Angus) –, il se rend à La Rochette, toujours peu convaincu qu'il y ait quoi que ce soit à tirer de ce nouveau projet.

À l'usine, l'accueil n'est ni chaud ni froid. Les Québécois sont de parfaits inconnus outre-Atlantique; représentants syndicaux et employés n'ont aucune raison de craindre leur visite ni de les recevoir à bras ouverts. Ces derniers veulent bien croire, jusqu'à preuve du contraire, que les gens de Cascades sont des repreneurs sérieux. C'est l'inverse de ce qu'on dit pour certains papetiers italiens et allemands dont on prétend, non sans fondement, que le seul objectif advenant une acquisition de leur part serait de fermer les installations pour limiter la concurrence et conserver leur part du marché.

Les employés s'amusent de voir l'intérêt que portent les *Canadiens* à l'usine. Jamais visiteurs n'avaient à ce jour scruté les machines et autres installations avec autant d'attention. Ils sont partout, observent, mesurent, évaluent, touchent à tout. «On ne pouvait circuler dans l'usine sans tomber inévitablement sur un Canadien», affirme Gilbert Mestrallet, directeur du syndicat de l'usine affilié à la Confédération générale du travail (C.G.T.). Cette première visite n'est pas sans donner d'intéressants résultats. Bernard change vite d'idée quant à la valeur de ce premier investissement possible en Europe. L'équipement est en bon état de fonctionnement. Plus encore, les gens de Cascades prennent conscience qu'ils ont à traiter avec des employés très attachés à leur outil de travail et décidés comme personne à assurer leur avenir et à maintenir *leur* usine ouverte.

Une première réunion a lieu entre les représentants des syndiqués de La Rochette et les gens de Cascades. Ceux-ci font bonne impression. La réunion, dont la durée prévue est tout juste d'une demi-heure, dure quelque huit heures. En cours de route, Bernard parle d'avenir et de l'intégration possible de l'usine au groupe québécois. De l'autre côté de la table, on manifeste un enthousiasme prudent. Ces gens-là en ont vu d'autres! L'alternative Cascades a l'air sérieuse mais n'est pas suffisante pour que les syndiqués mettent fin à leurs moyens de pression. Les manifestations pour la survie de l'usine vont se poursuivre et ce, aussi longtemps qu'il le faudra, c'est-à-dire jusqu'à ce que la vente de l'usine soit conclue.

Quant aux relations des candidats repreneurs avec la direction intérimaire de l'usine, avec Maître Roger Rebut donc, avocat de Chambéry nommé administrateur juridique responsable de la conclusion du dossier, elles se déroulent bien. Ce dernier, qui représente officiellement l'ensemble des créanciers de la société en dépôt de bilan, négocie un juste prix pour la vente. À la suite des travaux préliminaires, les conditions de la cession à Cascades sont fixées à 30 millions de francs, payables en quatre ou cinq annuités.

Une fois posées les bases d'un accord entre Cascades et Maître Rebut, l'entente doit être soumise à l'accord du gouvernement français. C'est que la loi française requiert que tout investissement de capitaux étrangers soit approuvé par le Comité interministériel de Relance industrielle, le C.I.R.I. Dans le cas de l'usine de La Rochette, les clauses de l'entente sont jugées inacceptables. Les représentants du gouvernement font en effet savoir à Bernard et à Maître Rebut que le prix offert par Cascades est... trente millions de fois trop élevé! Le montant de la transaction est arbitrairement limité à la somme symbolique de un franc. La règle veut – au grand dam des administrateurs juridiques qui ont fini, par dérision, par appeler le C.I.R.I. le «tout-à-un-franc» – que chaque fois qu'une reprise d'usine met en jeu l'avenir de toute une région, ce qui est le cas à La Rochette, le gouvernement fasse fi des créanciers et n'exige des repreneurs qu'un paiement symbolique. De la sorte, les acheteurs bénéficient des meilleures conditions possibles pour la relance de l'exploitation visée. Le C.I.R.I. limite aussi, du même coup, les risques d'échec. On devine que les acheteurs seraient malvenus de faire subséquemment appel à l'aide gouvernementale, aux subventions et autres fonds publics. Bien sûr, une telle politique ne fait pas le bonheur des créanciers, moins encore quand le repreneur éventuel est prêt à mettre le prix pour réaliser son projet d'acquisition. Néanmoins, le sauvetage de l'usine suffit à panser les plaies. Certaines firmes, dont Les Coopérateurs de Savoie, société de transport dont une bonne partie du chiffre d'affaires repose sur la clientèle de l'usine papetière savoyarde, ne peuvent se permettre de perdre leur plus gros client. La faillite de l'entreprise aurait sans doute provoqué celle de leur propre société. Même si les pertes encourues sont difficiles à absorber, le sauvetage d'un débiteur si important est primordial.

C'est le jour de la Fête des travailleurs que choisit la direction de Cascades pour conclure officiellement la transaction de La Rochette. Le scepticisme des syndiqués est finalement levé le 1er mai 1985 lorsque leur usine entre au sein du groupe Cascades[1]. Gilbert Mestrallet, Richard Schneeweis et autres intervenants syndicaux peuvent enfin crier victoire car ils ont atteint leur but. L'usine, condamnée à fermer ses portes par l'ancienne administration et même par certains papetiers concurrents qui ont visité les installations et se sont dits intéressés à en faire l'acquisition, continuera à tourner. Les emplois sont saufs, la survie de la vallée est assurée grâce à l'intervention d'une poignée de hardis Québécois. Fiers d'être parvenus à leurs fins et d'avoir renversé la vapeur, les représentants syndicaux envoient à Jean-Marie Tiné, le directeur de La Rochette-Cenpa, maison mère de l'ancienne exploitation, à Michel Gubler et à plusieurs autres un faire-part qui se lit ainsi: «L'Inter-syndicale et le personnel de ex-La Rochette-Cenpa, feu Cartonneries Maurice Franck S.A., ont la joie de vous faire part de la naissance de Cascades-La Rochette S.A., le 1er mai

---

1. L'usine rachetée par Cascades ne comprend pas le centre de recherche, qui appartient toujours à Pierre Franck, ancien propriétaire de l'usine de La Rochette devenu administrateur à la suite du rachat par La Rochette-Cenpa, ni la fabrique de palettes, que Cascades cède pour un franc symbolique à l'un des employés de l'usine qui l'exploite seul depuis.

1985.» Et le faire-part porte, en addendum, cette note laconique: «Espérons message de félicitations et encouragements.»

Dès les premières réunions, les gens de Cascades donnent le ton à la nouvelle administration. Les changements sont visibles et satisfont à la ronde. Gilbert Mestrallet reconnaît qu'il serait heureux que la mentalité des *Canadiens* s'impose à tous les membres de la direction. L'attitude de Bernard n'est pas étrangère à ce vœu. À l'occasion de la fête organisée pour souligner la relance de l'usine, par exemple, certains cadres brillent par leur absence tandis que d'autres se tiennent à l'écart des groupes ouvriers. Le lendemain, Bernard fait part de son agacement aux gens concernés et précise qu'ils devront changer d'attitude s'ils veulent œuvrer au sein du groupe Cascades.

Voilà comment Cascades a établi une tête de pont en Europe pour une somme symbolique fixée à un franc mais que Bernard, magnanime, a doublé pour bien marquer son intérêt. À ce prix, le groupe québécois a pris position en terre de France; il peut tenter d'exporter sa philosophie des affaires et d'étendre ses ramifications sur un nouveau continent. D'autres usines vont venir se greffer à celle de La Rochette. L'expansion mènera à la création d'une société sœur, filiale qui aura son siège social à Paris.

*   *   *

C'est en 1850 que naît l'usine de La Rochette. Construite par deux hommes d'affaires du nom de Bailly et Magnificat, elle produit quatre tonnes de papier par jour les premières années. La région, riche en potentiel hydraulique et en ressources forestières, est propice à ce genre d'investissements. Bien sûr, le défibreur est actionné par la force d'une chute d'eau d'une hauteur de 37 mètres. Un quart de siècle plus tard, une petite fabrique de pâte mécanique prend naissance dans les gorges du Joudron. Cela mène, en 1875, à la création de la société Maurice Franck. L'entrepreneur achète en effet la nouvelle usine de La Rochette pour alimenter son usine papetière de Paris.

Pendant vingt ans, Maurice Franck exploite les installations de La Rochette sans les modifier. Puis en 1896, il décide de transformer sur place la pâte produite à l'usine. Tirant parti de l'invention d'Albert Jones, propriétaire du premier brevet d'ondulation d'une feuille de papier – ce qui fait de lui, pratiquement, l'inventeur du carton ondulé –, il construit au village même une cartonnerie pour compléter l'usine existante. Les installations comprennent deux machines à formes rondes, d'une laize de 1,40 mètres. Pour répondre aux besoins de la nouvelle usine, il faut installer un second défibreur, d'une puissance égale au premier, à 300 chevaux. Il est aussi nécessaire d'accroître la source d'énergie; la hauteur de la chute d'eau est portée à 75 mètres. Alors que se met en marche la machine numéro un, d'une capacité de quatre tonnes par jour, en 1896, Maurice Franck chapeaute le projet d'une nouvelle entité juridique: les sociétés de Cartonnerie de La Rochette.

Les modifications se font rares pendant le premier quart de siècle. Seule l'année 1906 fait exception, alors qu'on installe deux chaudières et une machine à vapeur de 150 chevaux, avec une pile pour la trituration des vieux papiers devant servir à la fabrication de carton gris couché en blanc. Au trentième anniversaire de la cartonnerie, en 1926, la production est de 24 tonnes par jour. Elle double peu après 1930, avec l'ajout d'une seconde machine à carton à l'usine. Elle double à nouveau, passant à plus de 100 tonnes par jour, en 1945, grâce à la modernisation de la machine numéro deux. Par les modifications apportées, celle-ci devient la plus rapide du monde en son genre. À la même époque, on construit une fabrique de caisses afin de transformer sur place le carton ondulé produit à l'usine. Au tournant de la décennie enfin, on introduit la récupération des déchets de scierie pour la fabrication de la pâte à carton.

Les vingt-cinq années qui suivent ne connaissent que deux développements majeurs. Il y a la mise en route de la machine numéro trois, en 1957, qui s'accompagne d'un accroissement sensible de la production, à 300 tonnes par jour ou 110 000 tonnes par an. L'usine devient ainsi la première cartonnerie de France. Par la suite, en 1962, on inaugure un atelier de couchage. Avec cela, une nouvelle étape est franchie dans le développement du carton couché pour boîtes pliantes: la couche blanche qui couvre le carton est dorénavant composée de silicate d'alumine pur, appelé kaolin ou «argile blanche».

C'est en 1972 que se manifestent les premiers indices d'une profonde crise qui va toucher toute l'industrie papetière française. Les syndicats se préparent à parer les coups tandis que les usines continuent curieusement à tourner à plein régime. Les problèmes latents passent presque inaperçus derrière la prospérité immédiate des sociétés papetières. L'année 1974 est celle des records. La demande atteint des sommets jamais égalés et tout se vend, déchets compris. On oublie quelque temps la crise qui menace. Après la période de rémission, qui dure deux ans encore, les difficultés pointent. L'usine de La Rochette est sévèrement touchée. La direction commande souvent l'arrêt des machines sans avoir apparemment de motifs très sérieux. Cette année 1976 est par ailleurs celle du grand ménage: rénovation intégrale de la machine numéro trois et mise en route de l'atelier de pâte thermo-mécanique. Le moindre imprévu technique sert de prétexte à mettre les installations à l'arrêt pendant deux ou trois jours, parfois toute une semaine. Chaque fois, les employés sont temporairement mis à pied.

La situation se maintient de la sorte pendant deux ans, jusqu'à ce que les syndicats dénoncent ouvertement l'administration de l'usine. Non seulement les investissements sont nuls depuis 1976 mais on limite, en plus, les dépenses d'entretien en n'assurant que le strict minimum requis pour que les machines puissent tourner. Les représentants syndicaux sont mandatés pour intervenir à la suite du premier train de licenciements. La société vient en effet d'annoncer des résultats négatifs pour son dernier exercice financier. Les pertes accumulées au cours de l'année justifient, évidemment, la réduction du nombre d'employés. L'ennui, c'est que les mises à pied se poursuivent tant que durent la période sombre. Mois après mois, les pertes s'accumulent: d'abord 500 000 FF par mois, puis 600 000 et 700 000 FF.

En 1980, la haute direction du groupe, à Paris, prend la décision de restructurer l'ensemble de ses sociétés. On crée alors la société de portefeuille La Rochette-Cenpa dont la filiale naissante, La Rochette-Hermitage, doit regrouper les usines de carton du groupe. Dans le cadre de ce plan, la caisserie, le centre de recherche et la cartonnerie de La Rochette deviennent trois entités séparées. Les motifs de cette spécialisation des filiales ne sont pas clairs. Les représentants des employés de l'usine dénoncent le regroupement effectué par la maison mère en affirmant qu'il lui permet de ressortir des bénéfices dans des unités où elle juge bon d'en avoir, même si cela doit nuire aux cartonneries, condamnées de toute façon à fermer leurs portes à plus ou moins brève échéance. Le fait est que l'avenir des usines de carton n'est pas des plus brillants; nombreux sont les syndiqués, les administrateurs et les hommes politiques qui partagent la ferme conviction qu'il existe un partage supranational des marchés en Europe, partage qui limite la part de l'industrie française du carton au profit des pays scandinaves. S'il en est ainsi, il n'y a pas de doute que sans intervention radicale de la part des administrations d'usines en France, l'industrie française du carton est condamnée à disparaître.

En même temps, les administrateurs confient le contrôle des opérations de l'usine à une société américaine, dont le siège social de la filiale qui chapeaute les activités sur le continent européen est situé à Bruxelles. Ce dernier choix déplaît souverainement aux employés de La Rochette. Les représentants syndicaux s'élèvent contre la venue de ceux qu'ils appellent «les sbires» de la haute direction, qui coûtent quelque deux millions de francs par mois, dont ils dénoncent sans ménagement aucun les méthodes radicales. L'ambiance dépérit rapidement à l'usine et les experts-conseils américains prennent sur eux tout l'odieux des nombreuses coupures de poste. En fait, le mandat de la société américaine est de rentabiliser les opérations de l'usine et, pour ce faire, d'utiliser tous les moyens qui semblent bons. Cependant, à tous les niveaux, la réaction des employés est telle qu'au bout d'un mois et demi à peine, la direction doit faire machine arrière et, pour reprendre l'expression des chefs syndicaux, «rappeler ses chiens».

Surviennent ensuite des changements importants à l'administration locale de l'usine de La Rochette. Gérard Mangin, directeur depuis 1964, quitte son poste avec trois jours de préavis seulement. Il est remplacé par un administrateur parachuté de Blendecques, autre cartonnerie du groupe La Rochette-Cenpa, Jean Michalet. Les dénonciations des syndicats, qui mettent en doute les compétences du nouveau venu, lancent des rumeurs alarmantes. On dit un peu partout au village que la cartonnerie est condamnée et que Jean Michalet est venu avec un mandat clair, celui de «casser» l'usine. Avec l'inquiétude qui règne, la qualité des relations de travail est au plus bas. Les cadres mêmes ont à souffrir des changements imposés par Paris; plusieurs d'entre eux démissionnent. Petit à petit, avec la nomination des remplaçants, une nouvelle équipe administrative se forme autour de Jean Michalet.

La détérioration du climat social à l'usine s'accompagne d'une baisse sensible de la productivité. Il semble que la rentabilité ne soit pas la préoccupation première de l'équipe Michalet, ce qui donne du poids à la théorie avancée par les syndicats concernant l'avenir de La Rochette. En vertu des contrats passés avec la société mère, la cartonnerie doit acheter 1 000 tonnes de pâte par mois, quels que soient ses besoins réels, à prix fixé d'avance. Comme la filiale est forcée de respecter cette entente avec Paris, on voit le taux des déchets de production monter rapidement, au point d'atteindre 27 % (c'est-à-dire que pour 100 kilogrammes de carton produit, il n'y en a que 73 kilogrammes qui sont vendus, le reste devant être recyclé). Voilà qui n'est pas propice à remonter le moral des salariés. Les relations de travail s'enveniment.

Peu après, d'importants changements surviennent aussi au bureau de la haute direction du groupe, à Paris. Le nouveau directeur, Michel Gubler, en poste à partir de 1983, nomme Per Olof Lydby, un Suédois, à la direction de l'usine de La Rochette. Vu le piètre contexte qui prévaut, les employés réagissent bien au changement. Per Olof Lydby est perçu comme quelqu'un qui veut chercher à tempérer les ressentiments, qui paraît décidé à traiter raisonnablement. À l'occasion de sa nomination cependant, il présente un nouveau plan de licenciement. Sept postes sont touchés mais l'intervention des élus du département, dont certains siègent à la commission locale de l'emploi, le force à revenir sur sa décision[2]. Ce plan prévoyait la mise à l'arrêt de la machine numéro deux, pour laquelle on venait tout juste de débloquer des fonds d'investissement en vue de sa modification. L'arrêt de la machine aurait amené une perte moyenne de 800 FF par mois par ouvrier, ajoutant au déficit chronique de l'entreprise. C'est pourquoi les syndicats ont menacé de déclencher des arrêts de travail si la direction menait le projet à terme. Après cette première aventure, le directeur de La Rochette ne peut reculer et poursuit son projet d'amélioration de l'équipement, qui prévoit un investissement de 30 millions de francs pour la transformation de la machine numéro trois afin d'y intégrer une unité de couchage du carton, ainsi qu'il avait été fait pour la machine numéro deux. C'est ainsi que Per Olof Lydby gagne la confiance des employés.

Le budget établi pour l'année 1984 prévoit des pertes de l'ordre de 60 millions de francs pour les douze mois à venir. L'argent nécessaire aux investissements réalisés sur les machines numéro deux et trois provient de subventions gouvernementales, que les syndicats évaluent à un milliard et

---

2. En France, lorsqu'une société veut effectuer des licenciements, elle doit passer par une commission de l'emploi locale, sorte de tribunal à petite échelle chargé de surveiller les fluctuations de l'emploi dans une région donnée.

demi de francs entre 1974 et 1984. Cela fait dire à plusieurs employés que le redressement promi ou espéré n'est que poudre aux yeux; on croit que la venue de Per Olof Lydby ne sert qu'à endormir les susceptibilités et à mieux faire accepter la venue prévue de Pierre Franck, héritier de la famille fondatrice des cartonneries de La Rochette.

C'est au mois de mars 1984 que Pierre Franck arrive à La Rochette. Personne ne sait à ce moment-là quel rôle il doit exactement jouer. Attaché à la direction générale de La Rochette-Cenpa, dont il avait été l'un des vice-présidents jusqu'en 1977, il avait été muté à la direction d'une petite usine de désencrage, à Vitry-le-François, dans l'est de la France. Conformément aux lois françaises, la reprise de l'usine par Pierre Franck est officiellement annoncée aux syndicats trois semaines après le fait, à partir des bureaux de Paris. La colère gronde alors. Plus de 120 salariés décident de se rendre dans la capitale pour manifester leur mécontentement d'avoir été tenus à l'écart de la décision prise par La Rochette-Cenpa.

Le 12 avril, Pierre Franck se présente à La Rochette au comité d'entreprise, organisme formé de représentants élus par chacun des trois syndicats présents à l'usine. Les représentants de la C.G.T., qui connaissent le nouveau directeur et propriétaire éventuel, ne lui donnent pas le bénéfice du doute. D'emblée, les relations sont à couteaux tirés. Cette première réunion finit par un esclandre de Pierre Franck, qui sort en claquant la porte.

Normalement, le comité d'usine a droit de regard sur le choix d'un repreneur pour l'usine. Selon les termes de la loi, ce droit doit être exercé dans le mois qui suit le choix d'un acheteur. À La Rochette, les délais ne sont pas respectés. Le 1er mai, soit deux semaines après la rencontre de Paris, la direction de La Rochette-Cenpa cède l'usine à Pierre Franck par contrat de location-gérance de trois mois, avec achat à l'échéance pour la somme symbolique de 1 FF. Par la même occasion, le nouveau propriétaire acquiert le centre de recherches et 40 millions de francs en marchandises, pièces et pâte.

Les syndicats s'empressent de remettre en question le choix de Paris. Selon les références qu'ils consultent, il appert que Pierre Franck ne dispose pas de l'argent nécessaire à une relance effective de l'usine, ni même pour assurer le fonds de roulement. Selon les calculs de la C.G.T., ce sont quelque 110 millions de francs qu'il aurait fallu investir pour redresser la situation financière de l'usine et mener l'affaire aux premiers bénéfices. Et pour cela, il aurait fallu avoir l'appui d'une institution financière, ce qui ne semble pas avoir été le cas de Pierre Franck. Forts des références obtenues, les représentants des syndicats mettent en garde les pouvoirs publics, ils dénoncent la vente conclue par La Rochette-Cenpa comme une opération visant essentiellement la fermeture de l'usine. «C'est une véritable dilapidation des fonds publics», dit-on.

Pierre Franck nomme Henri Seners à la direction de l'usine. La première décision de cet administrateur de 70 ans est bienvenue; il s'agit de remettre la machine numéro deux en fonctionnement continu. Malgré cela, les relations syndicales-patronales sont loin de s'améliorer. Le dialogue devient de plus en plus difficile. Les tensions s'accroissent. En juin 1984, les syndicats apprennent qu'à Paris, ce même mois, est inscrit à l'ordre du jour de la réunion du conseil d'administration du groupe la conclusion du contrat de location-gérance pour la cession de l'usine de La Rochette. Ils s'organisent en dernière minute et montent à Paris en nolisant deux autobus. Interdits d'entrée au siège social, que les représentants syndicaux connaissent bien toutefois, ils passent par les sous-sols et font irruption en plein conseil d'administration. Après avoir bloqué toutes les issues, ils séquestrent les administrateurs. Il est seize heures trente. Cinq heures plus tard, les ouvriers crient victoire: ils font signer au conseil d'administration un texte par lequel ses membres s'engagent à soumettre toute négociation relative à la cession définitive de l'usine aux syndicats Force ouvrière (F.O.), Confédération générale du travail (C.G.T.) et Confédération générale des cadres (C.G.C.) présents à l'usine.

Le mois suivant, le scénario se répète à La Rochette même. À l'occasion d'une réunion du conseil d'administration de l'usine, le 2 juillet, Pierre Franck doit signer le contrat rédigé à Paris. Les syndicalistes font irruption dans la salle du conseil et, une nouvelle fois, bloquent les discussions. Entrée forcée qui dégénère vite en séquestration. Les syndiqués retiennent Pierre Franck malgré les menaces de la Préfecture d'envoyer les C.R.S., dont personne n'a cure puisque les travailleurs sont prêts à faire face aux forces policières avec bulldozers et camions. Finalement, le préfet cède et Pierre Franck est relâché le soir même.

Ces événements se soldent évidemment par une détérioration des relations de travail. La situation financière ne s'améliore pas non plus. Le carnet de commandes diminue sans cesse. Ce mois de juillet, on entame des négociations pour un rajustement des salaires. Pour acheter la paix sociale, Pierre Franck est prêt à multiplier les concessions. Les représentants syndicaux, bien au courant de la précarité des finances de la société, refusent de jouer le jeu et limitent leurs demandes à des augmentations ne dépassant pas 3 %.

C'est alors qu'en plein marasme, Pierre Franck devient introuvable. Personne ne sait s'il est parti en congé de maladie ou en vacances. Entre temps, l'usine ferme pour la période annuelle de vacances. À la fin du mois d'août, au retour, l'activité reprend bon an mal an. Le redémarrage se fait sans heurts. Moins de deux mois plus tard, la direction de La Rochette-Cenpa invite les représentants syndicaux à assister à une réunion du conseil d'administration de l'usine qui a exceptionnellement lieu à Paris. À leur arrivée, ceux-ci sont accueillis par les membres de la haute direction du groupe papetier... et par Pierre Franck qui, fort ému, annonce sa démission.

S'il faut en croire les porte-parole des syndicats, Pierre Franck n'a rempli son mandat qu'à moitié. Selon eux, il aurait été nommé par la direction de La Rochette-Cenpa dans le seul but de permettre la sortie en douce du groupe papetier et des banques qui le financent du dossier épineux de La

Rochette. Cela reste à vérifier. Si l'on ne considère que la version officielle, ce sont des motifs de santé qui ont poussé Pierre Franck à donner sa démission en renonçant, entre autres, à un salaire annuel de plus de 700 000 FF entre la cartonnerie et le centre de recherche. Par ailleurs, son retrait lui a évité de porter l'odieux du dépôt de bilan. Car, à ce moment-là à La Rochette, il devient de plus en plus certain qu'il n'y a guère d'autre issue possible.

À la suite de la démission de Pierre Franck, l'usine se retrouve sans directeur et sans propriétaire légal. Les tribunaux sont donc saisis de l'affaire et nomment un administrateur provisoire. Maître Rebut, qui hérite du dossier, agit en même temps comme syndic chargé de liquider les actifs de la société savoyarde. Les employés ne se font plus d'illusion. À leurs yeux, la décision des tribunaux met un terme aux espoirs de relance effective de l'usine. On croit l'outil de travail condamné mais l'avenir montrera que c'était par trop négliger la volonté des travailleurs, comme celle de Maître Rebut.

Malgré la redistribution des rôles, les relations entre La Rochette-Cenpa et l'usine de La Rochette ne s'améliorent pas. Les syndicalistes dénoncent l'administration de Paris, qu'ils accusent d'avoir manœuvré pour acculer la société à la faillite. En octobre, les difficultés augmentent. L'usine de Tarascon, propriété de La Rochette-Cenpa, d'où provient la pâte utilisée à La Rochette, ne fournit plus les quantités promises et commandées. C'est du sabotage, disent les représentants syndicaux. Maître Rebut est prêt à considérer cette version des faits. Il conclut à son tour, à la lumière des comptes faits lors de son accession à la direction de l'usine, que le conseil d'administration de La Rochette-Cenpa pourrait bien avoir sciemment planifié la fermeture en cédant la société à Pierre Franck tout en sachant pertinemment que le nouveau propriétaire n'avait aucunement les moyens de mener à terme un projet viable de redressement: «Pierre Franck prend l'odieux de la fermeture mais en fait, c'est Paris qui en est responsable.» Et même si la démission de Pierre

Franck vient plus rapidement que prévue, le mouvement à la baisse est si bien engagé que la faillite semble inévitable et bien prévisible.

Les employés, bien appuyés par les syndicats, décident de tenter l'impossible pour renverser la vapeur. Pendant sept mois, ils vont multiplier les moyens de pression, affronter les forces de l'ordre et ameuter par tous les moyens l'opinion publique pour sauver leur vallée. Si l'usine ferme, c'est le village au complet qui est appelé à mourir à brève échéance. Ce qui les pousse à lutter, c'est qu'au moment où Maître Rebut prend son poste, la société n'a pas encore déposé son bilan et n'est pas techniquement en faillite. L'irréparable ne s'est pas encore produit. Pourtant, rien n'est de bon augure. Les travailleurs se rendent rapidement compte que toutes les portes se sont déjà fermées. Par toute la France, l'industrie papetière a entonné le Requiem pour La Rochette. Il n'y a plus d'autre choix que de manifester avec fracas pour se faire entendre. La première action d'éclat des syndiqués, qui chargent des camions de déchets de papier et vont les déverser devant la préfecture de Chambéry, ne passe pas inaperçue. Maître Rebut réagit fermement. Il décide, devant la volonté affichée de l'ensemble des travailleurs, de mettre son mandat de syndic en veilleuse et de travailler, lui aussi, pour la survie de l'usine.

Les travailleurs n'en continuent pas moins à manifester. En octobre 1984, 150 d'entre eux occupent la gare de Montmélian. Leurs confrères, qui les relaient, assurent la poursuite du travail à l'usine. À la gare, le retard imposé aux voyageurs finit par faire des mécontents. On passe à deux doigts de l'affrontement avec les passagers du train Paris-Rome, que les révoltés laissent finalement passer. Avec l'arrivée des C.R.S., les occupants de la gare évacuent sans qu'il y ait de bagarre. Cependant, par la suite, la police va exercer une surveillance soutenue des gens de La Rochette. Des policiers en civil arpentent le village avec pour mandat de déceler les mouvements de foule et de prévenir les actions envisagées par les syndicats. C'est la guerre froide. Pour

éviter que des fuites ne se produisent, les organisateurs
syndicaux communiquent entre eux sous plis cachetés.

Peu après, les manifestants répètent l'aventure de
Montmélian. C'est la gare de Saint-Pierre qu'ils occupent,
puis celle de Pontcharrat. Cette fois, on ne peut éviter la
bagarre. Plus tard encore, les employés investissent la
préfecture de Chambéry et exigent d'être reçus par le préfet.
Le ton monte et il y a affrontement entre travailleurs et
C.R.S. Néanmoins, les gens de La Rochette ont gain de cause
et obtiennent que le préfet les reçoive. La rencontre est
prévue pour la semaine suivante. Les représentants syndicaux
se rendent à Chambéry en une petite délégation de six
hommes, accueillie par plus de trois cents C.R.S.! Ensuite, en
pleine période de vacances, les ouvriers décident de bloquer
un pont à Alberville. Pour ce faire, ils déplacent quarante
camions chargés de bois. Attroupés autour du barrage, ils
brandissent des banderoles. Personne ne peut plus ignorer
l'avenir qu'ont réservé les autorités au village de La Rochette.
Pour leur part, les politiciens de tous niveaux sont forcés de
prendre conscience de l'ampleur du problème.

Petit à petit, l'idée d'une relance de l'usine fait son
chemin. Des portes s'ouvrent. Quelques élus locaux commencent à penser qu'il est possible de faire quelque chose
pour sauver la vallée et les centaines d'emplois de La
Rochette. Plus personne n'ose mettre en doute la viabilité de
l'usine. Sur ce point, la détermination des employés est une
preuve indéniable. Pendant que se multiplient les moyens de
pression, jamais les machines ne cessent de tourner. Les
travailleurs se sont suffisamment bien organisés pour que la
production continue. Ils ont bénéficié de l'appui des scieries
locales, qui avaient d'ailleurs tout à gagner à maintenir
l'existence d'un client qui représente leur principal débouché
pour les copeaux.

L'action syndicale a des répercussions jusqu'à Paris.
Michel Gubler fait le voyage à La Rochette pour voir s'il est
possible de réinsérer l'usine dans le groupe La Rochette-
Cenpa. Selon son projet, il aurait fallu mettre la machine

numéro deux à l'arrêt et ne fonctionner qu'avec la numéro trois. La réalisation de ce scénario se serait accompagnée de 150 mises à pied environ, le nombre de salariés passant de 400 à moins de 250. Une fois encore, les syndicats s'élèvent contre ce genre de reprise. Selon eux, le départ de 150 travailleurs aurait inévitablement été suivi, quelques mois plus tard, du licenciement des 250 employés restants et de la fermeture définitive de l'usine. Bien convaincus d'avoir percé le fond des intentions de l'administration du groupe La Rochette-Cenpa, ils interdisent Michel Gubler de séjour dans l'usine et lui refusent tout accès aux installations.

À quelques jours de là, c'est un représentant du géant français Béghin-Say qui vient sur place pour évaluer les possibilités de reprise de l'usine par sa société. Mal lui en prend. Précédé par sa réputation de liquidateur, rôle qu'il a tenu à plusieurs reprises pour le compte de son employeur, il se fait mettre hors de l'usine *manu militari*. De tels événements n'améliorent en rien l'état des relations entre les différents intervenants au dossier. Chez les employés, le moral ne faiblit pas toutefois. La gravité de la situation n'échappe plus à personne. Témoin de la ferme volonté des siens de faire tout ce qui sera nécessaire pour assurer leur avenir, un employé qui signe «Balzac» exprime sa rancœur sous forme de poème.

Pierre, fou tu étais, fou tu es resté.
Où nous as-tu emmenés depuis le 1er mai?
Tu tenais dans ta main l'espoir;
Maintenant pour nous c'est le noir.
Tu as démissionné.
Tiné doit être comblé
Puisqu'il t'a payé pour nous couler,
Lui ne le pouvait pas.
Tu as mordu à l'appât
Et maintenant, qu'est-ce qu'il adviendra?
Les Rochettois tu ne les connais pas;
Ils lutteront pour que leur fleuron soit encore le carton.
Ô toi, barbier!

Où voulais-tu nous emmener?
Et toi Tonin, son homme de main,
As-tu défendu notre gagne-pain?
Le Tribunal nous envoie Maître Rebut
Mais quel sera son but?
Nous remettra-t-il sur la bonne route?
On fermera l'usine une fois pour toutes?

Pendant ce temps, les moyens de pression se poursuivent. À l'occasion d'une visite que doit effectuer le président François Mitterrand à Grenoble, les employés de l'usine organisent une manifestation. Leur réputation n'est plus à faire puisque plusieurs centaines de C.R.S. les attendent de pied ferme. Tout se déroule cependant sans anicroche et les travailleurs réussissent même à faire parvenir une motion au Président. Un peu plus tard, il y a une nouvelle manifestation bruyante à la préfecture, lors de la réunion du Conseil général. Par petits groupes, les travailleurs de l'usine envahissent l'espace réservé au public. Lorsque le groupe est assez grand – ils sont alors une soixantaine –, les manifestants exigent que les conseillers généraux adoptent une motion et la leur présentent, motion par laquelle ils s'engageraient à prendre ouvertement position dans le dossier de La Rochette. De la sorte, toute la population du sud-est de la France saura ce qui se passe au village. Grâce aux médias, c'est toute la France qui va savoir que quelque part en Savoie, dans une vallée menacée, un groupe de travailleurs se battent pour conserver leur outil de travail et leur dignité.

* * *

La volonté affichée tout au long du conflit par les travailleurs de l'usine de La Rochette a été l'un des facteurs déterminants pour la relance des activités. Sous la direction de Gilbert Mestrallet, délégué syndical de la C.G.T., les employés ont assuré le suivi des opérations et jamais les machines n'ont arrêté de tourner. Personne n'a baissé les bras, tout le monde a répondu à l'appel des meneurs, s'est laissé emporter tant par la fierté que par le désir de sauver la vallée. Bien que la continuité ait été assurée, l'usine ne pouvait ainsi tourner longtemps sans direction permanente. L'intervention des pouvoirs publics, devenue nécessaire, n'était plus qu'une question de semaines.

Décidé à précipiter les choses, Maître Rebut renonce à fermer l'usine et décide de confier à une firme de spécialistes-conseils le mandat de trouver un repreneur possible. Il fait donc appel à Jean-Marie Babaloyne, de la firme Best International, à Paris. Le temps presse, précise-t-il, même si l'usine tourne grâce au travail volontaire des employés de la société. On est alors au mois de décembre 1984.

Le premier groupe qui s'est montré intéressé, la firme allemande Nicholaus, fait machine arrière. Lorsqu'il se rend à Monaco pour rencontrer les représentants des papetiers allemands, Maître Rebut attend en vain ses correspondants. Un doute plane quant aux raisons de cette absence. Il n'est pas impossible qu'elle ait été le résultat de pressions exercées par certains pouvoirs gouvernementaux allemands. Ceux-ci auraient vu d'un mauvais œil le sauvetage d'une cartonnerie française par une concurrente allemande, scénario qui irait directement à l'encontre des décisions occultes du parlement européen.

C'est alors que le dossier parvient à Kingsey Falls. Parti visiter les lieux sans intérêt particulier pour une éventuelle percée en Europe, Bernard est enthousiasmé par ce qu'il trouve à La Rochette. Décidé à faire le saut, il négocie ferme avec Maître Rebut et parvient à une entente. Il est convenu, entre autres, que Cascades percevrait, contre commission, les comptes à recevoir à la date de la transaction. Cette responsabilité est habituellement dévolue au syndic. Astucieuse manœuvre qui permettra aux Québécois de se faire connaître des clients de la cartonnerie et d'assurer, dès le début, un suivi impeccable, en plus de favoriser de bonnes relations avec l'administrateur juridique, Maître Rebut.

Les gens de Cascades obtiennent aussi, en même temps,

une exonération importante de l'impôt sur les sociétés: dégrèvement total les deux premières années et demie, puis réduction de 50 % les deux années suivantes, soit un total appréciable de cinq années de grâce. Puisqu'en France l'impôt sur les société représente la moitié des bénéfices réalisés, cela signifie que la filiale française de Cascades double du coup les bénéfices qu'elle réalisera au cours des trois premières années. Cela implique encore qu'il y aura deux fois plus de fonds disponibles à l'investissement, en respect du principe de la philosophie Cascades qui veut que chaque usine tire seule parti de ses bénéfices et soit de même responsable de ses pertes.

Pour favoriser la reprise de l'usine, le conseil municipal de La Rochette prend le 26 avril 1985 la décision d'exonérer *toutes* les entreprises en difficulté de la taxe professionnelle, en totalité les deux premières années puis à moitié la troisième année. Bien sûr, officiellement, cette décision vise l'ensemble des sociétés sises sur le territoire de la municipalité, sans discrimination. Il est toutefois évident qu'elle favorise directement l'usine de carton, qui est de loin le principal employeur de la région. La municipalité de La Rochette encaissera une perte totale de plus de sept millions de francs, c'est-à-dire environ 15 % de ses revenus. En contrepartie, la relance de l'usine doit s'accompagner d'une hausse sensible des impôts municipaux: 3,8 % pour la taxe d'habitation, 5,2 % pour la taxe foncière sur les terrains et 9,3 % pour la taxe professionnelle.

Tout est donc en place pour que Cascades effectue dans les meilleures conditions possibles sa percée en France. L'usine de La Rochette, ainsi que l'ont clairement affirmé les frères Lemaire à maintes reprises, est en fait une *tête de pont* en Europe pour le groupe. La conclusion du premier dossier sera inévitablement suivie d'autres acquisitions outre-Atlantique. Bientôt, à Kingsey Falls, on songe à créer une filiale basée à Paris par l'intermédiaire de laquelle le groupe papetier étendrait ses ramifications dans plusieurs pays d'Europe. Il faudra bien quelques années pour répéter l'histoire de Cascades au Québec mais le jeu en vaut sûrement la chandelle.

* * *

Dès que les conditions de la reprise de La Rochette sont fixées, le transfert de propriété se fait en date du premier jour de mai 1985. Pour multiplier les chances de succès, la nouvelle direction de la cartonnerie souhaite entretenir les meilleures relations possibles avec les fournisseurs. Beaucoup d'entre eux ont, semble-t-il, perdu des sommes importantes avec les aléas de l'administration temporaire. Il faut donc les ménager. C'est pourquoi Cascades-La Rochette paie comptant. En trois mois, l'usine engloutit ainsi les 25 millions de francs du fonds de roulement mais se fait des amis. Il faut cependant emprunter une somme presque équivalente, à court terme, pour continuer à faire tourner l'usine. Heureusement, en Europe comme au Québec, les bonnes fées veillent au grain. Avant même la reprise par Cascades, les banques et le Comité interministériel de Relance industrielle (C.I.R.I.) s'étaient entendus pour offrir au repreneur de l'usine de La Rochette une aide financière gouvernementale dont le montant restait à déterminer. Négocié avec les représentants de Cascades, le montant des subsides supplémentaires nécessaires a été fixé à 75 millions de francs, soit l'équivalent des sommes requises en investissement pour assurer la survie de l'exploitation. Le Crédit national a versé 25 millions de francs, tout comme un consortium de banques, qui garantissait l'octroi d'une autre tranche de 25 millions de francs en crédit à moyen et long terme. Quant aux 25 millions de francs restants, ils devaient être déposés par la nouvelle maison mère canadienne. Voilà des proportions qui ne sont pas sans rappeler celles du projet de relance de l'usine de Port-Cartier. Bonne affaire!

Dès le début, Cascades-La Rochette doit se faire valoir auprès des institutions bancaires qui l'épaulent. D'autant plus qu'il faut considérer le fait que la société appartient à des

intérêts étrangers et que les papetiers québécois, quelle que
soit leur bonne volonté, doivent faire leurs preuves. À ce
nouveau défi, l'équipe qui soutient Bernard répond sans
attendre. Les relations avec les banquiers sont cordiales.
Dans la plus pure tradition de Cascades, les livres comptables
leur sont ouverts, les chiffres sont accessibles à qui veut bien
les consulter. Ce genre de pratique est loin d'être chose
courante en Europe mais ne manque pas de plaire aux
intéressés. Chaque mois, les représentants des banques et
ceux de Cascades-La Rochette se rencontrent pour faire le
point comptable. Ces rapports privilégiés favorisent l'établissement de liens de confiance avec les banquiers, permettant à
ces derniers de bien comprendre le plan de redressement mis
de l'avant par les nouveaux venus. Dans un pays où les
conditions de crédit sont plus serrées qu'en Amérique, les
gens de Cascades parviennent de la sorte à obtenir des
conditions avantageuses parce qu'ils considèrent et traitent
les banquiers comme de réels partenaires. Ce faisant, ils
prennent une longueur d'avance sur les sociétés concurrentes
et assurent le succès du projet de relance de l'usine de La
Rochette.

Selon le plan de redressement, il n'est pas prévu de
réaliser des bénéfices au cours de la première année de
fonctionnement sous la nouvelle administration. Ce n'est
qu'au cours du deuxième exercice financier qu'on s'attend à
obtenir un surplus. C'est que, au moment de la reprise par
Cascades, le carnet de commandes est plutôt mince; on joue
très serré, avec quelques jours de travail assurés seulement.
L'avenir a montré que ces prévisions n'étaient que trop
pessimistes. Durant l'été 1985, le carnet de commandes
s'emplit tranquillement. Le marché reste difficile mais,
malgré la fermeture annuelle estivale, l'usine de La Rochette
réalise des bénéfices dès le premier mois, puis tout au long
de l'été. La production est de 7 000 à 7 500 tonnes par mois
(ce qui fait une moyenne de 90 000 tonnes par an). L'augmentation de la production repose sur une augmentation
respective des commandes. À l'automne, des quelques jours

de réserve qu'on avait en mai, on passe à cinq semaines. C'est même trop puisque les clients doivent attendre cinq semaines au moins avant que ne soient honorées leurs commandes. Le redressement est bien plus spectaculaire que prévu, à la surprise générale. Contexte favorable? Peut-être, avec l'aide consentie par les différents paliers de gouvernement. Toutefois, même si l'on tient compte des subventions et autres avantages fiscaux en les retranchant des bénéfices bruts, la marge bénéficiaire est telle qu'il resterait encore des fonds en surplus. Devant des résultats aussi probants, la direction précise ce qu'en sera la destination; Gilbert Pelletier, alors directeur financier de la société, explique: «Selon la politique chère à Cascades, 80 % des bénéfices seront réinvestis sur place, et 10 % iront aux employés.»

Promesse faite, promesse tenue. À la fin de 1985, Cascades-La Rochette fait participer les employés aux bénéfices. Premiers responsables du redressement financier de l'entreprise, ils sont aussi les premiers à en tirer parti. Les fournisseurs, créanciers de l'ancienne administration, n'ont rien eu pour leur part. Alain affirme pourtant que fournisseurs et clients, comme les employés, doivent être considérés comme des «partenaires». Pour pallier ce genre d'injustice, Bernard a demandé à la direction de l'usine de favoriser les fournisseurs-créanciers qui avaient perdu avec l'ancienne administration.

D'autres facteurs peuvent expliquer le succès de La Rochette. L'appartenance de Cascades-La Rochette à un groupe québécois a offert des avantages dont ne peuvent bénéficier la plupart des autres usines françaises. La filiale européenne profite des compétences de la maison mère. Ainsi, les gens de Kingsey Falls ont négocié des contrats d'approvisionnement pour la pâte avec deux sociétés canadiennes à des taux largement inférieurs à ceux du marché européen. L'aide est aussi appréciable sur le plan financier. Pour faciliter les choses, la maison mère a réglé les factures des fournisseurs canadiens, laissant sa filiale profiter de délais allongés de paiements. L'usine de La Rochette a donc pu tourner, au début, avec une pâte de haute qualité, payée à petit prix. Voilà bien le genre de scénario qu'il aurait été impossible de mettre sur pied pour La Rochette-Cenpa avec les Scandinaves.

Il y a aussi le fait que les prix du pétrole ont baissé au cours de l'été 1985, ce qui s'est soldé par une réduction des coûts de production de la vapeur. Toutefois, certaines mesures prises par la nouvelle direction n'ont rien à voir avec le hasard. Cascades-La Rochette a renégocié tout son portefeuille d'assurances et obtenu, pour la moitié du prix que payait l'ancien propriétaire, une couverture comparable. Résultat? La facture passe de deux à un million de francs par année. On fait aussi le grand ménage dans les magasins de fournitures. Un inventaire strict permet d'éviter les achats inutiles et d'utiliser au mieux l'équipement et la machinerie qui se trouvent déjà sur place.

Sur le plan de la mise en marché, les Québécois réorganisent le service des commerciaux. Les vendeurs sont tenus de se réunir à intervalles réguliers. Ils disposent maintenant d'une information complète sur les produits qu'ils ont la responsabilité d'écouler, en connaissent les prix de revient de façon à pouvoir pousser la vente des produits les plus rentables. À l'occasion de la reprise de l'usine, leur mandat a été clairement établi. Il s'agit, pour eux, d'augmenter la part de marché de l'usine de La Rochette en France de 10 à 15 %. Par son manque de dynamisme, l'industrie française des pâtes et papiers a laissé la porte grande ouverte aux concurrents étrangers, scandinaves ou autres, qui ont accru de façon significative leur part du marché français. La qualité des produits, associée à une politique des prix plus attrayante, n'est pas étrangère aux succès de ces derniers. Néanmoins, la direction de Cascades-La Rochette entend redresser la situation, d'autant plus facilement que l'usine savoyarde a déjà, à elle seule, détenu 70 % du marché français du carton.

La capacité maximale de production de l'usine justifie de tels espoirs, à raison de 10 000 tonnes de pâte par mois. Toutefois, les unités de façonnage, qui ont une capacité limitée à 8 000 tonnes par mois, ne peuvent absorber une production aussi volumineuse. Au début, le problème ne s'est pas posé avec beaucoup d'acuité. Avec le temps et la courbe ascendante des ventes, il a bien fallu considérer la question: réduire la production, ce qui serait ridicule après les efforts déployés pour l'accroître, investir pour augmenter la capacité de façonnage à l'usine, solution coûteuse entre toutes, ou plus simplement écouler une partie de la pâte sous forme de matière première et non de produit fini. Cette dernière solution, qui a été finalement retenue, a ajouté au mandat des commerciaux qui ont donc à vendre, depuis que l'usine tourne à plein régime, 2 000 tonnes de carton non façonné par mois. Après tout, on n'en était pas à un défi près!

Voilà comment le sauvetage de la cartonnerie de La Rochette s'est effectué. Est-il vrai que le contexte ait été favorable? Le miracle est plutôt dû à la volonté ferme de l'équipe Cascades de faire face aux difficultés qui se sont présentées et de mettre en pratique des solutions toutes simples mais d'une efficacité remarquable. Là comme partout ailleurs, ces gens ont fait leur marque, prouvant hors de tout doute que la recette des sauvetages *à la Lemaire* est exportable.

* * *

Le 8 avril 1986, près d'un an après le rachat de l'usine de La Rochette par Cascades, une délégation québécoise conduite par Jean-Louis Roy, délégué général du Québec en France, est accueillie au village. Ce jour-là, c'est la fête. Au milieu des banderoles et drapeaux, le tricolore se mêlant au fleur-delisé, chacun y va de son discours, applaudit à la résur-rection de la vallée savoyarde et salue les Québécois pour l'efficacité de leur intervention. Son tour venu, le maire de La Rochette, Jean Troillard, présente sa commune et annonce qu'en raison de l'intérêt croissant que présente le Québec dans la région, il souhaite un rapprochement entre sa région et la lointaine province canadienne. Il parle notamment d'accueillir des visiteurs canadiens, de réaliser des échanges scolaires, des échanges culturels et économiques. Il fait enfin part de sa ferme volonté de voir un jour sa ville jumelée à celle de Kingsey Falls. Rien ne traduit mieux le respect que vouent aujourd'hui les habitants de la région à ces papetiers venus d'ailleurs damer le pion aux gens de chez eux qui avaient, au goût de plusieurs, lancé trop tôt la serviette.

Avec l'achat de l'usine de La Rochette, Cascades établit bel et bien sa tête de pont en Europe. Quiconque fait une visite au village ne peut manquer de sentir la présence des Québécois. À la bibliothèque municipale, on trouve aujourd'hui plusieurs romans québécois. Sur le bureau du maire flotte en permanence le drapeau du Québec.

Chapitre 13

La sœur jumelle

L'acquisition d'une première usine papetière en Europe par Cascades a fait un certain bruit, d'abord parce qu'il s'agissait d'une reprise à prix d'aubaine par une société étrangère, mais aussi parce que le redressement effectué a été tout bonnement spectaculaire. L'ancien propriétaire, la société La Rochette-Cenpa, avait voué l'usine à la fermeture. L'intervention des Québécois a permis d'empêcher ce qui semblait inévitable, et de fort belle façon, à l'étonnement général de toute l'industrie. Entre temps, la haute direction de La Rochette-Cenpa cherche à se départir de sa seconde cartonnerie, sise à Blendecques, dans le nord-est de la France. Cascades compte évidemment se retrouver parmi les repreneurs possibles. L'occasion est trop belle d'affirmer l'assise établie en Europe à bas prix. Le 1er mai 1986, jour anniversaire de l'achat de l'usine de La Rochette, Cascades S.A. se porte acquéreur *i n extremis* de celle de Blendecques, à la barbe et au nez des concurrents italiens. Moins de cinq mois plus tard, la filiale française acquiert 80 % des actions de la Société nouvelle Avot-Vallée, dont la papeterie est située à deux kilomètres à peine de celle de Blendecques, en y mettant le prix cette fois puisque la transaction est assortie d'une mise de fonds de 25 millions de francs.

En répétant le bon coup de La Rochette, Cascades S.A. a mérité une bonne place parmi les producteurs de pâtes et papiers de France. Le succès de la philosophie Cascades outre-Atlantique n'est plus un accident. La filiale européenne est devenue, de loin, le principal producteur de carton en France. Dans le relevé 1987 des plus importantes sociétés françaises selon leur chiffre d'affaires, Cascades S.A. se situe au 137e rang. Mieux encore, par le pourcentage des bénéfices, elle se retrouve au cinquième rang de toutes les sociétés du pays, seule avec quatre autres entreprises à avoir franchi le cap des 10 % de bénéfices nets.

La naissance officielle de Cascades S.A. remonte à septembre 1985. En réalité, l'idée a germé dans la tête des membres de la direction du groupe, à Kingsey Falls, aux premiers mois de 1986. C'est grâce à la collaboration du Crédit lyonnais que l'anachronisme a été possible. En plus, ajoutant quelques mois d'âge à la nouvelle filiale, le tour de passe-passe lui permettait de présenter une demande d'inscription à la Bourse de Paris. Il y a aussi la volonté des Québécois de favoriser la participation des capitaux français à la croissance de la filiale européenne en France, puis partout sur le continent, qui a joué. C'est la raison pour laquelle les actions de Cascades S.A., et non celles de la société mère québécoise, se négocient maintenant à la Bourse de Paris. (Elles ont été inscrites au hors-cote à partir du mois d'octobre 1986, puis sur le parquet, au second marché, depuis mai 1987.)

Même si le contexte qui existe en Europe se compare à celui du marché américain, il n'est pas question que Cascades en reste là en Europe. Les frères Lemaire ont maintes fois manifesté leur intention de poursuivre la croissance de la filiale européenne par l'investissement et l'accroissement du chiffre d'affaires des usines existantes, mais aussi par l'acquisition de nouvelles unités de production. Déjà au cinquième rang des producteurs européens de carton, la société pourrait facilement passer au troisième avec une ou deux usines de plus. Cela a failli se faire en Espagne, où le dossier est resté en suspens, et plus encore en Angleterre où les négociations ont atteint un point tel que le bureau de Cascades S.A., à Paris, avait déjà convoqué une conférence de presse pour annoncer l'achat d'une usine de l'autre côté de la Manche! Ç'aurait pu être en France aussi, n'eût été l'abandon, par Cascades, du dossier de La Chapelle-Darblay, en juillet 1988[1].

Avec l'émission de 115 000 actions en Bourse, nombre multiplié par dix à la suite du fractionnement survenu au mois de mai 1987, la présence de Cascades S.A. devait aviver le nationalisme français face à l'industrie du carton, à laquelle plus personne ne semblait croire. Sans motif sérieux, s'il faut en croire les Lemaire et leurs collaborateurs, l'industrie française des pâtes et papiers a depuis longtemps renoncé au secteur du carton. Par son action qui est en somme une preuve par l'absurde, la direction de la filiale européenne entend bien s'imposer, quoi qu'on en dise.

* * *

À l'époque où Cascades prend pied sur le continent européen, le carton n'a pas bonne presse en France. Le pays dispose pourtant de plusieurs usines pouvant produire suffisamment de carton pour répondre presque à la demande nationale. Toutefois, l'intérêt des magnats des pâtes et papiers n'y est pas: Cascades S.A., avec ses trois usines, met en marché, à elle seule, les trois quarts du carton français, soit la moitié de la consommation nationale. En Allemagne, en Italie et aux Pays-Bas, la production nationale est beaucoup mieux ajustée aux marchés intérieurs. Pourquoi la France traîne-t-elle de la patte?

---

1. En novembre 1987, Cascades S.A. s'associe au groupe français Pinault, puis forme la Société franco-canadienne des papiers pour reprendre les deux usines de la société La Chapelle-Darblay, en banlieue de Rouen, en France. Le plan de redressement prévoit l'injection de 200 millions de francs par les partenaires, somme à laquelle s'ajoutent 60 millions de francs en prêts à long terme et 80 millions de francs en prêts à court terme. Il est par ailleurs prévu de supprimer quelque 300 emplois sur les 1275 que comptent les deux usines,

L'usine de La Rochette, qui est rentable, la preuve apportée par Cascades est indéniable, n'a pas trouvé preneur parmi les sociétés françaises. Allemands et Italiens s'y sont intéressés, avec des objectifs facilement décelables, même s'ils n'avaient jamais été étalés au grand jour. Le prix avait beau être ridicule, personne n'en voulait. Pourquoi? Si l'on ne considère que le point de vue strictement économique, les perspectives d'avenir étaient on ne peut plus intéressantes. Le créneau libre dans le marché français du carton représente plus de la moitié de la consommation du pays. En présumant que les Français privilégieraient l'industrie nationale, on peut compter que la place dévolue aux usines comme celle de La Rochette est d'ores et déjà réservée[2]. Dans ce cas, où est donc le risque? Par ailleurs, il faut aussi considérer le fait que la consommation française annuelle de carton a augmenté de façon stable au cours de la première moitié des années 80, à

---

surtout par des départs avancés à la retraite. Cette mesure promet de sérieuses difficultés sur le plan des relations de travail. Le gouvernement français a lourdement investi dans les usines de Grand-Couronne, qui produit 88 % du papier journal français, et de Saint-Étienne-du-Rouvray, où l'on fabrique du papier couché qui entre dans la confection des magazines; l'État entend récupérer sa mise dès que possible. C'est un dossier difficile qui occupe beaucoup de monde chez Cascades pendant six mois. Puis, le torchon brûle entre les associés. En mai 1988, François Pinault, qui dirige le groupe qui porte son nom, fait voter une augmentation de capital, ce qui a pour effet de diluer la part détenue par Cascades. La manœuvre se fait sans le consentement de Bernard et Laurent, qui siègent portant au conseil d'administration de la coentreprise. Le 17 juin, le scénario se répète, cette fois pour porter François Pinault à la direction de la Franco-canadienne des papiers. Cascades avait déjà offert 220 millions de francs au groupe Pinault pour qu'il se retire mais c'est finalement la société des Lemaire qui fait machine arrière. À la suite du divorce, Cascades touche 8 millions de dollars pour la vente de sa part des actions, plus une indemnité à peu près équivalente. Malgré le départ forcé, les Lemaire ont fait une bonne affaire.

2. L'usine de La Rochette a une capacité de production de 110 000 tonnes de carton par an, capacité égale à celle de la cartonnerie de Blendecques. Ensemble, ces deux usines représentent les deux tiers de la production française de carton, 4 % du total de la production papetière française. D'autre part, l'industrie papetière française, avec une production de 6 millions de tonnes en 1987, est la septième en importance au monde, devancée entre autres par l'industrie papetière québécoise, qui produit quelque 7,5 millions de tonnes par année.

raison de 3 % par année, pour atteindre près de 900 000 tonnes, soit le sixième du marché total de la Communauté économique européenne. Il est donc raisonnable d'escompter une remontée significative des producteurs français de carton dans la mesure où ils s'affirment comme de sérieux compétiteurs.

Nommé à la direction intérimaire de la cartonnerie de La Rochette, Maître Roger Rebut doit rapidement se rendre à l'évidence. Son mandat, celui d'un syndic, consiste à liquider les actifs de la société pour payer au mieux les créanciers de tous ordres. Ses premiers contacts avec le Comité interministériel de Relance industrielle, le C.I.R.I., lui laissent à penser que pour ces gens, le redressement de l'industrie cartonnière française n'est pas une priorité, Marché commun oblige. Maître Rebut est néanmoins en faveur d'une tentative réelle de sauvetage. Il est d'autant plus content du succès de la première expérience de Cascades qu'il considère que l'on a enterré un peu trop vite l'industrie française du carton. Nombreux sont les travailleurs et leurs porte-parole syndicaux qui partagent la même opinion; au delà de la vie d'un canton, c'était la capacité de fabriquer du carton en France qui était en jeu à La Rochette. Ce n'est pas sans raison, si obscurs que soient ses motifs, que le groupe allemand Nicholaus, fortement intéressé, a fait machine arrière de façon plutôt cavalière. Lorsque la nouvelle fut connue, on a pu lire dans l'*Essor savoyard*, journal régional: «Imaginez que nous avions, à un certain moment, des contacts avec des Allemands. Ils étaient partis depuis trois semaines et le préfet nous parlait encore de la solution allemande. Nous sommes persuadés que, pour cause d'Europe, on voulait délibérément casser l'outil. Notre lutte est restée en travers de la gorge des promoteurs du fameux plan papier-carton.» Le journaliste rapportait tenir ce commentaire de Gilbert Mestrallet, président du syndicat C.G.T. de La Rochette et l'un des principaux artisans de la survie de l'usine.

C'est à croire que les Français ont condamné d'avance leur industrie cartonnière. Si l'on écoute le point de vue des représentants syndicaux et de quelques hommes politiques, c'est par l'application d'une politique économique européenne globale par les gouvernements qu'il faut expliquer cet étonnant désintérêt. La fermeture des usines de La Rochette-Hermitage, filiale regroupant les usines de carton de La Rochette-Cenpa, signifierait une augmentation du simple au double de l'importation de carton en provenance des pays scandinaves surtout. Jamais aucun homme politique français n'a osé avouer ouvertement que le gouvernement manœuvrait en coulisse pour favoriser les industriels étrangers en sol français! Et pourtant, les événements donnent raison à ceux qui décrient les contradictions évidentes dans l'action des pouvoirs publics à l'égard de la cession des actifs de La Rochette-Hermitage.

Sous les pressions des employés des usines de carton qui soupçonnent que des décisions sur l'avenir du carton français se sont prises au Parlement européen, certains élus tentent de connaître le fin mot sur ce plan plus ou moins secret. La question a été soulevée à Bruxelles même, au début de 1985, à l'occasion d'une réunion du parlement européen. Un député a demandé: «La Commission des communautés européennes a-t-elle effectué une étude sur la situation actuelle du secteur du papier dans les États membres?» Il a poursuivi en réclamant la publication d'un état des restructurations en cours et de leurs influences sur l'emploi dans les pays concernés. La réponse n'est jamais venue ou du moins elle n'a jamais été transmise aux premiers intéressés: les travailleurs des cartonneries françaises. Le maire de Grenoble, lui-même poussé par les employés de l'usine de La Rochette, a posé à son tour la question au Parlement européen. Dans une lettre envoyée le 8 janvier 1985 aux syndiqués de La Rochette, il explique: «J'ai tout d'abord fait poser au Parlement européen la question concernant l'existence d'un plan, plus ou moins confidentiel, concernant l'industrie du papier-carton, distribuant, par exemple, les quotas en privilégiant les pays scandinaves au détriment de la France.» L'intervention est restée lettre morte et l'on attend encore la réponse.

Il est donc bien probable qu'il existe, à la Commission européenne, un plan plus ou moins confidentiel concernant l'industrie des pâtes et papiers. Selon ce plan, on distribuerait des quotas en privilégiant les pays scandinaves au détriment, entre autres, de la France. Ce n'est pas étonnant. Il est normal, dans le contexte d'un marché commun marqué par le libre-échange, qui compte non pas deux mais douze pays, qu'il y ait au niveau supranational un quelconque partage économique. Cependant, les problèmes que soulève un tel partage sont sérieux sur le plan régional. On les connaît depuis longtemps en Europe, et on les découvre en Amérique dans le cadre des négociations canado-américaines visant l'établissement d'un marché nord-américain libre de tout tarif douanier. Si la France doit renoncer à la prospérité de son industrie de l'acier en faveur de la région allemande de la Ruhr, par exemple, en échange de percées significatives dans d'autres secteurs, c'est au détriment de plusieurs de ses régions et à l'avantage de certaines autres. Il faut comprendre que si les gouvernements de haut niveau doivent faire fi des préoccupations strictement régionales, c'est parce que ce partage supranational vise une amélioration globale de l'industrie européenne. Il est assurément impossible que tous les secteurs de l'industrie, dans tous les pays sans exception, bénéficient également d'un plan aussi global. Le bonheur des uns se paie par le malheur d'une minorité d'autres. Il faut sacrifier quelque peu pour gagner beaucoup plus. À la lumière de ces présomptions, il faut conclure que si les cartonneries françaises ont été condamnées sans procès, c'est certainement en faveur d'un autre secteur de l'industrie française.

Quoi qu'il en soit, les dirigeants de Cascades S.A., les frères Lemaire en tête, n'ont cure des politiques plus ou moins affichées de la Commission européenne. En favorisant la survie du carton français, Cascades vient brouiller les cartes non seulement en France mais aussi en Europe. Si cela est vrai, comment donc Cascades a-t-elle pu bénéficier de subventions gouvernementales et municipales pour acquérir l'usine de La Rochette, puis pour poursuivre son expansion avec l'achat de la cartonnerie de Blendecques? Les gouvernements des pays qui composent la Communauté économique européenne acceptent les politiques supranationales élaborées à Bruxelles, pour le bien de l'Europe en général et aux dépens de certaines régions si nécessaire, mais ne peuvent ouvertement l'avouer. Les élus clameront bien haut qu'ils prendront les mesures requises pour sauver les emplois menacés des industries sidérurgique et papetière françaises, question d'étouffer le vent de révolte qui souffle chez les travailleurs concernés, tout en sachant pertinemment que leur action est condamnée d'avance à long terme. C'est ainsi que les Québécois ont bénéficié de l'aide gouvernementale pour relancer l'usine de La Rochette, pourtant condamnée au Temple de l'Europe.

La détermination des employés de La Rochette à vouloir garder leur usine ouverte n'est certainement pas étrangère à la tournure qu'ont pris les événements. C'est ce qui a poussé Maître Rebut à reconsidérer son mandat, c'est aussi ce qui a décidé Bernard à faire le grand saut par-dessus l'Atlantique. Cependant, le redressement spectaculaire effectué à La Rochette et celui qui se produira sans doute partout ailleurs où Cascades prendra la barre enlèvent un marché qui avait été attribué à quelqu'un d'autre, selon le partage établi par la Commission européenne. Quelles que soient les entreprises touchées, et il y a fort à parier qu'elles sont scandinaves, il est à craindre que la réaction se fasse un jour sévèrement sentir. Devant l'épée de Damoclès qui menace les projets des Lemaire en Europe, il devient vital pour la filiale française d'affirmer au plus tôt sa présence sur le continent. En multipliant rapidement ses actifs en Europe, Cascades se mettra à l'abri des menées de la concurrence pour l'éliminer du marché.

L'aventure européenne de Cascades aurait sans doute tourné court si l'achat de l'usine de La Rochette n'avait pas été suivi d'autres acquisitions. Il n'est pas possible de l'affirmer hors de tout doute, mais il paraît certain qu'il y a eu concertation en vue d'empêcher les Lemaire d'acquérir l'usine de Blendecques. Sans s'en inquiéter, la direction de Cascades songeait de son côté à créer une filiale française à part entière, pour favoriser, par son intermédiaire, la participation de capitaux français à sa croissance en France et en Europe.

Sitôt pensé, sitôt fait. Cascades-La Rochette produit le tiers du carton français; l'usine de Blendecques a une capacité équivalente. Avec la naissance de Cascades S.A., qui regroupe les actifs des deux sociétés, le groupe Cascades se donne les moyens de faire sa place en Europe. Depuis, la prospection bat son plein non seulement en France mais aussi dans d'autres pays européens. La seconde usine aurait pu être espagnole ou italienne. À la fin de 1985, les Lemaire envisageaient une percée en Italie, et plus sérieusement encore en Espagne, où il y eut une offre d'achat présentée pour la société Papelera Española, de Barcelone. (C'est plus tard qu'est venue la filière anglaise, qui s'est fermée au dernier moment.) Finalement, c'est en France que l'expansion s'est poursuivie.

* * *

Le jour anniversaire de sa première acquisition en Europe, le groupe Cascades double ses actifs en devenant propriétaire de l'usine de Blendecques pour la somme symbolique de deux francs. Cette seconde usine, comme la première, était la propriété de La Rochette-Hermitage, filiale de La Rochette-Cenpa qui regroupait les usines de carton[3]. La transaction n'a

---

3. C'est en 1960 qu'est née la société La Rochette-Cenpa, par la fusion de deux groupes papetiers dont l'origine remontait à la fin du siècle passé et qui avaient assuré leur croissance à coup d'acquisitions en France et ailleurs. La filiale regroupant les usines de carton, appelée La Rochette-Hermitage, a été créée en 1971. Lors de la restructuration de 1980, la cartonnerie de La Rochette s'ajoute aux usines de Blendecques et de Poncharrat. Dans le contexte européen, l'avenir de ces usines n'est guère reluisant, ce qui peut expliquer le désintérêt de la maison mère de Paris pour sa nouvelle filiale et son projet de liquidation de ses actifs dans le secteur du carton, regroupés dans ce but. De toute façon, si l'on s'en tient au plan européen, ces usines étaient condamnées à moyen terme.

pas été facile, ce qui fait dire à plus d'un intéressé qu'il y a eu effectivement collusion pour empêcher les Québécois d'affermir leur position sur le marché européen du carton, pour éviter d'ajouter une nouvelle voix au chœur des grands manitous du papier de la C.E.E.

Quelques mois à peine après l'achat de l'usine de La Rochette, les représentants de Cascades manifestent leur intérêt pour une seconde usine de carton de La Rochette-Cenpa, celle de Blendecques. Intéressée par la proposition, l'administration de Paris entame des négociations avec le groupe québécois. Les tractations vont bon train jusqu'au jour où, sans préavis, les prétentions des vendeurs grimpent soudainement. Aucun doute possible, un autre acheteur vient de se manifester. La proposition des papetiers concurrents est à peine supérieure à celle des Lemaire. Il s'agit d'une simple copie de l'offre déjà déposée, augmentée sur certains points. Rien de bien original, ce qui permet de croire que le fossé sera facile à combler.

Le nouveau prétendant est bientôt connu. Il s'agit de la société italienne Saffa-Verona, dont la production annuelle atteint 300 000 tonnes. Lorsque les représentants des Italiens visitent l'usine de Blendecques, la direction les présente aux employés comme les futurs propriétaires. Les informations qui circulent laissent penser qu'il ne reste plus que quelques détails mineurs à régler, «manœuvre volontaire de désinformation pour décourager Cascades», dit un représentant syndical. Néanmoins, les négociations traînent en longueur avec les banquiers, qui ont leur mot à dire dans le choix du repreneur. Par l'intermédiaire des syndicats, les gens de Cascades à La Rochette et à Kingsey Falls parviennent à suivre à peu près le déroulement des négociations. Les Québécois disposent de plusieurs «antennes» et le «téléphone arabe» marche à merveille.

Cascades bonifie son offre et la dépose à la barbe des Italiens. L'écart est faible entre les deux intéressés mais favorise Cascades, qui propose aux banquiers de lui accorder un prêt participatif remboursable à même les bénéfices, en plus d'assumer elle-même la dette avec paiement avancé des intérêts par rapport à ce que promettent les Italiens. Les fondés de pouvoir de la banque Paribas ont alors près d'une dizaine d'autres représentants d'institutions financières à convaincre. La question de la dette prend de la sorte une importance capitale. Avec la nouvelle offre, les banquiers préfèrent appuyer les Lemaire plutôt que leurs concurrents de Saffa-Verona. En plus de cela, la crédibilité des administrateurs québécois n'est plus à faire. Si les Lemaire étaient de parfaits inconnus au moment où s'est conclu le dossier de La Rochette, ils font déjà le sujet des préoccupations de beaucoup de papetiers concurrents quelques mois plus tard. La confiance qu'inspirent les trois frères et la réputation que Cascades s'est bâtie avec la reprise de l'usine de La Rochette commence à rapporter à Blendecques. Le succès fulgurant obtenu en Savoie a fait du bruit, si bien que les attentes des gens de Blendecques se sont ajustées aux aptitudes dont les administrateurs de Cascades ont fait preuve dans le premier dossier.

Cet état de choses n'est pas étranger au fait que les banquiers, à offres égales, aient préféré Cascades à Saffa-Verona. L'achat était pourtant à portée de main pour les Italiens, qui en étaient venus à une entente avec les représentants des banquiers le mercredi 30 avril. C'est ce même jour que Laurent s'envole pour Paris, prévenu en dernière minute que le dossier entrait dans sa phase finale. Le lendemain matin, accompagné de Gilbert Pelletier, directeur financier de Cascades-La Rochette, il revient à la charge et fait une nouvelle proposition aux banquiers. À midi, un protocole d'entente est signé et le lendemain, Cascades emporte le morceau en acquérant officiellement la dernière cartonnerie de La Rochette-Cenpa pour la somme symbolique de deux francs, avec l'accord du consortium banquier et des travailleurs de l'usine de Blendecques.

Par cette transaction, assortie du transfert de la propriété de Cascades-La Rochette S.A. à la filiale française du groupe, Cascades S.A., nouvellement créée, celle-ci devient le plus gros producteur de carton en France. En deux jours, les gens de Cascades ont réalisé ce que les Italiens n'avaient pas réussi à faire en trois semaines. Pour les banquiers, c'est l'efficacité qui a fait la différence. Il faut préciser que dans ce cas particulier, c'étaient les banquiers qui choisissaient le repreneur et non La Rochette-Cenpa, propriétaire de l'usine.

Les motivations des papetiers italiens et des Québécois n'étaient certainement pas les mêmes. Si Saffa-Verona avait réussi à mettre la main sur l'usine de Blendecques, elle aurait été en mesure de mieux contrôler son marché en amenant, par exemple, la société française en situation de dépôt de bilan, ou en «cassant» l'outil de travail pour reprendre une terminologie chère aux représentants syndicaux. Au lieu d'acheter pour éliminer un concurrent, Cascades visait l'accroissement de ses actifs et de ses moyens de production dans le but de prendre une position plus confortable au sein du marché européen du carton. Dans les deux cas, c'était une question de stratégie, à cette différence près que les résultats, selon le scénario, étaient diamétralement opposés du point de vue des travailleurs. Toute la question était là: maintenir ou pas l'usine ouverte.

L'avenir de la société de portefeuille Cascades S.A. passait nécessairement par l'acquisition de l'usine de Blendecques. Avec deux usines, Cascades peut mettre sur pied une structure viable sur le plan européen; *viable*, effectivement, de façon à prendre suffisamment de poids, dans le temps le plus court possible, pour que la concurrence ne puisse plus compter sans elle. Avec l'achat de l'usine de Blendecques, le groupe a de meilleures chances de parvenir à influencer le marché à son profit parce que la production des deux usines françaises est complémentaire et non concurrente. Il est alors possible de rationaliser la production et le système de mise en marché de leurs produits.

La croissance phénoménale de Cascades au Québec surtout, mais aussi au Canada et aux États-Unis, a reposé sur le même scénario, maintes fois répété. Il semble bien qu'on cherche à reproduire l'exploit outre-Atlantique, avec un certain succès déjà. La réaction des intervenants, à Blendecques, donne raison aux stratèges québécois qui ont misé sur la réputation acquise à la suite du coup de maître de La Rochette. Les concurrents européens savent depuis ce jour que rien ne sera plus pareil et qu'ils n'ont qu'à bien se tenir.

* * *

L'usine de Blendecques occupe un terrain de 23 hectares, sur la rivière Aa, à quelques kilomètres de Saint-Omer, dans le Pas-de-Calais. Elle se trouve à peu près à égale distance de Calais, de Dunkerke et de Boulogne. Sa situation géographique présente un bon intérêt sur le plan de la mise en marché: par la route, elle est à une heure de Lille, principal centre industriel du nord de la France, à trois heures de Paris ou de Bruxelles. Londres n'est qu'à 200 kilomètres.

À la fin du XIXᵉ siècle, l'activité industrielle de la vallée de l'Aa était liée à la présence de blanchisseries, de mino-teries et de deux papeteries. L'usine de Dambricourt était située en amont, et celle d'Avot-Vallée en aval de l'usine actuelle de Blendecques. Paul Obry, un ancien minotier de Lille, acquiert les terrains sur lesquels est construite l'usine en 1890, qu'il complète par des achats de lots voisins en 1900. C'est en 1902 qu'il inaugure la première usine papetière, constituée d'une machine à fabriquer le carton et d'une installation servant à la préparation de paille à la chaux.

Deux ans plus tard, Paul Obry transfert ses actifs à une société anonyme baptisée Cartonnerie et papeterie de l'Hermitage. Les premiers grands travaux surviennent en 1905, avec l'ajout d'une seconde machine à papier. Par la même occasion, on remplace les machines à vapeur par des chaudières à charbon. Les vingt années qui suivent sont sans histoire, à l'exception d'une sorte de valse des propriétaires à la direction de l'usine par le fait de mariages successifs. Après Paul Obry, ce sont les membres de la famille Schotsmans qui prennent la tête de l'entreprise, qui s'associent plus tard aux Paublan.

En 1928, la direction de l'usine décide d'investir massivement en installant une troisième machine, inaugurée quatre ans plus tard. L'équipement, acheté d'une société de Moissac, dans le bassin d'Aquitaine, au sud-ouest de la France, est neuf. La machine n'a jamais été montée, bien qu'elle date de la Première Guerre mondiale; en effet, le gens de Moissac l'avaient acquise à titre de dédommagement de la part des Allemands. La machine numéro deux sert à la fabrication de carton pour boîtes à sucre, production écoulée auprès de la société Béghin-Say. L'arrivée de ce client majeur amène d'autres modifications importantes en 1935 et 1936, avec l'installation de huit avant-presses sur toutes les machines, tandis que la numéro deux passe à la fabrication de papier pour cannelure.

Les activités de l'usine cessent complètement aux premiers mois de l'occupation allemande, de mai à novembre 1940. Par la suite, les autorités militaires d'occupation s'installent à l'usine et entendent bien en relancer l'exploitation. Ils forcent la direction à remettre les machines en marche, ce qui n'est fait que partiellement. L'état de guerre ne simplifie pas la tâche des travailleurs. Les bombardements alliés sont fréquents dans la région. En novembre 1943, les dégâts sont tels que l'usine doit fermer ses portes pendant plusieurs semaines. Six mois plus tard, les Alliés récidivent en attaquant la ville de Wizernes, à deux kilomètres de l'usine, où les Allemands ont entrepris le montage d'une rampe de lancement pour les V2. C'est la raison pour laquelle les bombardements anglais sont fréquents dans la région, la ville de Londres étant la cible désignée des attaques à distance menées par les Allemands. Les Britanniques ont pris l'habitude d'effectuer leurs raids de nuit. Pendant le jour, les Américains prennent la relève. Le jour, toutefois, les bombardiers sont obligés de voler à haute altitude pour éviter les tirs de D.C.A., éparpillant leurs bombes sur des kilomètres à la ronde.

Lors du bombardement d'avril 1944 sur Wizernes, plusieurs bombes tombent dans le hall des machines numéro un et deux et forcent une nouvelle fois l'arrêt total de l'usine. L'altitude des bombardiers américains explique que l'usine se soit trouvée à l'intérieur du champ de tir, dont le diamètre dépasse largement le kilomètre. Albert Risbourque, chef-comptable qui est resté plus de quarante ans à l'emploi de l'usine, raconte que ce n'est pas la seule fois où les bâtiments ont failli être détruits par les Alliés. D'ailleurs, la direction avait choisi de faire construire des abris en béton pour permettre aux employés d'y trouver refuge à la moindre alerte. Ce n'est pas sans raison que pendant toute la durée de l'occupation, les services administratifs et tout le matériel transportable se retrouvent dans les installations voisines d'Avot-Vallée. Au plus fort des bombardements, on a compté jusqu'à trois alertes en une heure. Dans la petite ville de Wizernes, les civils ont aussi à souffrir de la présence allemande; un bombardement particulièrement meurtrier fait plus de soixante morts parmi la population.

L'armée allemande a établi des terrains d'aviation à peu de distance de l'usine. Celle-ci est transformée en dépôt d'essence malgré le fait que les forces d'occupation entendent assurer la poursuite des opérations. On y installe donc des réservoirs que vient remplir chaque jour un train entier de wagons-citernes. Avec cela, il n'y a plus qu'une partie des locaux et ateliers qui servent effectivement à l'exploitation de l'usine, le reste étant occupé par les militaires. Aux premiers jours de leur installation, ces derniers exigent que les employés déménagent toutes les réserves de paille encore utilisée à l'époque dans la fabrication du papier pour limiter les risques d'incendie. À grand-peine, il fallut transporter la paille à 500 mètres des bâtiments, où l'on en fait une meule gigantesque. Un jour, une flammèche provenant de la cheminée d'une locomotive met le feu à la paille. En un temps record, toutes les pompes à incendie disponibles de la Luftwaffe sont sur place pour lutter contre l'incendie. Malheureusement pour les Allemands et heureusement pour les

Alliés, les sapeurs ne parviennent pas à maîtriser les flammes. Même humide, la paille continue à brûler. Pendant dix jours, les bombardiers britanniques profitent de ce formidable luminaire, ce phare impromptu qu'il leur est facile de repérer dans la nuit à des dizaines de kilomètres. Accident? Les Allemands ne le croient pas mais n'ont jamais réussi à trouver les coupables d'un éventuel coup monté. De toute façon, l'usine de Blendecques a très peu produit pendant cette période trouble, surtout à cause du pilonnage presque ininterrompu des bombardiers alliés.

Après le départ des Allemands commence une fébrile période de redressement. Le directeur de l'usine, René Joyeux, aidé des propriétaires, les familles Schotsmans et Paublan, se met à la tâche. La machine numéro trois est remise en route en novembre 1944. La numéro un redémarre au printemps de 1945, puis la numéro deux au courant de l'été. Les premières années, seule la machine numéro un tourne de façon continue; les machines numéro deux et trois tournent alternativement, une semaine sur deux. La production annuelle atteint 45 000 tonnes de papier fin et de carton.

En 1950, sous l'impulsion de la famille Obry-Schostmans de Blendecques, les investissements reprennent, financés à même les bénéfices réalisés. On installe une nouvelle turbine et l'on entreprend d'importants travaux de génie civil, qui s'étaleront sur dix ans. C'est à cette époque qu'est inaugurée, entre autres, la nouvelle chaufferie. À peine en est-on sorti qu'on construit une quatrième machine, à laize de 3,25 mètres. Grâce à cette unité moderne, la production de carton fait un bond à 44 000 tonnes l'année de l'inauguration, en 1962. Le reste de la production consiste en carton et en pâte de paille à la soude, dont les 15 000 tonnes annuelles, production relativement faible, suffisent aux besoins de l'usine.

Le 2 septembre 1966, les Cartonneries de l'Hermitage fusionnent avec la Société anonyme des Papeteries de France. Cette union est l'occasion de nouvelles tranformations importantes à l'usine qui vont s'étaler sur trois ans. Les machines numéro un, deux et trois sont abandonnées tandis qu'on modifie la machine numéro quatre et qu'on installe la numéro cinq. Cette dernière a été transportée de l'usine d'Alfortville, petite ville située en banlieue sud-est de Paris. On abandonne aussi la fabrication de pâte, on installe une salle d'apprêt pour la coupe du carton et le bobinage, une chaudière à mazout à haut rendement, une contre-colleuse et l'on construit un hangar d'expédition.

En 1971, la production des machines numéro quatre et cinq combinée atteint 60 000 tonnes de carton par an, soit environ 200 tonnes par jour. Hormis les importants changements apportés aux machines, c'est surtout la redistribution des horaires de travail qui a permis l'augmentation de la production. Avec l'arrivée des Papeteries de France, l'usine tourne continuellement, à raison de trois postes de huit heures par jour. Cette même année, à la suite d'une entente conclue avec la société papetière Aussedat-Rey, les Papeteries de France cèdent l'usine à La Rochette-Cenpa. Quelques mois plus tard, le 1er janvier 1972, celle-ci passe aux actifs des Cartonneries de La Rochette-Hermitage, société nouvellement créée qui devient aussi propriétaire de la cartonnerie de La Rochette. C'est à ce moment-là que Pierre Franck fait son entrée dans le dossier.

Sous l'impulsion de son nouveau directeur, l'usine va être à nouveau modifiée. Dès la prise en main, Pierre Franck décide de remanier la machine numéro quatre pour en faire une machine moderne et puissante. Il établit un plan d'investissement de 30 millions de francs qui permettra à la production de passer le cap du chiffre magique des 100 000 tonnes par an de carton. Outre l'accroissement de la production, il vise l'amélioration du service à la clientèle, de la productivité, de la qualité des produits pour que le carton à bas grammage, dit «haut de gamme», sorti de l'usine trouve une bonne place au sein du marché, et veut enfin garantir la sécurité des approvisionnements. De la sorte, l'usine de Blendecques devient la première en France pour la production de cartons plats ordinaires ou à intérieur gris et couchés de blanc, à base de fibres de récupération.

Fin juin 1973, les objectifs sont presque atteints. La production moyenne atteint 270 tonnes par jour, c'est-à-dire 90 000 tonnes par an. Certains jours, on dépasse les 330 tonnes brutes, desquelles il faut retrancher 50 tonnes environ de perte. Par la suite, à cause de la grave crise qui a marqué le secteur du carton, le carnet de commandes se vide et la production baisse sensiblement. Le contexte économique restera défavorable jusqu'en 1976 et malgré cela, Pierre Franck décide de procéder à de nouveaux investissements. L'audace porte ses fruits et pendant plus de cinq ans, à partir de 1977, on multipliera les records de production pour atteindre un plafond de 362 tonnes vendables en une seule journée, ou quelque 400 tonnes brutes. La production nette quotidienne est passée à une moyenne de 210 tonnes par jour, à parts égales entre les machines numéro quatre et cinq, pour un total de 92 000 tonnes par année et un retour aux niveaux de 1973.

À la suite des changements apportés sous la direction de Pierre Franck, l'usine de Blendecques produit sa pâte à carton à partir de 80 à 90 % de vieux papiers. Le parc des vieux papiers, qui couvre deux hectares, permet d'entasser le papier de récupération nécessaire pour un mois de consommation, soit 6 000 tonnes environ, provenant à peu près également de toute la région nord de la France, de la région parisienne et de Belgique. Il est protégé par une haie d'arbres qui empêche que les papiers ne s'envolent au vent. (Encore que pour cela, c'est sans doute le mur que forment les vieux papiers entassés aux extrémités qui constitue le meilleur des pare-vent.)

Le 12 décembre 1983, on inaugure à Blendecques l'unité de désencrage la plus moderne d'Europe. Elle a coûté 22 millions de francs et permet de produire, à partir des fibres de cellulose contenue dans les vieux papiers recyclés, une pâte désencrée et blanchie. Cette pâte remplace, dans la couche qui recouvre la face des cartons haut de gamme, la pâte chimique blanchie achetée d'autres sociétés papetières. Depuis

1985, l'usine de désencrage produit suffisamment de pâte pour répondre aux besoins des deux machines de Blendecques. La société n'achète donc plus de pâte blanchie pour produire son carton couché. La capacité de production de pâte recyclée est de 70 tonnes de pâte par jour, mais l'usine tourne au ralenti, à raison de 40 tonnes par jour. Néanmoins, le recours au papier recyclé permet des économies de l'ordre de 10 millions de francs par année!

Avant d'être réduits en pâte, les vieux papiers sont triés. Ensuite, la chaîne de désencrage fonctionne comme suit. Les vieux papiers sont mis en suspension dans l'eau dans un triturateur, en concentration de 150 grammes par litre. Les grosses impuretés, films plastiques, ficelles ou autres, sont éliminées au moyen d'une poire. La pâte épaisse ainsi préparée est épurée à une concentration de 30 grammes par litre au moyen d'un épurateur tourbillonnaire d'abord – c'est à cette étape que se fait l'élimination des graviers et des agrafes –, puis d'un second appareil qui sert à éliminer les particules de plastique non désintégrées. La pâte est ensuite désencrée dans des cellules. L'extraction des encres se fait par aspiration. À ce moment, la concentration est portée à 15 grammes par litre. En forçant la pâte à travers trois épurateurs successifs, on accroît encore la concentration, qui passe à 7,5 grammes par litre. La pâte entre par après dans un dernier épurateur sous pression à fente, qui élimine les particules étrangères restantes, dont la densité est très voisine de celle des fibres de bois. Après une étape d'épaississage par filtres à disques et presse à vis, on effectue des triturations à chaud 80 ᵇC pour disperser les paraffines. La pâte retrouve alors sa consistance, avec une concentration de 250 à 300 grammes par litre. Elle est finalement blanchie au peroxyde d'hydrogène. Le processus de blanchiment, dernière étape, prend trois heures. La production de l'usine de désencrage ne pouvant être utilisée au fur et à mesure par les machines à carton, la pâte est stockée dans un réservoir, d'où elle est pompée vers l'usine selon les besoins.

En avril 1985, à la suite des difficultés financières de la

société, la direction de La Rochette-Cenpa nomme un nouveau directeur à Blendecques, Henri Charles. Pierre Franck, pour sa part, est passé à la direction de l'usine de La Rochette. Cette nomination est mal vue des employés qui craignent que ce ne soit de mauvais augure. Personne n'est dupe car il est clair que la haute direction de La Rochette-Cenpa prévoit se départir de la cartonnerie; déjà, à l'autre usine, à La Rochette, les pourparlers sont bien avancés avec les gens de Cascades. (La vente sera conclue moins de trois semaines plus tard.) Henri Charles est nommé à Blendecques pour «habiller la mariée», c'est-à-dire pour préparer la vente de l'usine. Pour cela, il faut prendre les mesures qui s'imposent pour assurer le redressement des affaires.

L'une des mesures de la nouvelle direction a laissé d'amers souvenirs aux employés de l'usine. Pour accroître le rendement, Henri Charles a en effet procédé à de nombreuses mises à pied. À son arrivée, en avril 1985, il y avait 470 employés; le jour de son départ, on n'en comptait plus que 323. Et encore heureux que la période des dix-sept mois de son mandat ait été particulièrement propice au marché du carton, alors que les prix ont atteint des sommets! Le train de mesures imposées et le contexte favorable du marché ont permis à Henri Charles de partir la tête haute, convaincu d'avoir rempli au mieux le mandat qu'on lui avait confié. Il a bien préparé le terrain au repreneur éventuel car en mai 1986, l'usine de Blendecques réalise des bénéfices.

Les relations patronales-syndicales se sont aussi sensiblement améliorées sous la direction d'Henri Charles. Il a bien instauré une discipline quasi militaire dans l'usine mais plusieurs parmi les premiers intéressés reconnaissent que la mesure était nécessaire. C'est un des facteurs qui explique que le plan de redressement ait marché. De toute façon, l'exigence du patron passait bien parce qu'il a su payer lui aussi de sa personne. Henri Charles avait l'habitude de s'intéresser à tous les détails. Avec lui, c'est sur le tas et non dans les bureaux qu'il fallait chercher les solutions au moindre problème. Chaque matin, il faisait le tour du propriétaire, s'enquérait de l'état des machines, vérifiait tel ou tel détail.

Après un peu plus d'un an de présence, Henri Charles peut se targuer d'avoir fait la preuve de la viabilité de l'usine. Une fois conclue la transaction avec Cascades, il a assuré l'intérim pendant quatre mois pour faciliter la transition avec le nouveau directeur, venu du Québec. En quittant l'usine, il a confié aux travailleurs réunis pour l'occasion que sa présence n'avait pas été étrangère à la revente de la cartonnerie: il était bel et bien venu pour préparer la cession des installations à une société concurrente ou, à défaut, pour fermer l'usine.

*   *   *

À l'occasion de la naissance de Cascades S.A. et de l'inscription du titre de la filiale européenne à la Bourse de Paris, Bernard a expliqué aux journalistes réunis les motifs qui ont poussé le groupe à offrir des actions aux investisseurs français: «Notre expansion européenne se fait par l'épargne publique européenne.» L'usine de La Rochette s'est avérée être une tête de pont à partir de laquelle les Lemaire ont pu lorgner à droite et à gauche, à la recherche d'une occasion d'affaire. Il y a eu l'usine de Blendecques, puis celle de la Société nouvelle Avot-Vallée[4]... et il y en aura d'autres, assurément. C'est que l'histoire se répète. Une fois faite la réputation des Québécois en France et dans toute l'Europe, tout est en place pour que l'aventure à long terme de Cascades S.A. soit une répétition du «success story» de la maison mère de Kingsey Falls.

Pour la petite histoire, Cascades S.A. est née le 6 septembre 1985, soit quelques mois avant même que l'idée

---

4. En octobre 1986, Laurent signait à Blendecques avec les représentants des sociétés Cartonneries de la Lys-Ondulys (50 %), Cartonneries de Gondardennes (22 %) et Société des Verres de Sécurité (7 %) un protocole d'accord pour l'achat de la tranche de 80 % du capital-actions de la Société nouvelle Avot-Vallée dont elles sont détentrices. Au moment de la prise de contrôle, la cartonnerie, proche voisine de l'usine de Cascades-Blendecques,

d'une filiale européenne n'ait germé dans la tête de quelques membres de l'équipe de Kingsey Falls. Curieux? En réalité, il n'y a pas de mystère. Les Lemaire ont simplement bénéficié de l'aide du Crédit lyonnais, à Paris, qui a cédé une société anonyme non active au groupe pour permettre de contourner le problème de l'historique dans le cadre de l'entrée en Bourse. En effet, toute société doit avoir un an d'existence au moins pour s'inscrire en Bourse (au hors-cote en un premier temps), et deux exercices financiers complétés pour que ses actions puissent se traiter sur le parquet du Palais Brognard. Le Crédit lyonnais y trouve son compte puisqu'il est preneur ferme pour la première émission de la filiale à part entière du groupe Cascades.

Cascades S.A., dont les bureaux sont situés dans l'une des deux tours des Mercuriales, dans le secteur est de la capitale, au pied du boulevard périphérique, détient la totalité du capital-actions des sociétés propriétaires des usines de La Rochette, de Blendecques et d'Avot-Vallée. L'objectif fondamental de la filiale est d'assurer le développement de Cascades non seulement en France mais aussi dans le reste de l'Europe. La direction du groupe au siège social apporte son appui à Cascades S.A. dans plusieurs domaines: assistance et supervision de l'informatique de gestion, supervision des services financiers, prêts de personnel ou voyages de formation, etc. La maison mère appuie aussi les sociétés filles en intervenant comme intermédiaire dans la négociation de contrats d'approvisionnement pour l'importation de vieux papiers en provenance d'Amérique du Nord. L'ensemble de ces prestations est facturé à Cascades S.A. sur la base de services effectivement rendus; en affaires, il n'y a pas de cadeaux!

---

est au seuil de la rentabilité. La production des deux machines est de 45 000 tonnes par an, que Cascades porte à 65 000 tonnes en démarrant une troisième machine, déjà en place. Deux ans après la reprise, le redressement est effectif; les surprises ont été nombreuses – et pas toujours agréables – ce qui explique qu'on ait près d'un an de retard sur l'échéancier prévu au départ. Cela prouve que la détermination est véritablement un atout.

Toutefois, sur le plan de la mise en œuvre de la politique industrielle et commerciale, Cascades S.A. dispose d'une autonomie complète. Non seulement n'a-t-elle aucune aide de la maison mère, mais leurs réseaux commerciaux réciproques sont séparés; il n'existe pas, entre le Québec et l'Europe, de contrat réciproque de commercialisation des produits. Il revient à chacun de faire au mieux de ses moyens et de lutter sur son propre terrain. Évidemment, la filiale européenne est loin d'être démunie par rapport à sa grande sœur. La clientèle des deux premières usines françaises du groupe étant sensiblement la même, l'un des premiers réflexes des nouvelles administrations a été de constituer un réseau de vente commun, les commerciaux plaçant les produits des deux usines. Et puis, Cascades S.A. ne se satisfait pas du seul marché français. La gamme de ses produits est suffisamment diversifiée pour lui assurer une bonne place dans à peu près tous les pays du Marché commun. Un bonne part de son chiffre d'affaires est réalisée à l'exportation. L'une de ses forces est de pouvoir répondre à tous les types de commandes grâce à la complémentarité de ses trois unités actuelles de production. L'usine de La Rochette est spécialisée dans les cartons haut de gamme à intérieur bois et à intérieur gris, fabriqués surtout à partir de fibres vierges. Ceux-ci servent aux emballages de haute parfumerie, à l'emballage des confiseries, des boissons et des aliments de choix. Le demande des cartons de ce type va croissant depuis plusieurs années. De son côté, l'usine de Blendecques produit des cartons plats ordinaires ou à intérieur gris, fabriqués à partir de fibres de récupération.

Il a fallu des sommes importantes pour assurer le redressement des trois usines du groupe en France. Comme il est de tradition au Québec, les investissements ont été décidés par la direction de chaque usine en fonction de ses besoins propres et des objectifs retenus. Au total, ce sont plus de 200 millions de francs qui auront été injectés pour passer le cap des 100 000 tonnes de production annuelle vendable tant à La Rochette qu'à Blendecques et 40 millions de francs pour le redressement de l'unité de production de Cascades-Avot-Vallée. Cela prouve que si bon qu'on soit, on n'a rien sans peine.

À coup de gros sous, Cascades se taille une place de choix en France, espérant que ce pied-à-terre favorisera son développement prochain dans le reste de l'Europe. Avec Cascades S.A., le groupe se donne les moyens de prendre part à la lutte pour le partage du nouveau marché de 1992. Même si la période n'est guère plus favorable à l'expansion des sociétés papetières en Europe qu'elle ne l'est en Amérique, avec les hausses importantes des prix de la pâte et des bénéfices ces dernières années, la prospection bat son plein dans les pays de la Communauté économique européenne. Il y a eu Barcelone, où l'entente a achoppé à cause d'une question de taux d'intérêt, le dossier britannique, où l'on est passé à deux doigts d'une première acquisition en Angleterre, assortie d'une possible entrée à la Bourse de Londres, Ormea, en Italie, tout près de la frontière française, puis l'aventure de La Chapelle-Darblay, à Rouen, et combien d'autres! Car on a compris, chez les Lemaire comme dans leur entourage, que la viabilité de la filiale européenne passait par des acquisitions en cascade. Sans cela, la vulnérabilité est extrême, et la concurrence le sait. Europe oblige...

Chapitre 14

Diversifier pour grandir

Ce premier jour de mai 1985, Cascades fait un pas de géant en avant. Avec l'acquisition de sa première usine en Europe, le groupe de Kingsey Falls s'internationalise vraiment. Les Lemaire caressent plusieurs projets sur le Vieux Continent, non seulement en France mais aussi en Italie, en Espagne et en Angleterre. Le mouvement d'expansion s'amplifie l'année suivante, en France toujours, avec la reprise d'une seconde usine et la création de la filiale française du groupe, Cascades S.A. L'entreprise prend alors des allures de multinationale.

S'est ajoutée par la suite l'usine d'Avot-Vallée. Avec cette troisième acquisition, la société Cascades est devenue le plus grand producteur de carton en France. Il s'en est fallu de peu, aussi, pour qu'elle domine la production de papier journal du pays, mais la reprise des usines de La Chapelle-Darblay n'a pu être accomplie. D'autres projets ont achoppé au dernier moment pour une question de prix, en Espagne et en Angleterre. Au Québec, les difficultés qu'a connues le groupe sont comparables: Donohue a échappé aux Lemaire parce que le gouvernement du Québec a trouvé plus offrant pour le bloc d'actions que détenait la société d'État Dofor; Rolland de même, parce que Lucien Rolland, dont la famille détient la majorité des actions votantes, tient à son indépendance. Pourtant, le mariage de raison proposé aurait mis la société productrice de papiers fins à l'abri des hausses importantes du prix de la pâte. Car c'est là que le bât blesse. Depuis 1985, les prix de la pâte et du papier sont en hausse constante, comme les bénéfices des sociétés papetières d'ailleurs. Les usines tournent à plus de 80 % de leur capacité et la production, tout comme les bénéfices, atteint des niveaux inégalés. Dans ces conditions, tout achat se paye à prix fort.

Le marché des actions s'étant démocratisé depuis le tournant des années 80, les petits porteurs sont devenus légion; nombreux sont maintenant ceux qui connaissent la règle d'or de l'investissement boursier: acheter lorsque tout le monde vend, et vendre quand tout le monde veut acheter. Bernard, Laurent et Alain on appliqué la recette à la lettre. Au cours de la sévère crise économique de 1981-1982, les occasions d'affaires se sont faites nombreuses et Cascades a connu sa plus importante phase d'expansion, multipliant les acquisitions et décuplant son chiffre d'affaires. Les Lemaire ont acheté plusieurs usines papetières de sociétés concurrentes, certaines parce qu'elles étaient considérées comme désuètes par l'ancienne administration ou parce qu'elles n'étaient pas rentables, d'autres parce qu'elles n'avaient plus leur place dans une société en cours de restructuration. Chacune de ces transactions a été une très bonne affaire.

Puis l'économie retrouve son rythme de croissance et les enchères se mettent à monter. Bernard dit bien, pour expliquer le ralentissement des reprises d'usines par le groupe, qu'«il n'est pas question d'acheter à n'importe quel prix». Les enchères ont monté avec le redressement économique. Les sociétés papetières ne sont plus prêtes à se départir de leurs actifs à n'importe quel prix. Tout au contraire. Le marché papetier connaît un cycle haussier qui dure depuis quatre ans et même les usines les moins productives ou les moins rentables parviennent à réaliser des bénéfices.

Pour doubler le chiffre d'affaires actuel de Cascades,

puisque c'est l'objectif que s'est fixé la haute direction pour les trois prochaines années, et maintenir un taux de croissance aussi exceptionnel, les Lemaire vont probablement devoir s'engager sur la voie de la diversification. Les projets ne manquent pas, certains sérieux, d'autres presque farfelus[1]. Il est à peu près certain que la société ne pourra conserver un rythme effréné de croissance en confinant ses acquisitions au secteur des pâtes et papiers, à moins de payer le prix fort pour la moindre transaction. Car les usines qui tournent bien trouvent facilement preneur, et à gros prix. Cette solution est hors de question, bien sûr. Le secteur papetier n'est pas non plus un champ libre où Cascades peut n'en faire qu'à sa guise. Il faut s'attendre à ce que d'autres sociétés, plus puissantes, ne concèdent pas facilement leur part du marché. C'est un domaine où la lutte est serrée et la concurrence est vive. Il faudra donc en sortir un jour ou l'autre.

*   *   *

La société Cascades est perçue par le grand public comme une entreprise papetière. Pourtant, bien que la très grande majorité des opérations des filiales du groupe s'effectuent dans le domaine des pâtes et papiers, il y a déjà quinze ans que la diversification est engagée au sein de l'entreprise. En effet, les Lemaire ont tenté plusieurs percées dans d'autres secteurs de l'industrie. Manœuvres audacieuses, certes, mais qui n'ont jamais connu l'importance des investissements du domaine papetier.

Par exemple, Plastiques Cascades, filiale créée en 1972, fabrique des contenants en styromousse. L'usine est située à Kingsey Falls et emploie une cinquantaine de personnes. Sa production est destinée à l'empaquetage des œufs, des viandes, des légumes et des fruits, ainsi qu'aux services de

---

1. Les Lemaire auraient considéré, sans trop d'attention sans doute, le projet de vente de Québécair par le gouvernement du Québec! Ils auraient aussi, en 1987, investi personnellement dans l'industrie pétrolière, question de sonder le marché avant d'y engager, éventuellement, le groupe Cascades.

restauration rapide et à l'emballage des mets à emporter. Sa clientèle se trouve principalement au Québec et en Ontario, mais l'engouement universel pour le «fast food» garantit le marché de ce genre de produit et l'avenir des usines qui le fabriquent. L'ennui, c'est que pendant qu'on glorifie les Lemaire parce qu'ils ont fait de la récupération leur image de marque, on décrie l'utilisation du plastique pour la production des contenants. Ceux-ci, en effet, ne sont pas biodégradables et on les retrouve plus souvent qu'autrement en bordure de nos routes, malheureusement. Une autre filiale du groupe produit aussi des contenants à œufs mais utilise de la pâte papetière recyclée comme matière première En effet, à Brantford, en Ontario, où Cascades a acheté une usine qui fabrique des produits moulés et faisait partie de l'empire du géant américain Moore Corporation, la pâte papetière a remplacé le styromousse dans la fabrication des contenants pour les œufs. Les représentants des mouvements écologiques ont salué cette décision comme une première au pays, souhaitant que l'initiative soit suivie par les sociétés concurrentes...

En 1980, Cascades achète les actifs d'une société établie depuis 25 ans, qui fabrique des panneaux de bois isolants utilisés dans l'industrie de la construction. L'usine, située à Louiseville, possède un équipement désuet. L'état de la machinerie n'est pas le premier handicap que Matériaux Cascades doit surmonter; le second effort de diversification de Cascades se fait dans un secteur proprement inconnu des Lemaire. Cela ne soulève pourtant que peu d'inquiétude au siège social.

La naissance de Cascades-P.S.H. en 1984, quant à elle, loin de susciter de l'inquiétude, soulève l'enthousiasme à la maison mère. En s'associant avec la société géante française Béghin-Say, Cascades diversifie ses activités en se lançant pour la première fois dans la fabrication de produits de consommation. L'usine, construite à Drummondville, fabrique et met en marché des produits d'hygiène féminine ainsi que des couches pour incontinents, sous les marques de commerce

Vania et *Kay-Plus*. Forcée de faire ses classes, la direction de Cascades découvre les aléas de la mise en marché grand public. Le budget consacré à la publicité, par exemple, n'a aucune commune mesure avec tout ce que les autres filiales du groupe avaient connu jusque-là.

Enfin, après avoir géré sous contrat pendant plusieurs années une usine de fabrication d'endos de linoléum, au Cap-de-la-Madeleine, Cascades s'en porte acquéreur en février 1987. Les installations avaient été achetées de la société Consolidated-Bathurst par la S.N.A. (Société nationale de l'Amiante). Les activités ont sensiblement baissé avec les années, à cause des restrictions sévères imposées par un nombre grandissant de pays à tous les produits de l'amiante, qui entrait alors dans la fabrication des endos de linoléum. Aujourd'hui, Cascades Lupel peut fabriquer de l'endos sans amiante et l'usine est ouverte trois ou quatre jours par semaine. Dans ce cas-ci, la diversification est à demi ratée. Il reste, avec les installations existantes, à trouver une vocation nouvelle et rentable pour l'usine.

Toutes ces expériences de diversification, auxquelles on peut à la rigueur ajouter celles de Cascades Sentinel, de Drummondville et de Dunnville, dont les usines fabriquent des feuilles de polyéthylène, et de Désencrage Cascades, usine pilote de Breakeyville, comptent peu dans le bilan consolidé du groupe Cascades. Elles sont peu significatives quant au pourcentage du chiffre d'affaires global du groupe qu'elles produisent. En fait, il n'y a pas encore eu de diversification réelle chez Cascades. Pourtant, quelques projets pourraient, dans un avenir plus ou moins rapproché, donner des résultats intéressants. C'est le cas de Cascades-P.S.H., qui prend lentement mais sûrement sa part de marché parmi ses puissants concurrents, de Plastiques Cascades, dont le développement futur est lié au marché de la restauration rapide, et de Plastichange, filiale née de la brillante idée d'un Drummondvillois bricoleur.

* * *

Réal Lemaire, un inventeur de Drummondville qui, il faut le préciser, n'a aucune parenté avec Bernard, Laurent et Alain, est directeur de Plastichange international quand il se présente pour la première fois au siège social de Cascades, à Kingsey Falls. Sa démarche, destinée à lui assurer un meilleur approvisionnement en matière première, va finalement mettre Cascades sur la voie d'une réelle diversification, dans un secteur auquel elle est encore tout à fait étrangère.

Notre inventeur a mis au point une technique nouvelle et originale pour emballer la monnaie et s'emploie, depuis quelques années déjà à l'époque où il fait la connaissance de Laurent, à commercialiser son invention. L'intérêt des Lemaire se concrétise par l'achat, en 1982, de 75 % du capital-actions de Plastichange international, société créée trois ans plus tôt. Depuis, avec l'expansion à l'étranger, il existe une filiale à part entière, Eurochange international, propriétaire des brevets dans les pays européens.

L'usine qui voit le jour à l'occasion de la nouvelle asso-ciation est conçue pour produire 150 millions de plas-tichanges par année, à raison de journées de trois postes de travail de huit heures. Les gens de Cascades évaluent le marché canadien à un milliard de feuilles de papier monnaie par année, dont 300 millions au Québec seulement. Six ans après la venue de Cascades, jamais encore l'usine n'a tourné à plein régime. La production a atteint un maximum de 35 millions d'unités en un an, ce qui représente le quart de la capacité de production. L'objectif reste donc de rentabiliser les installations en augmentant la part du marché. Aux caisses populaires se sont joints d'autres clients importants: la Banque d'Épargne, la Banque Nationale et la Banque de Montréal.

La diversification relative de la production a aussi permis d'accroître sensiblement le chiffre d'affaires de l'entreprise. L'usine produit, par exemple, des contenants en plastique pour le compte de la société Rona, qui s'en sert pour l'emballage d'un grand nombre d'articles vendus dans les quincailleries de son réseau. Dans plusieurs hôpitaux du

Québec, on retrouve de petites verres en plastique qui servent à administrer des médicaments; ils proviennent de l'usine de Drummondville. Pour des raisons d'hygiène, ces verres ne servent qu'une seule fois. Ils représentent un intéressant marché de 50 millions d'unités par année au Québec seulement. Enfin, aux derniers jours de 1986, la société a signé un contrat avec la firme Québec-Disques pour la production de pochettes en plastique pour disques compacts. Avec le temps, ce mouvement de diversification s'est avéré salutaire. En fin de compte, les revenus provenant de la production complémentaire dépassent, en volume, ceux des ventes de plastichanges.

La percée possible des plastichanges sur les marchés internationaux est une autre perspective d'avenir intéressante. En France, malgré les nombreuses difficultés à surmonter – dont l'attachement aux traditions n'est pas la moindre –, les plastichanges auront sans doute leur place dans un marché où circulent huit pièces de monnaie de formats différents. Cependant, au lieu de fabriquer au Québec puis d'exporter le produit, la direction a choisi de traiter avec un industriel du pays même, qui produit en France sous licence. La dernière entente conclue présente d'ailleurs un double avantage puisqu'en plus de fabriquer et de vendre des plastichanges dans tout l'Hexagone, la firme française revend à Plasti-change international du plastique P.V.C. à des prix moindres que ceux qui se pratiquent sur le marché nord-américain.

La diffusion du produit dans d'autres pays est moins certaine. En Grande-Bretagne, les plastichanges n'ont aucun avenir puisqu'on ne met jamais les pièces de monnaie en rouleaux, on les pèse plutôt. En Italie, la valeur nominale de la plupart des pièces est si faible qu'il devient ridicule de les compter et encore plus de les mettre en rouleaux. Les banques revendent plutôt la monnaie en vrac, calculant que les pertes ainsi encourues sont moindres que ce que coûterait le tri et le décompte de l'argent sonnant. En ce qui concerne les États-Unis, dont la proximité fait un marché idéal, ils présentent peu d'avenir pour les plastichanges. La société remplit bien, depuis les tout débuts, de petites commandes à destination de tous les coins du pays, aidée en cela par les similitudes qui existent dans la dimension des pièces canadiennes et américaines, mais ce n'est rien de significatif. Les quantités sont si négligeables qu'il en coûte plus cher en manutention qu'en frais de production! Pour que l'exportation vers le sud soit rentable, il faudrait une percée importante. Cela paraît toutefois impossible parce que les grandes institutions bancaires américaines ont depuis longtemps opté pour l'automatisation maximale du tri de la monnaie. Malheureusement, il n'existe pas encore de machine capable d'emballer automatiquement la monnaie avec des plastichanges, ce qui ferme au produit la porte d'une grande partie du marché américain.

C'est le point faible des plastichanges. Tant que le problème n'aura pas été réglé, l'emballage en plastique sous cette forme est condamné à rester marginal. Réal Lemaire, conscient des limites que cette contrainte impose à son invention, a tenté de mettre au point un appareil entièrement automatique, sans succès. Il a cependant réalisé, sous forme de prototype, un appareil semi-automatique qui pourrait avoir de l'avenir, si l'on parvient à en réduire les coûts de production, qui sont énormes. On est donc encore loin de l'automatisation intégrale, pourtant nécessaire si l'on considère les quantités impressionnantes de pièces que mettent chaque jour en rouleau les employés des banques et autres institutions financières.

Cela n'enlève pas au plastichange ses avantages. L'emballage en plastique est réutilisable, ce qui n'est pas le cas de l'emballage en papier. Plusieurs améliorations ont été apportées depuis les premiers prototypes, sur le plan du fermoir entre autres. Des recherches ont montré qu'un plastichange peut maintenant être utilisé jusqu'à six fois. Mais il y a loin de la théorie à la pratique. Les traditions ont la vie dure – la force de l'habitude sans doute – et il est rare qu'un emballage en plastique serve plus d'une fois. D'autre part, les consommateurs ne semblent pas réaliser les avantages que présentent les plastichanges sur le plan de la fiabilité. Ce type d'emballage permet de mettre à mal les fraudeurs, qui ne manquent pas d'imagination. Avec des emballages en papier, il leur est facile de substituer aux pièces de monnaie des tiges de bois, des bonbons ronds, des pièces de monnaie étrangères de moindre valeur, etc. Le plastique transparent rend évidemment ce genre de tricherie impossible.

* * *

La diversification des activités d'une société n'est pas un processus simple ni facile. Elle consiste, par définition, à sortir des sentiers battus et fait appel à des connaissances que n'ont pas, en principe, les dirigeants de la société qui s'y frotte. Interrogé sur le projet des plastichanges, Laurent a reconnu que le démarrage tardait à venir, après six ans d'investissement: «À l'avenir, nous limiterons nos investissements à des projets beaucoup plus importants.» Évidemment, quand on considère un chiffre d'affaires qui s'exprime en centaines de millions de dollars, la vente d'emballages en plastique, à raison d'une fraction de cent par unité, devrait atteindre le milliard pour devenir significative! C'est pour cela que l'entreprise retenue pour la diversification... se diversifie à son tour.

Ce demi-succès ne devrait pas avoir d'incidence sur la multiplication des champs d'activité de Cascades. Il faudra inévitablement que les Lemaire lorgnent hors du secteur des pâtes et papiers pour poursuivre l'expansion du groupe. À moins qu'ils ne choisissent de s'y confiner et entreprennent d'englober, une à une, toutes les sociétés concurrentes. Pure utopie que cela, bien sûr, compte tenu du prix à payer et de l'opposition que ne manquerait pas de susciter une telle ambition.

Après la valse des acquisitions qui a marqué les quatre premières années de fluctuation boursière de Cascades, le calme s'est imposé avec la faillite des tentatives de prise de contrôle de Donohue et de Rolland, puis de La Chapelle-Darblay. Un calme qui ne plaît pas aux détenteurs d'actions, de sorte que les investisseurs boudent depuis plus d'un an le titre autrefois chéri du Régime d'Épargne-Actions. Pour sortir de ce semblant d'impasse et mettre fin à la série de contretemps, les Lemaire vont peut-être choisir d'élargir leur territoire de chasse. D'accessoire qu'elle est pour l'instant, la diversification pourrait alors devenir le mot d'ordre chez Cascades.

Chapitre 15

Montréal, Toronto... et Paris

À l'occasion des fêtes de fin d'année, en 1982, tous les employés de Cascades reçoivent un présent insolite. À l'approche du 31 décembre, par tradition, la direction de la société donne un cadeau à chacun de ses employés. Au siège social, d'une fois à l'autre, on cherche à faire preuve d'imagination. Cette année-là, sur le plan de l'originalité, c'est plutôt réussi. Tous ceux qui sont inscrits au registre de la paye d'une des filiales du groupe Cascades ou de la maison mère reçoivent un bloc de cinq actions par année de service. Cette décision fait suite à l'inscription du titre de Cascades inc. à la Bourse de Montréal, effectuée en novembre 1982. Cette première émission publique portait sur un million d'actions.

En recevant pareil cadeau, tous les membres du personnel de Cascades deviennent effectivement propriétaires de la société qui les emploie, même si l'importance de leur part du capital-actions est plutôt symbolique. Cependant, les frères Lemaire n'ont pas l'intention de s'en tenir là. Afin de favoriser plus encore l'appropriation de l'outil de travail et le sentiment d'appartenance, Cascades offre un programme avantageux d'achat d'actions. Il est convenu que la société prêtera aux employés intéressés, sans intérêt, les sommes requises pour investir dans *leur* entreprise. Le tiers des travailleurs se prévalent de l'offre, acquérant un bloc de 80 000 actions à l'époque, pour un investissement total de 400 000 $. C'est ainsi que débute une longue histoire d'amour au cours de laquelle les cascadeurs accroîtront leur participation jusqu'à détenir 10 % du total des actions de Cascades inc. qui se négocient en Bourse, pesant ainsi d'un bon poids au sein des quelque 35 000 actionnaires qu'a comptés la société aux plus beaux jours du marché boursier.

C'est à la fin de 1982 que la Commission des valeurs mobilières du Québec, organisme de contrôle du gouvernement provincial, autorise Cascades inc. à inscrire ses actions à la Bourse de Montréal. À ce moment-là, il y a déjà un bout de temps que l'idée fait son chemin à Kingsey Falls. C'est qu'au plus chaud de l'été tropical, en juin 1981, Laurent a abordé la question avec d'autres industriels et hommes d'affaires qui participaient, comme lui, à une mission canadienne au Sénégal. Parmi eux, Pierre Lortie est chaud partisan du financement publique; c'est selon lui, pour toute entreprise en expansion, l'un des moyens les plus efficaces d'assurer une croissance continue. Il ne cache pas cependant son regret de voir que l'investissement boursier, au Québec, reste l'apanage de la minorité anglo-saxonne. La Bourse ne fait pas partie des préoccupations des Québécois; pour que cela soit, il faudrait parvenir à modifier profondément les mentalités au Québec.

Sa belle théorie, Pierre Lortie aura l'occasion de la mettre à l'épreuve peu de temps après son retour de Dakar. Nommé président de la Bourse de Montréal, il s'engage dans une refonte en profondeur de l'institution et ouvre la porte toute grande aux petites et moyennes entreprises (P.M.E.). Ce faisant, il constate que le milieu financier montrélais doit de toute urgence se doter des services professionnels requis pour appuyer les industriels et autres entrepreneurs qui souhaitent se donner les moyens de prendre la place qui leur revient dans l'industrie nord-américaine. Au cours de son mandat, il prend les mesures nécessaires pour que les mécanismes d'inscription des sociétés en Bourse soient simplifiés, de façon à ce que s'élargisse l'éventail de celles qui ont recours au financement public.

Tel qu'il le souhaitait, cet éventail s'est bien élargi. De nombreuses sociétés ont profité de l'intérêt nouveau et soudain des investisseurs pour la Bourse. Le programme du Régime d'Épargne-Actions (R.É.A.) mis de l'avant par le ministre des Finances Jacques Parizeau quelques années plus tôt prend enfin son envol. Et quel envol ! Emportant avec lui quelques titres vedettes, dont celui de Cascades – à moins que ce ne soient ces titres qui aient joué le rôle de locomotive, nul ne le sait – il a permis l'émergence de tout un entreprenariat purement québécois. De toutes les sociétés qui ont profité de la véritable révolution du financement public, Cascades est celle qui a le plus fait parler d'elle.

*   *   *

L'histoire boursière de Cascades ne commence pas en lion. Lors de la première émission d'actions, en décembre 1982, c'est la firme McNeil-Mantha, de Montréal, qui est preneur ferme. Le groupe Cascades met 20 % de son capital-actions en Bourse, soit un million d'actions, pour une émission de 5 millions de dollars. Les débuts sont incertains. Les actions tardent à s'écouler, ne trouvant pas immédiatement preneur. Devant la faiblesse du marché, le cours baisse légèrement, atteignant un bas de 4,70 $ un mois après les premières transactions, à la fin de février 1983, avant d'entamer un mouvement de croissance proprement spectaculaire, appuyé par la rapide expansion du groupe.

Par la suite, Cascades procède à deux autres émissions d'actions en 1984 et 1985, toutes deux admises au programme du R.É.A., pour financer de nouvelles acquisitions. La valse des achats d'usines se poursuit, prenant même des proportions internationales, tandis que l'intérêt pour le titre s'avive. À son plus haut niveau, au cours de l'été 1986, la cote est à plus de trente fois la valeur d'émission. (Elle frôle les 20 $, par rapport à un prix d'émission qu'il faut diviser par huit pour compenser les trois fractionnements, soit 0,63 $.)

Aussi phénoménale qu'elle puisse paraître, la croissance du titre de Cascades s'explique bien. Les principes de gestion mis de l'avant par les frères Lemaire ont permis une croissance rapide de l'entreprise et ont donné confiance aux actionnaires. Comme se plaît à le répéter Bernard: «Une chose est certaine: Cascades livrera toujours la marchandise!» Le titre est devenu non seulement une vedette des marchés boursiers, ses fluctuations à la hausse obligeant, mais aussi le chouchou des investisseurs.

Aux plus beaux jours de son histoire boursière, l'action de Cascades se négocie à près de 40 fois la valeur des bénéfices escomptés. Dans un marché où la raison et la tradition fixent les ratios à des niveaux variant de 8 à 12, ne dépassant pas à l'extrême 15 fois le montant des bénéfices par action, on peut se demander si les investisseurs ont été réalistes. L'intérêt suscité par le titre a dégénéré en une vague d'achats qui a poussé le titre dans une ascension vertigineuse. Seule la spéculation pure peut expliquer cet incroyable envol. Quelle autre raison pourraient avoir les acheteurs de payer une action trente fois le montant prévu des bénéfices... en sachant pertinemment que la société en question n'a jamais versé et ne prévoit pas verser de dividendes à ses actionnaires?

L'histoire récente de Cascades est ponctuée d'une suite d'acquisitions souvent audacieuses, achats d'usines qui ont été autant de succès retentissants. Il n'est pas impossible, compte tenu de l'importance accrue du facteur psychologique dans un marché boursier où le mot raisonnable a perdu tout son sens, que les investisseurs aient fini par faire preuve d'une subjectivité excessive à l'égard du titre de Cascades. Ils auraient alors réagi de façon extrême à la moindre nouvelle et fondé leurs espoirs sur une croissance phénoménale continue, appuyée par une valse sans fin des acquisitions.

Chez Cascades, ce scénario a ses adeptes. «En fixant le prix de l'action à [des extrêmes], explique Laurent au plus fort de la poussée de l'été 1986, le marché boursier escompte beaucoup plus des projets d'acquisition que Cascades a pu maîtriser par le passé qu'il ne tient compte de la valeur fondamentale de l'action à l'égard des projections actuelles des bénéfices.» Et Bernard de renchérir: «Il n'y a pas de doute qu'une telle évaluation augmente la pression qui pèse sur nos épaules, puisque nous ne voulons décevoir personne. Mais ce ne sera pas facile.» La stabilité du titre à certains paliers cependant, après l'important rajustement à la baisse d'octobre 1986 et la crise de l'automne suivant, donne beaucoup de poids à cette explication. Cette période sans vagues, pour ne pas parler carrément de stagnation à un cours voisin de 12 $, coïncide avec une consolidation des actifs et quelques acquisitions: l'usine de la Société nationale de l'Amiante au Cap-de-la-Madeleine, celles de Dunnville et de Brantford, en Ontario, celle de Niagara Falls, dans l'État de New York, puis celle d'Avot-Vallée, en France. L'ajout de ces nouvelles unités, avec plusieurs investissements, dont celui de 30 millions de dollars pour la modernisation des installations de Cascades (Jonquière), n'avait rien de comparable aux retentissantes manœuvres des années précédentes. Les bonnes affaires seraient-elles plus rares, les usines plus coûteuses et les concurrents moins décidés à se départir de leurs actifs? Peu importe. Les détenteurs d'actions s'impatientent. La moyenne quotidienne des transactions sur le titre de Cascades à la Bourse de Montréal faiblit régulièrement jusqu'à la crise d'octobre 1987, puis tombe en chute libre, tout comme la valeur du titre. On finit par croire que les investisseurs québécois, amenés à s'intéresser au marché boursier par les largesses du R.É.A., ne sont attirés que lorsqu'il y a de l'action.

Voilà qui laisse beaucoup de place au facteur psychologique. Mais le marché boursier n'est pas dupe, à long terme du moins. Si les mouvements à la hausse ou à la baisse peuvent être extrêmes sur des périodes courtes – le titre de Cascades a varié à plusieurs occasions de plus de 10 % en une seule journée de transactions –, la valeur d'une action finit toujours par se rapprocher de son niveau rationnel, c'est-à-dire d'une valeur justifiable en regard des actifs de la société, de l'importance de sa dette et des bénéfices prévus et réalisés.

L'incroyable intérêt suscité auprès des investisseurs novices par le titre de Cascades entre 1982 et 1986 a été un facteur important dans le succès du R.É.A. Pour que le programme sorte de la léthargie qui a marqué ses premières années, qui coïncidait avec un malaise réel de l'économie mondiale, il lui fallait un titre vedette. Les investisseurs ont jeté leur dévolu sur celui de Cascades.

Maintenant, bien malin serait celui qui saurait dire qui, du R.É.A. ou de Cascades, a bénéficié de l'effet d'entraînement! Ce qui est certain, c'est que les Lemaire n'ont pas eu recours au financement public parce que le gouvernement avait décidé de prendre des mesures incitatives pour pousser les consommateurs à appuyer les efforts des entrepreneurs de leur trempe. La société de Kingsey Falls aurait été en mesure d'inscrire ses actions dans toute autre Bourse nord-américaine au moins aussi facilement qu'à Montréal. Le succès aurait sans doute été le même, *même sans le R.É.A.*

Pourquoi alors avoir choisi celle de Montréal? Parce que, sous l'impulsion de Pierre Lortie, le marché boursier de la métropole vivait alors une véritable révolution. L'investissement se démocratisait et les Québécois mettaient soudain leurs économies à la disposition de leurs entrepreneurs.

*   *   *

Au début des années 60, Eric Kierans, alors président de la Bourse de Montréal, rédige un rapport critique sur la situation de l'investissement au Québec. Dans ce dossier, qui reste un document interne, il dénonce la faible capitalisation des sociétés québécoises et pointe du doigt le carcan des mentalités pour expliquer le manque d'intérêt des francophones envers l'investissement boursier. Il est convaincu que les industriels francophones doivent utiliser les marchés financiers pour corriger l'endémique sous-capitalisation de leurs entreprises. Il déplore que les Québécois se soient tenus à l'écart de la Bourse tandis que depuis toujours, forts d'une tradition maintes fois séculaire, les Anglo-Saxons du Québec et des autres provinces canadiennes mettent à profit les possibilités qu'offre le marché boursier.

Tout le temps de son mandat, Eric Kierans tente d'apporter les correctifs qui s'imposent. Il n'obtient qu'un succès relatif. Plusieurs scénarios expliquent que le mouvement d'ouverture ne se soit pas continué au delà de sa présidence. Au tournant des années 70, les marchés boursiers mondiaux entament une longue période de stagnation qui s'aggrave rapidement avec la crise du pétrole, à la fin de 1973. Au Canada, plus particulièrement, ce sont les excès qu'ont laissé commettre la Bourse canadienne et la Commission des valeurs mobilières du Québec à la fin des années 60 qui ont nui aux réformes apportées par Eric Kierans. Plusieurs manœuvres, carrément criminelles, ont entaché la réputation des marchés boursiers. Au pays, à cause de cela, il faudra quelque dix ans pour que s'inverse la vapeur et que revienne la confiance des investisseurs.

Dès sa nomination à la présidence de la Bourse de Montréal, Pierre Lortie crée deux comités d'étude. Le mandat des membres consiste à identifier les modifications à apporter aux règlements de la Bourse pour favoriser l'accession des P.M.E. au financement public. Il existe déjà, à ce moment-là au Québec, un programme gouvernemental qui a essentiellement les mêmes objectifs mais végète depuis sa création, deux ans plus tôt. Il s'agit du Régime d'Épargne-Actions, autrement connu sous le sigle R.É.A., élaboré par le ministère des Finances dans le but avoué de canaliser l'épargne des Québécois vers les P.M.E. d'envergure nationale. Selon Jacques Parizeau, ministre du cabinet Lévesque, cela devait permettre de corriger, à plus ou moins long terme, le manque flagrant de capital de risque des P.M.E. québécoises.

Jusqu'à la présidence de Pierre Lortie, la Bourse de

Montréal avait été à peu près fermée aux petites entreprises. Les règles imposées pour l'inscription des titres étaient tellement restrictives que seules les grandes sociétés pouvaient envisager de voir un jour leurs actions s'échanger sur le parquet de la rue Saint-Jacques. Plusieurs entrepreneurs, fermement décidés à financer leurs projets par l'intermédiaire d'une émission publique, ont dû ruser pour parvenir à leurs fins. En inscrivant d'abord leur titre à la Bourse de Vancouver, dont les règlements ont toujours été beaucoup moins stricts, ils s'assuraient automatiquement la reconnaissance de l'institution montréalaise et pouvaient y entrer sans plus de tracasseries quelques mois plus tard. Aux contraintes administratives s'ajoutaient l'absence de spécialistes en financement public à Montréal. En effet, avant 1981, il n'existait dans la métropole – seconde place boursière au Canada – aucune firme capable de piloter en son entier le dossier de financement public d'une entreprise! Historiquement, donc, les sociétés québécoises de petite taille étaient tenues à l'écart des grands marchés boursiers.

Le défi que va relever Pierre Lortie est énorme. Au Québec, comme il le pressentait, ce sont les mentalités qu'il faut changer. S'il réussit le tour de force de convaincre d'abord les industriels de recourir au capital de risque pour appuyer leurs efforts de croissance, en préférant les sociétés publiques aux entreprises familiales, plus petites et plus sûres mais aussi sans grand avenir, puis de convaincre ensuite les épargnants de miser sur l'entreprenariat plutôt que de confier leur avoir aux banques, le miracle pourrait bien se produire. En supposant que l'entreprise se solde par un succès, il est certain que les règles de la Bourse ne manqueraient pas de s'adapter assez rapidement à l'ouverture d'esprit des détenteurs d'actions.

Les deux comités de travail formés par Pierre Lortie en 1981 se composent d'hommes d'affaires, d'industriels, d'avocats et autres spécialistes de tous les secteurs de l'économie. Au sein du premier comité, dont fait partie Laurent, on retrouve surtout des dirigeants d'entreprise. Le second regroupe des représentants de plusieurs bureaux de comptables, de firmes de courtage et d'études de notaires et d'avocats de Montréal surtout mais aussi d'ailleurs en province.

En conclusion de leurs travaux, les membres des deux groupes de travail identifient le même problème, principal frein selon eux à l'accès des P.M.E. québécoises à la Bourse de Montréal. C'est le milieu d'affaires de la métropole qu'ils dénoncent, incapable selon eux de répondre aux besoins des dirigeants d'entreprise qui veulent inscrire les titres de leur société en Bourse. Il n'existe en effet aucune firme à Montréal qui puisse fournir l'expertise requise pour ce faire. À cela, le comité regroupant les manufacturiers ajoute quelques recommandations à l'adresse du ministre des Finances, proposant que le gouvernement modifie le programme du R.É.A. pour faire en sorte qu'il y ait une claire distinction entre les grandes sociétés et les P.M.E. qui s'inscrivent à la Bourse en se prévalant des largesses gouvernementales. En réaction à ces conclusions, le ministère modifie effectivement les règles du régime en 1982. Du coup, tout est en place pour que le miracle s'accomplisse.

L'intervention des gens d'affaires ne surprend nullement Jacques Parizeau, ministre des Finances de l'époque. Car il y a belle lurette que les fonctionnaires s'inquiètent, à son ministère, de la situation qui prévaut au Québec. Ils ont toutes les raisons de jalouser Toronto. Depuis trois ans au moins, ils tentent d'apporter des solutions durables à la sous-capitalisation chronique des entreprises québécoises. On voudrait donner aux entrepreneurs les moyens de financer le lancement de nouvelles entreprises ou la croissance des sociétés existantes. On reconnaît que jusqu'alors, par tradition, les industriels québécois se limitent aux avenues les plus coûteuses, celles des emprunts bancaires, s'imposant de ce fait de lourdes charges financières à cause des coûts impartis aux intérêts. C'est pourquoi le ministère des Finances a lancé le programme du R.É.A. en 1979, espérant amener les investisseurs à miser une partie de leur capital sur les sociétés québécoises. Jacques Parizeau promet à ce moment-là une

mesure «si simple qu'elle devrait être efficace». Puis, lors du
lancement officiel du programme, il résume son intention en
ces mots: «Un résident québécois qui achètera des nouvelles
actions d'une entreprise québécoise pourra déduire cet achat
de son revenu.»

                              *   *   *

Le Régime d'Épargne-Actions du Québec doit sa naissance à
la réforme de l'impôt provincial décidée par le gouvernement
du Parti québécois en 1978. Cette année-là, à la suite de la
refonte du système d'imposition, le fardeau fiscal des
contribuables à hauts revenus s'accroît sensiblement. Pendant
les mois qui suivent la mise en application du nouveau
régime, on assiste à une reprise de la campagne de presse qui
avait décrié en 1976 le nationalisme aveugle de certains
membres du gouvernement. De nombreux journalistes
soulignent les effets néfastes des mesures fiscales. Les
comparaisons avec l'Ontario se font au détriment du Québec;
plusieurs spécialistes de la presse écrite et parlée prétendent
qu'on risque d'assister, comme en 1976, à une vague de
déménagements de sièges sociaux. S'il faut les croire, les
moyens retenus par Québec pour réduire le déficit gouvernemental privilégient les gens à faibles revenus, dont le poids
est minime dans l'économie provinciale, au dépens des bien
nantis, ceux-là mêmes qui disposent des capitaux nécessaires
pour investir dans l'industrie nationale à condition qu'on
trouve le moyen de les y intéresser. Au lieu de les faire fuir, il
faut chercher à les retenir. C'est ainsi qu'on pourra corriger le
manque de capital de risque au Québec.

Ils n'ont pas tort et Jacques Parizeau le sait. Il n'ignore
pas non plus l'acuité du problème de la sous-capitalisation.
C'est pourquoi, dans le discours du budget 1979-1980, il
annonce une mesure majeure pour corriger la situation: la
création du Régime d'Épargne-Actions. Il est impossible,
précise-t-il, de chiffrer ce que l'application d'un tel programme risque de coûter au gouvernement, tout en se

pressant d'ajouter que plus ce sera cher, mieux ce sera: «Plus la mesure coûtera cher au trésor public, mieux l'économie s'en portera et plus les ressources de l'État augmenteront par l'impôt et les taxes à la consommation.»[1] Dans le cadre de ce programme, tout contribuable peut soustraire de son revenu, à partir de 1979, les sommes déboursées pour acheter des actions ordinaires admissibles, selon la liste des sociétés reconnues par le ministère des Finances. L'ensemble des sommes ainsi investies ne peut toutefois pas dépasser 20 % du revenu gagné ou le plafond, fixé à 15 000 $.

Comme le ministère tient à ce que le programme incite vraiment les contribuables à investir en Bourse en appuyant les entreprises qui font l'économie du Québec, les fonctionnaires établissent des critères de sélection pour déterminer quelles sont les sociétés admissibles et celles qui ne le sont pas. Il est donc décidé qu'une émission d'actions sera admise au programme de dégrèvement d'impôt pour l'investissement si elle provient d'une société dont le siège social est situé au Québec (ou dont la principale place d'affaires se trouve dans la province, ce qui permet d'inclure, la première année par exemple, des sociétés pancanadiennes). Il faut encore qu'il s'agisse d'actions ordinaires comportant un droit de vote et achetées au marché primaire, c'est-à-dire exclusivement lors de l'émission publique. Enfin, l'émission doit avoir été effectuée avant le 27 mars 1979 et avoir obtenu, évidemment, le visa de la Commission des valeurs mobilières du Québec.

---

1. Connaissant aujourd'hui les chiffres associés au programme du R.É.A., tels que rendus publics par la Commission des valeurs mobilières du Québec, on est à même de considérer à quel point il a coûté cher au gouvernement du Québec. En 1979, les investisseurs achètent pour 109 millions de dollars de titres inscrits, privilégiant presque exclusivement les valeurs les plus sûres parmi les 15 sociétés admises; le programme coûte 15 millions au gouvernement en dégrèvements d'impôt. L'année suivante, en 1980, il se traite 150 millions de dollars d'actions de 30 sociétés admises au programme, pour un coût de 31 millions. En 1981, avec 248 millions de dollars de transactions portant sur les actions de 33 sociétés, le gouvernement perd 36 millions en revenus d'impôt. En 1982, au creux de la crise boursière, alors qu'il n'y a que 18 nouvelles émissions, le total des transactions atteint 214 millions et celui des pertes en revenus d'impôt, 53 millions. À partir de l'année suivante, c'est

La mesure mise de l'avant par le ministère des Finances vise clairement les contribuables qui se trouvent aux échelons supérieurs d'imposition. Jacques Parizeau ne se cache pas pour clamer que le programme devrait calmer l'espèce de révolte des bien nantis qui n'avait pas tardé à sourdre dès la publication du budget. Les gens à revenus élevés se voient en effet offrir le moyen d'abaisser substantiellement leurs impôts. De la sorte, investir en Bourse au Québec n'est plus qu'un risque lié aux fluctuations du marché; c'est un choix immédiatement payant, dont on peut déterminer le rendement minimal par l'économie d'impôt qu'il permet de réaliser. En fait, le gouvernement réduit les impôts personnels de ceux qui jouent le jeu à condition que l'argent économisé soit injecté dans l'économie québécoise. L'attrait de l'échappatoire fiscale présente en même temps l'avantage de régler le problème de la sous-capitalisation. Si le programme fonctionne comme on l'espère en haut lieu, les entreprises québécoises ne devraient plus manquer de capital de risque. Avec le temps, les dirigeants de P.M.E. seront plus nombreux à faire appel au financement public, ce qui favorisera la montée de l'entreprenariat et la croissance de l'économie québécoise. Et puis, on peut espérer que tous les contribuables, peu importe le montant de leurs revenus, s'intéressent au programme et misent une partie de leur avoir en Bourse... Après la Révolution tranquille de 1960, ce serait, vingt ans plus tard, la révolution économique.

---

l'envolée: des transactions de 766 millions sur 37 émissions pour un coût de 145 millions en 1983, un léger fléchissement des transactions à 716 millions mais une augmentation du nombre d'émissions et des coûts, avec 45 titres et 160 millions en 1984, 1,272 milliard de dollars en actions admises, avec 85 nouvelles inscriptions et un coût de 194 millions en 1985, puis le record de 1,746 milliard de dollars de transactions pour 134 nouvelles émissions, avec un coût de 127 millions de dollars en 1986, avant la débandade de 1987 qui a compté 553 millions de dollars de transactions, 54 nouvelles émissions et un coût évalué à quelque 50 millions de dollars. Au total, en dix ans, le programme aura coûté quelque 811 millions de dollars en dégrèvements d'impôt au gouvernement du Québec, mais aura permis l'émission de près de 5,8 milliards de dollars d'actions de sociétés québécoises! Nul doute que l'idée de Jacques Parizeau a eu du bon.

L'histoire des neuf dernières années de fluctuation boursière à Montréal prouve que ce n'était pas là qu'utopie. Ces beaux espoirs étaient fondés. Le R.É.A. s'est avéré être le parfait moyen pour assurer le lancement ou la croissance d'entreprises peu ou pas connues. Bien sûr, l'importance des avantages fiscaux va de pair avec l'ampleur du risque. Les titres admissibles au programme sont toujours très spéculatifs; les sociétés inscrites offrent certes un bon potentiel mais n'ont pas encore, dans la plupart des cas, fait la preuve de leur valeur à moyen ou à long terme. Il faut se rappeler que l'objectif de base du programme est de parvenir à changer radicalement les habitudes de placement des Québécois, d'amener les gens à miser en Bourse, à participer directement à l'effort de croissance de l'économie nationale au lieu de laisser dormir des milliards de dollars d'économies dans les coffres-forts des institutions financières ou en bons du Trésor.

Au début, la déduction fiscale accordée dans le cadre du R.É.A. est de 100 % pour tous les titres sans distinction. C'est-à-dire que le gouvernement permet aux contribuables de retirer de leur revenu imposable la totalité des sommes consacrées à l'achat d'actions de sociétés admises au programme, jusqu'à concurrence de 20 % du revenu ou de 15 000 $. Les pourcentages changent deux ans plus tard, à la suite des recommandations des comités de la Bourse, mis sur pied par Pierre Lortie. Ainsi que l'avaient souhaité les hommes d'affaires et industriels qui ont participé aux réunions, la déduction étagée, de 75, 100 ou 150 % selon le cas, permet alors d'établir une nette distinction entre les différents types de sociétés. Au plus haut taux de dégrèvement correspondent les entreprises à risques, au taux le plus faible, les sociétés majeures, dont les valeurs sont les plus sûres: les «blue chips».

En quelques années, les Québécois découvrent les mécanismes de la Bourse, apprennent à lire les pages économiques des grands journaux, à lire le bilan financier d'une entreprise commerciale ou industrielle, et à choisir un titre aux fins d'investissement. Pour s'en convaincre, il suffit de considérer le nombre de revues spécialisées qui voient le jour à partir de la fin de la dernière crise économique, en 1983. Il y a maintenant des émissions de télévision consacrées exclusivement au monde des affaires et à l'investissement, tant aux chaînes anglaises qu'aux réseaux francophones; les journaux télévisés comportent tous des chroniques économiques. On peut indéniablement affirmer, près de dix ans plus tard alors que le nombre des Québécois détenteurs d'actions a plus que doublé, que la province a comblé son retard par rapport à ses voisins anglo-saxons.

Avec l'ouverture de la Bourse de Montréal aux P.M.E., à partir de 1982, et le retour de la prospérité économique l'année suivante débute la période faste de l'investissement boursier. À Montréal, le marché de la rue Saint-Jacques prend rapidement tant d'ampleur que les courtiers de Toronto n'ont d'autre choix que d'y mettre le nez. Plusieurs firmes de courtage de la Ville reine ouvrent des succursales dans la métropole. Les services aux entreprises s'organisent. Les spécialistes de tout acabit ont alors pignon sur rue dans le quartier des affaires.

Pendant ce temps, les titres des P.M.E. admissibles au R.É.A. montrent une nette progression. Déjà de 1979 à 1982, leur rendement a été supérieur à celui des indices boursiers. Mais au sortir de la crise, alors que le marché entre pourtant dans une période de croissance inégalée, l'écart s'intensifie encore. En 1985, par exemple, la valeur moyenne de tous les titres inscrits au régime au cours de l'année approche le chiffre incroyable de 450 %, en grande partie grâce aux performances de l'action de Cascades. C'est donc dire que le contribuable qui aurait acheté un nombre égal d'actions lors de chaque émission réalisée dans le cadre du R.É.A. aurait obtenu un rendement de 450 % sur douze mois. Voilà qui est nettement supérieur à ce qu'aucune banque n'a jamais offert comme rendement sur l'épargne!

En créant le R.É.A., les fonctionnaires du ministère des Finances avaient tablé sur l'attrait de l'échappatoire fiscale; ils n'avaient cependant pas considéré un autre facteur d'importance: l'appât du gain. Ensemble, ces deux éléments ont eu des effets qui se sont avérés néfastes à la longue pour le programme gouvernemental. Avec les énormes déductions fiscales consenties par le gouvernement et les espoirs de gains rapides, les contribuables ont été toujours plus nombreux à se tourner vers le marché boursier. La part des actions détenues par les investisseurs novices s'est grandement élargie. Peu au fait de la valeur réelle des titres offerts, aveugles aux risques encourus et incapables de déterminer avec exactitude la part relative à la spéculation pour chaque émission, ils agissent sans prudence aucune. Les titres inscrits au R.É.A. connaissent effectivement une croissance phénoménale mais celle-ci ne repose que sur les artifices de la spéculation, à quelques exceptions près.

Plus de la moitié des propriétaires de portefeuilles d'actions au Québec ont fait leurs premières transactions boursières après 1982. Par conséquent, la masse des détenteurs d'actions à la Bourse de Montréal est composée de nouveaux venus, plus ou moins savants en matière d'investissement. Dans ce contexte, avec l'effet d'entraînement attribuable aux premiers succès du R.É.A., le facteur psychologique a fini par primer sur la raison. Jusqu'au réveil brutal d'octobre 1987, ce n'est plus la valeur réelle d'un titre qui fait son succès mais la mesure de l'engouement des investisseurs, attisé par l'ampleur des concessions fiscales du gouvernement québécois. Au milieu d'entreprises petites mais solides, à l'avenir éminemment prometteur, se glissent d'autres sociétés moins bien structurées. Comme toute action trouve facilement preneur, à presque n'importe quel prix, les industriels sont prompts à recourir au financement public quitte à rajuster leur tir une fois connus les chiffres réels de la croissance de leurs affaires et de leurs bénéfices.

La Commission des valeurs mobilières use bien de son pouvoir discrétionnaire, à l'occasion, mais sans trop de succès. Cela ne suffit pas à écarter tous les mauvais joueurs. Le nombre même des nouvelles émissions a frisé l'aberration. En une seule semaine, à la fin de 1986, on a compté autant d'inscriptions qu'en toute l'année 1979! Il devenait impossible pour le petit investisseur de s'y retrouver. Les détracteurs du R.É.A. se sont faits de plus en plus nombreux. On a dénoncé le système pour son coût et son inutilité. Selon plusieurs critiques, il n'avait plus de raison d'être une fois le but atteint, d'autant plus que son maintien coûte une véritable fortune au gouvernement. Tous ceux qui œuvrent dans le secteur boursier ont été mis au pilori: plusieurs sociétés émettrices pour la cupidité de leurs dirigeants, les courtiers en valeurs mobilières pour leur irresponsabilité, les investisseurs même pour leur comportement de spéculateur qui nuit à la crédibilité du marché.

Lorsque la récession fait des ravages, en 1981, les marchés boursiers se trouvent en pleine dépression et les investisseurs sont particulièrement sages. En période difficile, ceux-ci privilégient les titres de grande qualité, ceux qui présentent le moins de risques à la baisse. Le rendement est alors un objectif secondaire. À ce moment-là, le R.É.A., plus généreux pourtant qu'il ne le sera jamais par la suite, n'attire que quelques adeptes, dont les premiers choix sont Bell Canada et Canadien Pacifique. C'est pourtant l'époque où la direction de la Bourse de Montréal décide de favoriser l'accès des P.M.E. à l'investissement public. On cherche alors des mesures susceptibles d'attirer les dirigeants des petites et moyennes entreprises vers le marché boursier.

Par la suite, le contexte change radicalement. Au moment où s'amorce la reprise économique, le marché boursier reprend le terrain perdu. Les efforts de Pierre Lortie portent leurs fruits et la Bourse de Montréal s'ouvre effectivement aux P.M.E. Le gouvernement profite du regain économique pour modifier les avantages offerts dans le cadre du R.É.A. afin d'intéresser les acheteurs aux titres des P.M.E. Des sociétés comme Cascades deviennent les vedettes du régime.

Puis le R.É.A. s'adapte: on diminue les pourcentages. L'économie a pris son rythme de croisière. Après une première correction significative, à l'automne 1985, débute une troisième période haussière des marchés boursiers, phase particulièrement spéculative qui durera deux ans. Le risque n'importe plus. Tout se vend et, qui plus est, à prix fort. Les investisseurs paient jusqu'à trente fois les bénéfices prévus pour acquérir les actions de certaines sociétés. Au Québec, les épargnants, obnubilés par les possibilités de gains rapides et une progression boursière record, tentent leur chance en misant sur les titres de petites entreprises peu connues. Mais celles-ci ont le *malheur* de porter l'étiquette R.É.A.

Alors qu'il fallait jouer d'astuce pour amener les investisseurs à s'intéresser aux actions des P.M.E. avant 1983, c'est l'inverse qui se produit par la suite. Certains spécialistes se posent la question, au moment où l'enthousiasme frise la déraison, de savoir s'il ne serait pas temps de trouver des mesures pour limiter l'accessibilité des titres à la Bourse, en resserrant les critères d'inscription, par exemple, ou en accroissant les pouvoirs de la Commission des valeurs mobilières.

Le ministre des Finances du gouvernement Bourassa, Gérard D. Lévesque, indique clairement son intention de maintenir le programme du R.É.A. malgré les importantes failles qu'il présente et les critiques dont il fait l'objet. À la fin de 1986, cela met fin à une phase de spéculation active, les investisseurs s'empressant d'acquérir des titres inscrits de crainte que le régime ne disparaisse avant la fin de l'année, et à une période d'inquiétude du marché boursier. Pendant longtemps, c'est ni plus ni moins la pagaille qui a régné. Cette période d'incertitude aura malheureusement pour conséquence une hausse artificielle de certains titres. Selon les chiffres avancés par les spécialistes de la firme Lévesque-Beaubien, de Montréal, si les deux tiers des sociétés admises au R.É.A. ont vu le prix de leurs actions croître pendant la période qui s'étend de 1982 à 1985, les deux tiers des titres nouvellement émis en 1986 ont baissé[2].

La crise d'octobre 1987 aura au moins eu le mérite de

---

2. Le rendement moyen des titres inscrits au R.É.A. a beaucoup varié d'une année à l'autre. En 1982, il était de 14 %. L'année suivante fut celle des records, avec un rendement moyen de 45 %. Cette année-là, c'est le titre de Cascades qui a volé la vedette. Les années qui ont suivi ont vu des taux de

ramener les investisseurs à la raison. S'il a survécu à la baisse des cours, le programme du R.É.A. n'en est pas moins moribond. Le «bear market» qui a fait suite à quatre ans de hausse continue en Bourse s'est sans doute installé pour deux ans au moins. Et encore faudrait-il que les taux mondiaux de l'inflation ne se mettent pas à trop grimper! Dans ce cas, les investisseurs qui sont restés fidèles au marché continueront à ne miser qu'avec une extrême prudence. Dans ce contexte, le titre de Cascades risque d'avoir des difficultés à se démarquer de celui des autres P.M.E. québécoises. Vedette boudée par ses anciens fidèles, la société de Kingsey Falls ne verse pas de dividendes à ses actionnaires, ce qui est un handicap de taille. En plus de cela, l'expansion spectaculaire des belles années boursières a été suivie d'une longue période de consolidation des actifs, le marché ne se prêtant plus aux acquisitions à prix d'aubaine. Pour revenir à leur chouchou, les investisseurs attendent de nouveaux coups d'éclat. Il n'est pas impossible alors que tout reparte de plus belle. À Kingsey Falls, l'espoir est toujours de mise.

*   *   *

Après l'expérience très positive de Montréal, la haute direction de Cascades décide d'inscrire le titre à la Bourse de Toronto. Sitôt dit, sitôt fait, à temps pour la deuxième émission d'actions. Par la suite, en mars 1986, le titre est même inclus dans le calcul du *Toronto Stock Exchange Index*, le T.S.E. C'est là une sorte de consécration, l'institution torontoise reconnaissant la représentativité de l'entreprise dans le secteur des pâtes et papiers au pays. Pourtant,

---

rendement intéressants mais assez près des normales compte tenu du contexte boursier d'alors: une perte de 2 % en 1984 et des gains de 43 % et 27 % respectivement en 1985 et 1986. Ensuite, à partir de 1987, les choses se gâtent. La baisse est générale cette année-là avec une perte de valeur moyenne de 26 %. À la suite de la chute dramatique amorcée par l'effondrement des cours à New York et dans toutes les places boursières du monde, en octobre 1987, les investisseurs boudent le R.É.A. que le gouvernement tient à maintenir coûte que coûte.

l'intérêt des investisseurs ontariens est loin d'être comparable à celui des Québécois pour Cascades. Le volume des actions négociées atteint difficilement le dixième de celui de la Bourse de Montréal et les cours sont ni plus ni moins à la remorque de ceux de la rue Saint-Jacques. Le fait que la percée souhaitée par les Lemaire en Ontario ne se soit pas encore concrétisée avec l'ampleur attendue n'est sûrement pas étranger à cet état de choses. «Le prix des usines est élevé et les bonnes affaires sont rares», dit Alain, alors que d'autres, au sein de la haute direction, émettent l'opinion que les dirigeants des grandes sociétés à l'ouest de l'Outaouais font le nécessaire pour bloquer systématiquement la venue de Cascades sur leur terrain. L'avenir permettra peut-être de savoir qui a raison.

À cela fait suite l'entrée à la Bourse de Paris. En octobre 1986, à grand renfort de publicité, les actions de Cascades S.A., filiale à part entière du groupe en Europe, sont inscrites au hors-cote. Quelques mois plus tard, en mai 1987, elles se négocient directement au second marché. Ce pas en avant, qui donne beaucoup de crédibilité à l'idée d'une expansion continue en Europe pour le groupe québécois, ne s'est pas fait sans anicroche. Les dessous de l'inscription en Bourse en Europe ont fait prendre conscience aux responsables de la manœuvre, à Kingsey Falls, qu'il existe tout un fossé entre la mentalité de l'entreprenariat au Québec et celle qui règne en Europe depuis des générations.

D'abord, les fondés de pouvoir des institutions françaises retenues pour épauler le financement public de Cascades outre-Atlantique sont longtemps resté convaincus que c'étaient les actions de la société canadienne qu'on souhaitait voir se négocier à Paris. Fausse perception. Les Québécois songeaient déjà à la création d'une filiale à part entière, société de portefeuille qui chapeauterait les activités du groupe en Europe.

Toutefois, avec une charte ne datant que d'un an, la société n'a droit qu'au hors-cote. Un an plus tard seulement, après avoir complété un second exercice financier, dont un seul complet, Cascades S.A. aura accès au Palais Bourbon. Le titre se négociera à ce moment-là au second marché. Pour accéder au marché principal, il faudra attendre deux ans de plus. Ainsi va la loi.

La première réunion des actionnaires de Cascades S.A. a lieu à Paris, le 25 mai 1987. À cette occasion, il est décidé que l'action sera fractionnée, à raison de dix nouvelles actions pour chaque ancienne. Selon les affirmations de la haute direction, cette mesure vise essentiellement à rendre plus accessibles les actions de la société aux premiers intressés: les employés de Cascades S.A. L'idée n'est pas nouvelle. Déjà l'année précédente, on avait songé à offrir le titre à un prix voisin de 50 FF, ce qui correspond peu aux traditions du marché boursier en France, habitué à des cours plus élevés, mais aurait sans doute fait l'affaire des petits porteurs. En fin de compte, à la suite des pressions exercées par les preneurs de l'émission, la direction de Cascades S.A. a bien dû se résigner à accepter un cours de départ de 436 FF. C'était partie remise.

Peu de spécialistes ont vraiment cru au projet de financement de Cascades S.A. «Ce pourrait être bon, mais...» entend-on. Mais à leur grande surprise, la semaine qui précède l'inscription officielle, toutes les actions offertes ont trouvé preneur. Dès le premier jour, le titre s'échange avec une plus-value de 9 %; les ordres d'achat les plus bas se réalisent à 475 FF. Par la suite, la progression se maintient pendant un mois, au terme duquel le cours se stabilise autour de 600 FF. Aussi étonnant qu'il puisse paraître, ce succès n'a rien d'exceptionnel. En France, les Lemaire se sont fait connaître pour leur audace d'abord, avec la brillante relance des usines de La Rochette et de Blendecques, mais surtout par les particularités de la philosophie Cascades. La recette tant de fois mise à l'épreuve au Québec semble donner les mêmes résultats en France, ce qui ne manque pas de surprendre. Cela, les investisseurs le savent.

Pour les médias, c'est l'histoire qui se répète. Les investisseurs français font la connaissance de ces Québécois entreprenants, se prennent de sympathie pour les dirigeants de Cascades et leur font pleine confiance. *La Lettre du horscote*, revue spécialisée de Paris, un mois après l'émission publique, recommande l'achat du titre, malgré la hausse remarquable des tout débuts. Titre promis à un brillant avenir, jugent les spécialistes, ce que l'histoire confirme. À la veille de la réunion des actionnaires, aux premiers jours du mois de mai 1987, l'action atteint un sommet à 1 650 FF. Elle entreprend par la suite une glissade qui en ramènera la valeur à des niveaux qui correspondent plus à la réalité. Pendant un temps, le cours de l'action fractionnée à dix pour un se maintient aux alentours de 110 FF, avant de subir les durs coups de la crise d'octobre 1987.

Dès l'inscription à la Bourse de Paris, le titre de Cascades S.A. se traite aussi au comptoir, à Montréal. L'intérêt des investisseurs est égal à celui qu'a provoqué l'émission en France. Les Québécois suivent apparemment de près ce que les Lemaire cherchent à réaliser de l'autre côté de l'Atlantique. Ils s'inquiètent en même temps de la tournure des événements au Québec, alors qu'achoppent les tentatives de prise de contrôle des sociétés papetières Donohue et Rolland. Selon certains courtiers, ce que pourraient prouver ces échecs successifs, Cascades est en meilleure position pour accroître ses actifs en Europe qu'en Amérique. Cela explique aussi l'engouement qui se crée à Montréal pour les actions de Cascades S.A. au détriment de celles de Cascades inc., dont le cours végète. Le marché reste longtemps dominé par les acheteurs et les cours grimpent, tout comme à Paris.

*   *   *

À Montréal, à Toronto ou à Paris, partout, les Lemaire ont soulevé le même enthousiasme. En choisissant le financement public, ils ont pu établir des bases solides pour construire ce qui est en passe de devenir un empire. L'argent recueilli au cours des trois émissions effectuées à Montréal a rapporté gros. Avec les acquisitions réalisées en 1983, 1984 et 1985, le chiffre d'affaires consolidé du groupe a décuplé, comme les bénéfices d'ailleurs.

En Europe, les revenus générés par la première émission d'actions de Cascades S.A. ont servi à l'achat de l'usine d'Avot-Vallée, troisième de la filiale du groupe en France. À la suite de cette transaction, le volet européen de Cascades se retrouve en 137e position des plus grandes sociétés françaises. C'est tout de même assez impressionnant pour un début! On ne doit pas douter qu'au cours des prochains mois, après l'étonnant dénouement du dossier de La Chapelle-Darblay, les Lemaire vont à nouveau faire parler d'eux dans les Vieux Pays. À moins qu'ils ne dénichent avant cela, au Québec, une nouvelle bonne affaire. Cela leur permettrait de répéter le genre de coup d'éclat qui leur a valu une enviable réputation de chefs de file de l'entreprenariat québécois.

Chapitre 16

Et demain?

Ce vendredi 4 juillet 1986, Bernard se fait attendre à Kingsey Falls. À l'extrémité du village, après la dernière usine, un petit groupe s'apprête à souligner l'inauguration du centre de recherche de Cascades, placé sous la direction de Martin Pelletier. Laurent et Alain, qui ont passé la journée au siège social, patientent, comme tous les autres. Finalement, c'est avec une heure de retard que l'hélicoptère d'Air Cascades se pose au village. Bernard en descend fâché du contretemps mais heureux des démarches de la journée. Au milieu du petit groupe qui l'accueille, il est volubile et parle beaucoup d'avenir. Cela, non seulement parce que Cascades institutionnalise en quelque sorte la recherche et le développement au sein du groupe en créant un centre spécialisé, à Kingsey Falls, mais aussi parce qu'il revient d'un important rendez-vous. Les conséquences de la rencontre qu'il vient d'avoir, si les événements prennent la tournure qu'il escompte, risquent fort de marquer le début d'une ère nouvelle chez Cascades.

Ce midi-là, Bernard est l'invité du Premier ministre du Québec. La rencontre avec Robert Bourassa est cordiale. Au cours du repas que partagent les deux hommes, il est surtout question de privatisation. Le nom de la société d'État Dofor revient souvent dans la conversation. Dans le cadre de son programme de privatisation, le gouvernement du Québec a manifesté le désir de se départir des actifs de cette dernière, propriétaire d'importants blocs d'actions des sociétés papetières Domtar et Donohue. Cette nouvelle a immédiatement suscité beaucoup d'intérêt chez les acheteurs éventuels. Question de sonder le terrain, le Premier ministre a décidé de multiplier les rencontres avec plusieurs dirigeants de grandes sociétés du domaine papetier ou de secteurs connexes. Bernard sait que dans la semaine qui suit, après lui, Paul Desmarais et Pierre Péladeau auront droit à la même invitation. Il ne s'agit pas encore de négocier l'achat des actions de Dofor, de Domtar ou de Donohue qui appartiennent au gouvernement (par l'intermédiaire de la Société générale de Financement, la S.G.F., et de Dofor même), puisque Dofor n'est pas officiellement mise en vente. À cette première étape, Québec veut seulement déterminer le prix qu'il pourrait obtenir pour sa société de portefeuille. Il revient à chacun de ceux qui y sont invités de faire valoir son entreprise, de préciser son intérêt pour les actifs de Dofor, puis de parler de prix et d'avenir. Bernard n'est pas en reste. Par son entremise, Cascades prend place sur la ligne de départ dans la course aux actions de Dofor.

Cascades a besoin d'un projet du genre. Depuis la percée en Europe et la création de Cascades S.A., à quelques mois de l'inscription des actions de cette filiale à la Bourse de Paris, les détenteurs d'actions au Québec commencent à manifester leur mécontentement. Les Lemaire ont, croit-on, tourné leur attention vers l'Europe, au détriment de la croissance du groupe en Amérique du Nord. Il importe peu que l'assertion soit vraie ou fausse. Le rythme des acquisitions s'est effectivement ralenti au Québec, après le dernier coup d'éclat de Port-Cartier. L'opinion publique, qui reconnaît en Cascades l'entreprise type du jeune entreprenariat québécois, s'impatiente. Pourtant, dans l'ombre, Bernard, Laurent et Alain préparent un grand coup. Il y a de quoi rêver: l'actif de Dofor, c'est le contrôle des sociétés papetières Domtar et Donohue réunies, plus de 20 000 employés et près de trois milliards de dollars de chiffre d'affaires! Joli coup pour une société qui s'est fait connaître par son savoir-faire sur le plan des relances d'usines. Jusqu'alors, les Lemaire ont assuré la phénoménale croissance de Cascades sur une base d'opportunité. On les connaît comme des repreneurs habiles, capables de relancer les usines dont leurs concurrents ne veulent plus, qu'elles soient rentables ou pas. Mais voilà soudain qu'ils prennent de l'appétit.

La société Dofor avait été créée en février 1982 par le Gouvernement du Québec dans le but de regrouper les actions des société papetières ou forestières détenues par l'État. En 1986, ses actifs se composent essentiellement d'actions des sociétés Domtar et Donohue. Ses revenus proviennent des dividendes versés par les deux géants du secteur papetier. Puis, en juin 1985, Dofor devient une société publique avec l'émission de 25 millions d'actions admissibles au R.É.A., dont le cours initial est de 9,75 $. Au moment où l'État choisit de s'en départir, Dofor est le principal actionnaire de Domtar, avec 21,2 % des actions, ainsi que de Donohue, avec 37,6 %. Dans le cas de cette dernière société, l'État détient un bloc supplémentaire d'actions de 23,5 % par l'intermédiaire d'une autre société d'État, la S.G.F., pour un total de 61,1 % de toutes les actions émises.

Le lundi 22 septembre, Cascades rend publique sa proposition d'achat. Le groupe propose d'acquérir un total de 8,5 millions d'actions ordinaires de Donohue, soit 55 %, contre une somme de 253,9 millions de dollars. Le prix offert est basé sur le cours du titre à la fermeture à la Bourse de Montréal, le 19 septembre, soit 26 $. À cela, Cascades ajoute une prime de 14,9 %. La moitié de la somme requise serait payée comptant, tandis que la moitié restante devrait être versée un an plus tard environ, le 31 décembre 1987. Prompt à agir, Bernard s'attend aussi à ce que les ministres concernés soient aussi rapides à prendre une décision; l'offre ne vaut que pour une semaine, jusqu'à la fin du mois courant.

Quelques jours avant que Cascades ne dépose une offre

ferme, Michel Perron, de la société papetière Normick-Perron, en avait fait autant. L'offre de ce dernier s'élevait à 200 millions de dollars. La réponse du gouvernement du Québec a été la même que celle qui est servie à Cascades: un comité conjoint formé de représentants de la S.G.F., du ministère de l'Industrie et du Commerce et du bureau du ministre d'État à la Privatisation n'en est encore qu'à la phase un du projet de privatisation de Dofor, c'est-à-dire tout simplement à l'étude. On procède à l'examen des scénarios possibles, déterminant les critères à retenir pour le choix d'un éventuel acheteur. En fait, Cascades, comme Normick-Perron, arrive trop tôt.

Paul Desmarais et Pierre Péladeau, respectivement pour Power Corporation et Québécor, ont déjà confirmé leur intérêt, sans toutefois avoir avancé leurs pions sur l'échiquier. Lorsque l'offre de Cascades est rendue publique, la réaction du patron de Québécor est sans équivoque: «Quand ce sera mis en vente, nous serons là. Nous serions en mesure de faire une offre d'achat tout de suite!» Effectivement, Dofor n'est pas encore à vendre. Cependant, le jour où la nouvelle sera lancée, il faudra compter avec Québécor. L'affaire serait bonne pour la société montréalaise, qui achète 100 000 tonnes de papier journal par année de Donohue. Et à ceux qui diront que bien qu'elle consomme d'importantes quantités de papier, Québécor n'est pas une entreprise du secteur papetier, Pierre Péladeau répond que ni Cascades ni Normick-Perron non plus ne fabriquent de papier journal.

Du côté de Power Corporation, Paul Desmarais fait clairement part de son intérêt pour les actions de Domtar détenues par Dofor. Une prise de contrôle du genre s'inscrit tout à fait, selon lui, dans la normale des choses. Raisonnement qui se défend, puisque le géant papetier Consolidated-Bathurst fait partie de l'empire de Pierre Desmarais, Power Corporation en étant le principal actionnaire.

Avec la fin de non-recevoir que lui servent les fonctionnaires provinciaux, Cascades retire son offre avant la date d'expiration. Pour clarifier les choses, le ministre responsable

du programme de privatisation, Pierre Fortier, explique que
le gouvernement fera l'impossible pour que le dossier soit
clos avant le printemps suivant, sans plus préciser. Puis, deux
semaines plus tard à peine, il annonce la mise en vente
officielle des actifs de Dofor. Selon lui, la liquidation devrait
rapporter entre 425 et 475 millions de dollars à l'État, chiffre
qui est loin des offres déjà présentées par Normick-Perron et
Cascades. Selon les observateurs, le projet n'est pas près de
parvenir à son terme.

Avant même l'annonce officielle du gouvernement, la
direction de Donohue réagit aux offres d'achat rendues publiques. En ce qui concerne celle de Cascades, Gérald Drouin,
vice-président de Donohue, affirme qu'elle est irréalisable. S'il
faut croire les articles parus à ce moment-là, plusieurs journalistes du monde des affaires partagent cette opinion, mettant
en doute la capacité du groupe de Kingsey Falls de prendre le
contrôle de Donohue, et plus encore de Dofor. Bernard, qui se
trouve alors en France dans le cadre de l'entrée en Bourse de
Cascades S.A., affirme que sa société a les moyens de mener
le projet à terme et que l'offre est raisonnable. «Ces décla-
rations ne sont pas sérieuses, rétorque-t-il. Pour les six
premiers mois de cette année, nous avons réalisé 15 millions
de dollars de bénéfices alors que Donohue n'en a que 9.» Et il
précise: «Nous sommes prêts à verser 125 millions de dollars
tout de suite, et 125 millions d'ici la fin de 1987.» Il est vrai
que Cascades a la capacité financière requise pour réaliser une
telle acquisition. Ce que la presse spécialisée ignore, comme
les sociétés papetières concurrentes sans nul doute, c'est que
Cascades s'est fait offrir à quelques jours d'intervalles, en
début d'été 1986, 50 millions de dollars par la Caisse de
Dépôt et de Placement du Québec, contre des débentures, et
une marge de crédit de 125 millions par une grande banque
canadienne! Avec cet argent frais, auquel s'ajoutent les
liquidités du moment, il est évident que Bernard peut se
permettre d'élever la voix.

Comme prévu, ce n'est qu'au mois de février de l'année
suivante que le dossier connaît son dénouement. La dernière

semaine du mois, les actions de Donohue appartenant à
Dofor sont cédées à un consortium formé à 51 % de
Québécor et à 49 % de la société britannique British Communications, propriété du magnat de la presse Robert Maxwell.
Le montant de la transaction s'élève à 320 millions de
dollars. Quant aux actions de Domtar que détiennent Dofor et
la S.G.F., de même que les actions de Dofor elle-même, elles
restent invendues.

Voilà comment prend fin un épisode très court mais tout à
fait étonnant de l'histoire de Cascades. Les temps changent.
Pour la première fois, les Lemaire ont tenté non seulement de
prendre le contrôle d'une société d'envergure mais ils y ont
mis le prix. Jamais jusque-là, au siège social de Kingsey
Falls, n'avait-on considéré de projets de cette envergure. Il
faut croire qu'après s'être fait les dents pendant plusieurs
années, les louveteaux sont devenus des loups. De cette
première grande chasse, cependant, ils reviennent bre-
douilles. Loin de s'en trouver dépités, les jeunes loups se
tournent vers d'autres horizons...

*   *   *

Le retrait de Cascades du dossier Donohue laisse à la société
près de 200 millions de dollars de crédit disponible. Avec cet
argent, plusieurs acquisitions d'importance deviennent
envisageables. De toutes les avenues possibles, Bernard va
retenir celle qui lui tient le plus à cœur. Les Lemaire vont
jeter leur dévolu sur une autre société papetière et tenter un
mariage auquel ils rêvent depuis sept ans.

Le 21 novembre, les journaux d'affaires donnent en
manchette les détails de l'offre publique que fait Cascades
pour les actions de la société papetière Rolland, de Montréal.
La prise de contrôle vise toutes les actions ordinaires, celles
de classe A, sans droit de vote, comme celles de classe B. La
manœuvre est agressive et détonne nettement des méthodes
utilisées jusqu'alors par la direction de Cascades. L'offre
publique, de 20 $ l'action, est valable jusqu'au 15 décembre

suivant. Elle est toutefois conditionnelle à ce que 90 % des actions de chacune des classes soient déposées avant la date limite. Si la tentative est un succès, il en coûtera 76,5 millions de dollars à Cascades.

Au moment où la nouvelle paraît, il y a déjà bien longtemps que Bernard et ses collaborateurs cherchent à convaincre Lucien Rolland de céder son bloc d'actions. Avec sa famille, il est le principal actionnaire de la société Rolland, avec 57 % des actions de classe B, comportant un droit de vote, en plus de quelques actions de classe A, sans droit de vote. Ce n'est donc qu'en dernier recours, devant ses refus successifs, que la direction de Cascades choisit de procéder par une offre publique. Le dépôt minimal de 90 % des actions visent évidemment à forcer la main à Lucien Rolland. S'il ne cède pas, les petits porteurs ne pourront pas bénéficier de l'offre de Cascades. Pourtant, le prix fixé est bien supérieur au cours de l'action en Bourse, où elle s'échange alors à quelque 15 $.

Les journaux font état de l'opposition de Lucien Rolland et qualifient la manœuvre de tentative *hostile* de prise de contrôle, épithète qui a tout lieu d'étonner pour une opération menée par Cascades. La direction de Rolland rejette l'offre en précisant qu'elle n'a jamais été sollicitée, c'est-à-dire qu'elle est l'initiative de Cascades et que la société papetière visée n'est pas à vendre. À Kingsey Falls, la réaction ne se fait pas attendre. Pour accroître la pression, Cascades majore l'offre en portant le prix de l'action de classe B à 23 $. Les spéculateurs réagissent sans attendre et le cours en Bourse grimpe rapidement de 15 à 19 $. Les petits porteurs continuent à déposer leurs actions.

Cependant, comme on peut s'y attendre, la date limite arrive sans que Lucien Rolland ne soit revenu sur sa décision. Faute d'avoir obtenu 90 % au moins des actions de classe A et B, Cascades ne peut réaliser la prise de contrôle. La direction du groupe décide néanmoins de ne rendre que les actions de classe A, payées 20 $, et de conserver les 306 601 actions de classe B, obtenues à 23 $. Ce bloc représente 32 % de l'ensemble des actions comportant un droit de vote. Ce sont

donc les 1 100 000 actions de classe A déposées conformément à l'offre de 20 $ qui sont rendues. Taxant la
manœuvre d'illégale, la direction de Rolland décide de porter
plainte auprès de la Commission des valeurs mobilières du
Québec et de celle de l'Ontario.

Un mois et demi plus tard, les deux commissions rendent
leur verdict. L'offre de Cascades est jugée irrégulière. Par
conséquent, la société se voit interdire toute opération sur les
actions de classe B de Rolland qu'elle détient et ce, tant et
aussi longtemps qu'elle ne fera pas une nouvelle offre d'achat
à 20 $ pour les 1 100 000 actions de classe A qui avaient été
déposées en novembre et en décembre. Cascades s'exécute
sans délai. En fin de compte, elle se retrouve propriétaire de
28 % des actions de classe A de Rolland, dont elle n'a pas le
contrôle, avec 37 % seulement du droit de vote.

Deux ans plus tard, le dossier n'est pas encore clos chez
Cascades. «Nous vendrons peut-être les actions de classe A,
sans droit de vote, dit Bernard quelques mois plus tard au
cours d'une entrevue accordée à des journalistes de la presse
financière, mais nous sommes prêts à attendre longtemps avec
en poche nos actions de classe B.» Et il s'empresse d'ajouter:
«D'ailleurs, nous continuons à acheter des actions de classe B
au marché!» Au fond, il lui suffit d'attendre l'occasion
propice. La société Rolland produit des papiers fins mais pas
de pâte papetière; elle achète la totalité de la matière première
dont elle a besoin. À la longue, avec la hausse des prix de la
pâte qui font la fortune des usines productrices, les coûts
d'exploitation vont finir par grever les budgets des sociétés
dépendantes. Rolland fait partie de ce groupe et les chiffres du
bilan risquent de s'en ressentir. Voilà peut-être le moment
qu'attend Bernard pour jouer le dernier acte.

* * *

Avec les deux échecs successifs de Dofor et de Rolland,
les Lemaire se retrouvent devant un décevant tableau de
chasse. L'intérêt des investisseurs canadiens pour le groupe

Cascades a indéniablement toujours été relié aux acquisitions et à son étonnant rythme de croissance. Après l'inscription des actions à la Bourse de Montréal, pendant trois ans, les achats d'usines se sont multipliés. La direction n'attendait pas la conclusion d'un bon coup pour en entreprendre un autre. Au Québec, mais aussi aux États-Unis et en Europe, les Lemaire ont forcé l'allure. Relance après relance, en cinq ans, le chiffre d'affaires se multiplie par plus de quinze.

Puis c'est la panne sèche. À l'automne 1986, alors que le cours de l'action de Cascades vient d'atteindre un sommet à près de 20 $, puis entreprend un lent mouvement à la baisse, les investisseurs s'énervent. Ce sont surtout les spéculateurs qui dominent le marché, attirés par la grimpée insolente du titre depuis le milieu de 1983. Au plus haut du cours, Bernard lui-même intervient, surprenant les milieux financiers, pour mettre en garde les investisseurs contre la spéculation pure: «La pression est énorme,», explique-t-il, jugeant que le titre n'est pas à sa juste valeur compte tenu des bénéfices escomptés; «Le réveil sera dur pour plus d'un.» C'est que la Bourse n'est pas un jeu et qu'il faut s'attendre à une correction, tôt ou tard, lorsqu'une action s'échange à près de 30 fois les bénéfices prévus.

Effectivement, les spéculateurs ne tardent pas à bouder. Ils attendent toujours une percée significative de Cascades en Ontario ou aux États-Unis, à défaut de voir la société acquérir de nouvelles usines au Québec. Ils jalousent aussi quelque peu le marché français, découvert l'année précédente, qui semble attirer tout particulièrement les chasseurs de Cascades au détriment de la croissance du groupe en Amérique du Nord. Par conséquent, le titre connaît une première journée noire, le 26 septembre 1986, perdant près de 15 % de sa valeur. Étrange coïncidence, c'est l'après-midi du 26 que la direction de Cascades S.A., filiale française du groupe, reçoit les journalistes à La Rochette pour mieux leur faire connaître la société dont les actions doivent s'échanger à la Bourse de Paris deux semaines plus tard.

Non seulement le titre ne s'est-il pas remis de cette chute –

somme toute prévisible et attendue – mais il a perdu la moitié de sa valeur un an plus tard, à l'occasion de la crise d'octobre 1987, touchant un plancher qui l'a ramené à la valeur de 1985! Cela ne fait qu'ajouter à la thèse accordant une large place au facteur psychologique: le cours du titre de Cascades a toujours été largement influencé par les achats d'usines. La preuve, c'est que bien qu'elle ait été l'une des sociétés papetières qui ait le plus progressé au cours de l'année 1986, son titre a clôturé l'année au même niveau qu'en décembre 1985. L'importante couverture des médias pour le dossier de privatisation de Dofor et la tentative de prise de contrôle de Rolland ne sont sûrement pas étrangers à ce fait.

Entre temps, la période de consolidation se poursuit chez Cascades au Québec. L'expansion par le biais d'acquisitions est depuis longtemps au point mort. Il est certain que la formidable expansion de Cascades S.A. a drainé une bonne quantité d'énergie des membres de la haute direction, ce qui a nui à la croissance de la société mère en Amérique du Nord; du moins, c'est l'impression que doivent avoir les investisseurs... et pour cause! La création de la coentreprise franco-canadienne des papiers, pour la relance des deux usines de La Chapelle-Darblay à Rouen, aux premiers mois de 1988, a occupé beaucoup de monde. Pendant six mois, Bernard a séjourné plus longtemps en Europe qu'en Amérique et cela n'est pas passé inaperçu. Bel effort, qui n'a toutefois pas eu de répercussion sur le cours du titre de Cascades à Montréal. Pourquoi donc? Mais parce que la bouderie se poursuit. La période de purgatoire ne prendra fin que lorsque les Lemaire réaliseront, enfin, un coup d'éclat, quelque chose qui ait l'envergure de la relance de l'usine d'I.T.T.-Rayonier, à Port-Cartier, et qui fasse l'envie de toute l'industrie!

Malheureusement, le contexte se prête peu à ce genre de scénario. Bernard continue bien à prétendre qu'il y aura toujours des bonnes affaires à réaliser. Pourtant, les achats se sont faits moins nombreux chez Cascades depuis que les prix de la pâte grimpent régulièrement, de même que les bénéfices des sociétés papetières.

Dans de telles conditions économiques, les difficultés des entreprises de pâtes et papiers s'estompent. Les ventes de feu appartiennent au passé. Pour acquérir des usines, il faut y mettre le prix, du moins en sera-t-il ainsi tant que le secteur papetier restera au sommet de son cycle. Et les Lemaire ne sont pas prêts à acheter n'importe quoi à n'importe quel prix pour le simple plaisir d'assurer une croissance continue de leur société. Ce jeu ne les intéresse pas. «Il faut être très prudent, dit Bernard, car certaines acquisitions pourraient s'avérer coûteuses.»

Les sociétés concurrentes ne sont pas dupes, non plus. Il est clair que les succès retentissants qu'a obtenus Cascades à la suite des rachats a laissé planer un doute quant au degré de rentabilité des usines concernées. On est tenté de poser la question, à savoir si les directions d'Abitibi-Price, de Domtar et autres n'auraient pas été à même d'appliquer les mesures correctives apportées par Cascades avec un succès égal. Si c'est le cas, on comprend que personne ne soit plus prêt à céder des usines à bas prix, sachant que le repreneur y réalisera des bénéfices. De pair avec la hausse du prix de la pâte, cela explique peut-être que le coût des relances d'usines, en Amérique du Nord comme en Europe, se soit rajusté à la hausse. Avant la relance de l'usine de La Rochette, en mai 1985, par exemple, l'industrie du carton en France avait piètre réputation. Tout investissement était considéré comme hautement spéculatif. C'est pourquoi le gouvernement français a largement aidé Cascades sur le plan fiscal pour assurer le sauvetage de quelque 450 emplois et de l'outil de travail[1]. Déjà, les largesses gouvernementales ont été moins importantes à Blendecques, puis inexistantes pour la reprise de la troisième usine, celle d'Avot-Vallée. En fin de compte,

---

1. La direction du groupe a clairement signifié son intention de redonner aux Français foi en ce secteur de leur industrie papetière. Fière de cette vocation, la direction a établi, lors de l'inscription en Bourse du titre de Cascades S.A. à Paris, que les actionnaires étrangers ne pourraient détenir plus de 25 % des actions en circulation. Cascades S.A., qui produisait déjà 70 % du carton français à l'époque, devait donner l'image d'une entreprise française avant tout, même si elle restait contrôlée par des intérêts québécois.

l'intervention de Cascades en France a sauvé la réputation de l'industrie du carton. Cependant, du même coup, ce spectaculaire redressement a fait faire un bond en avant au prix des usines.

C'est la rançon de la gloire. Les concurrents voient venir les Lemaire. Avec le temps et l'expérience, les négociations pour le rachat d'usines deviennent plus ardues. Néanmoins, la direction de Cascades a fait son choix: «Nous ne payerons pas plus de dix fois le montant des bénéfices pour une entreprise saine et solide», affirme Bernard, ce qui laisse présumer que Cascades offrirait bien moins encore pour une entreprise en difficulté. Que faire alors? Si le marché des usines papetières se ferme ainsi graduellement, il faudra bien que Cascades songe à investir d'autre façon, ou à s'engager dans d'autres secteurs industriels.

Parmi les avenues possibles, il y a la construction d'une usine flambant neuve, dans une région qui a besoin d'un projet d'envergure pour assurer son avenir économique. Ce serait, chez Cascades, répéter l'expérience de Cabano. Au Québec, la ville de Matane, aux limites de la Gaspésie, est la candidate idéale à ce genre de projet. Là, la situation se prête à merveille à une intervention de Cascades: la population se sent flouée par l'inaction des différents paliers de gouvernement engagés dans le dossier. Pourtant, son poids politique devrait être suffisant pour faire débloquer des subventions en vue de la construction d'une usine papetière. Mais les échéances ont été reportées de si nombreuses fois que plus personne ne put, pendant longtemps, raisonnablement affirmer que l'usine verrait finalement le jour... si ce n'était Pierre Péladeau, dont la société et les associés étaient prêts à investir de gros sous. Voilà l'une des raisons qui explique que Cascades ne soit pas dans la course.

Les gens de Cascades ont déjà travaillé dans un contexte comparable et savent ce qu'on peut attendre des gouvernements. Bien que les Lemaire aient manifesté un certain intérêt pour le projet de papeterie, Bernard a maintes fois souligné que ce type d'investissement, relativement lourd, ne s'insère pas facilement dans les politiques de croissance du groupe. Par ailleurs, selon lui, la région ne dispose pas d'une réserve exceptionnelle de matière ligneuse.

Entre temps, le projet de papeterie de Matane s'est trouvé lié à celui de la privatisation de Dofor. En effet, pressé d'en finir avec les tergiversations entourant ce dossier dont on parle dans la région depuis la fin des années 60, le gouvernement du Québec a décidé de lier l'avenir de la papeterie à celui de la privatisation de Dofor, ou plus précisément de la société Donohue. Dans les conditions imposées lors de la vente du bloc d'actions de Donohue détenues par Dofor, Québec a clairement indiqué que les acheteurs devraient présenter un projet de construction d'une usine papetière à Matane. Malgré cela, deux ans plus tard, rien n'est fait, si ce n'est la levée d'une première pelletée de terre aux derniers jours de l'été 1988. Selon les promoteurs – Québécor et British Communications, les propriétaires majoritaires de Donohue –, c'est encore le gouvernement fédéral qui a traîné de la patte. Procédant un peu à la façon qu'avait retenue Bernard dans le cadre de la relance de l'usine d'I.T.T.-Rayonier à Port-Cartier, Pierre Péladeau a servi plus d'un ultimatum aux gouvernements, reportant chaque fois l'échéance, sans grand succès. Pourtant, en décembre 1985, les premiers ministres Brian Mulroney et Robert Bourassa s'étaient entendus sur les responsabilités respectives de leurs gouvernements: Québec épaulait Cascades sur la Côte-Nord tandis qu'Ottawa verrait à ce que le projet de Matane voie le jour au plus tôt. Trois ans plus tard, la population de la région attendait encore. À Kingsey Falls, on observe avec un certain intérêt le déroulement de ce projet de construction d'une usine de pâte chimico-thermo-mécanique blanchie, future concurrente de celle de Cascades (Port-Cartier).

Il y a aussi eu d'autres projets réalisés, mais ils ont été marginaux, sur le plan financier du moins: quelques dizaines de milliers de dollars pour l'exploration pétrolière et gazière au Québec – investissement infructueux pour l'instant –, et quelques dizaines encore dans la biotechnologie, avec

BioClass, à Sherbrooke. Dans ce dernier projet, qui s'est soldé par la liquidation de l'entreprise en février 1988, Cascades se retrouvait associée à une centrale syndicale, une partie des fonds provenant du Fonds de solidarité des travailleurs du Québec, de la F.T.Q.

En attendant de nouvelles manœuvres, les généraux s'impatientent à Kingsey Falls. Les investisseurs aussi, qui restent sur leur appétit depuis deux ans, quand ils n'ont pas simplement quitté la table. Pour qu'ils reviennent, il faudra plus que la croissance exemplaire du chiffre d'affaires ou des bénéfices de Cascades; il faudra que demain soit fait de coups d'éclat comparables à ceux qui ont valu aux Lemaire leur réputation de repreneurs infaillibles.

À défaut de pouvoir satisfaire les amateurs de sensations fortes, Bernard, Laurent et Alain gèrent avec bonheur le demi-milliard de chiffre d'affaires du groupe Cascades. La tâche n'est pas de tout repos. Avec le nombre étonnant d'acquisitions réalisées entre 1981 et 1986, les bénéfices ont nettement augmenté. Ceux-ci ont crû au même rythme que le chiffre d'affaires, ce qui fait que la direction du groupe se retrouve devant un curieux problème. La croissance est un cercle vicieux: jusqu'à maintenant, les bénéfices d'exploitation ont été réinvestis pour l'achat de nouvelles usines ou la modernisation des moyens de production... ce qui a favorisé la hausse subséquente des bénéfices, dont il faut se départir en réinvestissant plus encore, etc. Avec le temps, le *pro - blème* ne fait que s'accroître, suivant en cela le total des actifs, du volume des affaires et des bénéfices! C'est cela qui pousse à penser que la valse des acquisitions devrait un jour reprendre de plus belle.

Même si cela tarde à venir, Cascades reste l'un des fleurons de l'industrie québécoise. Lorsqu'on regarde les réalisations passées de l'équipe qui dirige les destinées du groupe, on ne peut pas douter qu'il compte un jour parmi les sociétés les plus importantes au pays. Après tout, qui peut prétendre que ce n'est pas là le rêve que caressent les trois frères?

Chapitre 17

Rester les meilleurs
ou devenir les plus gros

Vingt-cinq ans après la relance de la première usine papetière, le nom de Cascades reste indissociable de celui des Lemaire. Le grand public connaît la société de Kingsey Falls comme «celle des trois frères». Cette façon de percevoir les choses n'est pas dénuée de fondement, puisque Bernard, Laurent et Alain non seulement sont présents à la barre depuis les tout débuts, mais ont insufflé à «leur» entreprise une orientation qui la démarque nettement de toute autre société industrielle québécoise. Le groupe Cascades est le résultat d'une approche toute nouvelle de la gestion; ses succès passés et présents sont la preuve – la preuve *économique* pourrait-on dire – que la philosophie du Respect prônée par les frères Lemaire est viable.

Lors d'une émission télévisée, à l'occasion des négociations entourant la reprise de l'usine d'I.T.T.-Rayonier à Port-Cartier, en décembre 1985, Bernard a donné une précision qui n'a pas manqué d'en inquiéter plus d'un. À la question du commentateur: «À quand le milliard de dollars de chiffre d'affaires?», il a répondu: «D'ici cinq ans peut-être», c'est-à-dire vers 1990 ou 1991. Cet objectif a bien failli être atteint avec la reprise des usines de La Chapelle-Darblay par la filiale française du groupe, Cascades S.A., aventure qui s'est finalement terminée par un retrait en juillet 1988. Mais pourquoi certains s'inquiètent-ils de cette soif de croissance?

La question qui se pose est de savoir si Cascades, en augmentant son chiffre d'affaires, ses bénéfices, le nombre de ses filiales et de ses employés, pourra toujours assumer la philosophie du Respect. Pour l'instant, dans le cadre de l'approche que défendent les Lemaire, chacune des entités appartenant au groupe profite d'une certaine indépendance; elle a son chiffre d'affaires, dispose de ses bénéfices – en les partageant en partie avec ses employés –, éponge ses pertes le cas échéant, réalise ses propres investissements, etc. Chaque filiale bénéficie en fait du *respect* de la haute direction, au siège social. Il en est de même pour les employés. Être cascadeur, c'est appartenir à une grande famille, c'est donner au mot «patron» un sens bien différent de celui que connaissent traditionnellement les travailleurs, c'est partager un objectif commun à tous, quel que soit le poste qu'on occupe au sein de l'entreprise, c'est prendre une part active et consciente à la progression des affaires de la société.

Cette première question sur la possibilité d'appliquer la philosophie du Respect sans égard à la taille de la société industrielle en appelle immédiatement une autre: la philosophie Cascades survivra-t-elle à Bernard, Laurent et Alain? Ce sont eux qui ont mis de l'avant l'idée de vouer un respect total à tous leurs collaborateurs, de même qu'aux filiales qui sont venues se greffer à la maison mère avec les années. Il s'agit, sans contredit, d'un apport original à l'industrie québécoise. Jamais encore une entreprise de l'envergure du groupe Cascades n'avait été gérée de telle façon... pour le mieux-être de tous les intervenants, à tous les échelons dans les sociétés appartenant au groupe. Bien qu'on puisse s'attendre à ce que Bernard, Laurent et Alain restent encore plusieurs années à la tête de la société, on ne peut s'empêcher de s'interroger sur l'effet qu'aura le départ de l'un d'entre eux (à moins que les trois ne décident de se retirer simultanément, ce qui ajouterait à l'acuité du problème) sur les principes de gestion qu'ils défendent depuis leur arrivée à Kingsey Falls.

La gestion de type Cascades fait l'unanimité auprès des dirigeants des filiales du groupe, comme auprès des milliers de travailleurs que celles-ci emploient. Les principes de gestion du personnel et des affaires que pratiquent ces gens ont connu le succès qui est le leur parce que les frères Lemaire se sont occupés de les mettre eux-mêmes en application. Jusqu'à ce jour, même eu Europe, c'est en payant de leur personne et non en déléguant à d'autres leurs responsabilités que Bernard, Laurent et Alain ont réussi à propager leur philosophie. Ce faisant, ils ont fait des émules, se sont gagné la fidélité de nombreux nouveaux cascadeurs. Le sentiment d'appartenance au groupe remarquable que forme Cascades existe partout, qu'il s'agisse des usines à papier et cartonneries ou des entreprises de services, comme Air Cascades ou le Centre de recherche de Kingsey Falls, par exemple.

Le fait que l'image de Cascades soit liée aux trois frères n'est pas étranger à cet état de choses. Il est possible, pour quiconque le souhaite, de rencontrer «les grands patrons», de discuter à tu et à toi avec eux, de leur faire partager ses espoirs ou ses préoccupations du moment. Ce rejet de l'habituelle hiérarchie de l'emploi dans l'entreprise est bel et bien voulu. Il faut entendre les anciens, ceux qui ont connu les premières années à Kingsey Falls, parler des trois frères. Toujours, ces gens les ont perçus comme leurs *pairs*, leurs égaux au travail – d'autant plus que les Lemaire n'ont jamais cherché à renier leurs origines ouvrières, s'en faisant plutôt une fierté. Comment s'étonner qu'aux yeux de plus d'un, ils passent pour des héros?

Lorsque dans chacune des usines les responsables des célébrations de fin d'année préparent le programme des festivités, ils savent qu'ils peuvent compter sur la présence de Bernard, de Laurent ou d'Alain, si ce n'est même de plus d'un d'entre eux. Aussi longtemps que possible, cette tradition perdurera chez Cascades, bien que la multiplication des filiales risque de mettre à mal cette bonne volonté affichée. Pourtant, même si l'on est au sommet de la pyramide administrative, chez Cascades, on se fait fort de répondre aux invitations des employés et de prendre part, autant que possible, à toutes les fêtes. «Partage du travail mais aussi du plaisir», clament les Lemaire, qui s'assurent d'ailleurs que tous leurs collaborateurs partagent ce credo. Cette attitude prouve le souci constant qu'ont les équipes de direction du groupe de faire en sorte que tous les employés se sentent à l'aise au sein de leur entreprise et au côté de leurs dirigeants. Avec une telle approche, le mot *famille* prend du sens. Tout est mis en oeuvre pour que l'employé développe un réel sentiment d'appartenance. La motivation s'ensuit, aidée par le partage des bénéfices, les programmes favorisant l'achat d'actions, la politique des portes ouvertes.

* * *

Le sentiment d'appartenance qu'on cultive avec tant d'attention chez Cascades présente cependant quelques aspects négatifs. Il est certain qu'il y va de l'intérêt commun que tout un chacun prenne conscience, dans chacune des filiales, que l'avenir de tous est lié au succès de l'entreprise. L'usine est aussi importante pour la direction que pour les employés, les uns et les autres perdant leur part des bénéfices quand l'exploitation est déficitaire ou, pis encore, leur emploi lorsque survient la fermeture. Mais cette prise de conscience, en favorisant la motivation, crée aussi des précédents qui deviennent rapidement des droits acquis. Ceux qui passent pour des «bons patrons» ne peuvent plus revenir en arrière. On ne peut concevoir la disparition du partage des bénéfices chez Cascades, pas plus que l'abandon de la politique des portes ouvertes. Une telle régression serait proprement inacceptable!

Au sein des filiales du groupe, tout le monde est si conscient de cela que jamais ne se pose la question de savoir même si ce serait possible. L'ouverture d'esprit est un trait caractéristique de la gestion à la mode Cascades, ancré si fort dans les mentalités qu'il s'accompagne maintenant d'un phénomène qui pourrait inquiéter. Cet effet secondaire, c'est la «japonisation» de l'entreprise.

Pour l'observateur, les effets de la philosophie Cascades ne peuvent encore être tous parfaitement mesurés. Certaines surprises attendent sans doute les patrons qui, à la suite des Lemaire, feront preuve à leur tour d'une ouverture d'esprit peu commune. Ils peuvent craindre ce qu'il convient d'appeler le «syndrome de la japonisation». L'employé type, propriétaire de quelques actions de *sa* société, largement informé de tout ce qui se passe à l'usine et ayant droit à sa part des bénéfices, chantera-t-il un jour, comme le font les Japonais, l'hymne à son entreprise? Dans le contexte, autrement fort positif, que crée l'esprit propre à la philosophie du Respect, certaines facettes de la «japonisation» semblent être inévitables. Pour l'instant, chez Cascades, le phénomène n'a pas encore attiré l'attention: il est trop marginal pour qu'on en soit conscient. Évidemment, personne non plus n'a cherché à le provoquer. Pourtant, si minime soit-il, il n'en est pas moins réel.

Au Japon, les employés vivent littéralement pour leur entreprise. Leur vie est marquée par les besoins de la société qui les emploie, ceux-ci primant sur leur vie familiale, sur leurs loisirs, sur leurs projets et leurs ambitions personnelles. C'est le sentiment d'appartenance poussé à l'extrême. La presse occidentale, qui dénigre depuis longtemps une telle approche, non sans raisons, ne le fait toutefois pas sans une certaine envie. En effet, le redressement économique du Japon depuis la fin de la Seconde Guerre mondiale reste inégalé, ce pays ayant aujourd'hui supplanté les États-Unis au premier rang de l'économie mondiale. La perte de la liberté individuelle des travailleurs n'est-elle pas un prix raisonnable quand il y va de la vigueur économique de toute la nation? À l'échelle plus réduite de l'entreprise, on peut se demander si la prospérité des usines, qui repose sur la motivation des employés et de ceux qui les dirigent, doit primer sur les libertés individuelles. La réponse est naturellement négative. Le mieux-être des individus vaut cent fois mieux que le succès financier à petite échelle. Toutefois, tout à fait incidemment, par son attitude positive pour la recherche de la motivation, la haute direction de Cascades s'est involontairement engagée dans le dilemme.

Le phénomène de la «japonisation» n'est pas perceptible qu'à Kingsey Falls, château fort des Lemaire. Dans cette petite agglomération mono-industrielle, le poids de Cascades est tel que la survie du village est directement liée à l'existence de l'entreprise; l'avenir de Kingsey Falls est largement tributaire de celui de Cascades. La population, qui se compose en grande partie d'employés des différentes usines installées au village, porte les trois frères aux nues depuis longtemps. Leur communauté est après tout la première qui ait bénéficié d'une reprise *à la Lemaire*, relance d'usine dont le succès était garanti par les sacro-saints principes de la philosophie du Respect. Ces cascadeurs de la première heure sont heureux de pouvoir afficher leur appartenance à la grande famille Cascades, se plaisent à porter le blouson vert foncé orné du rouleau de papier qui se défait en cascade et marqué du nom de la société qui les emploie[1].

Le sentiment d'appartenance crée des liens intimes entre l'avenir de l'entreprise et celui des gens qui la servent. Chez Cascades, grâce à la philosophie du Respect, il prend l'allure d'un mouvement naturel né de la motivation. Mais il impose aussi une interdépendance énorme qui rend difficile toute distinction entre la société et la communauté qu'elle fait vivre. Voilà une autre facette de la «japonisation». Lorsque la haute direction du groupe caresse un projet d'expansion, ce sont non seulement les résultats financiers de la société de

---

1. Il existe, au village de Kingsey Falls, à quelques pas du siège social de Cascades inc., une boutique spécialisée en «gadgets» en tout genre aux couleurs de la société: vestes, porte-clés, couteaux, plaques, auto-collants, etc. Là, les cascadeurs trouvent de quoi satisfaire leur soif d'identification.

portefeuille qui risquent de s'en trouver modifiés mais aussi le destin des villes et villages concernés. C'est justement pour cela que Laurent n'a pu rester maire de Kingsey Falls plus de quelques mois; la moindre décision le mettait en situation de conflit d'intérêts. Il suffisait que le conseil municipal décide d'améliorer un service public, par exemple, pour qu'il se trouve des contribuables pour décrier les avantages qu'en tirerait Cascades, inévitablement bénéficiaire. Il n'était pas possible, de toute façon, de faire autrement, compte tenu du poids économique de l'entreprise au village, même en 1973.

La «japonisation», même incidente, oblige les syndicats à repenser leur rôle. Depuis la grande phase d'expansion commencée en 1982, le groupe Cascades compte plusieurs usines où les employés sont syndiqués. Les négociations pour le renouvellement d'une convention collective se sont déroulées avec une bonne foi surprenante de la part des deux parties en cause à East Angus, en 1986, et plus encore à Jonquière, le printemps suivant. Il n'y a pas lieu de s'étonner alors que les interventions des représentants syndicaux aient perdu de leur virulence, que l'esprit combatif ne soit plus vraiment de mise. Pourtant, quelle que soit la valeur de la philosophie du Respect, la présence des syndicats peut être utile. Ce sont eux, justement, qui peuvent contrebalancer l'effet du syndrome de la «japonisation». Par leur opposition systématique à la partie patronale, ils permettent l'expression d'une voix critique. Dans le cadre assez particulier de l'approche privilégiée par les Lemaire, celle où le respect est omniprésent et réciproque, si les représentants syndicaux acceptent de jouer le jeu, il y a de bonnes chances pour que cette critique soit constructive.

Incroyable ironie! Tant que prévaudra donc la philosophie du Respect chez Cascades, les syndicats trouveront motifs à justifier leur présence. Là où ils sont absents – dans la majorité des filiales du groupe –, la «japonisation» peut trouver un meilleur terrain de développement. Ailleurs, elle est endiguée par les pressions syndicales, qui équilibrent la puissance étonnante du sentiment d'appartenance et de la motivation qui s'ensuit. À East Angus, par exemple, certains employés se sont plaints que la course aux bénéfices devenait contraignante; dans quelques groupes de travail, le rendement est la préoccupation première sous prétexte qu'il ne peut y avoir partage des bénéfices si la société n'enregistre que des pertes. À cela, Bernard répond à juste titre qu'on n'a rien sans peine et que toute médaille a son envers.

La «japonisation» est un phénomène issu de l'application de la philosophie du Respect, autrement idéale. On peut faire en sorte que la situation se corrige et que le mal disparaisse mais cela n'est pas à souhaiter. Le problème ne se posera, en effet, chez Cascades, que tant que la direction des différentes filiales appliquera à la lettre le type de gestion mis de l'avant par les frères Lemaire. Le jour où l'on ferait machine arrière, si on décidait d'abolir le partage des bénéfices, de centraliser les pouvoirs à la maison mère, de rapatrier les bénéfices de chacune des filiales à Kingsey Falls aux fins d'investissement dans d'autres usines, l'insatisfaction serait telle chez tous les membres du personnel, à quelque niveau que ce soit, que la motivation se résorberait, comme une peau de chagrin. Cascades ne serait plus alors qu'une grande entreprise pareille aux autres. Et ce n'est pas peu dire! Reste donc, entre deux maux, à choisir le moindre: la philosophie du Respect et le phénomène incident de la «japonisation», avec lequel on parvient à vivre malgré tout, ou le retour à la norme, à la terne réalité qui est le quotidien de la très grande majorité des travailleurs en usine au Québec, au Canada et même en Europe!

Lorsque Bernard parle de l'objectif du milliard de dollars de chiffre d'affaires pour les premières années 90, il sème l'inquiétude chez certains de ses collaborateurs. Ceux-ci n'ont pas tort de croire que l'expansion du groupe compliquera la mise en application de la philosophie du Respect. On a beau disposer, chez Cascades, de trois têtes dirigeantes avec Bernard, Laurent et Alain, on peut craindre qu'un jour les trois frères ne suffisent plus à la tâche. Ils ne pourront pas éternellement être partout à la fois et devront déléguer leurs responsabilités, toujours et encore. Lors des négociations pour le renouvellement de la convention collective, à East Angus, c'est Alain qui est le porte-parole officiel de Cascades. À Jonquière, la responsabilité incombe à Laurent. Les syndicats de ces deux usines se sont dits satisfaits de traiter directement avec l'un ou l'autre des Lemaire. Bien. Mais on peut penser qu'un jour viendra où le nombre de conventions à renouveler sera tel qu'il ne sera pas possible d'en confier les négociations à l'un des trois frères. Certaines filiales se sentiront lésées, alors que d'autres seront avantagées. Pourtant, cette situation est inévitable.

Demain n'est jamais bien loin. En songeant à l'avenir, on comprend à quel point certains se sentent justifiés de prétendre qu'il existe un risque que disparaisse la philosophie du Respect avec l'expansion continue du groupe Cascades. Selon eux, malgré toute la bonne volonté qu'on voudra y mettre, il se pourrait qu'il devienne impossible d'assurer la pérennité du principe qui fonde la philosophie des Lemaire. S'ils font part de leurs doutes à Bernard, ils le verront s'emporter: «Que fait-on des employés?» Et il ajoute: «Il faut voir les jeunes qui nous suivent. Ils appliquent la philosophie Cascades avec beaucoup plus de rigueur que nous.» Dans ce contexte, on se met aussi à croire que la relève est assurée «tant que les gens prendront leurs responsabilités».

*   *   *

Quelques personnes ne se laissent toutefois pas facilement convaincre. Au siège social, les opinions sont partagées. Certaines personnes prétendent que la philosophie du Respect sera toujours de mise et peut s'appliquer dans n'importe quel contexte, qu'elle donnera invariablement les mêmes résultats peu importe les dimensions qu'aura le groupe Cascades dans les années à venir. D'autres croient que le risque existe vraiment et qu'on ne peut grossir sans mettre en péril la philosophie Cascades.

Deux groupes de pensée se dessinent donc. Dans le

premier se trouvent ceux qui estiment que le temps de la
consolidation est passé; les dix-sept premières années
d'existence de Cascades y ont été consacrées et la société a
maintenant, selon eux, les moyens de maintenir un rythme de
croissance accéléré. Dans le second groupe se retrouvent
ceux qui considèrent qu'est venu le temps de souffler. S'il
faut les croire, la société aurait besoin d'une période de répit,
voire même de restructuration. Les dernières acquisitions,
tout comme la percée rapide en Europe, n'auraient pas encore
été pleinement digérées.

Les membres de la haute direction, comme bien des
cascadeurs, prennent place de part et d'autre de la clôture. Le
thème a pris beaucoup d'importance du jour au lendemain
avec l'avènement du dossier de privatisation de la société
Dofor. Lors d'une réunion animée où l'on discutait de la
possibilité pour Cascades de mettre la main sur les actifs de
la société d'État, manœuvre qui se serait soldée par la prise
de contrôle de Donohue et de Domtar, Alain Ducharme est
intervenu en objecteur de conscience, tranchant la question
en disant à peu près ceci: «Messieurs, nous devons choisir:
on ne peut pas être à la fois les meilleurs et les plus gros.»
Germain Beaudry, sous-directeur du personnel à l'usine
d'East Angus, explique pour sa part que l'expansion chez
Cascades présente un peu les risques de la soupe qu'on dilue
et qui, avec le temps, finit par perdre toute sa saveur. «C'est
ce que faisait ma grand-mère, raconte-t-il, ajoutant de l'eau
chaque fois qu'un nouvel invité se présentait. Au bout du
compte, on ne manquait pas de soupe, mais elle n'avait plus
beaucoup de goût.»

La triple faillite de la tentative d'achat des actifs de Dofor,
de la prise de contrôle de la société papetière Rolland et de la
société française La Chapelle-Darblay a enlevé beaucoup
d'acuité au problème. Si les Lemaire étaient effectivement
parvenus à englober les usines de Donohue et de Domtar par
l'acquisition de Dofor, la restructuration nécessaire aurait
représenté une tâche herculéenne. Le nombre des employés
du groupe, les actifs et le nombre d'usines auraient tellement

augmenté, de même que les charges et les responsabilités de la haute direction bien sûr, que les principes de gestion à la Cascades auraient été mis à rude épreuve. Néanmoins, aux premiers temps du projet Dofor, en juillet 1986, Bernard a confirmé ce que tous les cascadeurs espéraient: advenant la réussite du projet, il aurait pour objectif de restructurer les acquisitions selon les principes en vigueur depuis toujours chez Cascades. Voilà qui est tout à son honneur, mais quel défi ç'aurait été de remettre à la fois Donohue et Domtar en question!

Si le gouvernement du Québec avait accepté l'offre des Lemaire, Dofor serait passée dans le giron de Cascades. Il aurait fallu, tel que Bernard se le promettait, scinder en petites entités distinctes et indépendantes toutes les usines des sociétés Donohue et Domtar, qui auraient été gérées sur place et seraient devenues maîtresses de leur destinée. Car la philosophie du Respect n'est pas seulement sociale; elle repose, chez Cascades, sur le respect des employés mais aussi sur celui des filiales qui composent le groupe, des fournisseurs et des clients. Dans le cadre restreint de cette approche, quel ménage il aurait alors fallu faire!

Sur le plan théorique, on peut penser, avec Bernard, que le principe vaut à toutes les échelles. Le nombre des filiales peut croître sans limite. Ceux qui s'opposent à cette prétention rappellent que la multiplication des filiales signifie un accroissement proportionnel des charges de la haute direction. Devant l'ampleur de la tâche qui les attendrait alors, certains cascadeurs de la direction et autres membres haut placés se demandent si de tels projets ne risquent pas de mettre en péril la philosophie Cascades. Avec une centaine d'usines et 20 000 employés, disent-ils, Cascades perdrait immanquablement les caractéristiques qui font sa particularité, celles qui résultent de l'application de la philosophie du Respect. À cela, les tenants des thèses de Bernard répondent que la maison mère sera toujours là pour chapeauter l'ensemble, lequel se composera nécessairement d'éléments distincts. Il ne tiendrait alors qu'à la haute direction de limiter

les interrelations entre ces entités pour assurer leur indépendance. De la sorte, le sentiment d'appartenance serait
préservé, puisqu'il ne s'appliquerait avant tout qu'à une seule
usine.

Le fort sentiment qui lie tous les cascadeurs est né de
l'engagement personnel des Lemaire, il est directement
associé à leur présence. Les cascadeurs appartiennent tous à
une grande famille, quel que soit leur rôle, la filiale ou la
division où ils travaillent. On sait bien que *Cascades* et
Lemaire sont des noms synonymes. Peut-on garantir qu'une
fois que les trois frères auront plié bagage, l'assise sur
laquelle repose la philosophie du Respect résistera aux
changements qui ne manqueront pas de survenir? Bien sûr.
Parce que le succès de Cascades ne repose pas que sur le
pouvoir de l'argent. L'histoire du groupe est avant tout celle
des hommes et des femmes qui l'ont fait, de tous ces gens qui
partagent le credo des frères Lemaire, qui ont fait leur la
philosophie du Respect. Quand Bernard, Laurent et Alain
seront partis, il restera encore des milliers de cascadeurs, tous
promoteurs de la même philosophie de gestion.

Dans un clan comme dans l'autre, personne ne met en
doute le fait que Cascades survivra au départ de Bernard,
puis de Laurent et d'Alain. La question n'est pas là. Il est
certain que la philosophie du Respect, ou ce qui a de tout
temps fait la particularité du groupe Cascades, prévaudra une
fois que ses instigateurs auront laissé la place à d'autres.

Chapitre 18

Et si le vert devenait à la mode

En prenant le pouvoir en novembre 1976, le Parti québécois, sous la direction de René Lévesque, a indirectement rendu un fier service aux Québécois. Au cours des mois qui ont suivi ces élections, les médias se sont employés à démontrer, avec plus ou moins de succès, que l'avènement d'un gouvernement social-démocrate prônant ouvertement la souveraineté de la province provoquait la fuite des capitaux. Pendant quelque temps, les journaux publiaient à la une le déménagement, de Montréal vers Toronto, des sièges sociaux de grandes sociétés. Puis, petit à petit, tout est rentré dans l'ordre.

Cette caricature de la situation économique et sociale reposait sur un fond de vérité, bien que le problème fût loin d'être aussi sérieux qu'on tentait de le faire croire. En réalité, le ménage qui s'est alors effectué au sein de la société québécoise n'a été ni plus ni moins qu'une bénédiction pour cette dernière. Loin de sonner le glas de l'économie québécoise, le départ de quelques membres intransigeants de la haute finance a laissé un vide que des Québécois entreprenants se sont fait une joie de combler. D'autres, à leur exemple, ont pris conscience que les postes clés n'étaient pas strictement réservés à une caste anglo-saxonne et protestante, comme l'ont toujours cru les Québécois, francophones et catholiques. C'est ainsi, à l'occasion du remue-ménage provoqué par la montée soudaine de l'idée de souveraineté politique, que s'est pour la première fois manifesté un véritable entreprenariat québécois.

Au milieu des jeunes loups qui se font les dents à la fin des années 70, on retrouve Bernard, Laurent et Alain. Les trois frères appartiennent à la relève francophone, indéniablement apte à prendre la place qui lui revenait de droit dans l'industrie et l'économie québécoises. Comme beaucoup d'autres entrepreneurs de leur trempe, ils ont parfaitement rempli le mandat qu'ils s'étaient alors fixé d'office: «être des Québécois qui veulent aider d'autres Québécois», comme le rappelle si bien Alain. Effectivement stimulés par l'exemple, d'autres aussi ont foncé. En mettant de l'avant leur philosophie du Respect, les Lemaire ont prêché par l'exemple. Ils ont fait des émules qui auront, à leur tour, leurs propres disciples. C'est ainsi que le vert – dont on fait bonne consommation chez Cascades pour peindre bâtiments et camions – a de bonnes chances d'être un jour à la mode.

Il faut dire que le contexte était plus que favorable à une percée des industriels québécois. Avant même la prise de conscience nationaliste, il y avait eu la Révolution tranquille au tournant des années 60. Jusqu'alors, les Québécois s'étaient eux-mêmes confinés dans le rôle de porteurs d'eau, ces *Nègres blancs d'Amérique* comme on les a appelés, convaincus qu'en se tournant vers leur Église plutôt que de prendre part à l'essor économique, ils préserveraient leur identité, leur langue et leur foi. C'est pour cela qu'il n'existe pas de véritable tradition industrielle au Québec. Et sans tradition, la force montante de l'industrie de la province avait tout à faire, tout à penser, tout à découvrir. Le mouvement s'est engagé dès le début des années 60, puis le rythme s'est singulièrement accéléré à partir de 1976.

L'absence de traditions présentait aussi un autre avantage, celui de n'imposer aucune contrainte de principe, aucun préjugé. Si l'on prétend que le Canada est encore un pays neuf en 1960, il faut dire, pour refléter la réalité, que le Québec est alors une terre vierge sur le plan économique pour les francophones qui l'habitent. Les jeunes industriels comme les Lemaire ont le champ libre pour agir à leur guise. L'entreprenariat québécois a eu la chance de pouvoir aborder les choses d'un œil neuf. La société canadienne-française s'est si bien tenue à l'écart des grands mouvements économiques qui ont mené l'Amérique au sommet de l'industrie mondiale en cent ans, que ses réalisations sont à peu près insignifiantes. La porte est donc grande ouverte à l'innovation; toute idée est originale, inédite. Un principe très simple est roi: ce n'est pas parce que personne n'a encore fait quelque chose que cela est irréalisable. Dans ce contexte, être entrepreneur c'est être audacieux. Il faut comparer la lourdeur administrative des sociétés américaines séculaires, devenues de véritables bureaucraties, et les handicaps certains des Européens riches d'une tradition économique qui remonte au Moyen Âge, pour comprendre tous les avantages qu'ont eus les Québécois à devoir reprendre le temps perdu en moins d'un quart de siècle.

Les Lemaire ont fait leur part. L'originalité de leur contribution consiste à avoir pensé la philosophie du Respect, puis à l'avoir mise en pratique avec une rigueur remarquable. Ils ont de la sorte fait la barbe à plus d'un industriel établi et participé à donner ses lettres de noblesses à la force montante de l'industrie québécoise francophone. Il faut dire qu'avec plus de 3 000 employés (pour l'instant du moins) au Canada, aux États-Unis et en France, le groupe Cascades a suffisamment de crédibilité pour créer des précédents au sein de l'industrie au pays, comme ailleurs. En passe de devenir une véritable multinationale, la société applique encore, dans toutes ses filiales, cette philosophie chère aux Lemaire. Elle démontre de la sorte, chaque jour, qu'il est possible de réussir en affaires en tablant sur l'innovation, en ne craignant pas de s'appuyer sur des règles de gestion nouvelles et originales. Cascades a maintenant suffisamment de poids dans le domaine des affaires au

Québec pour établir, en créant des précédents, ces traditions qui manquaient à l'histoire économique de la province.

* * *

L'audace est payante, les frères Lemaire l'ont bien prouvé. D'autres employeurs, au Québec ou ailleurs, suivent avec intérêt la progression de la société de Kingsey Falls. Ils étudient, analysent, pèsent et soupèsent, évaluent le pour et le contre, se demandent si la prospérité exemplaire de Cascades aurait été possible sans sa philosophie.

Les Lemaire prétendent que non et se défendent bien d'en faire un secret. C'est une recette qu'ils se font un plaisir de chercher à partager. Depuis longtemps, par exemple, Alain s'est fait le spécialiste du partage des bénéfices et multiplie les conférences sur le sujet. «Respecter pour être respecté» pourrait être son slogan. Lentement, le principe s'étend à d'autres sociétés. Sous le coup de l'enthousiasme, les industriels qui assistent à ses conférences manifestent leur intérêt. C'est qu'il est facile de convaincre quand on démontre l'efficacité de la méthode. Mais c'est une autre paire de manches que de faire des émules! Les vieilles habitudes ne se perdent pas du jour au lendemain. Alain raconte qu'il lui est arrivé de revoir certains auditeurs, parmi les plus décidés à passer à la pratique du partage des bénéfices dans leur entreprise, après quelques mois. Les commentaires les plus fréquents ressemblent tous à ceci: «On en a parlé mais on n'a encore rien fait. Demain, peut-être...»

Pourtant, les preuves sont là. Après les négociations d'East Angus et de Jonquière, les premières que menaient les gens de Cascades hors du contexte de reprise d'usine, force est de constater qu'il est possible pour les patrons et les syndicats québécois de négocier de bonne foi. Chez Cascades, on en est arrivé au point où les représentants syndicaux conviennent que la plus rentable des positions est de jouer franc jeu avec l'employeur, «jouer cartes sur table» pour reprendre les mots mêmes de l'un d'eux, qui explique:

«Lorsqu'on veut un dollar d'augmentation de salaire, ce n'est plus la peine d'en réclamer le double pour avoir une bonne marge de manœuvre en cas d'affrontement. D'un autre côté, on sait que la partie patronale n'offrira pas vingt-cinq cents d'augmentation si elle veut en réalité donner cinquante cents.» Les règles établies par l'usage chez Cascades veulent que les deux parties se donnent l'heure juste. Représentants syndicaux et patronaux, dans ces conditions, se prêtent au jeu de la franchise intégrale.

Le jour où l'on négociera avec une attitude comparable toutes les conventions collectives au Québec, on pourra vraiment parler de nouveau contrat social dont les gens de Cascades auront été les instigateurs. Au fond, n'est-il pas bien de changer les mentalités? Le temps des affrontements est passé. Dans ses propres usines, Cascades a démontré qu'il n'est pas nécessaire de faire la grève ou des *lock-out* pour parvenir à trouver un terrain d'entente, que l'employeur ne fait pas nécessairement de l'argent aux dépens de ses employés, qu'on n'obtient pas ce qu'on souhaite de l'autre partie uniquement par la force. Si l'on adopte les principes de la philosophie du Respect, comment explique-t-on qu'on puisse fermer une usine sous prétexte que les syndicats soient intraitables? Comment les représentants syndicaux peuvent-ils pour leur part imposer des mouvements de grève pour des causes parfois étrangères aux préoccupations premières des employés qu'ils représentent? Il est possible de faire autrement. C'est toute l'économie québécoise qui s'en porterait mieux si l'on cessait de s'enorgueillir, dans la province, des records du nombre de jours perdus à cause des grèves.

Quand il se sent respecté, qu'il soit à Kingsey Falls ou à La Rochette, un travailleur œuvre pour que son usine survive, pour qu'elle devienne rentable. Comme ceux qui travaillent avec lui, comme ceux qu'il dirige ou qui le dirigent, comme les grands patrons mêmes, il a besoin que l'outil de travail demeure car son avenir en dépend. Règle toute simple mais combien vraie! La recette des Lemaire est une vérité de La Palice.

Riches de cette idée du respect avant tout, les frères Lemaire ont fait franchir l'Atlantique à leur entreprise. Là, ils ont repris des usines qui tournent depuis le début du siècle, des usines qui, plus particulièrement, connaissent des difficultés depuis quelques années. Avec le traditionalisme du monde des affaires en Europe, les progrès sont difficiles. L'observateur étranger garde l'impression que les patrons du Vieux Continent ont oublié qu'une usine est avant tout faite pour ceux qui y travaillent. C'est pourquoi l'attitude des gens de Cascades ne tarde pas à faire jaser. La philosophie du Respect étonne à la fois par son originalité et par son efficacité. C'est que le contraste est énorme. Les solutions apportées par les Lemaire et leurs collaborateurs paraissent naïves tellement elles sont fondamentalement simples. Et pourtant, elles fonctionnent. Rapidement, Cascades fait la preuve de la valeur de son approche.

Le patronat français a de tout temps reconnu trois façons d'aborder la question des relations de travail: la méthode française, l'américaine et la japonaise. Voilà maintenant que les Français peuvent en ajouter une quatrième: la méthode québécoise. En Europe, les relations de travail sont fortement hiérarchisées. Les liens directs entre patrons et employés – les premiers portant le nom révélateur de «supérieurs» tandis que les seconds sont les «subalternes» – sont inexistants. Il se trouve toujours un bon nombre d'intermédiaires entre les membres de la haute direction et ceux qui constituent les forces vives de l'entreprise. Aux États-Unis, ce sont les résultats seuls qui comptent vraiment. Une entreprise commerciale n'existe que parce qu'elle peut réaliser des bénéfices. Fort justement, les lois interdisent en maints États à une société de déclarer des pertes plusieurs années d'affilée, auquel cas elle peut être forcée à fermer ses portes faute d'être rentable. Au Japon, enfin, l'entreprise est un dieu. Toute la vie s'organise en fonction du succès commercial et les travailleurs ne s'appartiennent plus, qu'ils soient p.-d.g. ou manœuvre.

Les relations de travail à la québécoise présentent un intéressant pas en avant par rapport à ces trois approches.

Selon la philosophie Cascades, elles reposent sur un véritable «partnership» social, coentreprise où les deux parties, employés et employeur, ont une importance égale. À l'occasion de la première expérience du groupe Cascades en terre européenne, à La Rochette, les différences paraissaient telles entre la méthode de gestion des Québécois et celle qui prévalait avant la reprise, que Bernard a été identifié à un patron communiste! (Outre-Atlantique, un patron est dit «communiste» si, à ses yeux, les employés importent plus que les profits.) Pourtant, ni Bernard ni ses frères ne s'encombrent de considérations politiques. Et qu'importe si la philosophie du Respect devait avoir des allures de communisme, pour autant que les résultats soient et demeurent positifs. L'attitude des cascadeurs dépêchés en France n'a pas changé d'un iota malgré les différences notables dans les modes de gestion. L'attitude des Québécois a donc bien étonné les Français, d'autant plus qu'elle s'est assortie de résultats positifs et presque immédiats.

La leçon n'a pas encore porté de fruits mais l'idée du Respect fait son chemin. Entre temps, on a pu constater que la philosophie Cascades est exportable. On peut la reprendre dans maintes entreprises non seulement dans le contexte québécois, si ouvert à l'innovation, mais aussi à l'étranger. Cascades en a fait la preuve en France, de façon éclatante, et aura sans doute l'occasion de le démontrer dans d'autres pays européens avec l'expansion prévue de Cascades S.A. On ne peut douter, quels que soient les pays concernés, que l'attitude de la direction du groupe restera la même. Jamais encore les Lemaire n'ont joué le jeu des traditions lors des reprises d'usines. Au contraire; véhiculée par les cascadeurs, la philosophie du Respect s'impose d'elle-même par sa logique, l'intérêt qu'elle présente pour tous et les résultats qu'elle apporte infailliblement, semble-t-il. Partout où elle s'implante, Cascades crée ses propres règles du jeu. C'est ainsi que les frères Lemaire en sont venus à établir une philosophie de la gestion de leur cru au Québec, favorisés par le contexte; c'est sans changer leur approche qu'ils entendent poursuivre la croissance de leur entreprise. Lors de la reprise d'usine, ce sera toujours la philosophie Cascades qui primera. À l'étranger, ils n'y aura pas plus de concession qu'il n'y en a eu jusqu'ici, même face à des traditions de relations de travail aussi fortement ancrées qu'en Europe. Naturellement, les contrastes peuvent parfois être extrêmes – c'est ce qui explique que les médias français aient parlé de «miracle» dans le cas de La Rochette, puis ont bien dû s'y faire avec Blendecques et Avot-Vallée – mais cela importe peu.

* * *

À la suite des résultats étonnants qu'ont obtenus les Lemaire en mettant de l'avant leurs principes de gestion, il est certain que les imitateurs vont se faire nombreux dans l'industrie papetière et ailleurs, au pays comme à l'étranger. On ne peut plus douter maintenant que la philosophie du Respect soit exportable, l'expérience de Cascades S.A. le prouve bien. Et puis, la théorie des trois frères présente une alternative intéressante aux relations de travail. Si les grosses sociétés auront du mal à changer les habitudes de gestion du personnel, les entreprises jeunes ou à naître disposent d'un modèle facile à imiter. Les hommes d'affaires ont beaucoup à apprendre de l'expérience du groupe Cascades. C'est pour cela qu'il est probable que le vert soit un jour à la mode.

Avec les résultats obtenus lors des négociations entourant le renouvellement des négociations collectives aux usines d'East Angus et de Jonquière, Alain et Laurent ont créé des précédents. Non seulement les clauses consenties aux travailleurs mais aussi les conditions dans lesquelles se sont déroulées les négociations établissent de nouvelles règles dans l'industrie papetière. Et comme les industriels se consultent pour établir une certaine norme dans les relations de travail, les syndicats locaux ont des centrales qui normalisent les demandes à l'échelle nationale. Il est alors entendu que les conditions qui existent dans les meilleures usines font inévitablement partie des demandes *normales* des autres syndicats du secteur des pâtes et papiers. Cela se fait selon le principe de la parité, les syndicats visant toujours à obtenir les normes les plus hautes de l'industrie. Aujourd'hui, les meilleures conditions de travail sont celles que l'on retrouve aux usines de Cascades, à East Angus et à Jonquière.

L'expérience parle d'elle-même. Cascades a signé deux conventions collectives qui se démarquent des normes établies par le respect qu'elles accordent aux employés. Qu'on imagine ce qui se passera, par exemple, à Kénogami, ville voisine de Jonquière, lors des prochaines négociations chez Abitibi-Price; les bureaux des syndicats respectifs des employés des deux usines, celle de Jonquière appartenant à Cascades et celle de Kénogami à Abitibi-Price, se trouvent dans le même bâtiment. La direction de la grande société papetière canadienne peut bien avoir tenté de rappeler Laurent à l'ordre, jugeant qu'il faisait preuve d'un peu trop de sympathie à l'égard des demandes syndicales en cours de négociation. Nul doute que dans certains bureaux de direction, on pressentait que les normes allaient changer.

On ne doit pas non plus sous-estimer les syndicats. La norme nouvelle que crée Cascades dans l'industrie papetière aura de l'influence non seulement lors des négociations collectives dans les sociétés concurrentes, mais aussi dans d'autres industries au Québec et, pourquoi pas à plus long terme, outre-Atlantique. «Être des Québécois qui veulent aider d'autres Québécois», dit bien Alain. C'est cela justement, même si l'on n'est pas patron ou entrepreneur. Cette affirmation a plus de poids maintenant que Cascades a signé deux conventions collectives qui se démarquent des normes établies par le respect avec lequel les «patrons» ont traité les employés.

Aux concurrents qui s'inquiètent de voir ainsi des entrepreneurs originaux leur imposer, indirectement, leur façon de faire, on peut répondre que le mieux-être collectif doit primer sur l'intérêt individuel. En appliquant à la lettre la philosophie du Respect, Cascades devra elle aussi vivre avec les précédents qu'elle crée. Une fois la nouvelle norme établie, les autres filiales du groupe n'y échapperont pas. Il serait évidemment difficile de faire marche arrière, sinon impossible. Les Lemaire tiennent tant à l'image enviable que s'est faite Cascades sur le plan des relations de travail qu'ils ne voudront ni ne pourront renier la philosophie du Respect. Le fait que les relations de travail doivent être fondées sur le respect va de soi pour eux. Bernard, Laurent et Alain n'auraient pu établir leur entreprise sur d'autres bases. Après avoir connu la condition ouvrière, ils auraient été incapables de jouer le rôle de véritables patrons, dans le sens péjoratif du terme.

* * *

Le vert finira sûrement par être une couleur à la mode. Dans un avenir assez rapproché, le groupe Cascades réalisera plus d'un milliard de dollars de chiffre d'affaires par année. À la vingtaine de filiales et sociétés satellites actuelles, dont quelques-unes sont situées aux États-Unis et en France, se seront ajoutées d'autres usines acquises sur les deux continents. L'ampleur de l'entreprise conférera aux Lemaire un rôle de premier plan au sein des industriels québécois et canadiens[1]. Leur façon de faire, cette approche qui les a toujours distingués des autres entrepreneurs, à son tour donnera une importance accrue à l'élite québécoise des gens d'affaires. Grâce à cela, on arrivera sans doute un jour — encore que cela soit déjà fait s'il faut en croire certains bonzes de l'industrie française — à créer une façon de faire typiquement québécoise en matière de relations de travail.

Ce jour-là, il y aura une nouvelle forme d'entreprenariat

---

1. La direction du groupe a clairement signifié son intention de redonner aux Français foi en ce secteur de leur industrie papetière. Fière de cette vocation, la direction a établi, lors de l'inscription en Bourse du titre de Cascades S.A. à Paris, que les actionnaires étrangers ne pourraient détenir plus de 25 % des actions en circulation. Cascades S.A., qui produisait déjà 70 % du carton français à l'époque, devait donner l'image d'une entreprise française avant tout, même si elle restait contrôlée par des intérêts québécois.

québécois. La philosophie Cascades aura fait tache d'huile et les Québécois se démarqueront franchement du reste du monde. Les industriels de la province, comme les Lemaire aujourd'hui, se signaleront par leur originalité. Ils auront alors, au niveau international et sur le plan des relations de travail, un rayonnement comparable à celui que connaît la Suède sur le plan social. L'approche de l'entreprise que prônent et appliquent Bernard, Laurent et Alain depuis vingt-cinq ans fera école. Il y aura de plus en plus de gens qui se rallieront à la philosophie Cascades, qui miseront sur la qualité des rapports avec les employés et sur l'importance du maintien de l'outil de travail.

Oui, le vert finira bien par être à la mode.

Annexe 1
Structure du groupe Cascades inc.
et de la filiale européenne, Cascades S.A.

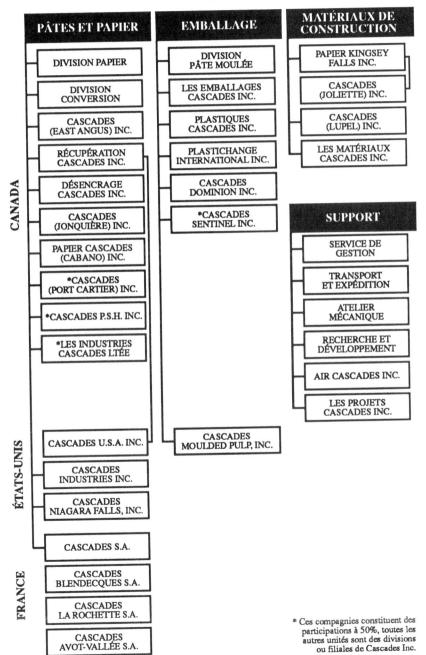

PÂTES ET PAPIER

- DIVISION PAPIER
- DIVISION CONVERSION
- CASCADES (EAST ANGUS) INC.
- RÉCUPÉRATION CASCADES INC.
- DÉSENCRAGE CASCADES INC.
- CASCADES (JONQUIÈRE) INC.
- PAPIER CASCADES (CABANO) INC.
- *CASCADES (PORT CARTIER) INC.
- *CASCADES P.S.H. INC.
- *LES INDUSTRIES CASCADES LTÉE
- CASCADES U.S.A. INC.
- CASCADES INDUSTRIES INC.
- CASCADES NIAGARA FALLS, INC.
- CASCADES S.A.
- CASCADES BLENDECQUES S.A.
- CASCADES LA ROCHETTE S.A.
- CASCADES AVOT-VALLÉE S.A.

EMBALLAGE

- DIVISION PÂTE MOULÉE
- LES EMBALLAGES CASCADES INC.
- PLASTIQUES CASCADES INC.
- PLASTICHANGE INTERNATIONAL INC.
- CASCADES DOMINION INC.
- *CASCADES SENTINEL INC.
- CASCADES MOULDED PULP, INC.

MATÉRIAUX DE CONSTRUCTION

- PAPIER KINGSEY FALLS INC.
- CASCADES (JOLIETTE) INC.
- CASCADES (LUPEL) INC.
- LES MATÉRIAUX CASCADES INC.

SUPPORT

- SERVICE DE GESTION
- TRANSPORT ET EXPÉDITION
- ATELIER MÉCANIQUE
- RECHERCHE ET DÉVELOPPEMENT
- AIR CASCADES INC.
- LES PROJETS CASCADES INC.

CANADA — ÉTATS-UNIS — FRANCE

* Ces compagnies constituent des participations à 50%, toutes les autres unités sont des divisions ou filiales de Cascades Inc.

Annexe 2
Chronologie des événements

ANNÉE	CHIFFRE D'AFFAIRES	NOMBRE D'EMPLOYÉS	ÉVÉNEMENTS
1957			Création de la Drummond Pulp and Fiber par Antonio Lemaire qui récupère le papier, le fer et le métal.
1964	370 000	25	Création de Papiers Cascades Paper ; Antonio, Bernard et Laurent relancent l'usine papetière de Kingsey Falls.
1967	706 656	30	Alain se joint au groupe.
1971	1 363 549	50	Début des opérations de la division des pâtes moulées.
1972	2 329 246	125	Création de la division des plastiques, qui deviendra Plastiques Cascades en 1983. Association à parts égales avec la société Canadian Johns-Manville et création de Papier Kingsey Falls.
1974	7 216 919	165	Acquisition de la société J.M. Caya, qui devient Les Emballages Cascades. Création de Papier Cascades (Cabano).
1976	7 599 090	310	Récupération Cascades acquiert les actifs de la Drummond Pulp and Fiber. Démarrage de l'exploitation de l'usine de Papier Cascades (Cabano).
1977	7 319 519	390	Association à parts égales avec la société Wyant et création de Les Industries Cascades.
1979	11 353 586	425	Entente avec le gouvernement provincial pour la gestion de la société Lupel S.N.A.
1980	14 003 941	510	Acquisition de certains actifs de Canadian Gypsum et création de Les Matériaux Cascades.

Annexe 2 (suite)
Chronologie des événements

ANNÉE	CHIFFRE D'AFFAIRES	NOMBRE D'EMPLOYÉS	ÉVÉNEMENTS
1982	34 491 000	718	Acquisition de Les Innovations Réal Lemaire (qui deviendra Plastichange International en 1985). Achat du premier hélicoptère et création de Air Cascades. Papier Cascades devient Cascades inc. à l'occasion de l'inscription à la Bourse de Montréal.
1983	62 033 000	1200	Première percée aux États-Unis avec Cascades Industries. Acquisition d'actifs de Domtar et création de Cascades (East Angus).
1984	179 651 000	1700	Acquisition des actifs de la société John Breakey et création de Désencrage Cascades. Acquisition de l'usine de Jonquière de la société Price et création de Cascades (Jonquière). Papier Kingsey Falls devient une filiale à part entière. Association à parts égales avec la société française Béghin-Say et création de Cascades P.S.H. Inscription des actions de Cascades inc. à la Bourse de Toronto. Deuxième émission d'actions et premier fractionnement.
1985	266 272 000	2250	Acquisition de la cartonnerie de La Rochette. Création de Cascades U.S.A. Création de la division Recherche et Développement. Troisième émission d'actions et deuxième fractionnement.
1986	440 130 000	2800	Relance de l'usine de Port-Cartier en collaboration avec la société d'État Rexfor.

422

Annexe 2 (suite)
Chronologie des événements

ANNÉE	CHIFFRE D'AFFAIRES	NOMBRE D'EMPLOYÉS	ÉVÉNEMENTS
1987	527 732 000	3250	Création de Cascades (Port-Cartier). Transaction avec la société Canadian Gypsum et création de Cascades (Joliette). Acquisition de la cartonnerie de Blendecques. Troisième fractionnement des actions. Prise de contrôle de la Société nouvelle Avot-Vallée ; création de Cascades (Avot-Vallée). Création de Cascades Moulded Pulp. Inscription des actions de Cascades S.A. à la Bourse de Paris. Reprise des actifs de la société Nitec et relance de l'usine de Niagara Falls. Création de Cascades (Niagara Falls). Acquisition d'une division de la société Reid Dominion. Création de Cascades Dominion.
1988	600 000 000	3500	Démarrage des usines de Port-Cartier et de Niagara Falls.

Annexe 3 - Relevé hebdomadaire (moyenne) des cotes et des volumes des transactions en Bourse pour les titres de Cascades inc. à Montréal et Toronto, puis de Cascades S.A. à Paris depuis les débuts de leurs inscriptions boursières respectives.

Date	Bas	Haut	Cascades S.A.	Date	Bas	Haut	Cascades S.A.
83.01.29	4,90$	5,00$		84.02.04	10,00	10,63	
83.02.05	4,75	4,95		84.02.11	11,50	11,75	
83.02.12	4,80	4,95		84.02.18	12,00	12,13	
83.02.19	4,80	4,90		84.02.25	11,13	11,50	
83.02.26	4,70	4,90		84.03.03	11,50	11,75	
83.03.05	5,50	5,88		84.03.10	11,75	12,13	
83.03.12	5,50	6,13		84.03.17	12,00	12,25	
83.03.19	6,00	6,13		84.03.24	11,75	11,75	
83.03.26	6,25	6,25		84.03.31	11,88	12,13	
83.04.02	5,75	6,00		84.04.07	12,00	12,13	
83.04.09	5,75	5,75		84.04.14	12,00	12,13	
83.04.16	---	---*		84.04.21	12,25	13,50	
83.04.23	5,38	5,75		84.04.28	14,00	14,38	
83.04.30	5,38	5,50		84.05.05	14,75	15,00	
83.05.07	5,50	5,50		84.05.12	14,50	14,88	
83.05.14	5,13	5,25		84.05.19	13,50	13,75	
83.05.21	5,25	5,25		84.05.26	13,13	13,50	
83.05.28	5,13	5,38		84.06.02	14.63	14,75	
83.06.04	5,25	5,25		84.06.09	14,63	14,88	
83.06.11	5,13	5,25		84.06.16	15,63	14,75	
83.06.18	5,13	5,13		84.06.23	15,00	15,13	
83.06.25	5,00	5,13		84.06.30**	7,25	7,63	
83.07.02	5,13	5,13		84.07.07	8,75	9,25	
83.07.09	4,90	4,95		84.07.14	8,88	9,38	
83.07.16	4,90	5,25		84.07.21	8,88	9,00	
83.07.23	5,38	5,63		84.07.28	8,88	9,13	
83.07.30	5,50	6,00		84.08.04	8,88	9,00	
83.08.06	---	---		84.08.11	8,75	8,88	
83.08.13	6,00	6,00		84.08.18	8,75	9,00	
83.08.20	6,25	6,75		84.08.25	8,75	9,00	
83.08.27	6,75	7,00		84.09.01	8,75	9,00	
83.09.03	7,00	7,13		84.09.08	8,88	9,00	
83.09.10	7,25	7,50		84.09.15	9,25	9,38	
83.09.17	7,13	7,38		84.09.22	9,13	9,25	
83.09.24	7,63	8,00		84.09.29	9,25	9,38	
83.10.01	7,50	7,63		84.10.06	9,25	9,38	
83.10.08	7,88	8,00		84.10.13	9,13	9,38	
83.10.15	8,00	8,13		84.10.20	9,25	9,38	
83.10.22	8,75	9,00		84.10.27	8,63	9,13	
83.10.29	8,50	9,50		84.11.03	9,50	9,63	
83.11.05	8,25	8,50		84.11.10	9,50	9,50	
83.11.12	8,00	8,25		84.11.17	9,25	9,38	
83.11.19	7,88	8,38		84.11.24	9,25	9,25	
83.11.26	7,75	8,00		84.12.01	9,25	9,38	
83.12.03	8,50	8,50		84.12.08	9,13	9,13	
83.12.10	8,25	8,38		84.12.15	9,13	9,13	
83.12.17	8,13	8,50		84.12.22	9,13	9,25	
83.12.24	8,13	8,38		84.12.29	9,25	9,38	
83.12.31	8,13	8,75		85.01.05	8,75	9,00	
84.01.07	8,00	8,25		85.01.12	9,13	9,50	
84.01.14	8,00	8,50		85.01.19	9,38	10,25	
84.01.21	9,38	10,00		85.01.26	10,13	11,00	
84.01.28	10,00	10,25		85.02.02	11,88	12,13	

* Aucune transaction pendant la période donnée.
** Fractionnement deux actions pour une de Cascades Inc.

Date	Bas	Haut	Cascades S.A.	Date	Bas	Haut	Cascades S.A.
85.02.09	12,00	12,38		86.03.01	14,75	15,25	
85.02.16	12,50	13,50		86.03.08	15,75	16,00	
85.02.23	13,00	13,88		86.03.15	16,00	16,25	
85.03.02	14,25	14,38		86.03.22	16,13	16,50	
85.03.09	14,50	14,63		86.03.29	17,25	18,25	
85.03.16	14,63	14,75		86.03.04	22,50	26,00	
85.03.23	13,50	13,75		86.04.12	22,25	22,88	
85.03.30	13,38	13,75		86.04.19	24,38	25,88	
85.04.06	13,75	13,38		86.04.26	24,13	24,88	
85.04.13	13,13	13,38		86.05.03	22,50	23,50	
85.04.20	13,13	13,25		86.05.10*	13,25	14,00	
85.04.27	12,38	13,00		86.05.17	12,75	13,25	
85.05.04	12,38	12,75		86.05.24	12,38	12,75	
85.05.11	12,25	12,75		86.05.31	12,63	12,75	
85.05.18	12,38	13,00		86.06.07	13,50	14,50	
85.05.25	13,00	13,38		86.06.14	15,25	15,75	
85.06.01	13,13	13,38		86.06.21	16,13	17,50	
85.06.08	13,88	14,25		86.06.28	15,25	15,88	
85.06.15	13,75	13,88		86.07.05	16,25	16,75	
85.06.22	13,63	13,88		86.07.12	16,38	16,63	
85.06.29	14,25	14,88		86.07.19	16,00	16,25	
85.07.06	16,00	16,50		86.07.26	17,00	17,75	
85.07.13	16,00	16,25		86.08.02	17,25	17,75	
85.07.20	16,13	16,50		86.08.09	17,88	18,38	
85.07.27	16,50	17,00		86.08.16	17,50	18,25	
85.08.03	17,00	17,25		86.08.23	17,38	17,88	
85.08.10	18,13	18,25		86.08.30	16,88	17,25	
85.08.17	18,75	19,00		86.09.06	16,63	17,13	
85.08.24	18,75	19,88		86.09.13	14,50	16,00	
85.08.31	19,38	19,63		86.09.20	14,75	15,63	
85.09.07	19,75	19,88		86.09.27	13,50	14,50	
85.09.14*	11,25	11,88		86.10.04	14,38	14,75	
85.09.21	10,63	11,13		86.10.11	13,00	13,50	
85.09.28	10,88	11,38		86.10.18	13,00	13,25	
85.10.05	---	---		86.10.25	13,88	14,00	535 FF
85.10.12	11,63	12,25		86.11.01	13,25	13,63	550
85.10.19	12,13	12,75		86.11.08	12,50	13,25	595
85.10.26	11,50	11,75		86.11.15	12,00	12,25	630
85.11.02	11,63	11,88		86.11.22	12,00	12,50	788
85.11.09	10,75	11,00		86.11.29	12,63	15,88	770
85.11.16	10,88	11,13		86.12.06	12,50	13,88	896
85.11.23	10,75	11,13		86.12.13	12,50	12,88	850
85.11.30	11,25	11,38		86.12.20	12,00	12,75	885
85.12.07	10,88	11,25		86.12.27	11,50	12,75	890
85.12.14	10,88	11,00		87.01.03	11,13	11,88	775
85.12.21	11,00	11,25		87.01.10	12,13	12,63	885
85.12.28	11,00	11,25		87.01.17	12,13	12,25	863
86.01.04	11,00	11,13		87.01.24	11,75	12,25	906
86.01.11	12,00	12,88		87.01.31	13,38	13,38	979
86.01.18	13,38	13,88		87.02.07	13,38	15,25	1 040
86.01.25	13,75	13,88		87.02.14	14,38	14,63	1 250
86.02.01	15,38	15,75		87.02.21	14,13	14,50	1 200
86.02.08	14,38	14,63		87.02.28	13,38	14,25	1 255
86.02.15	14,50	14,88		87.03.07	13,50	14,38	1 375
86.02.22	13,88	14,38		87.03.14	13,50	14,13	1 380

* Fractionnement deux actions pour une de Cascades Inc.

Date	Bas	Haut	Cascades S.A.	Date	Bas	Haut	Cascades S.A.
87.03.21	13,75	14,13	1 375	88.04.09	6,50	6,63	57,20
87.03.28	13,75	14,50	1 350	88.04.16	6,50	6,38	58,00
87.04.04	13,38	13,75	1 315	88.04.23	6,38	6,63	55,00
87.04.11	13,50	13,88	1 305	88.04.30	6,25	6,50	57,20
87.04.18	13,38	13,88	1 330	88.05.07	6,25	6,50	53,80
87.04.25	12,88	13,88	1 500	88.05.14	6,25	6,38	59,00
87.05.02	12,75	13,00	1 640	88.05.21	6,25	6,38	60,00
87.05.09	12,38	13,25	1 640	88.05.28	6,13	6,38	55,00
87.05.16	12,38	12,38	1 650	88.06.04	5,88	6,25	56,80
87.05.23*	12,25	12,50	165,00	88.06.11	5,75	5,88	57,70
87.05.30	12,25	12,50	165,00	88.06.18	5,88	6,00	55,50
87.06.06	12,13	12,25	156,00	88.06.25	6,13	6,25	57,50
87.06.13	11,88	12,13	143,00	88.07.02	5,75	6.25	60,10
87.06.20	11,75	12,13	130,00	88.07.09	5,75	6,13	57,00
87.06.27	12,00	12,25	130,00	88.07.16	5,88	6,00	60,00
87.07.04	12,75	12,88	149,40	88.07.23	5,75	5,88	56,10
87.07.11	12,75	12,88	138,00	88.07.30	5,63	5,75	56,50
87.07.18	12,25	12,50	131,00	88.08.06	5,63	6,00	58,15
87.07.25	12,00	12,25	134,00	88.08.13	5,23	5,38	60,00
87.08.01	12,13	12,38	123,00	88.08.20	5,13	5,38	58,10
87.08.08	11,88	12,13	115,00	88.08.27	4,95	5,00	56,50
87.08.15	11,38	11,63	115,00	88.09.03	5,00	5,13	56,00
87.08.22	11,38	11,63	114,50	88.09.10	4,95	5,13	54,50
87.08.29	11,13	11,50	112,00	88.09.17	4,95	5,13	53,10
87.09.05	10,63	10,88	111,00	88.09.24	4,80	5,00	51,00
87.09.12	10,88	10,88	112,00	88.10.01	4,85	5,50	50,00
87.09.19	10,38	10,63	108,00	88.10.08	5,38	5,50	53,50
87.09.26	9,88	10,88	105,00	88.10.15	5,38	5,63	48,00
87.10.03	9,88	10,00	105,00	88.10.22	5,13	5,50	50,50
87.10.10	8,50	9,50	100,00	88.10.29	5,25	5,50	50,00
87.10.17	7,75	9,13	94,00	88.11.05	5,25	5,38	49,10
87.10.24	5,50	6,13	80,00	88.11.12	5,13	5,25	48,50
87.10.31	6,88	7,25	---	88.11.19	5,00	5,13	48,00
87.11.07	7,13	7,38	72,00	88.11.26	5,00	5,25	54,50
87.11.14	6,38	6,50	67,50	88.12.02	5,00	5,25	61,00
87.11.21	6,13	6,75	65,00	88.12.09	5,00	5,25	58,00
87.11.28	6,13	6,25	61,00				
87.12.05	5,38	5,75	58,50				
87.12.12	5,25	5,75	56,10				
87.12.19	5,25	6,38	---				
87.12.26	6,13	6,75	---				
88.01.02	6,50	6,50	43,50				
88.01.09	6,63	7,00	44,50				
88.01.16	6,50	6,50	---				
88.01.23	6,00	6,13	40,00				
88.01.30	6,25	6,38	42,60				
88.02.06	6,13	6,38	51,00				
88.02.13	5,75	6,13	55,00				
88.02.20	5,88	6,25	67,10				
88.02.27	5,88	6,00	72,00				
88.03.05	5,88	6,13	61,00				
88.03.12	6,13	7,50	60,00				
88.03.19	7,00	7,25	64,00				
88.03.26	6,88	7,13	60,00				
88.04.02	6,63	6,75	57,00				

* Fractionnement dix actions pour une de Cascades S.A.

INDEX

A

B

C

D

I

J

K

O

P

Q

R

T

U

Achevé   Imprimerie
d'imprimer Gagné Ltée
au Canada Louiseville